小故事 大历史

一本书读完

人类兵器的历史

崔佳◎编著

中华工商联合出版社

图书在版编目(CIP)数据

　　一本书读完人类兵器的历史／崔佳编著. — 北京：
中华工商联合出版社，2014.11
　　(小故事,大历史)
　　ISBN 978 – 7 – 5158 – 1128 – 4

　　Ⅰ. ①一… Ⅱ. ①崔… Ⅲ. ①武器 – 军事史 – 世界通
俗读物 Ⅳ. ①E92 – 091

　　中国版本图书馆 CIP 数据核字(2014)第 244707 号

一本书读完人类兵器的历史

作　　者	崔　佳
责任编辑	于建廷　效慧辉
封面设计	映象视觉
责任印制	迈致红
出版发行	中华工商联合出版社有限责任公司
印　　刷	天津市天玺印务有限公司
版　　次	2014 年 12 月第 1 版
印　　次	2024 年 2 月第 2 次印刷
开　　本	710mm × 1000mm　1/16
字　　数	500 千字
印　　张	24
书　　号	ISBN 978 – 7 – 5158 – 1128 – 4
定　　价	98.00 元

服务热线:010—58301130
销售热线:010—58302813
地址邮编:北京市西城区西环广场 A 座
　　　　　19—20 层,100044
http://www.chgslcbs.cn
E – mail:cicapl202@ sina.com(营销中心)
E – mail:gslzbs@ sina.com(总编室)

工商联版图书

序　言

坦克的出现，必然引来反坦克炮的研发成功；远程导弹的出现，必然导致反导弹系统的大规模研发……人类兵器发展的历史，就是"矛"和"盾"不断博弈的历史，是伴随着人类一场场腥风血雨的战争而不断向前发展的。

在远古时代，人类为了维护自身安全的需要，开始了兵器的研制，由此拉开了冷兵器的发展的历史。冷兵器在制造技术上，经历了石兵器、青铜兵器、铁兵器三个时期。刀是冷兵器中最为常见的兵器，刀样式极其繁多，但能够称之为名刃的，实在为数不多，主要有三类，一个是大马士革刀；另一个是马来克力士剑；再一个是日本武士刀。

匕首是用于刺杀的最短的冷兵器，主要用于近战和防身，也常为刺客使用。暗器主要由武林中人创造，他们体积小，重量轻，便于携带，而且速度快，隐蔽性强，具有较大威力。

弓是抛射兵器中最古老的一种弹射武器。古代中国非常重视弓马骑射，许多王朝将射箭技艺作为武科的必考项目，一些王侯将相都是弯弓射箭的高手。

甲胄是古代将士穿在身上的防护装置，可以保护身体重要部位免受伤害，中式盔甲多半装备片片甲叶重叠的叶状结构，而欧洲盔甲大多是是整张铁皮将身体包裹的板状结构。

火药的出现，开始了人类热兵器的时代。中国制作了以黑火药发射子窠的竹管火枪，这是世界上最早的管型射击火器。

与火枪这种燃烧性火器相比，爆炸性火器具有更大的杀伤力，可以炸伤炸死敌军人马及摧毁敌人防御设置，其使用范围也从地面扩展到地下和水下。

手枪由于短小轻便，能突然开火，是近战和自卫的利器，从诞生以来，就深受使用者的喜欢，在武器史上占有重要的地位。

步枪出现后，就被广泛地应用到战场上，尤其是勃朗宁和毛瑟对于步枪的发明创造，竟然引起了一场全球性的战争灾难，一战由此爆发。

在一战中，威力比枪械大的火炮被大量运用；二战后期，密集炮火又出现在双方交战的前沿，这些炮火造成了巨大的伤亡，是典型的"绞肉机"。值得一提的是，坦克开始在二战中大规模进入战场。

历史进入现代，机械化兵器综合运用开始出现，装甲车和火炮结合在一起，构成了现代化陆军的基本单元。此时的陆军，已失去了战场上举足轻重的地位，海军陆军空军立体作战，成为战争制胜的关键。

海军拥有庞大的舰艇家族，包括功勋巡洋舰、战列舰、驱逐舰、导弹舰、两栖战舰艇、舰艇乃至航母。空军也拥有各种飞机，战斗机、轰炸机、侦察机等，组成了庞大的飞机家族。而导弹部队也当做作为一个兵种，出现在各国的军备竞赛中。这些现代兵器的升级换代速度很快，高科技促使这些兵器花样翻新，层出不穷。

原子弹的出现，对人类的安全造成了极大的威胁，目前世界上各个国家的原子弹存量，足以毁灭地球千百次，有人问爱因斯坦第三次世界大战的情形。爱因斯坦回答说："我不知道第三次世界大战是什么样子，但我知道第四次世界大战人们一定是使用石头做武器的。"原子弹能给人类造成毁灭，这是人类文明史上的悲剧。目前，世界上全面销毁核武器的呼声高涨，向往和平毕竟是人类的美好的愿望。

在未来战争中，动能武器、气象武器、超导武器、定向能武器、机器人武器和信息化武器都将会不断地出现。

现在就让我们一起，随着本书的精彩内容，一起进入人类兵器历史发展的隧道，去开始一场精彩刺激的旅程吧。

*** 目 录 ***

第三章 抛射兵器

第四章 防护装具

第五章 车战兵器

春秋时期，战车发展到鼎盛阶段。为炫耀武力，在邻国检阅部队时，竟能够列出战车四千乘。

公元前1350年左右，在巴比伦王国陷入衰退之际，亚述人在国王尼拉利的统帅下迅速扩张，建立起强大的军事帝国。之后数百年，亚述人用四轮战车洗劫他方领土，成为著名的东方大帝国。

第六章　骑兵兵器

攻击力、防御力和机动能力，常常是衡量一支军队战斗力的重要指标。

骑士是一个阶层，原本是隶属于贵族的士兵，后来逐步与贵族形成契约式雇佣关系。后来具有地主身份的骑士渐渐形成了一个固定的阶级，成为统治者的附庸。

蒙古人西征时，通过大纵深、多迂回、高速度的战术，将骑兵战术推到了冷兵器时代的顶峰，也使欧洲重骑兵陷入谷底。

第七章　攻城与守城

距今4000至5000年时期，原始社会发展到达高峰，逐渐向阶级国家过渡，由部族纷争引发的武装冲突频发，武器迅速由狩猎向战争功能拓展，筑城活动日益兴盛。

古代的城池，城墙往往修筑得高大坚硬，城门四周还要挖掘防城河，不管是中国还是西方，古代的人们都将此作为惯常的防守路数。跨越这类障碍的武器。包括壕桥、折叠桥、云梯、填壕车、攻城塔等。

古代城垣往往是一个庞大而精密的军事防御体系，显示出古代劳动人民的聪明才智，也为今天的人们研究历史、军事和建筑提供了不可多得的实物资料。

一个设计优良的城堡，能够以很少的兵力作长期而有效的防卫。拥有坚固的防御，可以让防卫者在补给充足的优势下力守不屈，直到攻击者被前来解围的军队逐退，或是让攻击者在弹尽粮绝、疾病交加下被迫撤离。

城堡的历史，便是一部割据称雄、长期纷争的历史。如今只有那些残垣断壁的城堡，让人们依稀记得其曾经的风霜雨雪，曾经的战乱炮火。

为了实现城池固若金汤、攻不可破的目标，人们想了许多办法，城墙尽量得高大，储备尽量丰富，防护尽量完善。吊桥、护城河、塞门刀车，是古代城池防守的基础设施。

第八章　应用于战争的黑大药

第九章　现代枪械

第十章　火　　炮

第十一章　机械化兵器

骡马化、摩托化、机械化、数字化的重要标志。

第十二章 海战兵器

第十三章　燃烧武器

第十四章　航空、航天兵器

第十五章　原子生化武器

备的特种化学药剂。相对那些"歹毒"的生化武器，这类化学武器无疑是人道的，但同样可以起到取胜的目的。

第十六章　未来新型武器

第一章 古老的格斗兵器

刀光剑影，鼓角峥嵘，走进蛛网尘封的历史，厮杀呐喊伴随着滚滚风烟扑面而来，那些刀枪剑戟、斧钺钩叉，再一次引领我们走进遥远苍茫的古战场。格斗兵器作为冷兵器的重要类型，出现的时期很早，而且使用最为广泛。陆地上，战车上，战船上，到处可见其身影。利刃相向，铁血对决，这是力量技巧的比拼，更是勇气智慧的较量。在五花八门的格斗兵器背后，一曲曲壮士悲歌，一段段英雄传奇，广为流传，摄人心魄。

冷兵器的发展

在远古时代，人类由于生产生活的需要，利用投、磨、压、切等技术手段，制造出大量狩猎、农耕和捕鱼工具。随着社会生产力的发展，出现了早期的军队，战争作为一种独立的社会实践活动，成为经常发生的事情，而且规模越来越大，持续时间越来越长，激烈程度越来越高。为了满足这种特殊需要，人们在加工生产生活用具的基础上，逐步开展了兵器的研制，专门服务战争目的军事装备便出现了。随着人类生产技术发展，冷兵器在制造技术上经历了石兵器、青铜兵器、铁兵器漫长演变过程。

最原始的兵器——石兵器

至少在中石器时期，人类的祖先为了防身和狩猎，就开始制造和使用木棒、石刀、

▲河姆渡文化燧石器

石斧等一类原始的兵器。原始社会晚期，各氏族、各部落之间因纠纷而引起的武力冲突日渐增多，规模也不断扩大，终于发展成部落之间的战争。

在这种战争中，单纯地利用带着锋刃的生产工具已经不能满足需要，于是就有人用石、骨、角、木、竹等材料，仿照动物的角、爪、鸟喙等形状，采用刮削、磨琢等方法，制成最早的兵器，它们以石制的为多，所以称作石兵器。这类制品出土的不少，主要有石戈、石矛、石斧、石铲、石镞、石匕首、骨制标枪头等，有的还把石刀嵌入骨制的长柄中。

这些石兵器大致经过选材、打制、磨琢、钻孔、穿槽等工序制作而成。石器时代的兵器虽然制作粗陋，但是已经形成了冷兵器的基本类型，如长杆格斗兵器戈、矛，短柄卫体兵器刀、匕首，射远兵器石镞等。在我国各地新石器时代的各文化遗址中，还发现了用石料、兽骨和蚌壳磨成的箭镞。石兵器虽然制作简单，但是它们却为第一代金属兵器——青铜兵器的创制开了先河。

青铜兵器的出现和发展

人类的祖先在新石器时代晚期，已经初步掌握了冶铜技术。甘肃马家窑遗址出土的一件锡青铜刃小刀表明，我国在公元前2740年前后，已经能够使用锡青铜器具。作为装备军队的青铜兵器，在公元前21世纪建立的夏王朝已经问世。到了商代，随着青

铜冶铸技术的提高，青铜兵器得到了进一步的发展，制作出戈、矛、斧等长杆格斗兵器。

商代以后，铜的采掘和青铜冶铸业得到比较大的发展。春秋战国时期还出现了青铜复合剑的制造技术，这种剑的脊部和刃部分别用含锡量不同的青铜铸成。这种脊韧刃坚、刚柔相济的复合剑，既锐利，又耐用，是青铜兵器制造技术提高的一个重要标志。同时，铜制的射远兵器弩，也在实践中得到了广泛的使用。

最常见的青铜兵器是钺。它是用于斩杀的刑具，因而又演化成为权力的象征。古代王者出师，手中常持钺。

青铜弩也是古代最常见的青铜兵器。秦陵弩俑坑中的弩弓盛于麻布制成的韬内，弓干和弩臂均为木质，弩臂长约 70 厘米，弓长 133 至 144 厘米，弓干上原缠有革条，表面髹漆。木、革、漆均已腐朽，唯有青铜制作的弩机构件和箭镞仍完好保存。

▲秦时期的青铜剑

青铜剑是古代短兵器的代表，自春秋直到秦、汉，均用青铜剑装备部队。秦俑坑出土的剑，长约 90 厘米，刃锋利，寒光熠熠，是极为锋利的兵器。我国青铜剑制作，最早可上溯到商。古代贵族和战士常常随身佩带，用以自卫格斗。西周早期出现了柳叶形的剑。东周时期，战争频繁，剑得到充分发展。这一时期出现了不少稀世珍宝，许多名剑和制剑大师的名字也因此流传百世。

装有长柄的砍斫兵器青铜刀，在商代就出现了，尤其在西北地区比较流行。商朝的青铜大刀，是现知最早的可供作战用的刀，但发现的数量较少。戈是从收割作物用的刀发展而来的，其使用方法与刀相仿。它是商周时期兵器中最常见的一种，也最具特色。

秦是使用青铜兵器的鼎盛时期，陕西西安临潼秦兵马俑 1、2、3 号坑内，出土青铜兵器达 4 万余件。出土兵器数量之多，种类之齐全，工艺之精湛，保存之完整是前所未有的。

春秋末年，青铜正在慢慢退出历史，铁器正在开启一个新的时代。

铁兵器：穿越漫长时空

我国在春秋晚期进入铁器时代，到战国晚期，当时的工匠已经掌握块炼铁固态渗碳炼钢

古代五兵

五兵是我国西周和春秋时期军队装备的一组兵器的合称。初见于《左传·昭公二十七年》（公元前 515 年）。

五兵有车兵五兵与步兵五兵之分。车兵五兵为戈、殳、戟、夷矛、酋矛，皆是插放在战车的车舆上，供甲士在车战中使用的兵器。步兵五兵为弓矢、殳、矛、戈、戟，其中殳、矛较长，戈、戟较短，弓矢是远射兵器。步兵五兵是当时步兵的基本编制单位——伍的兵器装备。当时认为，五种兵器梯次配置，可以充分发挥多种兵器协同的威力。战国以后，兵器的种类增多，五兵的含义逐渐变化为对兵器的泛称。

技术，可以炼成质地比较好的钢，为制造钢铁兵器提供了原材料。这时，南方的楚国、北方的燕国和三晋地区，已经使用剑、矛、戟等钢铁兵器。

到了西汉，由于淬火技术的普遍推广，钢铁兵器的使用越来越普遍，军队装备钢铁兵器的比例不断上升。考古工作者在西安市汉都长安城的发掘中，发现了一座建于汉高祖时的兵器库，内藏铁制的刀、剑、矛、戟和大量箭镞，数量远远超过了青铜兵器，生动地反映了铜兵器和钢铁兵器的此消彼长。

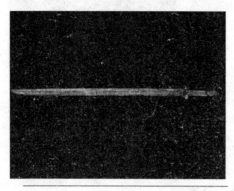

▲环首刀

西汉时期开始出现了一种新型的钢铁制成的刀。这种刀直体长身，薄刃厚脊，短柄，柄首加有扁圆状的环，故称为"环首刀"。在河北省满城区西汉刘胜墓中出土的环首刀，套有髹漆木鞘，环首用金片包缠，颇为华美。在河南省洛阳市西郊的一批西汉墓中，就有23座墓中出土有较长的环首刀，长度为85厘米到114厘米。百炼钢和灌钢技术用于造刀后，适于劈砍的短柄钢刀成为步兵和骑兵的主要格斗兵器。在山东省兰陵县发现过东汉永初六年（公元112年）造的"卅湅"钢刀，全长111.5厘米，刃部经过淬火，质量优良。环首刀一直沿用到魏晋以后。

中国冷兵器

冷兵器最初的制造材料是木、骨、石，后来用各种金属（铜、青铜、铁等）制成。冷兵器的质量随整个生产水平的提高而不断完善。十六世纪以前，冷兵器是主要武器；但射击武器出现以后，某些冷兵器逐渐丧失主要地位，但其中一些冷兵器作为轻火器战斗能力的补充，继续保存在装备中。另外，随着冷兵器的发展，护具也发生了变化。

古代兵器分类标准多样

约公元前21世纪至公元10世纪，这个时期称为冷兵器时代。人们习惯按社会和生产力的发展进程，将冷兵器时代分为青铜时代和铁器时代两个阶段。当然，历史的发展从来不是截然分开，在青铜时代早期，还大量使用着石兵器，特别是骨镞；在铁器时代的早期，也还大量使用着青铜兵器。

中国古代冷兵器，按材质可分为石、骨、蚌、竹、木、皮革、青铜、钢铁等；按用途可分为进攻性兵器和防护装具。进攻性兵器又可分为格斗、远射、卫体三类；按作战使用可分为步战兵器、车战兵器、骑战兵器、水战兵器、防护兵器和攻守城器械等。

十八般兵器古今不同

在古典小说和传统评话中，常说某位侠客义士"十八般武艺样样精通"，主要指这位侠客义士武艺高强，掌握了十八种兵器的使用技能。十八般兵器的内容在各个时期有所不同。

十八般兵器的说法最早出现在西汉元封四年，即公元前107年，当时，汉武帝刘彻出于武备需要，筛选出18种类型的兵器，分别为矛、镗、刀、戈、槊、鞭、锏、剑、锤、抓、戟、弓、钺、斧、牌、棍、枪、叉。

三国时代，著名兵器鉴别家吕虔根据兵器特点，将汉武帝钦定的"十八般兵器"重新排列为九长九短。九长为刀、矛、戟、槊、镗、钺、棍、枪、叉，九短为斧、戈、牌、箭、鞭、剑、锏、锤、抓。

南北朝时期，兵器制作材质完成了铜向铁的彻底转换，十八般兵器中再无铜制武器的身影。到了明代，十八般兵器基本完备定型。

但明清对十八般兵器的界定各有不同。明代万历年间有人则认为"十八般兵器"是弓、弩、枪、刀、剑、矛、盾、斧、钺、戟、黄、铜、镐、殳、叉、耙头、锦绳套索、白打。清初作家施耐庵的名著《水浒传》第二回中，提到"十八般武艺"为矛、锤、弓、弩、铳、鞭、铜、剑、链、挝、斧、钺、戈、戟、牌、棒与枪、扒。

今天，武术界对十八般兵器的解说是：刀、枪、剑、戟、斧、钺、钩、叉、镗、棍、槊、棒、鞭、锏、锤、抓、拐子、流星。

▲中国花纹刃

"十八般兵器"究竟指的是哪些兵器，因为年代、地区和流派的不同，解说也各异。总而言之，十八般武艺所列兵器形式和内容十分丰富，有长器械，短器械；软器械、双器械；有带钩的、带刺的、带尖的、带刀的；有明的、暗的、攻的、防的；有打的、杀的、击的、射的、挡的。它是古代中国对约四百多种冷兵器中最为常见部分的概述。

十八般武器之刀

刀指一种用于劈砍的单面侧刃格斗兵器。由刀身和刀柄构成，刀身较长，薄刃厚脊。刀柄有短柄和长柄之分。在我国自汉朝以来，钢铁制成的刀，一直是古代军队装备的主要格斗兵器之一。

石器时代的石刀和青铜时代早期的青铜小刀，可以看作是刀的雏形。商朝的青铜大刀，是现知最早的可供作战用的刀，但发现的数量较少。由于钢铁冶锻技术的进步，西汉时期开始出现了新型的钢铁制成的刀。在山东省兰陵县发现过东汉永初六年（公元112年）造的"卅湅"钢刀，全长111.5厘米，刃部经过淬火，质量优良。东晋晚期，刀的形制开始有了变化。江苏省镇江市东晋墓出土的铁刀，刀体加宽，刀头由斜方形改成前锐后斜的形状。隋唐时期军队中实战使用的刀，主要是横刀和陌刀。横刀亦称佩刀，短柄。它是每个士兵必备的兵器。陌刀是长柄两刃刀，为盛唐以后流行的兵器，主要供步兵使用。到北宋时期，短柄的刀称"手刀"，刀体较宽，刀头微上翘，前锐后斜，刀柄有护手，去掉了柄端的大环。元、明时期，火铳、鸟铳等火器相继出现后，开始逐步改变了军队的装备，但直到明朝晚期，腰刀仍然是步兵和骑兵必备的兵器。

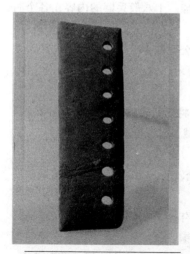

▲新石器时代七孔石刀

十八般武器之剑

剑指一种用于刺劈的直身尖锋两刃兵器。由剑身和剑柄构成。剑身修长，两侧出刃，顶端收聚成锋，后安短柄，便于手握。

迄今发现最早的剑是西周时期的青铜剑。在陕西省长安县张家坡、北京市琉璃河等地的西周墓中，都曾出土柳叶形青铜短剑。春秋时期的吴、越等国，剑是步兵手中的利器，但他们所用的剑剑身略长。战国时期，剑身继续加长，并已铸出脊部和刃部具有不同铜锡配比的青铜剑，其脊部柔韧，而锋刃坚利，提高了杀伤效能。陕西省西安市临潼区秦始皇陵兵马俑坑出土的青铜剑长94厘米，剑身窄而薄，刃部锋利，表面还进行了防锈处理，代表了青铜剑制造技术的最高水平。春秋战国之际，已开始出现钢铁剑。湖南省长沙市的春秋晚期墓葬中出土的钢剑，经化验证明，是用含碳量为0.5%左右的中碳钢锻打而成的。西汉初年，钢铁剑盛行，其实战效能日益提高。由于汉朝时骑兵已成为主要兵种，供骑兵使用的具有挥砍杀伤效能的单刃厚背环首刀应运而生。在东汉以后较长时期中，环首刀成为军队的主要装备。剑的实战作用逐渐降低，遂转而发展带有各种装饰的佩剑。晋朝还出现了用作仪仗的木质"班剑"。唐朝的剑主要作为王公贵族和文武官员的佩饰品，剑首作云形装饰。直至明清，剑的形制再无多大变化。

十八般武器之矛

矛是中国古代一种用于直刺和扎挑的长柄格斗兵器。由矛头和矛柄组成。矛是我国古代军队中大量装备和使用时间最长的冷兵器之一。

矛的历史久远，其最原始的形态是用来狩猎的前端修尖的木棒。后来人们逐渐懂得用石头、兽骨制成矛头，缚在长木柄前端，增强杀伤效能。在新石器时代遗址中，常出土用石头或动物骨角制造的矛头。奴隶社会的军队，已经使用青铜铸造的矛头。商朝时，铜矛已是重要的格斗兵器。从商朝到战国时期，一直沿用青铜铸造的矛头，只是在形制上，由商朝的阔叶铜矛发展成为战国时的窄叶铜矛，矛柄的制作也更为精细。从战国晚期开始，较多使用钢铁矛头。随着钢铁冶锻技术的提高，矛头的形体加大并更加锐利。西汉时骑兵日渐成为军队的主力兵种，出现专供骑兵使用的长矛。唐代以后，矛头尺寸减小，更轻便合用。根据不同的战术用途，矛的种类增多。火器出现后，矛仍是军中必备的冷兵器，一直与火器并用到清朝后期。

十八般武器之戈

戈是中国古代的一种兵器。由长柄和横装的戈头组成。

关于戈的起源，一般认为是由镰刀类工具演化而来。到了青铜时代，戈成为军中必备的主要兵器。已发现的年代最早的青铜铸的戈头，出土于河南省洛阳市偃师区二里头遗址，至少是距今3500年前的制品。在商朝，青铜戈的使用已极普遍。西周时期的青铜戈头，基本上沿袭商朝传统。以后由于青铜戟的使用日渐普遍，戈的地位有所下降，但仍是主要格斗兵器之一。战国晚期，铁兵器的使用渐多，铁戟逐渐取代了青铜戟，同时也逐渐淘汰了青铜戈。因此戈这种盛行于青铜时代的兵器，到西汉以后已基本绝迹。

十八般武器之戟

戟是我国古代一种将戈的勾、啄和矛的直刺功能结合在一起的格斗兵器。由戟头和戟柄组成。由于戟比戈和矛更为先进，它很快成为将士们作战的格杀利器。西周时期出现了整体铸造的戟。戟头在商周时期用青铜铸制，战国末年出现钢铁制品。戟柄为竹木质，其长度按不同使用情况有所差别：车兵用戟柄最长，骑兵用戟柄稍短，步兵用戟柄更短。汉朝还出现一种单手握持的短柄戟，称为"手戟"，一人可持两戟并用，故又称为"双戟"。

▲青铜戟

战国晚期开始，钢铁兵器逐渐取代了青铜兵器，产生了刺、柄合铸的钢铁戟头，戟由"十"字形进化为"卜"字形，称为"卜字铁戟"。三国时期，戟的种类增多，有长戟、手戟、双戟等。手戟柄短体轻，可刺可掷，是性能优良的防身自卫兵器。长戟、双戟则柄长体重，杀伤威力大。

晋朝以后，随着重甲骑兵的发展，长兵器多用矛，隋唐又兼用长刀，戟逐渐脱离实战，成为只表示等级身份的仪仗礼兵"用具"。

在我国淘汰戟之后约900年，欧洲戟出现了。欧洲戟跟中国戟不一样，基本上是斧与矛的结合，其中以瑞士长戟最为著名。瑞士长戟长2米到3米，可以发挥刺、挑、劈、砍、勾多种功能。用瑞士长戟上的弯钩把骑士钩下马来勒索赎金，是瑞士雇佣兵的生财之道之一。从制造技艺上看，欧洲戟跟中国戟一样有耗费工时的缺点，而且它头端太重，限制了长度，加之比矛昂贵，所以始终只是矛的辅助武器。到燧发枪和刺刀发明之后，欧洲戟就从军队中除名了。

外国冷兵器

在国外，一些冷兵器（刺刀、短剑、军刀）作为战斗武器或荣誉（奖赏）武器，一直保留到 20 世纪 80 年代。

剑

剑是欧洲中世纪步兵及骑兵所使用的一种冷兵器，带把柄，直形双面刀身，柄与剑身成十字形交叉，顶端有剑首。依剑的形制和长度可分为刺剑和劈剑，有些剑则刺劈两用。古老的剑很短，主要是刺剑。公元前 2000 年末期到公元前 1000 年初期，在欧洲和亚洲出现了长劈剑，在步兵和重骑兵中使用。可是，由于战车广泛使用，以及遇骑兵须下马步战时，短剑仍没有失去作用。古罗马在公元前 3 世纪到公元 3 世纪，有供步兵用的短刺剑和宽刺剑，供骑兵用的长劈剑。在古俄罗斯，劈剑出现于 9 世纪，刺剑出现于 13 世纪。这些剑主要由古俄罗斯的工匠制成，其特点是钢质优良。许多国家还有双手握的长柄剑，但未广泛使用。14 世纪至 15 世纪时，骑士队备了这种双柄剑。15 世纪至 16 世纪时，步兵用这种剑同骑兵作战。16 世纪初，由于射击武器的推广，剑在步兵中就不再使用，而在骑兵中则改用马刀和大军刀。

长剑属于一种刺杀或劈杀冷兵器。17 世纪下半期出现于欧洲，用于击剑的训练，也曾用于决斗。长剑是一种剑身笔直的钢剑，带锐剑头（用于决斗）、钝剑头或有固定保护帽的剑头（用于击剑），有护手和带纹防滑圆握把。19 世纪末，在击剑用长剑的基础上产生了至今仍在使用的体育用长剑。体育用的长剑是剑尖部逐渐变窄的具有弹性的钢剑，带有球状剑头。1954 年以后，击剑中采用电动裁判器，长剑剑头改为活动的电接触装置。体育用长剑的长度不超过 1100 毫米，其中剑柄（护手及碗状握把）占 200 毫米，剑重不超过 500 克。

曲剑是用于劈杀与刺杀的冷兵器，出现于 16 世纪。曲剑的特点是刀身逆弯，凹面为刀刃，刀背为弓形。少数曲剑剑身是双曲形，剑身底部为逆弯，而战斗部分为马刀形。剑柄没有护手盘。剑柄（骨制的，少数是金属的）头上有加粗把（把耳），便于手掌抓靠。木质剑鞘用皮革或金属包面。曲剑总长 800 毫米，剑身长 650 毫米，弯度 40 毫米，不带鞘重量约 800 克，带鞘约 1 200 克。除土耳其外，近东、巴尔干半岛各国和南高加索军队也使用过曲剑。

佩剑属于一种刺杀冷兵器，是一种直而薄的棱状双刃匕首。带鞘，佩于腰带上。出现于 16 世纪末。初为接舷肉搏武器。在十月革命前的俄国，海军军官和海洋事务文职官吏使用这种佩剑。现为许多国家海军制服的佩带物。在原苏联海军中，佩剑为元帅、将官、军官、准尉礼服的佩带物。穿礼服时，根据特别指示挂佩剑。在原苏联陆军中,将官、军官和准尉在参加阅兵式时,根据特别指示带佩剑。

短剑是用于劈刺的冷兵器。短剑有长 49 厘米至 67 厘米,宽 4 厘米至 5 厘米的剑身和十字形或弓形剑柄。剑身有直的或弯的,两刃的或单刃的。短剑置于剑鞘,佩在武装带上。自 18 世纪中期到 19 世纪 80 年代,在俄军中曾装备过步兵、炮兵以及工兵部队的分队。近卫团士兵、近卫水兵和士官生也佩带过短剑。有些国家的现代军队也装备过短剑式的枪刺。

军刀

军刀属于劈刺的冷兵器。军刀主要部分是刀身、刀柄(不带护手盘)和刀鞘。最早装备俄国非正规骑兵的军刀是高加索式军刀,刀身稍弯曲(弯度约 30 毫米),凸面为刀刃,前端(战斗部分)为双刃,刀长 700 毫米至 900 毫米,宽约 40 毫米,带鞘重约 1.2 千克。俄式军刀(1834 与 1842 年式龙骑兵军刀,1868 年式炮兵军刀)在刀鞘和刀柄的构造上不同于高加索式军刀。苏军装备的军刀是 1881 年式和 1927 年式的军刀。取消骑兵和骑兵炮兵以后,就不再佩用军刀(从 20 世纪 50 年代中期起,仅用作阅兵武器)。1940 年规定合成军队将军和炮兵将军佩带的阅兵军刀,于 1949 年改为短佩剑。苏军建军 50 周年时制发了带有苏联国徽的军刀作为一种奖励冷兵器。

大军刀是一种直刀身单刃(刀尖为双面刃)劈刺冷兵器。刀身长 85 厘米,柄上有防护盘(护手)。大军刀置于腰带上的鞘内或挂在马鞍上。大军刀出现于 16 世纪。后大军刀同马刀和刺剑一样取代了剑。在俄国军队中,大军刀从 17 世纪末开始广泛使用,18 世纪至 19 世纪装备属于重骑兵的胸甲骑兵团、龙骑兵团和马枪团,19 世纪末停止装备部队。在海军中,大军刀属于接舷搏斗武器,但刀身较短。1917 年以前,是海军准尉候补生制服装具的一部分。1940 年规定原苏联高等海军学校的学员佩带大军刀,1958 年取消。在原苏联海军中,大军刀仅作为副战旗手制服装具的一部分保留下来。

马刀属于劈杀或劈刺的冷兵器,包括刀身、刀柄和刀鞘。刀身呈弧形,凸部是刀刃,凹部是刀背,有刀尖(有时刀身带槽)和安刀柄的刀尾。由于刀身弯曲,重心远离刀柄,增大了马刀的杀伤力量和杀伤范围。马刀的这种特点在用弹性大和韧度高的硬质钢制成的刀身上表现最为显著。刀柄有带刀彩的握把和十字横挡(东方马刀)或护手(欧洲马刀)。刀鞘有裹皮革、山羊皮和丝绒的木鞘,也有表面烧兰、镀铬和镀镍的金属鞘。

▲马 刀

马刀出现于东方,7 世纪至 8 世纪盛行于东欧和中亚游牧民族,用作劈刺武器。14

世纪，马刀上有了宽脊，即刀身打击部分的宽部，加宽处逐步变尖，两面开口，这种加宽用于增加刀身的重量和增大撞击力。马刀从此主要用于劈杀。这一类马刀中最具代表性的是土耳其马刀和波斯马刀。两种马刀均为直把，刀柄带有十字横档，重量小（无鞘 850 克至 950 克，连鞘 1 100 克至 1 250 克），刀身弯度大（140 毫米左右），刀身长 750 毫米至 850 毫米，全长 950 毫米到 970 毫米。在十八至十九世纪的欧洲军队中，马刀刀身中等弯度（45 毫米至 65 毫米），刀柄带有笨重的呈 1 个到 3 个弧形的护手，也有碗状的，刀鞘从 19 世纪起一般是金属制的。马刀全长达 1110 毫米，刀身长 900 毫米，无鞘重约 1100 克，连金属刀鞘重约 2300 克。刀身弯度减至 35 毫米到 40 毫米，马刀又重新具备劈刺性能。

15 世纪至 17 世纪，俄国领地骑兵、射击军、哥萨克骑兵曾装备马刀。18 世纪起，在欧洲军队和俄国军队中马刀用于装备轻骑兵全体官兵和其他兵种的军官。1881 年，在俄国军队中马刀被军刀所代替，仅在禁卫军中作为仪仗武器保留下来，某些军官和将官在队列外也佩带马刀。在外国军队中，马刀保留到第二次世界大战结束，战后仅作仪仗武器使用。

体育用马刀是一种刺杀和劈杀冷兵器。由弹力钢制刀身和刀柄（碗状护手和握把）组成。变截面（靠顶端窄部）的刀身尖端有一突起部（4×4 毫米）。刀长不超过 1 050 毫米（刀身不超过 880 毫米），重约 500 克。

欧洲的马刀和阿拉伯弯刀

公元 7 世纪到 8 世纪，马刀盛行于东欧和中亚游牧民族，用做劈刺武器。公元 14 世纪，马刀上有了宽脊，用于增加刀身的重量和增大撞击力。马刀从此主要用于劈杀。这一类马刀中最具代表性的是土耳其马刀和波斯马刀。两种马刀均为直把，刀柄带有十字横档，重量小，刀身弯度大，刀身长近 1 米。在公元 18 世纪至 19 世纪的欧洲军队中，马刀刀柄带有笨重的弧形护手，马刀全长达 1.11 米。

公元 18 世纪，马刀大量装备俄国骑兵部队，使这种机动性很强的军队具有了轻便的近战速决武器，作战能力大大提高。随后，马刀在各国普遍装备骑兵，一些国家也用于装备禁卫军。

现代一些国家仍装备有马刀，但大部分作为仪仗武器。

最有特色的是阿拉伯弯刀。这是一种曲线型的刀，刀身狭窄，弯度较大，长 1 米至 1.2 米，刀身上有一道较深的凹痕。其特点是韧性和硬度好，刀刃极为锋利。古代大马士革和托莱多的军械工匠因制作优质的阿拉伯弯刀而闻名于世。

外国长矛

从公元前 2700 年起，在旧王朝和新王朝时期的古埃及，步兵都使用铜矛，后来则使用青铜矛。早于他们的苏美尔人，步兵和驾战车的将士都使用矛。矛也是古波斯人的主要武器，这一点可以从佩西波利斯王宫的石头浮雕上看出，那上面刻有波斯王大流士的手执长矛的私人卫士。

后来的希腊人也使用矛，掷标枪是奥林匹克运动会上的一个比赛项目，它回答了怎样使用矛的问题。壁画上有个步兵手持马其顿矛，这种矛两头都是尖的，以防毁损。他显然是用这种矛来刺杀。矛在此时是骑兵和步兵的通用武器。荷马时代的英雄们常常是带着两支矛上战场，带着一支矛回来，这表明轻的一支矛是用来投掷的，重的一支矛是握在手里刺杀的。骑兵使用的长矛是亚历山大大帝的骑兵最先开始使用的。他的骑兵穿着盔甲，带着剑、盾和长矛。从这个时候起，在罗马使用长矛的人已经很普遍了。在中世纪，欧洲为了提高武士们的作战技术，经常举办长矛投掷比武。长矛直到很晚的时候还是人们喜欢的一种武器。

长柄斧

长柄斧是最古老的一种劈杀冷兵器，是一种斧背装在柯（长杆）上的半月形宽刃斧。有时斧背上带有钩子，步兵用它把骑兵钩下马。长柄斧早在青铜器时代就已出现。随着铁器的产生，长柄斧在许多民族中得到推广。长柄斧的平均尺寸为：斧刃长 20 厘米至 30 厘米，连同斧背宽 13 厘米至 18 厘米，柄长 80 厘米至 100 厘米。九至十五世纪，长柄斧在俄国军队中广泛使用。到 16 世纪，在俄国长柄斧被铖代替，在西欧被戟代替。

铖

铖是一种古代冷兵器，斧刃宽阔，称半月形（40 厘米至 100 厘米）装在两米多长的长柄上，也作火枪的辅助武器使用。15 世纪至 17 世纪，在俄国被用作步兵的武器，用皮带背在肩上，18 世纪，铖和戟成为宫廷卫士和岗哨的仪仗武器。

狼牙棒

狼牙棒是一种极为简单的打击或投掷冷兵器。远古时代起即为步兵和骑兵使用。古代俄罗斯军人使用的狼牙棒叫"长木棒"。狼牙棒用坚木制成，形似粗木棒，长 1.2 米，一端比另一端粗 2 倍到 4 倍。狼牙棒的粗端有时包金属或钉有粗大的钉子，细端为柄。狼牙棒重达 12 千克。后来，俄国的狼牙棒又发展出狼牙锤、短锤矛等，这些也用作指挥官权力的象征。属于狼牙棒一类的，还有南美洲、非洲及大洋洲诸部落的几种骨制和石制冷兵器及礼仪性兵器。这些兵器一直沿用到二十世纪中叶。投掷狼牙棒后发展成为回旋飞镖，古埃及、大洋洲诸部落、南印度、东南亚及墨西哥的多用于作战和狩猎。

声名远播的刀

刀在最为常见的冷兵器，样式也极其繁多。古代许多民族都产生了自己最为称道的名刀，它们形制各异，各有所长。其中，能够称之为世界级名刃的，主要有三大类：一个印度、伊朗、阿富汗、布哈拉、土耳其等地的大马士革平面花纹刃，俗称大马士革刀；另一个新加坡、马六甲、爪哇、婆罗洲、菲律宾等地的糙面焊接花纹刃，俗称马来克力士剑；再一个是日本平面碎段复体暗光花纹刃，俗称日本武士刀。

从地理分布看，三大名刃出产地都在亚洲，而且距离中国不远。这是因为，这些良刃都是古代中国能工巧匠所造。秦始皇统一六国后，欲立万世基业，在焚书坑儒的同时，还推行销兵禁铸，严禁民间私自制造和持有兵器。一些兵器铸造行家，为避免罹难逃亡四方。逃到琉球、马来诸岛，以及匈奴、突厥、大月氏等等地，战争的需求和优良的矿石，为工匠的技术传播创新提供了可能。经过多年的发展，世界三大名刃终于脱颖而出，闪亮现身于古战场。

另外，中国唐朝的唐刀，也以其种类多、装饰美、实战性强而著称，它不仅对中国后来的战刀起到了示范作用，而且随着文化传播被周边的国家民族吸收借鉴，产生了深远的影响。

大马士革刀、马来克力士剑、日本武士刀

大马士革刀用乌兹钢锭制造，表面拥有铸造型花纹。在过去相当长的时间内，大马士革刀独特的冶炼技术和锻造方式，一直被波斯人视为秘密，不为外界所知。

大马士革刀呈长弯月形，有的弯成弓背状。此刀虽然是单手所持，但刀身长而宽，重量大，劈砍时的威力强劲，可将敌人连人带甲一同劈开。骑士们杀敌时不是用刀砍劈，而是策马疾驰将刀平持手中，使刀锋平划切抹敌人头部或身体。当伊斯兰教历史上的英雄人物萨拉丁与英国国王、"狮心王"理查一世在耶路撒冷决战时，萨拉丁跃马扬鞭来到阵前，将一方手帕抛到空中，然后猛地抽出大马士革弯刀凌空一劈，手帕顿时断为两节，刀锋之利可见一斑。如今一些被作为藏品收藏的大马士革刀，仍可以轻松将抛在空中的蚕丝斩断。

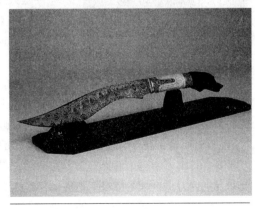

▲大马士革刀

大马士革刀身上有手工纹饰，嵌黄金宝石，有的还饰有珐琅彩工艺，可谓珠联璧合，精美绝伦。1798年，法国拿破仑远征埃及，与土耳其、阿拉伯、埃及联军骑兵相遇，法军一阵枪击将敌击退，但敌军死士身上佩戴的弯刀，让法军士兵叹为观止，于是争相抢夺，场面大乱。就连素以制军严明著称的拿破仑，也禁不住心生好奇，选择了一件刀具，作为战胜品带回。如今，这把刀陈列于巴黎东方兵器博物馆。

马来克力士剑兴盛于13世纪的满者伯夷（今印尼泗水市西南）王国，刀体取材于陨石铁，锤锻入火500次左右，刃上的夹层钢有600层之多。早期人们对马来克力士并不在意，直到白人与马来人几次作战后，马来克力士的优良表现才使世人大为震惊。当时，荷兰枪手的火枪钢管经常被马来刀剑一劈而断，刀刃轻轻推送就可刺入敌身。根据在剑身糙面花纹孔隙里浸入的液体不同，该剑可分为香刃和毒刃两种，其功效发挥可持续上百年。这使得马来刃变得更为神奇。

马来克力士剑也非常注重装饰，有的将糙面刃纹铸成浮雕造型，有的用象牙、金银装饰柄和鞘，并且镂刻花鸟兽形。在马来旧俗中，男子腰插3件克力士剑，一件家传，一件自购，另一件是结婚时妻子所赠。作为结婚纪念品的那一把，往往造型最为精美。白种人统治以后，禁止马来人佩戴克力士剑，制刃业随之衰落。

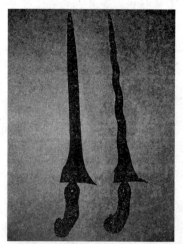

▲马来克力士剑

日本武士刀由中国唐刀改良而成，依据形状、尺寸分为太刀、打刀、胁指、短刀，广义上还包括剑和枪。武士刀刀体呈平面碎段复体暗光花纹，常见的有边花、腹花、小暗斑、粗暗斑等。与众不同的是，这种刀不仅具备武器应有的锋利，同时还以造型优美著称，很多名刀被当作艺术品收藏，并寓含着武士之魂的象征意义。

一般武士刀刀柄与刀刃的比例是1∶4，刀柄双手持握，劈杀有力，其弯曲程度控制在锋尖下16.7毫米处，砍劈时此处力量最大，十分符合力学原理。刀背称"栋"或"脊"，用以抵挡攻击，有平、庵、三、丸四种。在制法上，武士刀集合了很高的技术，总体来说需要经过刀工制刃、淬火、打磨之后，由刀工配白木柄鞘以保存刀刃，而刀柄、鞘、镡等刀装为另一行当，由专门的刀工装饰。

《明史》曾记载，著名抗倭将领戚继光的部队与倭寇作战时，兵士刀剑常被日本刀削断。日本刀创造了世界刀剑史的神话，它的影响波及整个世界。从12世纪起，成千上万把钢刀出口远东市场，销售量与其他两种名刀相比毫不逊色。

大马士革弯刀缔造传奇

1260 年 8 月，埃及马木留克苏丹忽都思率领 12 万大军，在艾因贾鲁特附近山谷同 2.5 万蒙古军队决战。

马木留克骑兵全是重骑兵，头戴精钢打造的头盔，身披锁子甲，武器装备包括一张强弓、一支长矛、一柄大马士革弯刀和一面盾牌。马木留克强弓射程远，穿透力强，但射速稍慢。马木留克骑兵的坐骑是阿拉伯纯种马，速度、耐力都可圈可点。马木留克骑兵的刀法出色，享誉世界的大马士革弯刀更使其如虎添翼。

蒙古大将怯的不花领军率先发动进攻，埃及军团佯装退却，蒙古军队紧追不放，冲进山谷。5 万马木留克骑兵排成 6 千米长的阵线，而部署在两侧群山里的 7 万北非轻骑兵这时也冲了出来，形成对蒙古军队的三面包围。怯的不花立刻命令两个万人铁甲骑兵为先锋，向马木留克阵营两翼突击，重骑兵以马刀左劈右砍，轻骑兵以箭矢袭敌，马木留克阵营开始后退。

千钧一发之际，忽都思亲自冲进蒙古军阵中，挥舞着大马士革弯刀大力砍杀，他的行为极大鼓舞了马木留克骑兵，他们狂呼着冲锋。良马，利刃，猛士，人与武器配合产生的效用，在激烈搏斗中发挥到极致。

蒙古轻骑兵历来以机动攻防见长，不擅于近距离格斗，所以当两军处于胶着状态时，蒙古军队明显处于劣势。这场混战一直从清晨持续到下午，蒙古军队伤亡渐增，渐显败象。怯的不花拒绝撤退，亲率卫队发动反冲锋，因战马跌倒而被俘，很快被杀。失去主帅的蒙古军队军心涣散，夺路而逃。

马木留克骑兵追击至一个名叫贝珊的地方，将蒙古残军合围。又一场厮杀开始，可怜的蒙古士兵全部成为埃及军团的刀下之鬼。

中国唐刀，刀具曾经的巅峰

中国唐朝初期，政治开明，经济繁荣，军事强大，成为当时世界的中心。从唐初的统一之战到盛唐时期所有的对内对外战争中，都出现了冷兵器历史上对后世影响巨大的武器——唐刀。

唐刀具有礼仪和战斗两大功能，分为仪刀、障刀、横刀、陌刀四种样式。陌刀即长刀，为步兵所用，是军队重要的装备，用于击杀对手骑兵，唐中期被作为军队专用器物，严禁民间私造私藏。陌刀是传承汉之长剑"断马剑"，现在出土的汉长剑有的长达 140 多厘米，唐朝人在汉长剑其原有形制基础上，改进为双手所持并加长手柄的两刃长刀，即

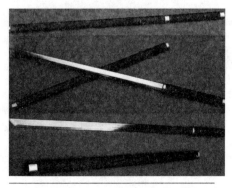

▲中国唐刀

▲藏　刀

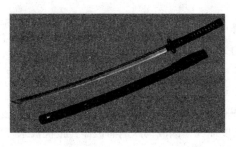

▲日本刀

陌刀。仪刀是羽仪所执，在晋宋时称御刀，后魏称长刀，到隋朝时称为仪刀。作为皇家御用军队和侍卫的重要兵器，仪刀往往"施龙凤环"，"装以金银"，极尽奢华。随着朝代的更替和战争的蹂躏，唐朝仪刀也逐渐消失了。横刀是卫府官兵佩带的主要兵器，此刀没有环手，比仪刀短，柄头由一个金属管形套在手柄上，手柄中间收腰，有穿绳孔。手绳由环部挪到刀柄中间，可有效防止刀具脱手，此工艺一直流传到明清。障刀为护身刀，用以御敌和自卫。

唐刀见证了大唐帝国的强盛，也对兵器发展产生了巨大影响。随着各国使臣的往来，仪刀流向高丽、日本和吐蕃等地的各民族，这些民族所制刀皆留有仪刀的意蕴。中国的藏刀继承并保留了唐刀的直刃、单锋、圆弧刀尖、刀背起脊线、复合锻造等诸多特点，这些特点在日本刀上也有体现，所以唐刀是中国藏刀和日本刀共同的鼻祖。宋朝出现的绰刀、三尖两刃刀，也是唐代陌刀的直接继承者。仪刀和横刀在唐以后发展为佩刀，成为广泛使用的自卫刀具。

第二章　自卫兵器

　　自卫兵器大都轻便小巧，易于携带，不仅用在战争场合，而且在远离战场的环境中，也常常佩戴，主要用于防身自卫。自卫兵器式样较多，从类型看大致有剑、匕首和暗器三类。有一些自卫兵器是个人独创，极具个性和魅力。

百刃之君——剑

剑属双刃短兵器，素有"百刃之君"之称。剑最早出现在我国殷商，春秋战国时斗剑、佩剑之风盛行。汉代击剑更是朝野风行，不少人以剑术显名于天下。隋唐时，剑形十分精致华丽，给后世带来很大的影响，故有"鼻剑"之称。宋代以后，击剑之风逐渐为剑舞所代替。

剑在中国古代除应用于战场，还有多种内涵。古人根据佩剑人年龄、地位不同，对剑的长度及装饰物有严格规定。其中尚方剑是皇权的象征，具有先斩后奏的权力。道士降妖驱魔时，桃木剑是必不可少的法器。另外，剑还被文人学士作为一种风雅佩饰，用来抒发凌云壮志或表现尚武英姿。唐代大诗人李白少年习剑，青年时期曾"仗剑去国，辞亲远游"。

中世纪的欧洲，剑是王权的标志和力量的象征。骑士佩剑被视为骑士精神的载体，神圣不可侵犯。法国国王曾明文规定，骑士如果被俘，不得用自己的剑当作赎金。哪怕失去人身自由，也不能放弃自己的剑。可见，中西方虽然文化差异很大，但在对待剑上，却有着相似的心理基础。中西方的剑形制各异，但却往往承载着一个民族的性格。

享誉世界的名剑

享誉世界的名剑有欧洲佩剑、蒙古剑、印度古剑、罗马短剑、英格兰宽刃剑和欧式刺剑。

欧洲佩剑是一种直而薄的棱状双刃剑，带鞘，佩于腰带上，出现于16世纪末。在十月革命前的俄国，海军军官和海洋事务文职官吏使用这种佩剑。现为许多国家海军制服的佩带物。

▲蒙古剑

蒙古剑是蒙古骑兵常用的一种短刃兵器。蒙古骑兵重短刃，所用剑制造轻巧，锋刃犀利。出征时，招募印度、土耳其、阿拉伯及欧洲著名工匠制造，吸收欧亚各国兵器制造工艺精华，铸造出许多举世闻名的利刃。剑刃、剑柄采用欧洲式样，剑身细长，刃部狭窄尖锐。由于能洞穿敌铁网盔甲，因此被意大利人称为透网剑。

印度古剑有弓形剑、圆形剑和细长型剑等。剑柄由犀牛、母水牛角、象牙等制成，也有的以木头和竹子为材质的。

罗马短剑这种武器的出现与罗马军队的作战方式有关，他们在近距离接敌时，使用一人高的盾牌防护全身，排着摩肩接踵的密集阵型，单兵没有太大的回旋余地，故而使用的剑很短，主要用于刺击而不是砍削。此剑用青铜浇铸，长度一般在 30 厘米到 40 厘米，格斗时尽量刺入对手的要害部位。

英格兰宽刃剑为中世纪欧洲军队最普遍的装备，双刃，十字形把手，长 3 英尺左右，多为铁或黄铜所制。该剑剑柄末端常有圆球，以便砍劈时保持手腕平衡。直到 14 世纪，锁子甲取代简易的皮甲，宽刃剑逐渐失去用武之地，退出历史舞台。

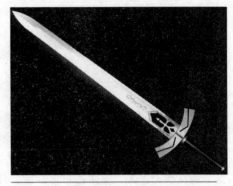

▲ 英格兰宽刃剑

欧式刺剑多用于刺杀，少数也用于劈砍，形状类似今天比赛用花剑。欧式刺剑最早出现时并不是武器，而是为了检验铠甲的质量，用剑在上戳刺看能否贯穿，因而得名。后亦成为装饰品，或用于决斗。

承载圣骑士荣耀的杜兰德尔圣剑

罗兰是欧洲中世纪第一位被称作圣骑士的人，圣剑杜兰德尔是其佩剑。相传此剑中藏着圣母的衣角和耶稣的血与毛发，因而也被称为天使之剑。

5 世纪西罗马帝国灭亡后，法兰克王国支配欧洲，后来逐渐分裂为德意志、法兰西、意大利三个王国。8 世纪末，统治法兰西的查里曼大帝手下有 12 个被称为"帕拉丁"的骑士，其中以罗兰最为有名。他作战勇敢，为人正直，是法兰西时代可与亚瑟相比的骑士。

查里曼大帝远征伊斯兰教控制下的西班牙，期间从后方传来萨克森人要叛变的消息，国王决定暂时休战，罗兰推荐自己的叔父噶努伦任谈判使者。由于此前已多次发生使者被杀事件，所以噶努伦认为罗兰是让自己去送死，对罗兰怀恨在心，暗中勾连敌人偷袭罗兰的部队。

毫不知情的罗兰率 3 万士兵照常撤退，不幸遭到 10 万敌人埋伏，顽强的法兰西士兵杀退了敌人一次又一次的进攻。罗兰的好友提醒他可吹响号角，通知查里曼大帝后方被袭，但罗兰认为，因惧怕而乞求国王救援是永世的耻辱。他拒绝了好友的建议，继续奋战。对方又增援 20 万兵力，战争的最后时刻，罗兰这才吹响了号角。国王马上派出援兵，但为时已晚，罗兰已身负重伤。他不愿杜兰德尔剑落在敌人手中，于是跑到一个山丘上，用剑猛击岩石，试图将这柄圣剑毁坏。当国王到达的时候，罗兰已经身亡。国王回国后处死了叛徒，并将杜兰德尔剑赐给像罗兰一样最优秀的骑士。

刺客钟爱之物——匕首

匕首是用于刺杀的最短的冷兵器，有短刀身和刀柄，刀身有直有弯，刀刃分单刃双刃，长20厘米至30厘米。匕首短小易藏，主要用于近战和防身，常为刺客使用。原始社会已有石匕首和角制匕首，中国商周后改为青铜或铁制造。匕首是广为使用的冷兵器，当今一些国家的特种部队仍然装备。

曹沫单匕劫持齐桓公讨还国土

春秋时期鲁国将领曹沫曾经成功地利用匕首劫持了齐桓公，以此为条件，要回了被对方掠夺过去的国土。

曹沫勇力过人，鲁庄公非常赏识，拜他为将。但曹沫与齐军交手三次，都是大败而归，鲁庄公不得不忍痛献出了土地，但并没有因此罢免曹沫。

后来，齐桓公与鲁庄公在柯地会盟，曹沫乘机手执匕首劫持了齐桓公。因人质在曹沫手中，齐桓公的手下不敢轻举妄动。曹沫说，齐国强大而鲁国弱小，现在大国侵犯鲁国的行为越来越严重，鲁国城墙倒塌了就能压到齐国的边境，要齐桓公仔细考虑这个问题。齐桓公无奈，只好答应归还侵占的鲁国领土。齐桓公这话一出口，曹沫就扔了匕首走回座位，面不改色，谈吐如常。齐桓公非常生气，打算违背约定。管仲劝他说，不能毁约，如果贪图小利逞一时的口舌之快，就会失信于诸侯，不如就把土地还给鲁国。于是齐桓公就把此前三次战争中所得的土地，归还给了鲁国。

▲春秋青铜绿松石匕首

400多年后，侠客荆轲曾用匕首行刺秦王嬴政，但这次没有成功。

公元前227年，荆轲受燕国太子丹之托，以进献城池为名，前往秦国刺杀嬴政。太子丹为荆轲准备了一把锋利的匕首，这把匕首用毒药煮炼过，只要刺中见血，就会气绝身亡。太子丹选派了12岁便杀过人的勇士秦舞阳，作荆轲的副手。在秦国大殿上，荆轲向秦王展示将要进献土地的地图，图穷匕见，荆轲持匕首刺杀秦王，嬴政成功躲闪，抽出长剑刺中荆轲，荆轲暗杀功败垂成。荆轲和秦舞阳皆被杀。

可见，匕首虽是近身刺杀的首选工具，但能否成功还取决于各种外围因素。

匕首扮演了不光彩的角色

阿金库尔战役发生于 1415 年 10 月 25 日，是英法百年战争中著名的以少胜多的战役。在亨利五世的率领下，英军以步兵弓箭手为主力的军队，击溃了由大批贵族组成的法国精锐部队，为四年后征服整个诺曼底奠定了基础。这场战役与克雷西战役一样，成为英国长弓手的辉煌战例。值得一提的是，在这次战役中，英国长弓手携带的一种名为 Misericord 的匕首，扮演了非常不光彩的角色——屠杀俘虏。

当时，英军利用树林掩护，骑士下马部署在前方，弓箭手按照楔形分布。法军将步兵和弩手集结在中央，两个侧翼各安排 1100 名骑士，后卫另有 9000 名骑兵。两军从早上 7 时起对峙大约 4 小时后，亨利命令英军推进，弓箭手作前锋，在距法军 400 码左右停止，用木桩建成简易屏障。法军两侧骑兵首先发动冲击，但因战场地形狭窄，被英军的飞箭打散，少数冲锋上来的士兵也被挡在木桩外。由于战前曾下大雨，加之骑兵的踩踏，道路异常泥泞，向来不重视纪律和队形的法军更加混乱不堪。

两军正面接触后，英军采取弓箭手掩护、步兵反击的战术，有效打击了法军。虽然法军依靠人数优势一度压迫英军后退，但是恶劣的战场环境令其精疲力尽，重装盔甲成了累赘，长戟难以使用。这

▲ 亨利五世的蜡像

时，英国轻装长弓手停止射击，使用各种短武器加入战斗，短兵相接使得法国弩手无法射击，很多士兵一箭未发便退出了战斗，后卫骑兵也纷纷逃离战场。法军组织约 600 名骑兵再次发动冲锋，但已是回天无力。

法军在这场战役中唯一收获是袭击了英军的后卫军营，虽夺得了一些战利品，但导致了恶劣后果。亨利五世由此怀疑英军受到包围威胁，为避免意外，他下令处死了几乎所有法国战俘。英国骑士难以接受命令，拒绝执行这种不道义的任务。但最终执行者是两百名身份低微的弓箭手，在民族感情和阶级仇视交织影响下，弓箭手们拿出随身携带的 Misericord 匕首，从法军骑士面罩眼缝中插进去。这些身披重甲而手无寸铁的俘虏，连反抗一下都没有机会，便死于非命。绅士之间的交锋对决竟以如此下作局面收场，简直是对中世纪军事浪漫主义的莫大讽刺。

此战法军损失过万，大小贵族战死 5000 多人，其中包括 3 位公爵、5 位伯爵和 90 位男爵，法军大元帅被俘，最终死于英国监狱。而英军的损失是一名公爵、十余名骑士和百余名长弓手。此战不仅成为英法百年战争中双方力量消长的一个阶段性转折，而且被视为整个欧洲骑士阵营的耻辱。

当年屠杀俘虏的匕首，现今民间已经难得一见，在西欧一些博物馆中，偶尔能够

见其影踪。

著名的"V"型手势，据说即是始于这场战争。法国骑士一向鄙视英国弓箭手的低微出身，战前宣称说一旦抓住俘虏会剁去其两个手指，让他们此生不能再射箭。战斗结束后，英国弓箭手纷纷叉开双指向对方炫耀，从此这个手势便喻示成功和胜利。

起源于匕首的瑞士军刀

瑞士军刀起源于匕首，也称瑞士刀或万用刀。这是一种包含有许多工具的折叠刀，因瑞士军方为士兵配备而得名。瑞士军刀的基本工具有平口刀、牙签、剪刀、开罐器、螺丝起子、镊子等。

▲瑞士军刀

瑞士军刀源于19世纪90年代，瑞士军方停止使用德制刀具，改由本国自制。最早的瑞士军刀采用木制手柄，配有螺丝起子和开罐器两种工具。1897年，随着新弹簧的发明，瑞士军刀开始装配较多工具。1909年，瑞士人在此刀红色握把上刻上白色十字盾牌作商标。瑞士有众多厂商生产这种多用途工具刀，但是只有维氏（Victorinox）和威戈（Wenger）的产品才被视为正宗的瑞士军刀。

今天瑞士军刀种类相当繁多，所搭配的工具组合也多有创新，如打火机、手电筒、液晶时钟、USB存储器、MP3播放器，等等。这些新物件的加盟，使得这一古老刀具焕发出浓郁的时代气息。

神秘的暗器

暗器是指便于在暗中实施突袭的兵器。暗器主要由武林中人创造，它们体积小，重量轻，便于携带，而且速度快，隐蔽性强，具有较大威力。武林中讲究一对一打斗，双方距离很近，于是暗器就派上了用场。

中国武术中的暗器至清代集其大成，达于鼎盛。直到清末火器盛行以后，暗器才逐渐被冷落，至今仍有人习练此技。

在千军万马厮杀的战场上，暗器很难发挥作用，所以古代军人很少练习暗器。古代中国军队也有类似暗器，用于对付骑兵，最为常见的是扎马钉和绊马索。古代西方倡导骑士式的公平对决，加之弓箭手、投石手大都由穷人担任，因此对暗器并不重视。据历史学家波力比阿记载，古希腊时代战争双方经常约定，不得用暗器或投弹武器。

最为常见的暗器——弹弓

弹弓是一种最常见的暗器，弓杆以竹或木制，内衬牛角，外附牛筋。弓弦用丝、鹿脊筋丝、人发杂丝制成。用于发射的弹丸有泥丸、磨制石丸、金属丸等。清代咸丰年间，有一个名叫李亦畲的拳师，曾写过一部名为《弹弓谱》的书，将弹弓的练法概括为：未开弓先看拿手，未搭弹先看扣手，未开弓先看拉手，未定式先看入手，开圆弓先看后手，打完弹先看前手。发射弹丸有很多架式，比如单凤朝阳式、野马上槽式、天鹅下蛋式、滴水垂崖式、拨草寻蛇式、双飞雁式、怀中抱月式等。

当今把弹弓作为一门武艺来练习的人极少，倒是儿童们以铁丝作架，橡筋为弦，把它变成了一件玩具。一些对弹弓情有独钟的人还建立了专门网站，探讨交流弹弓的种类和技艺。

▲木制弹弓

扎马钉与绊马索

扎马钉是古代军事战争中的一种防御性暗器。扎马钉有四个锋利的尖爪，状若荆棘，故学名蒺藜。扎马钉有铜铁两种。随手一掷，三尖撑地，一尖直立向上，推倒上尖，下尖又起，始终如此，触者不能避其锋而被刺伤。在古代战争中，扎马钉多散撒在战地或险径，用以刺伤敌方马匹和士卒。

扎马钉据说为三国时蜀汉的著名政治家、军事家

▲扎马钉

诸葛亮发明。当时蜀汉不产马匹，所以骑兵缺少，为了对付魏国骑兵，便发明了这个器物。马踩在上面就会负痛倒地，无法冲锋陷阵。尤其在退守和临时布防时作用非常大，在当时成为对付骑兵的撒手锏。陕西汉中汉江河、定军山、武侯坪一带，是当年魏蜀的重要战场，这些地方曾出土过扎马钉等兵器文物。进入火器甚至机械化时代后，这种简易实用的兵器也曾被使用，主要用于对付敌人的汽车轮胎。

绊马索是利用惯性作用绊倒对方战骑的器械。在古代战争中，交战双方常使用绊马索，在敌方骑兵经过之处放置绳索，临近时突然拉起，绳子绊住马腿使骑者从马上摔下。在《三国演义》中，吴国大将陆逊曾用此物擒获了关羽。史料记载，唐代安史之乱时，大书法家颜真卿曾以绊马索对付安禄山的叛军。

颜真卿具有见微知著的政治敏感，在任平原（今山东平原）太守时，他洞悉安禄山有谋反意图，便高筑城，深挖沟，收揽丁壮，积储粮草，加以防范。平原郡本属安禄山辖区，安禄山派人密探暗察，却见其每日与宾客泛舟饮酒。安禄山以为颜真卿是一介书生，不再猜疑。

天宝十四年（755年），安禄山发动叛乱。颜真卿起兵抵抗，附近十七郡响应，被推为盟主，合兵二十万，横绝燕赵，军威大震。安禄山腹背受敌，因而不敢急攻潼关。次年，颜真卿指挥平原、清河、博平三郡之师，灵活运用多种战法大战叛军，斩敌首万级，生擒一千余，声威益震。绊马索在对付安禄山叛军方面起到巨大作用。

机射暗器——袖箭及背弩

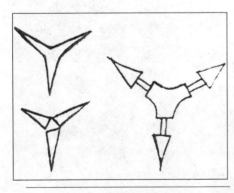

▲铁蒺藜

所谓袖箭以箭暗藏于衣袖内而得名，它分单筒与多筒两种，即一次发射与多次发射两种。袖箭的筒体是用铜或铁铸成，中间空心，内径约2.5厘米，筒体长26厘米。在筒盖上装有一蝴蝶形钢片，可掩住筒盖上的一圆孔，此钢片起到扳机的作用。袖箭箭体长约24厘米，以竹制成，前有铁簇，箭头之下有一小缺槽。箭体从筒盖小孔装入筒内，压紧筒中的弹簧，这个小槽正好为筒盖钢片卡入，袖箭由此进入待发状态。使用时，一启钢片，箭由弹力的作用飞出伤人，其射程由弹簧的力量而定。多筒袖箭一般为六筒，故又称"梅花袖箭"，制法大致与单筒相近。

另外，在机射暗器中，背弩是鲜为人知但使用很久的暗器。背弩不大，一般长26厘米，箭体长24厘米，用竹铁混制。使用者用两段绳索把弩系在后背上，这两段绳索正好系于双肩，另一段绳索的一端系于弩机，另一端系于用者腰带。这时弩背向前，上箭于弓弦上，用弩机扣紧。发射时无须动手启动弩机，只要使用者低头躬腰，腰带上的绳索由于腰背的拉长，就会开启扳机，将箭通过后脑射杀敌人。一般杀手往往假装对被杀者行礼乃至叩头拜倒，受礼者不知所措之余，猝不及防中已经着箭。

暗器的分类

暗器可分为手掷、索击、机射、药喷四大类，每一大类中均包括若干种类。手掷类暗器包括标枪、金钱镖、飞镖、甩手箭、飞叉、飞铙、飞刺、飞剑、飞刀、飞蝗石、铁橄榄、如意珠、乾坤圈、铁鸳鸯、铁蟾蜍、梅花针、铁蒺藜等。索击类暗器包括绳镖、流星锤、狼牙锤、飞爪、软鞭、锦套索、铁莲花等。机射类暗器包括袖箭、弹弓、弩箭、背弩、踏弩、雷公钻等。药喷类暗器包括袖炮、喷筒等。此外，还有其他一些暗器，如吹箭筒、手指剑、钢指环、匕首、手锥等。

第三章　抛射兵器

　　抛射兵器是依靠物体惯性，在空中独立飞行一段距离后杀伤敌人的冷兵器。它利用臂力、重力、弹力等外部力量投掷弹丸等器物以杀伤敌人，摧毁防御工事。它起源于原始社会用于狩猎的石块、木棒。随着劳动和战争实践的发展，出现了金属手抛兵器和较为复杂的抛掷、弹射器械。射击武器出现后，抛射兵器作用逐渐下降，现已成为狩猎、体育和特种用具。

　　抛射兵器种类繁多，按赋予飞行动力的形式可划分为手抛兵器、抛掷器械和弹射器械。常用的有标枪、投掷弹、狼牙锤、飞镖、弓弩、投矛器和投石机。

基本的投掷武器——标枪

标枪是一种带镞的短投掷梭标，又称"投枪"、"梭枪"、"镖枪"、"投矛"、"短矛"。中国在原始社会已有标枪，从石器时代晚期开始，标枪就是狩猎武器，但一直到宋代，标枪才成为军队常规武器。元朝蒙古军善用标枪，杆短尖利，有四角形、三角形、圆形数种，多数两端有刃，既可以马上刺敌，又可抛掷杀敌。明代军队中有一种两头带刃的标枪，两头尖，中间粗，有如长箭，两端都可以刺人，便于投掷。清代的标枪多用木竹为柄上加铁镞，样式与明朝相似。

标枪在古希腊和古罗马军队中都曾装备过，一直流传至中世纪。为使标枪投掷得更远，有的标枪上装有皮带环，以便投掷者发力。公元前1世纪，出现了加固标枪，既可投掷，又可作长枪。澳大利亚、阿留申群岛等部落，更是将标枪作为基本的投掷武器。

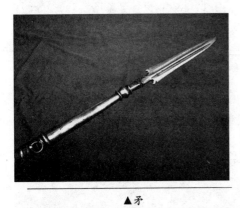

▲矛

最早的矛

矛是世界上多数民族过去在狩猎和战争中曾使用的刺杀武器或投掷武器。它出现于旧石器时代。最初的矛是削尖了的棍棒，后来的矛是在矛杆上装上矛头，全长1.5米到5米，在石器时代使用石矛头和骨矛头，从青铜时代开始使用金属矛头。矛使用最广泛的时间是在铁器时代。罗马步兵装备矛头重而长的投掷矛（重矛枪）。中世纪时，骑兵和步兵使用矛。15世纪至17世纪，俄国的矛主要使用铁或上等铸剑钢制作的带棱矛头，一种长杆轻便的矛（长矛）在步兵中一直使用到枪刺的出现（17世纪末到18世纪初），而在骑兵中长矛一直使用到20世纪30年代。

罗马重投枪

在标枪等投掷武器被广泛使用的年代里，人们的担心却要大得多，因为这些武器投向敌方后，很可能被对手拣拾起来反戈一击。

这种先天不足在北欧蛮族和印第安人曾经使用的投掷斧中，表现得非常充分。投掷斧既可手执当作短斧使用，也可投掷作抛射武器。它短而轻，重心设计得非常精细，可以保证投掷后以柄的中点旋转，精确砍向目标。蛮族人很喜欢这种武器，有时一人要携带好几把。在蛮族还没有发展出骑士制度之前，穿上重装甲的蛮族士兵，作战方式很像罗马人。蛮族的第一波次攻击是投掷斧，斧刃砍到敌方盾牌上，差不多能把盾牌废掉，但敌人若想把投掷斧"送还"回来，也是轻而易举的事情。罗马方阵的重投枪，则有效避免了这种弊端。

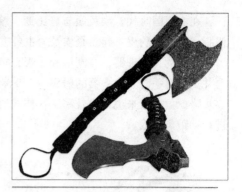

▲ 投掷斧

罗马重投枪可说是罗马的民族兵器，因为除了罗马人，投枪从来不被视为战场上的主力兵器。罗马重投枪是在公元前4世纪第三次萨姆尼乌姆战争时，罗马人从萨姆尼乌姆人那里学来的。投枪长约1.5米到2米，重4千克到5千克，可投掷约30米。开始罗马人只安排军团阵列的三分之二士兵使用这种武器，而到了公元前2世纪末，开始装备所有重装步兵。

在两军互相冲锋的时候，罗马军团和北欧蛮族一样，第一波攻击就是抛射投枪，沉重的铁尖足以刺穿敌手的盾牌和铠甲。但罗马兵团投掷出去的长枪不会被敌人用来反击，因为罗马人在枪尖和枪杆上作了改进。他们将枪尖打造得更为细长，贯穿盾牌后就会弯

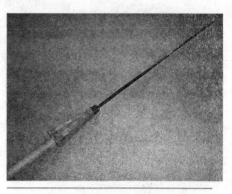

▲ 罗马标枪

曲。枪杆用木杆制作，遇到重力撞击后会断裂。由于有了投枪的首轮攻击，罗马人在紧随其后的剑斗中就能占有很大优势。

随着罗马军团腐朽没落，方阵战术不复存在，重投枪便消失在历史的烟尘中。现代人在一些影视作品中，依稀可见它的身影。

飞去来器

飞去来器又名回旋镖、自归器，它是有一定长度、角度和形状的薄片或曲棒，抛出后飞速旋转，利用空气动力原理呈曲线击向敌人，如击不中目标可借助自身的回旋力飞回来，是原始人的行猎工具。

古代埃及人曾把飞去来器作为兵器使用。埃及地处亚非枢纽，是世界上最早开展对外贸易的国家之

▲ 飞去来器

一。在古王国时代，埃及便与努比亚、黎巴嫩等国开展边境贸易，飞去来器和木材、树脂、象牙、豹皮一起，是埃及的主要进口物资。

埃及的飞去来器，有圆形和 S 形，宽而扁平，带有锋利的边，有助于减少空气阻力并重创对手。飞去来器的射程为 150 米至 180 米，但其命中精度在 30 米之外便开始逐步降低。一般来说，埃及军队在作战时，在与敌人相距 180 米时就开始用飞去来器进行远距离作战。

▲悉尼奥运会会徽

飞去来器在古代澳大利亚也比较常见，形状有"V"字型、"十"字型、三叶型、香蕉型、钟型、多叶型等。其中，"V"字型和香蕉型的飞去来器曾是澳大利亚土著人的传统狩猎工具。2000 年悉尼奥运会的会徽就是根据飞去来器绘制而成，3 支土著人狩猎用的飞去来器组成举着火炬奔跑的运动员形象。浓郁的地域特点及厚重的文化底蕴使这一会徽十分耐看，澳大利亚人将本土多民族文化交融的特点发挥得恰到好处。

现在飞去来器已成澳大利亚人的宠儿，人们把它当作健身运动和比赛项目，这项运动也风行于欧美各国，在德国北部每年都举行世界性的飞来器锦标赛，已成为一种集健身和娱乐于一体的户外运动。

弓弦上的跃动

弓是抛射兵器中最古老的一种弹射武器。它由富有弹性的弓臂和柔韧的弓弦构成，当把拉弦张弓过程中积聚的力量在瞬间释放时，便可将扣在弓弦上的箭或弹丸射向远处的目标。弓起源很早，在我国山西朔州峙峪文化遗址中，考古工作者发现了距今约3万年的石镞，这表明当时先民已经开始使用弓箭。

弓可分为"直弓"和"弯弓"两大类。"直弓"是将一根笔直的木条或竹片安上弦的弓。"弯弓"是把已经有很大弯曲度的弧形材料再按相反方向弯曲并装弦的弓，"弯弓"更富有弹性。此外根据制作方法，弓又可分为"单体弓"、"强化弓"、"合成弓"三种。"单体弓"是指单纯把一种弓体材料弯曲安弦而制成的弓。"强化弓"则用绳类将弓体缠绕加固，增加弓的弹力。"合成弓"用动物的角、骨及竹子等合制而成，这种弓弹力足，威力大，射程远，但制作比较复杂。另外，弓还有大小长短之分，通常使用的大弓与成人身长相等，短弓的长度则不一而足。我国古代北方游牧民族多用短弓，而东南地区的少数民族则多用长弓。古代中原人常把少数民族称为"蛮夷"，而"夷"字分解开来便是"大"和"弓"。

日本弓长度可达2米，可谓世界上最大的弓，这种弓射程不过30多米，但精确度极高。明清时代，倭寇常携此弓进入中国沿海地区，中国士兵经常受到这种弓的攻击。英国长弓兵是一个传奇的兵种，他们使用的弓叫英格兰长弓。英国长弓兵的战术是大方阵集团射击，用箭雨覆盖敌军，在英法战争中多次成功抵御法国重装骑兵的攻击。

最早的箭

弓箭的发明和使用，是人类的一个重要创造。据考古发掘的实物证明，人类历史上最早的箭是我国在2800年前制造出来的。

一九四九年后，在山西省桑乾河的支流峙峪河与小泉河汇合的一块面积为1000平方米的小丘地层中，除发现一块被称作"峙峪人"的枕骨残片外，还发现一批文化遗物。其中有一种加工精致的小石镞，是用很薄的长石片制成的，有很锋利的尖端，器身两侧的边缘也十分锋利。它符合箭的三要素（锋利、尖头适度、器型周正），同时与尖头相对的另一端（底部），左右两侧有点凹进出，形成了一个小把（用以安装箭杆）。这种石箭在今天看来很不像样，却是迄今世界上发现最早的箭。

波斯弓箭与希腊长矛的较量

古希腊重武装步兵出现于青铜和铁器交替的荷马时代，叱咤风云一千多年。从伯罗奔尼撒战争开始，长枪和短剑便成为希腊人的主要进攻武器。长枪由铁尖、木杆、青铜尾构成，称为木杆长枪，全长 2 米至 2.5 米。短剑由铁制成，剑身笔直或呈弧形，肉搏时使用。士兵防护装具有金属头盔、胸甲和胫甲，总重量约 30 千克。一个重装步兵身边常跟着一个或数个奴隶，负责背运武器和守卫后方安全。

公元前 490 年 8 月 12 日黎明，波斯军队经乘风破浪穿越爱琴海，向马拉松平原上的希腊军队挺进，载入史册的马拉松之战就此揭开战幕。

波斯军队头戴毡帽，身穿缀有铁鳞甲的战袍，主要兵器是弓箭，另配备短矛等兵器，总数约两万人。而希腊军队兵力只及波斯军队的三分之一，主力是重装步兵，他们头戴鸡冠状顶饰的头盔，身穿胸甲，腿套胫甲，腰佩短剑，左手持青铜面圆木盾牌，右手持 2 米多长的长枪。

当波斯军队距希腊军队只有一百来米时，希腊军队从波斯军队两翼出击，先击溃其外国雇佣军队，随即从侧面杀进去，将波斯军队打得落花流水，尸横遍野，希腊人获得了全胜。波斯军队约 6400 人战死，而希腊人仅损失 192 人。波斯军队固然有兵力上的优势，但弓箭一旦与长矛处于短兵相接境地，便决定了这场战争的结局并不出乎意料。

克雷西战役：英国长弓威力的集中展示

13 世纪，长弓在英国迅速普及，它加速了当时作为优势兵种的骑兵的衰落。从爱德华一世到亨利八世，英国君主无不果断地大力发展弓箭部队。长弓不怕雨水，只比旧式滑膛火枪的射程稍近一点，而且可以穿透一英寸厚的木板，甚至可以穿透胸甲。在射速上，长弓也比火枪更具优势，火枪每装填击发一次的时间，长弓可以用来发射六次。这种长弓对付骑兵特别有效，箭矢不仅能穿透重装骑兵的盔甲，而且更能够射伤射死马匹，骑士一旦从马上摔下来，战斗力便几乎丧失。弓箭手或分或合，战法不拘。长弓因为其威力强大和使用灵活的特点，直接淘汰了十字弓。直到 16 世纪末，伊丽莎白女王还企图重新将它列为战斗武器。

发生于 1346 年的英法克雷西战役，是英国长弓威力的一次集中展示，长弓为英军战败法军立下汗马功劳。

1346 年七八月份，为了支援在法国东北部佛兰德等地被围困的盟军，英王爱德华三世率军队渡过英吉利海峡，抵达法国北岸。法王菲利普六世率领军队，紧紧追赶英军。当时法军有 12 万重骑兵、17 万名轻骑兵、6 千名热那亚雇佣十字弓兵，以及 25 万名征募步兵，而英军只有法军三分之一左右的兵力。

英军在法军追击的必经之路克雷西附近设伏。8 月 26 日下午 6 时左右，法军未经任何

古代世界大战——伯罗奔尼撒战争

伯罗奔尼撒战争是以雅典为首的提洛同盟与以斯巴达为首的伯罗奔尼撒联盟之间的一场战争。这场战争从公元前 431 年一直持续到公元前 421 年，其中双方几度停战，最后斯巴达获得了这场战争的胜利。伯罗奔尼撒战争结束了雅典的经典时代，结束了希腊的民主时代。几乎所有希腊的城邦都参加了这场战争，其战场几乎涉及了整个当时希腊语世界，据此，有历史学家称这场战争为古代世界大战。

侦察和警戒，贸然进入英军的包围圈，排成了长长的一路纵队前进。法军发现英军后，在离英军150码之处停下来，法军十字弓兵向英军射箭，但大多没有命中目标。法军继续向前移动时，英军的长箭铺天盖地飞来，法军溃不成军。法军骑兵不顾弓箭兵的死活，策马向前，踏着意大利人的身体发动冲锋。这种自杀式的突击反复进行了十五六次也没有获得成功，但法军整支部队却被折腾得七零八落、疲惫不堪，最后只好倒旗认输。不长的山谷里布满了法军的尸体，其中有1542位勋爵与骑士，15万名重骑兵、十字弓兵和步兵。而英军仅有两名骑士、40名重骑兵和弓箭手、100名左右威尔士步兵阵亡，伤亡总数仅200人。

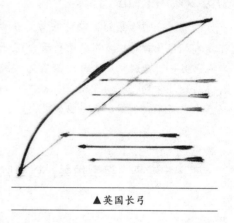

▲英国长弓

值得一提的是，在这场英法百年战争初期的著名战役中，以长弓为主要武器的英国人已经开始使用一种轻型火炮。根据史料记载，英军总共使用了3门小炮，它们只能发射2磅重的实心炮弹。法国人从英国火炮中产生灵感，到15世纪中叶，法国军队不仅包括长矛兵和弓箭手，而且还有了火枪兵的加盟，欧洲军队的兵种成分开始改变。

此役发生18年后，中国明朝开国皇帝朱元璋在鄱阳湖和陈友谅决战。使用的"火铳"与英军克雷西战役中的"火炮"差不多处于同一水平，而朱元璋部使用的数量和规模显然要大得多。

流矢暗箭

人常说，明枪易躲，暗箭难防。在古代的城池攻防中，弓箭是最为常用的兵器。守方常利用弓箭对攻方实施两种反击：一种是万箭齐发，以茂密的箭雨，大面积压制敌人；另一种是伺机出击，以偷袭的方式，对付少量或者单一目标。相对来说，第一种办法比较常见，也易于部署。而后一种斩首式的暗中袭击，却要具有相当的韬略，而且不易得手。但是如果一旦偷袭成功，往往有惊人的战绩。

虞诩守赤亭：灵活用兵，以少胜多

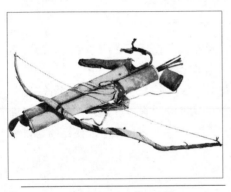

▲古代的弓箭、弓袋

东汉元初二年（115年），西羌进攻武都（今甘肃成县西）。东汉朝廷任命才略过人的虞诩任武都太守，虞诩率三千兵马往武都。羌军派出几千人的军队，在崤谷凭险设防，想在这里歼灭汉军。虞诩带领部队来到崤谷附近，发现这里地势险要，易守难攻，心想羌军一定会在这里设下重兵，利用有利地势阻挡其前进。他立即派兵侦察，果然发现羌军已布置伏兵，并占据了有利地势。虞诩以谎称援军将至、成倍增加锅灶、日行军二百里的办法，成功蒙骗了敌人，兵不血刃地从崤谷突围。虞诩至武都时，又被数万羌众围于赤亭（今甘肃成县西南）。面对敌军的进攻，虞诩令士兵改用射程短的小弓射击。羌军见对手的弓箭射不到自己跟前，一窝蜂发起进攻。当羌兵冲到城下时，虞诩这才命令强弩手分成二十人一组，共同瞄准一个敌人射击。虞诩军箭箭命中，无一虚发，羌人大震，赶快向后撤。汉军出城反击，多有杀伤。

虞诩在兵少势孤的情况下，不断虚张声势迷惑敌军，取得对数万羌军作战的胜利，是中国战争史上灵活用兵、以少胜多的典型战例。特别是在弓箭射程上以强示弱，成功将敌人诱骗至近处射杀，更是对兵行诡道的极好诠释。

蒙哥大汗殒命流矢中

蒙哥是成吉思汗的孙子，蒙古帝国第三代大汗。他率领铁骑军横扫欧亚大陆，势如狂飙，锐不可当，蒙哥因此有"上帝之鞭"之称。

1257年，蒙哥汗发动大规模的对宋战争。他命忽必烈等将领率军攻武昌、两淮、云南、广西等地作策应，自己亲率蒙古军队主力攻四川，意欲发挥蒙古骑兵长于陆地野战的优势，通过四川顺江东下，与诸路会师，直捣临安。

1258 年秋，蒙哥率 4 万军队分三道入蜀，加上蜀中蒙军及从各地征调来的部队，蒙军数量占有绝对优势。他们相继占据剑门苦竹隘、长宁山城、蓬州运山城、阆州大获城、广安大良城，逼近合州。正当他立志一统中原的时候，谁知从西北进军的部队，却在巴蜀受阻，且损兵折将。大怒中的蒙哥御驾亲征，四万精骑兵临钓鱼城下。

钓鱼城坐落在今重庆合川城东 5 千米的钓鱼山上，其山突兀耸立，相对高度约 300 米。山下嘉陵江、渠江、涪江三江汇流，南、北、西三面环水，地势十分险要。这里有山水之险，也有交通之便，经水路及陆上道，可通达四川各地。钓鱼城扼江踞险，城垣环绕，墙垛坚实。城内有大片田地和四季不绝的丰富水源，周围山麓也有许多可耕田地，这一切使钓鱼城具备了长期坚守的必要条件，成为兵精粮足的坚固堡垒。

蒙古军强攻四个月，竟攻不破钓鱼城的一个角落。于是总元帅汪田哥在钓鱼城前筑台造楼，高竖旗杆，亲自爬上旗杆窥探城内虚实。可是就在这时，宋将下令开炮，汪田哥被当场击毙。转眼间又过了几个月，恼羞成怒的蒙哥亲自指挥攻打钓鱼城的两道城门。在众炮轰鸣、万箭齐发中，蒙哥中箭，只好下令撤兵，退守到温泉寺治伤。却不料伤势严重，无以为救，于同年 8 月，死在一座庙宇中。

▲蒙哥汗

其时，蒙哥汗的弟弟旭烈兀在第三次西征的征途上，已先后攻占今伊朗、伊拉克及叙利亚等阿拉伯半岛大片土地。正当旭烈兀准备向埃及进军时，获悉蒙哥死讯，旭烈兀留下部将怯的不花及两万军队继续征战，自己率大军东还。由于寡不敌众，加之与十字军交恶，怯的不花被埃及军队打败。蒙军始终未能打进非洲，蒙古帝国的大规模扩张行动从此走向低潮。因此说，钓鱼城之战在世界史上也有重要意义。中国人民革命军事博物馆古代战争馆中，建有钓鱼城古战场的沙盘模型，可见其在战争史上的重要地位。

神箭手传奇

古代中国非常重视弓马骑射，许多王朝将射箭技艺作为武科的必考项目。著名的军事将领，比如李广、熊渠、陈音、黄忠、李世民、成吉思汗，都是弯弓射箭的高手。在这种环境氛围影响下，古代中国产生了许多神箭手的传说，后羿射日的故事我们至今耳熟能详，而一箭双雕、左右开弓、百步穿杨等成语，更是经常使用。文学作品中的神箭手自有夸大溢美之处，但据此仍可以窥见古人精湛的射箭技艺。

师徒弯弓对射

中国古代有位神箭手叫飞卫，飞卫收了一个叫纪昌的人作徒弟。飞卫对纪昌说，你先要学会盯住一个目标不眨眼，然后才谈得上学射箭。纪昌回去后就躺在他妻子的织机下边，紧盯着密排的锥刺。坚持了两年以后，就算锥子碰到睫毛，他的眼睛也不会眨一下。纪昌又去找飞卫，飞卫说，这样还不够，你还要学会用眼睛去看东西的技巧。要练得能把小东西看大，然后再来告诉我。纪昌回家后，在南窗下用马尾毛挂一只虱子，每天注视。三年后，虱子在纪昌眼里已经大如车轮。纪昌用箭射向虱子，箭射到了虱子，而马尾毛却没有断。纪昌赶快去告诉飞卫。飞卫告诉他，你已经把射箭的功夫学会了！

身怀绝技的纪昌，觉得天下只有飞卫能和自己匹敌，于是谋划除掉飞卫。有一天，两个人在野外相遇。纪昌和飞卫互相朝对方射箭，每支箭都在空中相撞，掉到地上。飞卫的箭射完了，而纪昌还剩最后一支。纪昌将箭射了出去，飞卫举起身边的棘刺，将箭成功拦截。两个人扔了弓相拥而泣，互相认为父子，发誓不再将这种杀人技术传授给别人。

引弓射入石棱

西汉时期大将李广，因为善于骑射而出名。一次西征途中，一名由汉景帝派来督战的宦官，带着几十名卫兵出去打猎，路上遇到了3名匈奴骑兵。匈奴射杀了卫兵，还射伤了宦官。宦官逃回大营将这件事情告诉李广。李广判断这三人是匈奴军中的射雕手，立刻带着几百名骑兵追赶，亲自射杀了其中两人。这时匈奴大军赶到，李广带着士兵走到离匈奴阵地不到两里远的地方。一名匈奴将领骑马出来巡视，李广飞身上马，一箭把其射死，自己从容回归本阵，下马解鞍，并令士兵睡到地上。匈奴兵认为这是汉军的诱兵之计，没敢追击，李广安全地回到了大营。

汉武帝即位以后，有一年李广率军出雁门关，被成倍的匈奴大军包围。匈奴单于仰慕李广的威名，命令部下一定要生擒李广。李广寡不敌众被俘，匈奴兵做了一个网子挂在两匹马中间，让李广躺在里面。李广假装昏迷迷惑敌人，瞅准时机突然跃起，将一名匈奴兵推到地上，骑上马拿起弓箭转身就跑。匈奴兵连忙追赶，李广一边骑马一边射箭，最后终于回到了大营。李广在匈奴军中赢得了"飞将军"称号。

公元前121年，李广的四千骑兵被匈奴左贤王的四万骑兵包围，汉军死伤过半，箭也快用完了。李广用一把称作"大黄弓"的强弓连续射杀匈奴数名大将。匈奴兵大为震撼，再也不敢进攻。第二天汉军大部队赶到，李广和部下终于突出重围。

关于李广箭术高超故事的描述，有时到了神乎其神的地步。传说有一次他外出打猎，看到草丛中藏着一只猛虎，大惊之下赶忙弯弓射去，正中虎身。等走近了仔细一看，原来不是老虎，而是一块大石头，那支箭居然深深地插入石头中。李广大为惊讶，等他再去射石头，却怎么也射不进去了。唐代边塞诗人卢纶根据这个传说，写出了脍炙人口的《塞下曲》：林暗草惊风，将军夜引弓。平明寻白羽，没在石棱中。

▲飞将军李广

草船借箭

《三国演义》中的诸葛亮，是智慧的化身、忠贞的代表，作者罗贯中为了突出他的品德和功业，往往夸大其词，将其描写成半人半神的超人，其中草船借箭那个情节，几乎是家喻户晓。

据史料记载，草船借箭的真实情况是这样的：建安十八年（公元213年）正月，曹操与孙权对垒濡须（今安徽巢县西）。初次交战，曹军大败，于是坚守不出。一天孙权利用水面薄雾作掩护，乘轻舟从濡须口抵近曹军前沿观察。孙权的轻舟行进五六里，并且鼓乐齐鸣，生性多疑的曹操见对方整肃威武，恐怕有诈，不敢出战，喟然叹曰：生子当如孙仲谋，若刘景升儿子，豚犬耳！随后，曹操下令弓弩齐发，射击吴船。孙权的轻舟因一侧中箭太多，船身倾斜，有翻沉的危险。孙权下令调转船头，使另一侧再受箭。一会，箭均船平，孙军安全返航。

似弓似炮的弩

弩是利用机械力量的弹射器。弩由弓发展而来，弩的工作原理是把强弓固定在带有箭槽和发射装置的木条或金属杠上，弓弦张开后，由发射装置固定住，箭放槽中，弓弦接箭尾。发射时开动发射装置，箭沿着箭槽射出。有的弩还可以发射石弹、镖弹等，因此弩又可以分为箭锋和弹弩。

弩与弓的根本区别在于弩具有延时功能，不需要在引弓的同时瞄准，并且可以利用足、腰、机械等多种方式引弓，使弓弦具备手拉不能达到的张力，因而弩具有射程远，准确性高，穿透性强的特点。但弩的发射速度逊于弓，而且比弓笨重，机动作战时障碍较多。

中国战国时期和西方古希腊时代，已经出现了弩。以后传及几乎所有主要军事国家，并沿用多年。弩的质量和种类也不断发展，出现了连射弩、自射弩、火箭等种类。近现代射击火器出现后，弩渐被淘汰。

劲弩趋发致敌死

孙膑是兵圣孙武的后代，出生于战国时期的齐国。他曾拜兵学家鬼谷子为师，与魏国大将庞涓是同窗好友。但庞涓做了魏国大将后，十分嫉妒孙膑的才能，将他骗到魏国施以膑刑，欲使其永远不能领兵打仗。后孙膑装疯卖傻，千方百计逃出回齐国，并被齐威王重用。在其所著《孙膑兵法》中，他称弩"发于肩膺之间，杀人百步之外"，并创立一种叫"劲弩趋发"的阵法，说明弩在当时实战中地位非同一般。在著名的马陵之战中，孙膑以万弩俱发的突击攻势，战胜了狂妄而轻敌的庞涓。

公元前 341 年，魏惠王派庞涓联合赵国引兵伐韩，包围了韩都新郑（今河南新郑），韩昭侯向齐国求救。齐国以田忌等人为将，孙膑为军师，率军经曲阜、定陶进入魏国境内。庞涓闻讯，忙弃韩而回，保卫魏国。魏国国君非常气愤，以庞涓为将，举倾国之兵要与齐军决一死战。

孙膑见魏军来势凶猛，且敌我力量众寡悬殊，决定采用欲擒故纵之计，诱庞涓上钩。他命令军队向马陵（今山东省莘县）方向撤退，并要求兵士第一天挖 10 万个做饭的灶坑，第二天减为 5 万个，第三天再减为 3 万个。庞涓大喜，认为齐军撤退 3 天，兵士就已

▲秦代铜弩

逃亡过半，便亲率精锐之师兼程追赶，天黑时庞涓带领魏军赶到马陵。庞涓命兵士点火把照路，火光下，只见一棵剥去树皮的大树上，写有"庞涓死于此树之下" 8 个大字。庞涓刚要下令撤退，齐军伏兵万箭齐发，魏军阵容大乱，死伤无数。庞涓自知厄运难逃，大叫一声："一着不慎，遂使竖子成名！"拔剑自刎。齐军乘胜追击，正遇魏国太子申率后军赶到，齐军一阵冲杀，魏军兵败如山倒。齐军生擒太子申，大获全胜。

汉军弩手：重围中拼死搏杀

汉朝对弩的重视，与发动对匈奴的战争直接相关。西汉文帝时，御史大夫晁错向朝廷呈《言兵事疏》，指出匈奴惯骑射，汉军善步战，匈奴单兵能力强，汉军武器和集群战斗力占优。在他指出的汉军五大优势中，与弩有关的就有三个。可见，当时在长城沿线戍边的汉军，用弩已经多于用弓。

汉天汉二年（公元前 99 年）秋，为策应李广出征酒泉，汉武帝刘彻命令李陵率步卒 5000 出居延（今内蒙古额济纳旗东南）。李陵北行千余里，至浚稽山（约今蒙古图音河南），被匈奴单于 3 万骑兵包围于两山之间。李陵用战车围成营寨，率步兵在营外布阵，前排手持戟盾，后排手持弓弩迎战。匈奴败退上山，汉军追杀数千人。单于又召匈奴骑兵 8 万围攻李陵。李陵边战边向南退，至一山谷时，令受伤三处者坐车，受伤二处者驾车，受伤一处者作战，斩杀匈奴三千余众。

汉军沿龙城故道向东南行至大泽芦苇中，匈奴从上风放火，李陵令士卒将南面芦苇烧光以自救。行至一山下，单于在南山上令其子率骑兵攻击汉军，李陵率步兵在树木间与其搏斗，杀数千人。并以强弩射单于，单于下山躲避。其后，匈奴骑兵一日数十次进攻，李陵又杀伤 2000 余人。匈奴作战不利，打算撤退。这个时候汉军军侯管敢降匈奴，把汉军无后援、缺箭矢等情况告诉匈奴，单于下令以骑兵围攻汉军。

▲汉代木漆弩

当时李陵军在山谷中行军，匈奴在山上以弓弩四面射下，汉军损失惨重，未至浚稽山南，150 万箭矢皆尽，士卒仅余 3000 人，遂放弃车辆，退入峡谷。单于军断其退路，并将山上巨石推下，汉军伤亡极大。夜半时分，李陵率 10 余人突围，匈奴数千骑追击，李陵被俘后降匈奴，逃回去的汉军仅 400 余人。

李陵以步兵 6000 与匈奴 10 余万骑兵对抗，充分发挥了远射兵器弓弩的作用，杀伤匈奴骑兵万余，其战术运用和战役指挥非常成功。由于缺少必要的接应和支援，实力相差悬殊，导致汉军几乎全军覆灭。李降投降匈奴，汉武帝极为震怒，要杀其全家，史官司马迁为其求情，被刘彻处以宫刑。

北宋床弩：射杀契丹大将萧达览

中国已发现最早的弩是河南洛阳出土的战国中期弩，木制弩臂，铜制薄钒。弩最早用于打猎，约在春秋时代始用于战争，普及于汉晋至唐，全盛于宋朝。由于弩体形大，只能在步兵中使用，善于骑射的元朝对此不感兴趣，弩进入元朝便转而进入衰败时期。随着火器的迅速发展，弩从此退出了历史舞台。

宋代初期很重视弩的研究制造，在神宗之前设有弓弩院和造箭院，两院所辖工场均有上千工匠。中国宋代弩使用最为广泛，弓弩兵在宋军中可达六成。弩的种类也较多，最主要的有床子弩和神臂弓两种。

床子弩是将一张或几张弓安装在木架上，绞动后部的轮轴张弓装箭，待机发射。所用箭以木为杆，铁片为翎，这种箭实际上是带翎的矛，破坏力较强，每次可发出数支至数十支，射程达500多米，是弩类武器中射程最远的一种。这种弩因搁置用的木架形似大床而得名，也被称为车弩，属当时的远程重武器。在火炮出现之前，是攻城威力最大的器具。

欧洲弩

公元900年，欧洲自行创造出弩。它的射程较远，威力超过弓，但需要花费较多的时间来作射击准备，平均每一个弩兵可以在一分钟内作出两次射击。在弩上的弓是横置的，借由扣动扳机将绷紧的弓弦放开来射出弩箭。重新拉紧弓弦时，需将弩弓的前端置于地面再用脚踩住，然后用双手或借曲柄的辅助把弓弦往后拉紧。弩兵通常会携带一块大盾牌上战场，便于在拉弩弓时有所防护。

神臂弓是一种加了简单机械装置的改良弩，射程可达300余米，且穿透力强。宋军为了克服弩发射频率低的缺点，安排进弩手和发弩手协调操作。在战争中，刀枪士兵、弓箭手以及进弩手、发弩手依次排列。距敌约300米时，先用弩发射大箭或铁丸等，射杀带队将官。敌人离得更近时，弓箭手出击。最后由刀枪手与敌人短兵相接。这种战术在当时取得了很好效果。

宋真宗景德元年（1004）闰九月，辽国萧太后和儿子圣宗率20万大军再度南下。辽师气势如炽，风卷残云般席卷了保州、定州，直趋护卫京师的重镇澶州。兵临城下，是战是和，北宋官员争论不休。参政知事王钦若等人主张放弃汴京迁都金陵，宰相寇准等主战派力劝真宗御驾亲征。10月，辽兵猛攻澶州城，知州李延渥以死据守，辽兵不克。怕死的真宗千呼万唤才迈出汴京，没走多远就想返回，在寇准的胁迫劝说下，才继续向澶州蠕动。11月，真宗还在虚张声势地行进，李延渥率全城军民以死相守着澶州城。辽国统军萧达览倚仗自己武艺超群，亲率数十轻骑在澶州城下巡视并叫阵。守城的虎安将军张环让兵士准备了几架功力强大的床弩设在垛口，瞅准机会诸弩发射，萧达览头部中箭，坠马而亡。

萧太后等人闻知萧达览死讯，痛哭不已，辍朝五日。主将战死，士气大伤，加之进入中原已整整三个月，兵马疲乏，而且宋朝各路援军纷纷涌向澶州，萧太后当机立断提出议和。胆小怕事的真宗马上同意，商定宋国每年交付辽国20万匹绢和10万两银，双方退兵。史称"澶渊之盟"。澶渊之盟虽是一纸不平等条约，但此后辽宋边境百余年无战事，可谓利大于弊。

威力巨大的抛石机

抛石机在电影和游戏中常见，它是一种投掷武器，又称投石器，它利用杠杆原理，靠人力把约10千克重的石头抛出300步远，用于攻城或对付大的目标，是野战、攻城、海战的主要武器。古埃及中王国时代，它曾经出现在埃及的努比亚雇佣军中。它曾被广泛运用于埃及、希腊、罗马、波斯、印度、亚述、马其顿等国，古罗马、波斯等国均曾在军中编配专门的投掷力量，希腊海军舰船上也曾有专门的投石手部队，这种局势一直持续到中世纪。投石机种类繁多，存续时间长，非洲、大洋洲等部落，一直使用到20世纪初。

罗马人极擅长使用抛石机和石弩。他们的抛石机能把重100千克的标枪发射约460米远。罗马人在公元68年的对犹太人战争中攻约塔帕塔城，此城三面是悬崖峭壁，罗马人战斗了5天之后才进逼城下。罗马人让兵士们用160台抛射机向城上发射石头、箭和燃烧物以进行掩护，使用云梯攻城。犹太人用滚油和滚沥青向下泼，虽然烫死烫伤的人不计其数，但是罗马人还是在抛石机的掩护下爬云梯冲了上去。

最早的投射机

投射机是古俄罗斯的投射机械。它是利用柔软件物具有弹性的原理，在围攻和防守要塞时，用来投射石头、重箭、圆木和其他装填物。投射机在10世纪到15世纪广为使用。此种投射机按其构造和使用原理分为两种：一种类似弩炮，用于平直投射，另一种类似弹射器，用于曲线投射。俄国军队中装备有大小两种投射机，大型投射机能把约200千克重的装填物投射600米至700米远。16世纪时，大型投射机则被用于发射炸弹和燃烧弹。16世纪末，由于火炮的广泛使用，投射机慢慢地退出了历史舞台。

城市攻防战的主角

我国最早抛射石弹的器械称为"石包"。春秋时军队已开始装备，汉代以后大量使用。根据唐朝资料记载，石包体为木料，接合部采用铁件。石包运用杠杆原理，以人力拉拽发射，形状类似北方农村井边打水的吊杆。石包中心有条石包柱，早期埋在地里，后来为提高机动性，往往安装在架上或车上。

石包柱顶端横放一条富于弹性的石包梢，利用它的弹力发射石弹。石包梢选用优质木料经过特殊加工而成，使它既坚固又富有弹性。根据发射石弹的重量不同，石包梢的数量有所增减，最多的达到13根梢。石包梢的一端放置弹案，另一端拴着石包索。每条石包索由一两人拉拽。普通单梢用40人拽，大型合梢则需上百人拉拽，最大的石包要用200多人才能拽得动。在施放时，将石弹放入皮案内，兵士各自握一根绳，听号令一齐用力猛拉，利用杠杆原理和离心力作用，把石弹抛至敌方。根据实际作战需要，石包有不同的种类。初期的抛车变换射向困难，后来发明了一种可以左右旋转的旋风抛车。南北朝时，将石包装在车上随军转动，称作拍车。梁元帝时，有人将其装在战船上，称为拍船。唐代的抛车比过去的更大，称将军石包或礧石车。

《武经总要》记载了宋代16种不同种类的石包，如杂石包、虎蹲石包、旋风五石包、车石包、柱腹石包、卧车石包、旋风车石包、合包石等。还有一种适于近战的手石包。这种石包一般可射70米，每颗石弹重约数十斤，大的可达百斤以上。《宋史·兵志》记载了石包分类的国家标准：上等单梢石包射程应在270步以上，中等的为260步，下等的为250步。最早的炮弹为石制，后来出现了一些新型弹丸，于是石包也常用来发射毒燃球、烟雾弹、毒药等。有些小型战石包使用泥弹，不仅便于制造，而且射出后立即炸得粉碎，不易被敌方拾起反射回来。石包曾长期作为城市攻防战的主要重型武器，火炮出现后逐渐被淘汰。

一战成名的襄阳炮

▲襄阳炮发射

襄阳炮又称西域炮、巨石炮，是一种以机抛石，用于战争攻守的武器。这种炮在古代抛石机的基础上改良创新而成，与火器时代的炮有本质差别。中古时，波斯、阿拉伯等国家抛石机十分发达，能发射八百磅重巨石。元世祖忽必烈受到启发，召阿老瓦丁和亦思马因督造，并教元朝军士演习。

1267至1273年，爆发襄樊之战。在这次著名的战争中，忽必烈的军队使用巨石炮先后攻打樊城、襄阳城。这种抛石车在杠杆后端挂有一块巨大的铁块或石块，平时用铁钩钩住杠杆，施放时将铁钩扯开，重物下坠，就能抛出石弹。由于人力需求较少，此炮比它的前辈威力大得多，射程也更远，攻襄阳时，曾抛射近90千克的石弹，将地面砸出2米多深的弹坑。

南宋也曾仿制此炮，并用于守城。明中叶以后，因大型火铳兵器已用于战争，这种炮渐渐废止。

投石兵：抛掷石头的专业队伍

在希腊罗马时代，城邦之间经常混战，部队主力以重装步兵为主，在双方主力部队开始之前，先由投石兵发动攻击，以打乱对方阵形。抛射完石头，投石兵撤离战场，为后续部队让出道路。

当时，战士的单兵装备往往需要自行解决，而担负抛石任务的士兵可以省去置装的费用，因此，投石兵常常由穷人担任。为了增加射程与威力，他们还使用投石器一类简单有效的装备。不过这种装备射出的石头难以造成致命性伤害，要增强杀伤力，就必须增大石头的重量，可这样一来，射程又下降了，所以，这种装备多半用于自卫。

伴随着弓箭和十字弓制作水平的日益提高，而石块又不能对着重甲的士兵造成致命的威胁，投石兵慢慢淡出古代欧洲战争的舞台。英法百年战争期间中，还有"法国人扔出的石头击毙了整船的英国兵"一类的记载，但是到十字军东征之后就彻底地消失了。

在当时的日本，情况又有所不同。面积不大的日本狼烟四起，征伐不休，多山的地形限制了骑兵的使用，加之日式铠甲防御力不强，这给了投石兵以很大的存在空间。

在日本三方原合战中，武田军的"新众队"每个人都携带一兜拳头大小的石头，临近敌阵抛掷出去打击敌人，目的不仅仅是打乱德川军的阵形，而且要引诱对手主动出击，以便己方能够趁势攻击。德川军显然忽视了投石兵的真实意图，贸然向前冲杀，结果被杀得大败。史料没有提及日本投石兵使用投石器械，可能是依靠臂力投掷，经过训练的投石兵，有效攻击距离可达二三十米。

历史上最出名的投石手要算巴利阿里群岛的居民，他们从童年起就参加投石训练，头上一般能绕2个甚至3个投石器，堪称全民皆"投"的专业化队伍。

巨型投石器：阿基米德的经典之作

阿基米德晚年时，罗马军队开始入侵叙拉古，阿基米德指导同胞们制造了很多攻击和防御的武器。当侵略军首领马塞勒塞率众攻城时，他制造的铁爪式起重机，将敌船提起并倒转，抛至大海深处。传说他还率领当地人制作了一面大凹镜，将阳光聚焦在靠近的敌船上，使战船焚烧起来。

在艰苦的守城战中，阿基米德利用杠杆原理，制造了远、近距离的投石器，利用它射出各种巨石攻击敌人。罗马士兵在这频频的打击中惊胆战，草木皆兵，一见到有绳索或木头从城里扔出，他们就惊呼"阿基米德来了"，随之抱头鼠窜。罗马军队被阻在城外达3年之久。

公元前212年，罗马人趁叙拉古城防松懈之机，大举进攻闯入城市。此时，阿基米德正在潜心研究一道数学题。一个罗马士兵闯入，用脚踩踏他所画的图形，阿基米德愤怒地与之争论。残暴的士兵哪里肯听，举刀一挥，一颗璀璨的科学巨星就此陨落。

▲战斗者的雕像

第四章　防护装具

作战双方都力求有效杀伤敌人、保护自己，因此，在进攻性兵器发展的同时，人们也不断探索防护器具的完善。冷兵器时代防护装具可分为附着人体和手持大类，人体防护装具包括头盔和铠甲。手持防护器械以盾、镶为主。盾牌大多为用于单纯防护，少部分也兼具攻击能力。防护装备按制作材料区分，可分为木、竹、藤、革、纸、金属等类型。

中国北宋是古代防护装具制造的顶峰时期，也是走向衰落的起点，主要因素是火药的发明和使用。火药发明初期，威力还很有限，甲胄仍然具有一定防护能力。随着枪械的技术革新，古老的防护装具愈加不堪一击，最终退出了历史舞台。防护装具对现代兵器研制产生了积极影响，按照这种思路，人类发明了坦克、运兵车等装甲兵器。

盔 甲

甲胄是古代将士穿着在身上的防护装具，可以保护身体重要部位免受伤害。甲又叫"介"或"函"，所以古人称制甲工匠为"函人"。先秦时期，人们将由皮革、藤等制成的盔甲称为"甲"，而铜铁片制成的称为"铠"。唐代以后一律统称铠甲，不再按质料区分。

中世纪的欧洲冶金技术不断提高，因此到 13 世纪时，制盔匠便制成了金属片铠甲。起初这种铠甲穿在锁子甲里面，用来覆盖肩和大腿等主要部位。同时还制成了锁子甲连指手套，很快又出现了五指分开的铠甲手套。到了 13 世纪中叶，金属片铠甲的穿着与锁子甲易位，用来遮盖肩、肘、膝盖、小腿和大腿。13 世纪末，金属片胸甲开始取代锁子甲。15 世纪，真正的全身盔甲出现，比较有代表性的是哥特式和米兰式。与 14 世纪的盔甲相比，其防护面积更大、更完整，但腿和关节内侧、两腋等部位，仍用锁甲防护。到 16 世纪时，才将这些部位用整体甲叶保护。

铁制、皮制甲胄

铠甲起源于原始社会时以藤、木、皮革等原料制造的简陋的护体装具。

中国商周时期，人们已将原始的整片皮甲改制成可以部分活动的皮甲，即按照护体部位的不同，将皮革裁制成大小不同、形状各异的皮革片，并把两层或多层的皮革片合在一起，表面涂漆，制成牢固、美观、耐用的甲片，然后在片上穿孔，角绳编联成甲。当时的皮甲都是由甲身、甲裙和甲袖三部分构成，并配有一顶由皮甲片编缀的胄。甲裙和甲袖是活动编缀，可以上下伸缩。这些皮甲在车战中与盾相配合，可以有效地防御青铜兵器的攻击。在使用皮甲的同时，也开始在甲上使用一些青铜铸件，但并不普遍，仅在山东省胶州市西庵发现有西周时的青铜兽面胸甲。在河南省、北京市等地的西周墓中，还发现过钉缀在甲衣上的各式青铜甲泡。

战国后期，锋利的钢铁兵器逐渐用于实战，促使防护装具发生变革，铁铠开始出现。迄今发现的最早的铁铠甲片，是在河北省易县燕下都遗址出土的。但直到汉朝，铁铠才逐渐取代了皮甲。西汉时期的铁铠经历了由粗至精的发展过程，从用较大的长条形的甲片编的"札甲"，逐渐发展为用较小的甲片编的"鱼鳞甲"；由仅保护胸、背的形式，发展到加有保护肩臂的"披膊"及保护腰胯的"垂缘"。出土于河北省满城西汉刘胜墓的一领铠甲是有披膊和垂缘的"鱼鳞甲"，由 2859 片甲片编成，总重 16.85 千克，制工精湛。自西汉以后，甲片的形制和编组方法变化不大。随着钢铁加工技术的提高，铠甲的精坚程度日益提高，类型也日益繁多，其防护身躯的部位逐渐加大，功能日益完备。到三国时已出现了一些新型铠甲。南北朝时期，随着重甲骑兵的发展，适于骑兵装备的两当铠极为盛行。这种两当铠又常附有披膊，与战马披的"具装铠"配合使用。北魏以后，明光铠日益盛行，逐渐成为铠甲中最重要的类型，直到隋唐时期仍是如此。在唐朝铠甲的基础上，至北宋初年，铠甲发展得更加完善，形成一定的制式。火器的出现，使有效地抗御冷兵器的古代铠甲开始趋于衰落，但由于火器在中国古代发展缓慢，迄明清时期，铁制或皮制的铠甲仍被用来装备军队，同时也使用较轻软的绵甲，沾湿后还可抵御初级火器的射击。直到20世纪初，清朝编练用近代枪炮装备的"新军"时，古代铠甲的使用才终止。

亚述是最早使用铁铠甲的民族。早期的亚述铠甲用铁鳞片和铜片缝在亚麻布或毡制衣服上，尺寸较长，可达膝部甚至足部。通常有短袖，达于肩和肘中间部位。后期铠甲长不过腰，鳞片比旧式更小，且一端呈方形，另一端呈圆形。

波斯铠甲波斯鱼鳞甲由一排排连接在一起的青铜或铁制金属片制成，贵族骑兵用的铠甲常常镀金。在阿黑门尼德时代，波斯还出现了用亚麻、毡子和皮革等材料制成的软铠甲。

拜占庭骑兵盔甲由皮条、金属片编织而成，脚蹬铁履，上部为皮靴或轻甲保护小腿，手和腕部带有铁手套，铠甲外罩较轻的棉制披风或长衣，另配锅形或圆锥形头盔，盔顶上缀固定颜色的马鬃，以区别其他部队。

纸质盔甲

中国是世界上首先发明造纸术的国度，中国古人不仅将纸用来书写，还曾用它来制作盔甲。纸甲由唐末懿宗时代的河东节度使徐商发明，据说坚固异常，猛箭也不能射穿。从厚皱褶纸的用料推测，其原料是以纸为主的复合材料，利用结构力学原理以增强防护。可算世界最早的凯夫拉装甲。

▲拜占庭骑兵盔甲

宋明两代将此甲列为军队的标准甲式之一。当时宋朝轻装士兵主要装备毡甲、绢甲、绵纸甲，其中又以纸甲使用较多。1040年，北宋政府曾造纸甲3万副，分发给陕西防城弓手使用。这种盔甲既轻便，又坚固，自然大受欢迎。曾有地方官向朝廷申请，提出拿100套铁甲交换50套优质纸甲。

明代中叶，戚继光领兵在东南沿海一带抗击倭寇时，命令士兵穿着绵纸甲。这种甲能有效防御鸟铳铅子，而且适用于高温环境，特别适合在南方地区使用。由此可见，这种纸甲具备一定防潮湿能力。

"瘊子甲"

早在900多年前，青海西宁附近的羌族人吐蕃人掌握了冶炼、切削、磨钻及柔化处理等工艺，并由能工巧匠制造铠甲。这种铁甲通过冷锻法加工而成，甲片冷锻到原来厚度的三分之一以后，末端留下像筷子头大小的一块不锻，隐隐约约像皮肤上的瘊子，因此称作"瘊子甲"。瘊子甲甲片青黑，坚滑光莹，柔薄坚韧。当时有人做过一个试验，在50步以外用强弩射击，结果只有一支箭射入，经检查，原来这支箭射在穿带子的小孔，铁箭头竟被甲铁碰得卷起，坚硬程度可见一斑。

而当时大宋王朝制作的衣甲，脆软不堪，连箭矢和飞石都抵挡不住。当时有官员认为，以大宋朝的财力和技术，完全可以制造出超过羌人的衣甲。之所以不及对方，是由于对方专而精，而自己慢而略。宋朝重武轻文、武备废弛，从中已显端倪。

铁甲礼仪

中国古人将铁甲视为身份和荣誉，在仪仗典礼等隆重场合，都要安排金盔银甲闪亮登场，以显重视和荣耀。其用意有点类似后人在阅兵仪式中，安排各种新式武器装备一并受阅。

▲明代盔甲

汉武帝时，有位著名的骠骑将军叫霍去病，他生前曾先后6次西征匈奴，屡建功勋，却年仅24岁就因病去世。为悼念这位早逝的英雄，汉武帝命令铁甲军伫立长安至茂陵沿途，为他送葬。这在当时是十分隆重的葬礼。可谓生前战功显赫，死后享尽哀荣。

唐太宗李世民还在任秦王时，曾身披金甲，率1万铁骑，3万甲士，在太庙前举行凯旋礼。唐代制甲还注重外观华美，往往涂抹金漆，绘制花纹，以显示身份，营造氛围。唐宋诗人留下的"金锁甲、绿沉枪"、"三军甲马不知数，但见银山动地来"等诗句，生动形象地描绘了这种威武雄壮的场景。

铠甲与马铠

　　总体而言，欧式铠甲大多是整张铁皮将身体包裹的板状结构，主要防止长矛等武器的进攻。而中式铠甲多半是装备片片甲叶重叠的叶状结构，重视防范弓弩等武器的进攻。在马铠的运用上，中西方的观念相似，都力求在防护与轻便之间寻求一种平衡，但由于不同时期不同地区冶铁技术差别很大，铠甲的重量和形制也小有差别。

板甲与鳞甲

　　欧洲重视板状铠甲有多种原因。其先，欧洲小国林立，战略纵深不大，历来推崇面对面的阵战，板状铠甲重量大、不灵活特点得以避免。其次，欧洲士兵体身高力沉，兵器主要以矛和重型的砍砸兵器为主，而且中世纪骑士文化强调勇力和果敢，相对来说，他们对弓弩等远杀伤性武器重视程度较低，即使装备也多以轻箭为主，著名的英国长弓手也不例外；第三，中世纪欧洲军队对外作战的主要对象是蒙古帝国、铁木尔帝国、奥斯曼帝国，这些国家使用刀枪的水平普遍高于弓弩。因此，防砍砸能力优秀但防穿透性能较差的板甲和骑士铠甲，才会大行其道。

　　中国的情形则完全不同。古代中国面对的最大对手是草原大漠上的游牧民族，为了防止阵形被对手的骑兵冲散，大多采取密集结阵的方式作战，然后双方展开步骑对射的拉锯战。如果没有防穿透性能优秀的护甲，势必在与骑兵散线驰射中吃亏，因此鳞甲类护甲是首选。而且，古代中国弓弩技术比较完善，几乎各个朝代都装配重箭，防箭能力差的板甲始终成不了主流。

　　欧式铠甲在防御弓弩上的表现差，也是英国弓手在欧洲大行其道的原因。当然，欧式铠甲种类也比较多，不能简单地说欧洲铠甲就全是板甲。在十字军东征的时候，欧洲普通士兵还穿过毡甲和纸甲，这些装甲对阿拉伯弓箭具有很好的防御力。出现这种现象主要是基于经济原因，因为板状重甲只有骑士阶层才有财力购置，穷人出身的步兵根本消费不起。

　　在重量上，中西方铠甲也有差别。欧洲的铠甲普遍较重，顶级的骑士全铠可重达100多斤，穿上之后上下马需要人扶。在欧洲中世纪战争中，重装骑兵一旦倒地，往往难逃任人宰割的厄运。英法阿金库尔战役中，雨后湿滑的地面使不少法军重装骑兵摔倒，

▲欧洲骑兵重甲

被英国弓箭手轻而易举地结束了生命。中式铠甲则相对轻盈。比如，南宋绍兴四年（1134）年，皇帝亲自赐命，规定步兵甲由1825枚甲叶组成，重量以29.8千克为限。此后，又把长枪手的铠甲重量定为32至35千克。由于弓箭手、弩射手经常参加近战格斗，其铠甲比长枪手轻6千克左右。即便如此，沉重的盔甲有时还是成为部队行动的障碍。绍兴十年（1140）前后，名将岳飞、韩世忠率领以铁甲、长枪、强弩为主要装备的重步兵，以密集阵容屡屡击败女真骑兵。当时宋军重装步兵负荷高达40至50千克，由于装备过重，机动性受到影响。绍兴十一年的祐皋战役中，宋朝重装步兵将

▲清八旗军盔甲

金朝骑兵打得溃不成军，但由于身披重甲，加上兵器过长，负荷过重，未能全歼敌人。

中西方在不同发展时段，盔甲的轻重有所变换。总体来说，与冶铁技术水平直接相关，水平越高铠甲越重。早期中国冶铁技术领先，后来西方反超，所以中西方铠甲孰轻孰重，并非一成不变。

中式铠甲还有一个特点，可以量体裁衣，酌情增减，根据个人能力和战斗需要，在防护性能和机动能力之间寻求平衡。特殊情况下，士兵甚至可以披挂两层以上的铠甲。这与现今装甲车上的外挂装甲如出一辙。

随着技术发展和战争需要，中西方虽然没有直接的交流合作，但通过间接交流，双方取长补短互相借鉴却成为双方共同的选择，这个有趣的现象出现在南北朝至宋朝时期。在唐宋交替的时期，拜占庭帝国的片状铠甲开始流行。相对应的，中国南北朝至唐朝时期，板式铠甲明光铠被广泛使用。后来，欧洲士兵也习惯于使用多层铠甲，外面穿全身铠，里面着锁子甲。中世纪后期，欧洲刺剑出现，这种兼具弓弩穿透力的细身剑，改变了欧洲士兵的铠甲样式，他们也穿起了类似中式的铠甲。

必备的马铠

马铠是古代军队作战时用来遮护战马的装备，又称具装、马甲，主要由皮革或铁制成。一副齐备的马甲应包括遮护头部的面帘、颈部的鸡颈、胸部的当胸、身腹的身甲和臀部的搭后，以及插立在马臀搭后上的装饰物——寄生等六大部分。

古代中国战火连绵，马铠被广泛使用。早在殷周时期马甲便出现了，主要用来保护驾车的辕马。战国以后，战车没落，骑兵兴起，用于装备战车驭马的甲胄，经改进后用来装备骑兵战马。秦汉以后，骑兵成为军队的重要兵种，马甲又用于保护骑兵的乘马。

三国时期，马甲逐渐完备，已能遮护马的大部，但使用尚不普遍。南北朝时期，出现了重量接近90斤的"甲骑具装"，这是当时重装骑兵的重要装备。当时的马铠结

构日趋完善，战马除了耳、眼、鼻、嘴、尾及四肢暴露以外，其他部位都有了保护。隋唐以后，重装骑兵日渐减少，但马铠仍是军队使用较多的防护装具。明清以降，随着火器威力不断提升，装甲骑兵地位迅速下降，马匹不再披挂这种笨重的马铠。

欧洲在十字军东征时期，骑兵护身盔甲得到不断改进，但也因此变得越来越重。因此，对手总要想方设法伤害马匹，这就导致人们继续设法增加马的护具。到了 14 世纪末期，重骑兵的马匹所驮载的盔甲和装备重量至少达到 70 千克磅。这就必须选择健壮而稳重的马匹，充当重骑兵的坐骑。即使骑乘这样的马匹，也不可能纵横驰奔，最多作些慢跑式冲锋。

由于盔甲的改进，十字军在后来的征战中，伤亡率一直在高低两端摇摆。在打胜仗时，伤亡总是比较轻微，而一旦失败，那么在战斗的最后阶段就会遭受重大损失，因为他们装备重甲，无法逃避敌人灵活机动的屠杀。可谓成也盔甲，败也盔甲。

欧洲重骑兵还装备一种复杂精巧的防具——手套。指套为钢制，用皮革与锁网相连，可以用来握住

▲唐代贴金彩绘具装甲马俑

对手兵刃而手指不被割伤。在骑士礼仪中，扔出手套表示要求决斗。这个传统被后来的剑客保持下来，他们在决斗前交换手套，喻意"擦亮你的剑"。

可守可攻的盾牌

盾是一种手持防护兵器，用途是消耗或偏导敌方杀伤力，以掩蔽身体，防卫伤害，常与刀剑等兵器配合使用。春秋战国时，战车上专门有人执盾，以遮挡矢石。城头上多设盾橹，作为守城护具。骑兵和步兵所用的盾牌小型灵便，坚固耐用。

镶由盾派生而出，形状怪异，由铤架、镶板和上下两个曲构成，多由步卒使用。传说镶为战国时期鲁班创制，但无据可考。目前我们见到的镶大多出自东汉时期。

在相当长时间里，欧洲和中国的步兵都流行盾牌加长剑这种攻守兼备的配置。欧洲全身板甲出现后，骑士们并没有立即抛弃盾牌，出于显示纹章的需要，盾牌的使用时间又延长了很久。火枪大规模使用后，欧洲人逐渐抛弃了重型铠甲，军队也逐渐由封建领主式向雇佣军转变，盾牌这才在欧洲彻底消失了。亚洲人的体格难以披挂重型甲胄，士兵更需要利用盾牌抵挡箭矢刀剑，所以盾牌在亚洲存在的时间更为持久。

盾的称谓

盾在古代称为"干"，古人常用干戈比喻战争，比如"大动干戈"。在中国传说中，盾在黄帝时代就出现了。《山海经》中有一则关于"刑天"的神话，记载他一手操干，一手持斧，是个英雄人物。为此，陶渊明曾写有"刑天舞干戚，猛志固常在"的诗句。作为实物存在的盾，出现在商代，当时即被作为"主卫而不主刺"的防护装具。盾在唐代改称"彭排"，宋代时称"牌"。明清两代沿袭宋朝的称谓。

盾的材质

盾牌按制作材料不同，可分为木牌、竹牌、藤牌、革牌、铜牌、铁牌等。由于重量问题，历代盾牌都以藤、木或革盾为主。其中用木和革制作盾牌的历史最长，应用也最普遍。中国商周时期，盾多用于车战和步战，用木、革、藤制作的盾是军中的重要防卫武器。这时的盾，前面镶嵌青铜盾饰，有虎头、狮面等纹饰，个个面目狰狞，令人望而生畏，借以恐吓敌人。这时有一种木盾特别流行，顶上有双重弧花纹，呈长方形，表面涂漆，并绘有精美的图案。藤牌也是军队中常用的一种盾牌，最早产于福建，明代中叶传入内地。藤牌由采集于山上的老粗藤制作而成，一般编制成圆盘状，重不过九斤，牌内用藤条编成上下两环以容手臂执持。这种藤牌，制作简单，使用轻便，加上藤本身质坚而富有伸缩性，圆滑坚韧，不易被兵器砍射破入，所以藤牌传入内地之后，很快便成为步兵的主要装备之一。铜盾和铁盾在中国古代曾经作为仪仗物使用，尽管它们防护力强，但持在手里，面积小则降低效力，面积大则份量加重，所以一直未能用于作战。

盾的形状

盾牌的形体也有许多种类，有长方形、梯形、圆形、燕尾形，背后都装有用于握持的把手。西汉以前盾的样式都接近长方形，分为步用和车用，步盾长大利于防箭和维持阵列，车盾短窄利于车上使用。此时的盾防护最大的威胁是弓弩的刺杀，力量远在刀剑劈砍之上。因此到战国时，用于近战的双弧形方盾就盛行起来，纵中线凸起的形状有利于分解刺的力量。东晋南北朝时，双弧形方盾被改进成六边形盾，盾体很长，盾面纵向内弯，就像一片叶子。这种盾在作战时不仅可以手持，还能将底部尖角插在地上，用棍支起。到宋代时，这种盾被去掉底部尖角，绑在兵步左小臂上，成为旁牌。随着骑兵的兴起，西汉出现了椭圆形盾牌，骑兵可以单手举着抵御攻击。这种样式在魏晋南北朝时一度被冷落，至宋代又成为骑兵的旁牌。

明代还发明过能与火器并用的多种盾牌。这种盾牌既能防御又能攻击。它们有许多响亮的称呼，如神行破敌猛火刀牌、虎头火牌、虎头木牌、无敌神牌等。这种牌用生牛皮制成，内藏火器。战斗时，牌手持牌掩护士兵前进，遇敌时向敌人喷火，火焰喷射二三丈远，足可抵挡强兵十余人。虎头牌内藏猛箭一二十枚，临敌时，突然发射，以杀伤敌兵。明代最大的一个牌后面可以遮蔽25人。作战时，既可施放火焰阻止敌骑兵的冲击，又能掩护士兵免受箭枪射杀，还能多面盾牌相连，迅速布成城墙，阻挡敌兵进攻。

中世纪时，欧洲出现了诺曼盾、纹章盾、弩兵用大盾，还有专门适用于骑士的盾，它与铠甲相结合，放置左胸用于保护心脏部位。盾面上常绘有各种图纹，用以表明自己所处的军事集团。还有一些盾面上写有宗教箴言。攻城的一方有时还会建造足以遮蔽几名士兵的竹牌，以防御守卫火力，掩护部队推进。这种形式的木盾还经常装在望楼或橹上，为藏身其中的士兵们提供防护。

出土文物中的盾

从战国出土的铜镜图案中，可见武士一手持盾，一手挥剑斗豹的形象。东汉画像石中，可见武士一手执盾或镶，一手舞环首刀相斗的图形。在魏晋壁画中，常可见武士执戟、环首刀配以盾牌的争战图。

第五章 车战兵器

　　原始社会时期，氏族战争的主要形式是徒步格斗，近距以刀剑搏杀，远距用弓箭盾牌攻击和自卫。夏代时发明了车，起先用于运输，后来引入战争。战车的速度和冲击力使古老步兵无法抵挡。战车有专门的御手驾马，士兵可集中精力充分发挥武器的威力，各司其职，相互配合。车战的优势很快引起了作战方法的改变，人类从此步入以车战为主要作战样式的历史时期。

战车上的中国

古代战车一般由两匹或四匹马驾挽，以四马为主。从殷墟出土的车马装具可知，大约在公元前 14 世纪的商代武丁时期，每乘四马战车的编制装备已经制式化。按当时规定，每车编左中右三名甲士。左方的甲士持弓箭射击，称车左；右方的甲士执戈或矛同敌击格斗，称车右；居中的甲士称御者，装配一把剑。

运输与战争的双重演变

原始社会晚期，人们在木板圆轮上装上架子，作为陆上运载工具，这是战车的雏形。中国在远古时代已有车骑，随着社会生产力发展和战争规模扩大，战车使用的数量越来越多。周武王灭商的牧野（今河南淇县）之战，动用了 300 乘战车。到了春秋时期，战车发展到鼎盛阶段，千乘之国已不稀罕。周襄王二十年（公元前 632 年），晋楚发生城濮之战，晋国已能出动兵车七百乘。为炫耀武力，在邻国检阅部队时，晋国竟列出战车四千乘。

商周时期战车的形制，古籍已有较详细的记述。1936 年，在河南省安阳市殷墟车马坑中，首次出土十一辆商朝战车。坑中南端并排着器具、马骨，车内外分布着三套兵器。从出土于商、西周、春秋和战国时期古墓中的战车可以看出，商周时期战车的形制

▲秦陵 1 号铜车马（局部）

基本相同。商朝战车轮径较大，约在 130 厘米至 140 厘米之间，春秋时期缩小为 124 厘米左右；辐条 18 根至 24 根；车厢宽度一般在 130 厘米至 160 厘米之间，进深 80 厘米至 100 厘米。由于轮径大，车厢宽而进深短，而且又是单辕，为了加大稳定性及保护舆侧不被敌车迫近，战车的车毂一般均远比民用车的车毂长。到春秋战国之交，由于封建生产关系的发展，拥有大量步兵的新型军队开始组成。而铁兵器的采用和弩的改进，又使步兵得以在宽大正面上，有效地遏止密集整齐的车阵进攻。战车车体笨重，驾驭困难，其机动性受地形和道路条件的限制，遂逐渐被步兵、骑兵取代。但是，这一作战方式的演变过程是极其缓慢的，直到战国时期，各诸侯国的战车数量仍相当可观，大规模的车战仍然时有发生，到汉代初年，战车在战争中仍然发挥着一定的作用。

到西周时期，为适应作战的不同需要，战车的分类已经越来越明显。据《周礼·

春官》记载，当时的战车已分成戎路、轻车、阙车、苹车、广车五大类。戎路也称戎车，是国君或统帅乘坐的指挥车。轻车便于往来驰骋，是攻击型战车。阙车负责警戒和补充缺损的战车。苹车是一种防御性战车，可互相联结成屏障，以抵挡或阻滞敌军的进攻。广车兼有攻防作用，主要用作防御。

战车每车驾2匹或4匹马。4匹驾马中间的2匹称"两服"，用缚在衡上的轭驾在车辕两侧。左右的2匹称"两骖"，以皮系在车前，合称为"驷"。马具有铜制的马衔和马笼嘴，这是御马的关键用具。马体亦有铜饰，主要有马镳、当庐、马冠、月题、马脊背饰、马鞍饰、环、铃等。战车每车载甲士3名，按左、中、右排列。左方甲士持弓，主射，是一车之首，称"车左"，又称"甲首"；右方甲士执戈（或矛），主击刺，并有为战车排除障碍之责，称"车右"，又称"参乘"；居中的是驾驭战车的御者，只随身佩带卫体兵器短剑。每乘战车除车上的3名甲士以外，还有固定数目的徒兵（春秋时期称为步卒，战国时期称为卒）。这些徒兵和每乘战车编在一起，再加上相应的后勤车辆与徒役，便构成当时军队的一个基本编制单位，称为一乘。秦朝战车的乘法和使用情况，可以从陕西省临潼县秦始皇陵兵马俑坑出土的战车兵得到准确反映。尽管出土时木质车体已经朽毁，但从陶质的战马、甲士的分布情形可以看出：每乘战车仍然是前驾4马，甲士3人，战车的形制也没有很大变化。西汉以后，步骑兵逐渐取代了战车兵。

▲中国古代战车

宋代战车种类较多，形制构造各有特点。《武经总要·器图》中，绘制有车身小巧的独轮攻击型战车，包括运干粮车、巷战车、虎车和象车、枪车等。运干粮车、巷战车和虎车的基本构造相同。以虎车为例，在一辆独轮车上方或前方安置挡板，两侧安置厢板，或在车上安一个虎形车厢，以掩护推车士兵。同时在车的底座上和虎形大口中，伸出多支枪，以便在作战时冲刺敌军。由于这种独轮车车身小巧，便于机动，所以士兵可以在狭窄的田埂、道路、街巷中推动冲进，同前来劫粮和进攻的敌军搏战；也可在旷野中排成车阵，成百上千辆蜂拥而前，冲击敌军的前阵，配合步骑兵进攻。

▲"天子驾六"博物馆

车之五兵与天子驾六

中国古代战车上一般装备五件兵器，称作"车之五兵"，分别是戈、殳、戟、酋矛、夷矛，这五件兵器插在舆侧的固定位置，供甲士临战使用。装备的这五件兵器具有长短结合、攻防兼备的特点。不过战车装备的兵器也并非千车一律，种类和数量根据实战需要会有适当增减。

"天子驾六"为东周时期大型车马陪葬坑，21世纪初在河南省洛阳市出土。洛阳市在遗址上建成专题性博物馆，系统展示东周洛阳珍贵遗迹遗物，生动再现了以王室贵族为代表的上层社会生活的基本面貌。

其中"驾六"陪葬坑，长42.6米，宽7.4米，坑内葬车26辆、马70匹，规模系同期罕见，为当世唯一原址展示。车马摆放与驾驭形式一致，车队呈两列放置，头南尾北，秩序宛若出行场面，十分精彩壮观。车前马匹分为2匹、4匹、6匹三个等级，反映了东周时期的用车制度。它直观清晰地印证了古文献中关于"天子驾六"的记载，廓清了汉代以降有关天子车骑役使马匹数量的疑问，解决了历史谜题。

秦朝彩绘铜车

1980年陕西临潼秦始皇陵西侧出土了一前一后纵置的两辆大型彩绘铜车。前面的一号车为双轮、单辕结构，前驾四马，车舆为横长方形，宽126厘米，进深70厘米，前面与两侧有车栏，后面留门以备上下。车舆右侧置一面盾牌，车舆前挂有一件铜弩和铜镞。车上立一圆伞，伞下站立一名高91厘米的铜御官俑。

战车上的外国

公元前 14 世纪，小亚细亚赫梯国兴起，赫梯征服者依靠两驾轻型战车，横扫腓尼基、美索不达米亚等地，迅速成为一个军事帝国。来自阿拉伯半岛的亚述人在国王尼拉利的统帅下迅速扩张，建立起强大的军事帝国。之后数百年，亚述人用四轮战车洗劫他方领土，成为著名的东方大帝国。这两个在滚滚车轮之上建立起来的古老帝国，在车战发展史上自然要留下可圈可点的一笔。

苏美尔战车：最早的马拉战车

坐在或站在马拉的车上冲入敌阵作战，是古代英雄们充分显示其体魄和力量的事情。冷兵器时代的战车是指以人力、畜力推挽，直接用于作战的各种车辆。约在公元前 26 世纪，苏美尔人就使用了战车。苏美尔人的战车为木质，四轮，轮外缘宽、内缘窄，直接同车轴联结，无轮辐，车厢略呈长方形，车厢前部隆起，有作掩护用的小盾和斜挂着的标枪筒。战车由 4 头毛驴拉动，车上配有驭者和佩带斧子的战士。只有在轻便灵活、有轮辐和用一两匹马来驾辕的双轮战车出现后，

▲苏美尔战车

战车在中东战争中才开始发挥重大作用。这种战车是在约公元前 1800 年出现的。最先造这种战车的是赫梯人。可以在许多古代的浮雕上看见赫梯人驾着数千辆战车跟埃及人打仗的情景。此外，亚述人、印度人都曾有过大规模战车作战的辉煌历史。

赫梯战车：有文字记载的最早车战

公元前 14 世纪末，为争夺叙利亚地区统治权，埃及法老与赫梯国王在卡迭石展开会战。埃及十九王朝法老拉美西斯二世调集本国军队和外国雇佣兵共 2 万余人，战车 2000 辆，向叙利亚大举进军。赫梯国王穆瓦塔利斯集结约 2 万人，战车 2500 辆，坚守军事要塞卡迭石。

▲浮雕上，赫梯人驾着战车打仗的情景

两军对垒之初，穆瓦塔利斯为诱使埃及军队陷入伏击，派出“逃亡者”向埃军谎报卡迭石守军薄弱，赫梯军队主力尚在百里以外。拉美西斯二世信以为真，亲率先头部队渡河抵达卡迭石以南，结果陷入赫梯部队包围，后续部队也遭到袭击，损失惨重。被困的拉美西斯二世奋力抵抗，将护身的战狮放出来保驾，并急令另一支后续部队火速增援。拉美西斯的援军赶到后，以一线布置轻步兵掩护战车、二三线布置步兵和战车各半的战斗队形，猛冲埃及中军，并令要塞守军8000人出击配合。战斗十分激烈，双方势均力敌，未分胜负。赫梯军退守要塞，拉美西斯二世亦无力夺取要塞，决定返回埃及。

在以后的16年中，双方仍不断争战，但谁也没取得决定性胜利。大约公元前1280年，拉美西斯二世与赫梯国王哈图西利斯三世缔结和约结束战争。此战也是古代军事史上有文字记载的最早的会战之一，步兵与车兵协同是这次会战的一大亮点。

早期的马拉战车使战斗能迅速进行，因而使埃及、赫梯和亚述这些大帝国能够维持其统治。早期的战车可能是用弯木做的，车身覆盖着柳条或牛皮，“挡泥板”上有一个筐子，用来装箭和短矛——因为战车上用的主要武器是箭和矛。一个人驾车，一两个人射箭。在欧洲，战车很少成为作战的主要兵器，而是用于作战指挥或一些特殊活动。战车的乘员往往是国王、贵族、军官和其他在军队中地位较高的人。不足的是，战车本身受地形、战斗队形、成本等因素的局限，后来在作战中的作用逐渐降低。荷马时代，用战车打仗已经过时了，灵活而气势磅礴的骑兵队伍取代了这种局限性较大的战车，成为战争中的主要突击力量。古代战车渐渐退出了战争。

亚述战车：现代坦克鼻祖

亚述人的弓箭手和矛兵坐在双轮战车上直接攻击敌人，这时候，双轮战车变成一

▲浮雕上的亚述战车

种可怕的攻击性武器，很少有敌人可以抵挡得住亚述人双轮战车的突击。亚述帝国的版图从地中海东岸一直延伸到了波斯岸，这也恰恰是整个海湾战争的战场。公元前701年，犹太城市拉基（今以色列）开始奋起反抗亚述王西拿基立的独裁统治。西拿基立乘坐战车将拉基城团团围住，但他无法忍受自己的军队被长期羁绊在此地，毕竟他要管理整个帝国。于是，他要求工程人员发明一种攻城武器，以便尽快攻破城池。世界上第一辆坦克便由此诞生。

这是一种轮式车辆，由表面覆盖防护性生牛皮的木质框架构成，前端装有金属制成的攻城锤。奴隶们在里面推动车辆前进，士兵们紧随其后，利用车体的掩护靠近敌人的池城。为了使坦克能够直接攻击城池上端比较薄弱的部位，西拿基立命令

奴隶在城墙前建制一个土坡。奴隶们冒着箭雨，完成了这项艰巨任务。坦克沿着土坡向城顶进发，坚硬的车身有效抵挡了犹太人的进攻。然后，攻城锤开始攻击塔台的顶部。不久之后，坦克攻破了城墙，西拿基立的军队涌入城中。犹太首领希西家王派人送信，请求西拿基立宽恕，提出对方如果愿意撤军，可以答应所有要求。但是，西拿基立一向铁血残暴，绝非心慈手软之辈，他将敌军头目们包围起来，并且将他们处死。许多人被钉死在尖桩上，另一些人被活活剥皮。随后，他将当地20万居民全部流放在外。

亚述人发明坦克，固然体现了智慧才干，但它制造的毕竟是武器，服务流血政治的根本目的并未改变。亚述坦克的出现说明，所谓先进武器，很大程度上只是降低了征服的难度，提高了杀戮的效率。

亚述人为什么如此尚武

亚述人是一支出色的武士民族，这不是因为他们在种族上不同于所有其他的闪族人，而是由于他们自己的环境有特殊条件。他们的国土资源有限，又经常受到周围敌对民族的威胁，这就养成了他们好战的习性和侵略的野心。因此，无怪乎他们对土地贪得无厌。他们征服越多，就越感到征服之必须，才能保住其已经获得的一切。每一次成功都刺激着野心，使黩武主义的链条拴得更牢。

第六章　骑兵兵器

骑兵的历史非常久远，早在公元前两千年，马就已加入了战争的行列。中国是世界上较早拥有骑兵的国家之一，在商代时已经出现骑兵。战国时代，西汉政府出于与游牧民族战争的需要，将骑兵列为一支独立兵种。元朝是中国历史上骑兵发展的鼎盛时期，蒙古军团以轻装骑兵闪电作战，攻占下辽阔疆域。

骑兵在西方同样受到重视。在 11 世纪，洛尔河与莱茵河之间的贵族子弟从小就接受格斗技巧和马术训练，这些骑在马上的武士后来形成一个贵族阶层——骑士。这些人组成的重装骑兵，成为中世纪军队的主力。

尽管克制骑兵的战术越来越多，但由于骑兵拥有的强大机动力和冲击力，在战争中依然保持着极高的地位。

随着火器迅速发展，骑兵地位日渐衰落。

骑兵的机动性能

有刀锋之利，有效打击敌人；有防御之坚，更好地保护自己；能够快速驰奔，以把握稍纵即逝的战机，这是古往今来的军队梦寐以求的理想境界。攻击力、防御力和机动能力，常常是衡量一支军队战斗力的重要指标。在冷兵器时代，骑兵在机动性能上具有明显的比较优势，进可纵横驰奔，退可迅速撤离，一度成为许多国家重点发展的兵种。

骑兵重振雄风的契机

骑兵刚在欧洲大陆出现时，一度威震四方，随着古希腊方阵的出现，曾经显赫一时的骑兵，失去了昔日的荣光。因为当时的战马还没有马鞍和马镫，士兵靠两腿夹着马匹，马一旦受惊吓，骑兵就会翻身落马。而且那时的马蹄还没铁掌，时长久长了，奔驰的骏马也就成了可怜的跛马。在荷马时代，欧洲骑兵发展都比较缓慢。

▲辽代马镫

公元前6世纪前夕，斯基泰人发明了马鞍。4世纪时，日耳曼人在马鞍两边安上环状皮带，用来放脚。马镫的发明出现在8世纪法兰克墨洛温王朝灭亡时。到9世纪，人们在马蹄的底部钉上铁掌。这些在今天看来不值一提的发明创造，在古代欧洲却经历了漫长的探索。当马鞍、马镫、马蹄铁应用到马匹上的时候，人们发现骑兵完全可以大有作为。马鞍提高了人体的稳定性，同时鞍面抬高后人的视野更宽；马镫踩脚的部位加宽，骑马者上身会微微向后仰，身体与马颈间的距离拉得较开，不再受马头昂起的干扰；马蹄的安装，极大方便了长途奔袭。这些也给骑兵作战方法带来了新的变化，骑兵不仅可以双手同时出击，而且还能使用砍砸兵器；骑兵作战动作不再局限于突刺，还可以作盘旋、架隔、挥舞等动作；骑兵行止的自如使作战双方不必仅靠交叉驰过的瞬间来交锋，而可以在胶着状态中反复进行。到罗马帝国时期，跨马持矛的蛮族士兵成为罗马军团的劲旅，骑兵成为中世纪战争取胜的一个决定性的力量。

在古代中国，鞍具不完备也一度妨碍了骑兵的发展。汉末之前，骑兵在快速机动方面有了进步，但作战方法仍比较原始。秦汉兵马俑中的士兵铠甲，大都只集中在胸部和背部，臂腿和头部却没有相关保护，不仅与后世相比显得简陋，而且与当时秦汉的强势地位好像也不相称，这一现象反映出当时骑兵作战的局限性。从这个角度看，《三国演义》中妇孺皆知的英雄关羽，很难以"拖刀计"这样的战法诛杀文良。《三国志》的说法是"策马刺良于万众之中，斩其首还"，根据当时马匹装具的发展水平可以判断，"刺"更为接近历史真实。

"郎中骑兵"与哥特重骑兵

秦末农民起义和楚汉之争中，西楚霸王项羽军事思想比较先进，他非常重视骑兵的运用。项羽的骑兵在战争中发挥了很大作用，几次险些歼灭刘邦的军队。在彭城之战中，项羽曾用 3 万骑士大破刘邦与诸侯联军 56 万之众，并斩杀了近 30 万人。

这次惨败使刘邦领教了骑兵的战斗力，为了对抗项羽，刘邦专设了一支精锐骑兵部队，称之为"郎中骑兵"。他起用秦国降将专门训练骑兵。后来，韩信在其一役成名的破赵之战中，曾用两千轻骑偷袭敌军大营。如果没有骑兵参战，韩信这一役的成功系数会大大降低。

欧洲中世纪前期，以哥特人和萨桑人等为代表的重装骑兵迅猛发展。哥特人于公元 2 世纪进入黑海沿岸地区，从苏美尔人和艾伦人那儿学到了精湛的控马技术。随后，他们以中北欧高温带大型马为骑具，装备上厚重的马铠、直剑、标枪等进攻兵器，建立起哥特重骑兵。

公元 378 年，在亚德里亚堡战役中，西哥特与亚伦联军投入 2 万骑兵和 3 万步兵，与西罗马帝国皇帝瓦伦斯率领的 4 万军队对决，当时两军兵力总数相差不大，但西罗马骑兵数量较少，只有对手的一半。战斗打响后，哥特骑兵锐不可当，从中央突破对方的防线，绕至敌军背后展开攻击，配合突进步兵完成对敌军的分割包围，将瓦伦斯皇帝及四万名官兵一网打尽，西罗马从此一蹶不振。

> **辽金骑兵**
>
> 辽金的军队很讲究骑兵的机动作战，一般军中的骑兵均配有 3 匹左右战马，机动力很强。辽宋的幽州之战中，辽军就凭借当地平坦的地形和骑兵的机动力，先后将宋将曹彬、潘美各个击败。金兵也长于骑兵善于野战，史称"金之初起天下之强莫过于此"，金国有著名的拐子马部队，在作战时以步军为正兵，拐子马作两翼突击，在平原上对宋军作战占据很大优势。当时有民谣曰："它有金兀术，我有岳元帅；它有拐子马，我有麻扎刀；它有狼牙棒，我有天灵盖。"

欧洲职业化军队的萌芽

骑士有义务为王国或领主作战，并管辖部分农地收取租金，以此作报酬。初期所有士兵都有可能成为骑士，不过后来具有地主身份的骑士渐渐形成了一个固定的阶级，逐步与贵族形成契约式雇佣关系成为统治者的附庸。

骑士制度的由来

公元 9 世纪时，北欧海盗像旋风一样所向披靡，不断地劫掠北欧和西欧海岸。为应对海盗的威胁，各国相继出现了常备的机动部队，它由经过战争锻炼的骑士组成，能迅速迎击入侵之敌，这是职业化军队的萌芽。公元 800 年，法兰克王国查理大帝一统西欧，被教皇加冕为"伟大的罗马皇帝"，12 名跟随查理大帝南征北战的勇士成了"神的侍卫"，被人们称为圣骑士，这便是最初的骑士。完整的骑士制度到公元 11 世纪才成型。

▲十字军骑士

罗马天主教和统治者发动的战争将骑士阶层推向极度繁荣。战士的骁勇和基督教的信仰结合，骑士随之也具备了一个新的身份——基督卫士。披上天主光辉的骑士忠诚于国王和基督，一部分骑士在基督教义感召下，乐于救助鳏寡老幼，他们脱离了其蛮族和异教的背景，而被整合于基督教文化的社会结构中。骑士与神甫、农民一起，被视为当时社会"肌体"不可或缺的三个"器官"。

骑士精神，概括起来有八大美德：谦卑、荣誉、牺牲、英勇、怜悯、精神、诚实、公正。在中世纪盛行的骑士文学中，骑士们总是言行得体，举止优雅，追求浪漫，并且追求灵与肉分离的爱情，他们有武士的忠诚、信徒的谦恭、男人的纯洁、贵族的善心，成为正义和力量的化身，荣耀和浪漫的象征。骑士制度则成为西方的伦理标准，深刻地影响了人们的观念和行为。时至今日，英国仍然设有骑士头衔，凡是为国家和社会做出重大贡献的杰出人物，便有可能得到女王的授勋。

三大骑士团

在影视文学作品中，欧洲中世纪骑士充满了神秘，他们侠骨柔肠，优雅从容，浪漫多情，几乎成了男子的典范。其实，历史上的中世纪骑士还有不为人知的另一面。

他们貌似修士僧侣，实为战争工具，倾心的不是传经布道，而是讨伐征战。刀光剑影固然显示了其铁血勇敢，但却充满了野性和邪恶。

骑士团出现在中世纪十字军东征期间，1099年，第一次十字军远征结束后，建立起4个十字军国家。在穆斯林虎视眈眈的威胁之下，十字军国家处于动荡不安之中。于是，罗马教皇组织起了三个僧侣骑士团，即善堂骑士团、圣殿骑士团和条顿骑士团，前往保卫十字军国家。

骑士团内部实行严格的集权制。每个团的最高首领是总团长，归其管辖的支团首领称支团长，再往下还设有司令、马厩长等；支团长以下的军官组成总会，从属于总团长；而总团长则直接听命于罗马教皇，必须唯教皇之命是从。

1410年，骑士团国和波兰、立陶宛联盟在塔能堡附近爆发了一场大规模战役，这场战役是欧洲中世纪历史上规模最大的一次骑士战争。骑士团大团长乌尔里克在战斗中阵亡。骑士团陷入混乱，许多骑士逃离战场。联军抓住这一良机发动冲锋，将骑士团军队击溃。塔能堡一战使骑士团遭受了毁灭性的打击，其意义类似于哈丁战役之于耶路撒冷王国。骑士团国就此走上了衰亡道路。

中世纪

中世纪欧洲文明史上发展比较缓慢的一个时期，时间跨度近千年，起于西罗马帝国灭亡（公元476年），终于文艺复兴时期（公元1453年）。"中世纪"一词由15世纪后期的人文主义者首先使用。这个时期的欧洲没有一个强有力的政权来统治，封建割据带来战争频繁，造成科技和生产力发展停滞，人民生活在毫无希望的痛苦中，所以中世纪或者中世纪的早期，在欧美也被称作"黑暗时代"。

蒙古轻骑横扫欧亚

重装骑兵一度是世界各国军队的主力。今天的人们回望欧洲中世纪历史，从头到脚包裹得严严实实的骑兵一直是记忆的亮点。中国重装骑兵的衰弱出现在隋末唐初，当时各地农民起义军改变传统的作战样式，大力装备轻骑部队，以灵活多变的战略战术重创隋朝军队，重装骑兵逐渐丧失了原来的垄断地位。唐朝时期，重装骑兵作为一个兵种虽继续存在，但已不是主力，战马卸去了沉重的铠甲进入轻装时代。

轻装骑兵使重装骑兵走向末路，这一点欧洲与中国类似。蒙古人西征时，通过大纵深、多迂回、高速度的战术，将骑兵战术推到了冷兵器时代的顶峰，也使欧洲重骑兵陷入谷底。面对蒙古人的长途奔袭、迂回包抄，习惯小纵深正面作战的欧洲军队惊悚不已，将其视为恐怖和灾难的代名词。

蒙古军团开创闪电战

人们总是习惯地认为希特勒首创了闪电战，而事实上，闪电战是成吉思汗进攻战术的一个重要方面。因此，蒙古人才是闪电战的开山鼻祖，希特勒不过是把这种战术运用在机械化战争背景之下。

蒙古人实行全民皆兵的百户、千户制，上马则武备战斗，下马则屯聚牧养，战时是军人，平时是牧民。为了提升军队战斗力，蒙古人推行军官世袭制度，对儿童进行专门骑射训练，并通过大规模的围猎来锻炼部队。

蒙古马虽然体型较小，但适应力强，耐粗饲，易增膘，寿命长，十分适合长途行军、无后勤保障作战。并且蒙古母马哺育期每天可产奶三至四百千克，这成为军队的重要食物来源。蒙古骑兵有着超强的机动力，一名士兵往往备有六匹以上战马，轮换使用，一天可以行进近百千米。

尚武的民风，牧战结合的体制，精良的战马，便捷的给养，加上有成吉思汗、木华黎、速不台、拖雷等出色将领，蒙古军团成为当时世界上最强大的军队，征服了前所未有的广大领地。在东方消灭了金、西夏，在西方打败了花剌子模（今土库曼斯坦），打败了西方联军，征服了俄罗斯草原，战争的烽火一直燃烧到里海之东、多瑙河边，元朝因此一度成为中国历史上疆域最广阔的朝代。

蒙古骑兵制胜的法宝——灵活机动

如果仅比较单兵作战性能，蒙古轻骑兵根本无法与欧洲重装甲骑兵一决雌雄。从进攻武器看，欧洲重装甲骑兵使用长矛和重剑，杀伤力远大于蒙古骑兵手中的马刀、长矛及狼牙棒；从马匹性能看，欧洲骑兵所用的高头大马，载重和冲击能力要胜于蒙古马；从防御能力看，欧洲骑兵铁制盔甲、马铠一应俱全，几乎就差眼睛不能包裹上，而蒙古军则大多是皮甲装束；就是从人种角度看，欧洲人的体能也不在蒙古人之下。

蒙古骑兵胜利的关键，在于其灵活多变的战略战术。欧洲军队的战场环境大多狭小，而且有惯常的骑士之风，崇尚正面对决。而蒙古军队却与之相反，他们可以在很大的区域内实施迂回包抄。

当大部队与敌正面遭遇时，蒙古骑兵通常形成两排重骑兵在前、三排轻骑兵在后的战斗队形，并在敌侧后方以流动骑兵佯动伺攻。双方军队接近后，蒙古轻骑兵在前排重骑兵横队的空隙间，向敌人投射长矛和毒箭，然后队形迅速回撤，以避免敌人以牙还牙或短兵相接。欧洲重骑兵机动性远逊于对手，所以必须保持队形整体推进，很难追到蒙古骑兵。蒙古人这种且战且退的攻击，往往要持续多次。一旦敌军队形混乱开始后撤，蒙古人则迅速变成包抄队形，实施近距离砍杀。

在没有绝对优势的情况下，蒙古军队很少打消耗战、持久战，如果敌方城堡坚固，通常只留少数骑兵配合工兵攻坚，大部队仍快速大纵深挺进，这种路数常使后方的敌人始料不及。

汉唐官马制度

西汉为了对抗匈奴，大力发展骑兵，建立了饲马制度。汉文景时期颁行"马复令"，用免役的办法鼓励民间养马。当时还设立了马政机构，中央任命太仆，地方设有马丞，负责饲养马匹以备军用。从汉初至武帝时，汉朝有厩马40余万匹。这一制度保证了汉朝对匈奴作战的马匹需求。

唐朝非常重视马政建设，设太仆、监牧史、监牧等官吏管理马政，监牧以马匹数量为标准分上中下三等，中央政府每年对监牧进行考课。自唐贞观至麟德40年间，所养官马达70余万匹，设有八坊四十八监，占地一千多顷。唐太宗李世民善于骑射，其著名的六匹坐骑被称为"昭陵六骏"。

第七章　攻城与守城

　　古人以作战目的和地域为基准，将战争分为战、御、攻、守四类。战、御指野战的进攻与防守，攻、守专指城池争夺中的攻陷与坚守。在中外古典小说中，攻克城池数量常常是衡量将士军功大小的重要标准。因为攻克一座池城，就开拓了一片疆土，控制了一群民众，占据了一方资源。攻城略地、守土开疆，是古代军人魂牵梦萦的职业理想。

　　与此相对应，冷兵器时代的军事技术，包括武器装备制造和军事土木工程两大类。这两项技术相辅相成，相生相克，在一次次的攻防对决、生死较量中不断发展进步，人类的战争史因而显得更为波澜壮阔，扣人心弦。

攻击和观察

　　距今4000至5000年间，原始社会生产力水平有了进一步的发展，逐渐向阶级国家过渡，由部族纷争引发的武装冲突频发，武器的功能迅速由狩猎向战争功能拓展，筑城活动也日益兴盛。从此以后，敌对双方较量抗衡的场所，除了荒郊原野，还有城池关隘。

撞城木、螺旋机

　　撞城木也称破城锤，是最古老最原始的围城器械。早先的撞城木，就是一根大木头，由多名士兵携带。后来的撞城木形态较为复杂，前端装有楔形锤头，中部装置在四轮车或围城塔中，士兵围在木梁两侧，推动其撞击城门或城墙。历史上最大的破城锤出现在2000多年前，被称为羊头撞锤。

▲宋代攻城撞车

　　公元前305年，德米特里奥斯·波利奥特围攻罗得岛，使用了这种羊头锤，锤顶有金属保护层，锤梁装有铁甲，长达53米，装在轮子上，由一千名士兵运输。

　　螺旋机是一种用于在城墙上打洞的工具，原理类似于开启酒瓶木塞的起瓶器。由于在紧临城下使用，通常需要掩蔽通道保护。

防护棚具、掩蔽道、幔

　　防护棚具装有轮子，保护士兵向防御工事运动。掩蔽道是有盖的木制通道，一般在离城堡较远处开始搭建，并逐渐加长，以便攻击者接近城墙。

　　幔是在攻城战中能保护多人的一种大型盾牌，最早出现于春秋战国时代。根据所用材质，分为木幔和布幔两种。它的奇特之处在于，由于材质不同，幔的作用也不同。木幔用于攻城，布幔用于防守。木幔主要用于攻城，在攀爬过程中，用来遮挡守城敌军发射的箭和石弹。接近城墙时，也可用于坑道入口的防护。木幔尺寸不定，根据敌方的情况而调整变化。为了增强机动性，有的木幔装载在木车上。为了缓和敌人射击的冲击力，所使用的支柱呈自由状态支撑着，可根据敌人攻击的强弱，利用杠杆作用，使木幔上下移动。

　　布幔主要用于守城。它用麻绳或竹编织而成，在上面泼水涂泥，用木棍支撑放置城墙，可以遮挡敌人射来飞矢流石。根据《墨子》中的描述，当时的布幔横向两米，纵向近三米。当敌人爬上城墙时，可把布幔点燃抛向对方。当攻上城墙的敌人将要推开布幔时，守城者使用连枷之类的多节棍棒打击，或用砂和石灰等细粉物撒向敌人的眼睛。

幔之所以具有很高的防御力，关键在于它不是被固定在支柱上，而是采取一种自由状态的"软支撑"。当箭、石弹命中时，幔就在其冲击力作用下向后摆动，减小了箭和石弹的威力，而使幔后的士兵不受伤害。由于幔防御能力强，而且制造简单，因此一直从战国使用到明代。

东魏武定四年（546 年），神武帝高欢率领东魏大军围攻玉壁（今山西稷山西南），经过两次攻城失败后，高欢制造了攻城车，再度攻打玉壁城。守城统帅韦孝宽命令士兵用布缝合制作成幔，配置在攻城车的前进路上。能够冲破盾牌的攻城车，对飘扬在半空中的布幔却是无能为力，结果只得以失败而告终。

望楼、巢车、临时堡

宋代望楼高八丈，用坚木支撑，顶端建一座宽五尺的板屋，在屋底设一出入口，坚木上钉上钉子以便观测人员（望子）攀爬，底座用两根各长一丈五尺的鹿颊木埋入土中，只露出八尺，以船只上绑桅杆的方法将坚木和鹿颊木固定，然后在坚木上绑上120 尺、100 尺和 80 尺三种高度的固定绳以确保其安定性。一般而言，望楼中只配属一名望子，手持白色旗，无敌情警戒时旗子卷起，若敌来犯则将旗张开，敌人靠近则将旗杆横置，若敌人退走则慢慢将旗举起。望楼车基本上和望楼的形制很接近，只是多了一个四轮车座而已。

巢车指中国古代一种设有望楼，用以登高观察敌情的车辆。公元前 593 年，楚军曾强迫俘获的晋使解扬登上楼车，向被围困的宋人劝降。巢车不仅用于攻城战，野战也常用它来侦察敌人行动。侦察用的巢车，最早出现在攻城战频繁的春秋时代。巢车的功能虽与望楼车相近，但车制有些不同，巢车车座采用八轮车座，而且以双竿作为支撑，竿的高度则视城池高度而定。唐宋的城墙约五丈，因之要侦察城内必须高过此数。在双竿的顶上设置一个辘轳，以便将观测用的吊舱举起，因为举起吊舱需要很大的力道，所以巢车和其他的观测车不同，它是以生牛皮为材质，可以防御敌人的矢炮攻击。

临时堡也称据点。围城者通常兴建此类建筑，用作小型野战要塞。一般兴建于中立地区，或是高地的突起处，多半以土垒为主，再以栅栏等物品加强。

公元 622 年，宋军与西夏军队在灵州（今宁夏灵武）展开激战。宋军投石机在巢车的指挥下，向灵州城墙大量抛射，压制城楼上的守军。宋军数百架望楼车在战场移动，高大的望楼车比灵州城还要高，每架车上载有十几名的宋军神箭手，弓弦响过，西夏人瞬间毙命。宋军很快大败西夏军队。

跨越障碍的武器

古代的城池，城墙往往修筑得高大坚硬，城门四周还要挖掘防城河，不管是中国还是西方，古代的人们都将此作为惯常的防守路数。这样一来，攻城时就要有用于跨越壕沟和攀越高墙的武器，这些武器包括壕桥、折叠桥、云梯、填壕车、攻城塔等。

壕桥、折叠桥、云梯

壕桥、折叠桥是带有车轮的移动桥，用于跨越护城河。由于桥身用木料制成，很容易遭到石弹和火具破坏，加之缺少对士兵的有效保护，很难长时间作业，因此使用范围较小。

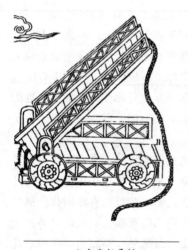

▲宋代折叠桥

云梯是把长梯搭载在车上的一种攻城兵器，主要用来攀登城墙，也可用于侦察敌情。中国在周朝已经出现云梯，春秋战国时代被广泛使用。根据《墨子》记载，云梯由公输班发明。当时，南方楚国计划攻宋，主要攻城装备便是云梯。墨子获知这一情报后，命弟子率人加强宋城防卫，同时亲自去劝说楚王放弃战争。墨子和公输班在沙盘上，以带为城，以木片作攻城兵器，通过模拟演练分出高低。公输班七次攻打墨子的"宁城"，使用了各种攻城兵器，但都被墨子打败了。通过这场可堪称世界最早的模拟战争，墨子成功地拯救了宋国。

云梯作为典型的攻城兵器，在战争中被广泛使用，一直延续到清末。宋代的云梯用粗木制作成底板和立柱，下面安有六个车轮，车上装载两个梯子，梯长各2米左右。梯子长度可以根据墙高度来调节，最长的可攀登7米到9米高的城墙。上端的梯子装有铁钩，以便挂住城墙以防推移。为了控制梯子与城墙的角度，车的前后分别设有辘轳，通过绞动拴系在梯子上粗绳，使梯子能够前后移动。车厢外面贴挂坚厚的牛革，用来保护车内的士兵。车的移动由车厢内士兵完成，有点类似划旱船。云梯材质是竹子和木头，所以火矢是其克星。为防备对方火攻，云梯常用不易燃烧的生牛皮包裹，或在梯上涂抹泥浆。清朝以后，这种笨重的巨大云梯，因无法抵御火器的攻击，遂逐渐废弃。

填壕车、攻城塔

要想彻底突破护城壕这样的障碍，填壕是最有效的选择。拥有既能装载填壕器物又能保护士兵的武器，成为突破护城壕一方的迫切愿望。南北朝时期，专门用于填壕作业的填壕车应运而生，并在许多攻城战役中大显身手。填壕车车上装载土、石、草、木等物品，这些物品常用草袋盛装。当车推至护城壕附近时，打开窗口将这填充物投入壕内。填充物的选择根据敌方守城武器而定，如果敌方大量使用火具，那么草木这些易燃物则少用或不用。泥土取之不尽，而且人财物力花费不多，所以土就成为填充物的首选。起初是将土装在草袋中抛出，但草袋遇火会燃烧。后来，人们在土中掺入水，做成易于搬运的土坯。

唐德宗建中四年（783年），叛将朱泚率军包围陕西乾县时，曾使用过一种巨型云桥。这种器械宽度达120米，外侧使用牛皮装甲，并用装水革袋覆盖，以防火攻。而且填充速度快，很短时间内能突破屏障，使"天堑"变"通途"。这对守城一方来说，无疑是一种极大的威胁。为了对付这个庞然大物，守城兵士在靠城墙边上云桥必经之处挖了个大坑道，使得云桥坠入，然后投下马粪和干柴焚烧，阻止了敌人的进攻。

攻城塔是冷兵器时代攻城兵器的集大成者。明代《武备志》中将攻城塔称为"冲车"、"临冲"、"对楼"。它体型巨大，高度从10米到50米不等，上面装置了许多投射器械，可以平射，也可居高临下攻击。有的攻城塔设有活动木板，可以倾倒搭到敌城楼上，给士兵提供冲锋的跳板。攻城塔下安装有轮子，具有一定的机动性能。公元前398年，希腊战略家德尼斯·戴锡拉库斯的军队在攻莫提埃时，已拥有七层楼高的攻城塔。中国历史上最大的攻城塔出现在明代，为天启元年（1621年）彝族酋长奢崇明围攻成都时所用，该车高3米，宽150米，车中可容纳几百名士兵。由于车体巨大，只能用牛拉。守城明军使用抛石机射击，牛群受惊，冲车未能组织起有力进攻。

《墨子》中的攻城术

东周后，由于以攻城灭国为目标的兼并战争不断级，攻守城战日益频繁激烈。特别是春秋时期，战车、弓弩、抛石机等大量武器运用于攻城，攻城器械得到长足发展，攻城装备和方法迅速改进，军事机械发明创造出现了高潮。

攻城器械林林总总，不同国家和民族各有侧重。《墨子》把攻城战术分为临、钩、冲、梯、堙、水、穴、突、空洞、蚁傅、轒辒、轩车十二大类，同时提出相对应的防御技术。这些攻防技术，一直被沿用到17世纪。

根据墨子的观点，攻城器械的功效作用概括为四大功能：破坏城墙和击杀守护者的破坏功能，以横向跨越壕沟、纵向攀爬城墙为主的越障功能，保证己方安全接近城堡的掩护功能，以敌情侦察、后勤保障为重点的战勤服务功能。

历史上的攻城器械，在一些大国发展更为充分。其中，中国的春秋、战国和唐宋等时期，欧洲的希腊、罗马等时代，都是攻城兵器发展的黄金时期。随着火器时代的来临，这些古老的攻城武器很快湮没于历史烟尘。

中国城墙

城墙指旧时农耕民族为应对战争，使用土木、砖石等材料，在都邑四周建起的用作防御的障碍性建筑。起初的城墙用黄土分层夯打而成，最底层用土、石灰和糯米汁混合夯打，异常坚硬。后来又将整个城墙内外壁及顶部砌上青砖。城墙顶部每隔40～60米有一道用青砖砌成的水槽，用于排水。

古代城垣往往是一个庞大而精密的军事防御体系，显示出古代劳动人民的聪明才智，也为今天的人们研究历史、军事和建筑提供了不可多得的实物资料。

先民的城墙

到龙山文化时期，父系氏族社会已初具规模。也许是男性在武力上具备天然优长，这个时期的氏族部落间争斗非常频繁。这个时候，要想防御敌人入侵，仅靠壕沟是不行了，因为聪明的敌人可以借助器械，轻而易举地翻越过去。虽然往下挖不行，那就往上升，先民们便开始修筑城墙了。

▲西安古城墙

通过河南安阳后屯和内蒙古包头东郊阿善等遗址，我们可以看到这些城墙。当时的城墙宽不过4米，高不过2米，或用泥土夯实，或用石块垒起，规模很小，工艺非常简陋，有点像现今农家的院墙。

这些城墙今天看来不值一提，但先民们在修建时，可没少下气力，而且肯定是当时的最高水准，用现在话说，绝对是重点战备工程。从功能上看，它与万里长城没有本质区别，只是长得小巧了一点。

龙山文化中晚期，也就是五帝时代，随着部落的兴盛，真正意义的城池开始出现了。作为其中代表的平凉台古城，形状已经采用了正方形，说明城市布局有了统一的规划，城墙总长740米，墙高6米左右，根部厚13米，顶部宽达810米，可容纳大部队的调动和战斗。此墙的修筑采用了先进的板筑法，即先夯筑陡直内墙，两侧再以护城坡加固，此法可在增加高度的同时，抑制坡度的同步增长，使城墙陡直难攻。而随着这类较高大城墙的出现，为避免因土质问题造成塌陷，地基就成了工程中必不可少的一项。

国家出现以后的城墙

公元前21世纪末，夏成为中国历史上第一个帝国。但帝国的建立并未促进夏代城防设施的发展，平凉台古城的防御水平终其历史也未被超越。直到商代初期，墙根厚度20米左右，高度达到10米左右的城墙，才在面积急剧膨胀的城市四周耸立了起来。相比较于夏代，此时的城墙不但更为高大，而且做工也更细致。护城坡经过铲削平整后，会铺上防雨水冲刷的碎石。内墙夯层间设有夯窝，使夯层嵌接，城墙更加牢固。

城上远射兵器射之所及便是城防圈的边缘，在此范围内的城外地物一律铲平，以扫清射角和视线。

攻城技术的突飞猛进，给守城技术以最直接的目标牵引。一些城池开始采用悬板夯筑法，城墙已不再需要护城坡，因此愈加陡直。而女墙、角楼、悬门、瓮城、单层城楼和吊桥等新式工事也一一登场了。女墙可以隐蔽守军行动，遮挡临车攻击。角楼建在城角，用以抵御可能遭受的两面夹攻。悬门吊于城门洞中部，待敌军破门后紧急落下，可将其一分为二各个击破。瓮城是主城城门外的半座小城，瓮城的墙与主城等高，瓮城城门偏设，使主城守军也能射杀到攻门敌军，而一旦敌军破门进入瓮城，更会陷入四面居高临下的夹击。城门之上建单层城楼，是城门争夺日趋激烈的表现。

龙山文化

龙山文化泛指中国新石器晚期的一类文化遗存。龙山文化属于铜石并用时代的文化，因首次发现于山东历城龙山镇而得名，距今约3950—4350年。龙山文化分布于黄河中下游的山东、河南、山西、陕西等省。这个文化有许多薄、硬、光、黑的陶器，尤其是蛋壳黑陶最具特色，所以也叫它"黑陶文化"。

欧洲城堡的防御设施

自石器时代开始，人们就一直使用防御工事和土木工程。在公元9世纪以前，欧洲从未出现过真正的城堡。由于要反抗维京人的入侵，加上分散的封建政治势力形成，从公元9世纪到15世纪之间，欧洲大地修建了数以千计的城堡。在1905年，仅法国一国城堡数量就超过一万座。

城堡就是领主在自己领地上的家，是附近村庄的贸易中心，也是驻守军队的要塞。早期的城堡十分简陋，建在高地上，用粗木搭造主楼，外围的木栅栏就是城墙。后来的骑士们先后用石料和砖建造城堡，这种材质的城堡不仅坚固，而且防火。15世纪后，由于贸易自由化，大航海时代到来，辖区人口迁移，从贵族到贫民都开始追求更开放、更舒适的生活，不愿龟缩在狭小的城堡中，城堡变得不再那么重要了。另外，大口径火炮的出现，使城堡的军事地位逐渐消亡。

城堡防卫的基本要点是尽可能让攻城者陷入危险境地并暴露最多的敌情；相对地，要把防卫者所承受的风险减至最低。一个设计优良的城堡，能够以很少的兵力作长期而有效的防卫。拥有坚固的防御，可以让防卫者在补给充足的优势下力守不屈，直到攻城者被前来解围的军队逐退，或是让攻击者在弹尽源绝、疾病交加的困境下被迫撤离。城堡的防御设施有要塞、城墙、箭塔、城垛、壕沟、护城河、吊桥、闸门和外堡。

日本城堡

日本城堡有着两千多年的历史。战国时代和江户时代的日本，由于幕藩体制的实行，土地和军队集中在幕府和各大名、藩主的手中，政治上也是比较混乱，不管是处于谋求自身最大利益的进攻还是处于保护自己既得利益的防御等原因，诸侯纷纷构筑起防守坚固的城堡，作为对其领地统治的中心和军事据点。可以说，日本城堡既是日本各地长期军事发展的最终产物，也是日本从古至今军事变革的见证，它从另一个侧面记录着日本的战争历史。

要塞、城墙

要塞是一个小城堡，通常复合在大城堡里面。要塞功能主要作防御之用，通常由城堡属民执行防守。如果外城遭敌攻陷，防卫者可以撤守至要塞中作最后的防御。许多著名的城堡，都是从要塞盖起。随着时间演进，要塞这个复合建筑会向逐渐向四周扩建，包括外城墙和箭塔，它们是要塞的第一道防线。

欧洲城墙大都为石制，具有防火以及抵挡弓箭等投射武器攻击的功能。敌军如果缺少云梯和攻城塔，很难爬上陡峭的城墙。如果城墙建筑在悬崖等陡峻之处，防御价值会大为提高。城墙上的城门和出入口一般都非常小，以提高抗击打能力。

箭塔、城垛

箭塔是建在城角或城墙上的用于射击的坚固据点。箭垛之间的间隔相对固定。箭塔突出在城墙外，以便防卫者对外射击。城堡一开始时只有一个简单的箭塔，后来逐步增多。

▲ 欧洲城堡外观

城垛是城墙上方设置的木制平台，在攻击期间，城垛会从在城墙或箭塔的顶端伸出，让防卫者直接射击墙外的敌人。城垛保持湿润来防火烧。

壕沟、护城河和吊桥

壕沟挖掘在城墙底部，环绕整个城堡，并尽可能注满水，形成护城河。穿着盔甲的士兵掉到水里，很难生还。护城河的存在，也增加了敌人挖掘地道的难度。有的攻城者在开战之前，总要设法将护城河的水排开并填平，再用攻城塔或云梯攻击。

吊桥可横跨护城河或壕沟，让城堡居民在需要的时候进出。遇到危急时刻，吊桥吊起。

闸门、外堡

闸门是木制或铁制的活动栅栏，位于城门的通道上。城门是一个有内部空间的门房，是防卫城堡的坚固据点，守城者可以透过一条隧道从城门通道到达门房。在隧道的中间或两端，设有一层或多层闸门，可以吊起或落下。攻城者一旦进入，闸门便落下，以阻碍敌人行进并实施攻击。

外城门和内城门之间的开放区域称作外堡。它由城墙包围，用来让穿越外城门的入侵者落入陷阱。攻城者一旦到了外堡，往往沦为守城者的弓箭和其他投射武器的攻击目标。

战争视角的欧洲城堡

　　城堡的历史，便是一部割据称雄、长期纷争的欧洲历史。那些贵族忙着争权夺利，一统霸业，以致兵连祸结，战乱频频。在当时的条件下，要巩固地盘，要兼并别人，最好的办法就是修筑筑堡。欧洲大陆上，贵族们竞相竭尽所能，开山采石，昼夜奔忙，一座座城堡纷纷矗立起来，消耗无数人力钱物力。如今，只有那些残垣断壁的城堡，让人们依稀记得其曾经的风霜雨雪，曾经的战乱炮火。

城堡为防护自保而建

　　建造城堡的目的是防护，并提供一个由军事武力所控制的安全基地，以便控制四周的乡间地区。当国王的中央权力因各种原因而衰落后，城堡所构成的网络以及它们所支援的军事武力，反而在政治上提供了相对的稳定。

　　从公元9世纪开始，豪门贵族开始以城堡占据欧洲。早期城堡建造大多简单，后慢慢发展为坚固的石材建筑。它们多属于国王或国王的臣属，虽然贵族辩称是受到蛮族威胁才建造城堡，但事实上他们用它来确立对地方的控制。贵族之间经常爆发吞并战争，因为欧洲地区没有战略性的防卫地形，而当时又没有一个强大的中央集权政府。

　　所以，遍布的城堡和为了防卫而存在的大批士兵，不仅没有带来和平，反而增大了战争发生的概率。

　　9世纪出现土岗—城廓式城堡以后，一直到14世纪出现的砖石结构城堡，这个期间的城堡不包括防御工事。之所以城堡在这个时间出现，主要是因为欧洲经济当时从游牧经济向农耕经济转变，人们的财产、住所固定了下来，所以需要坚固的城堡来保护他们的生命和财产安全。虽然这期间的城堡发展走的是一条独立的道路，但是古罗马的城堡建设技术和防御性战争的理念或多或少影响着中世纪城堡的发展。很多中世纪的城堡为了免去挖地基这个麻烦的事情，本身就修建在已经废弃的古罗马城堡遗址上。14世纪以后，伴随着火器的诞生，城堡逐渐失去其军事作用而成为世俗居所，但是中世纪修建城堡时诞生的建筑思想和风格仍然严重影响着它。

石制城堡

　　11世纪左右，随着战争技术的发展和城镇的复兴，土岗—城廓式城堡已经越来越无法满足防御上的要求，石制城堡开始流行起来。第一次十字军东征对石制城堡在欧洲大陆的流行起了非常大的促进作用。由于大面积的征服土地只能由少数的留守骑士来驻守，城堡的坚固度被异常强调。十字军的骑士们受到拜占庭帝国高大城墙和坚固要塞的启发，利用石块修筑了更大、更坚固、更复杂的石块城堡，这些城堡建筑模式传到了西欧，由此在西欧被迅速传播开来。

欧洲的知名城堡

英国温莎城堡

人们习惯将温莎城堡所在的小镇称为"王城"，但这座小镇的历史比城堡的历史悠久得多，最早建造于罗马人统治时期。

温莎堡是英国至今为止仍有人居住的最大城堡，1070 年征服者威廉为了巩固伦敦以西的防御而选择了这个地势较高的地点，建造了土垒为主要材料的城堡，经过后世君王亨利二世和爱德华三世的不断改造，城堡越来越坚固，并且逐渐成为展示英国王室权威的场所。

英国利兹堡

利兹堡位于英国肯特郡梅得斯顿的东的伦河河谷中，建造于公元 857 年。它曾是英国皇室的乡间别墅，深受王后们的宠爱，被称为"王后的城堡"。它在英国历史和建筑史上享有盛名，有"城堡中的王后"之誉。

莎士比亚的四大悲剧之一的《麦克白》，就是以该城堡为背景写出的，剧中战斗场面就是发生在该城附近的一场战争的真实写照。

法国圣米歇尔山城堡

圣米歇尔山为法国著名古迹和基督教圣地，位于芒什省一小岛上，距海岸两千米。公元 8 世纪，圣米歇尔神父在岛上最高处修建一座小教堂城堡，供奉天神米歇尔，成为朝圣中心，故称米歇尔山。公元 969 年在岛顶上建造了本笃会隐修院。

在 1337 年至 1453 年的英法百年战争中，曾有 119 名法国骑士躲避在修道院里，依靠围墙和炮楼，抗击英军长达 24 年。因为每次只要坚守半天，上涨的潮水就会淹没通往陆地的滩涂，为守卫者赢来宝贵的半天休息时间。凭借得天独厚的自然环境，此岛成为该地区唯一没有陷落的军事要塞。

罗马尼亚德古拉堡

罗马尼亚德古拉堡位于罗马尼亚中西部，由罗马尼亚国王伏勒德·德古拉于 1377 年开始兴建，是传说中吸血鬼的聚集地。原本用作抵御土耳其人的防御工事，后逐渐成了集军事、海关、司法于一身的政治中心。

城堡建在一个小山包上，背靠大山，视野很好。杀人无数的伏勒德害怕有人报复，将城堡的大门改建成了城墙，如进入城堡，只能沿着上面扔下来的绳梯爬上去。

城堡的四个角楼用于储存火药，装有活动地板，用于向敌人泼洒热水。角楼之间有走廊相连，走廊外墙上留有射击孔，整个城堡成为一个严密的战斗堡垒。

▲法国圣米歇尔山城堡

德古拉堡在历史上发生过好几次大战，不少士兵惨死城堡内外。经历数百年岁月沧桑，恐怖的鬼魂传说依然萦绕其间。

苏格兰爱丁堡城堡

爱丁堡是一座黑色的古堡之城，是苏格兰的首府。爱丁堡城堡是爱丁堡市的象征，是苏格兰的精神支柱。它筑于一个海拔 135 米高的死火山岩顶上，一面斜坡，三面悬崖，只要把守住城堡大门，便固若金汤。城堡内著名的 MonsMeg 炮，于 1449 年在比利时建造，经过多次战争后，于 1829 年重回爱丁堡。爱丁堡城堡内的军事监狱，曾囚禁过拿破仑的法国军队，墙上仍留存着法国士兵抓刻的指痕。

爱丁堡曾是苏格兰的政治、文化中心，它始终处在政治和军事斗争中心位置。城堡中的大炮、城墙和战争纪念馆，反映了它漫长的战争史。

西班牙塞哥维亚城堡

塞哥维亚城堡位于西班牙北部城市卡斯提尔的要冲上，临崖而建，视野绝佳，入口有十多米深的护城河。

城墙上有十字架球形箭眼，方便弓箭手从各个角度发射，枪眼突出于城垛下方，可以从这里向攻城的士兵泼洒沸水、沸油，或发射火箭等武器。

城堡的中心地带，筑有加强防御工事的主堡，也是居住在这里的贵族家族成员的主要活动场所。西侧塔楼和主堡同一时期设计建造，多年来一直作为城堡的军械库使用。

德国海德堡城堡

历史上海德堡地区很早就有凯尔特人定居，后来罗马帝国在此建筑军事要塞。"海德堡"这个名字于 1196 年正式出现在历史文献中，当时是个小城邑。1214 年开始成为法尔茨选帝侯的官邸所在地。其后几百年间，海德堡虽饱受战争破坏，却得到了快速发展。

1386 年海德堡大学设立后，海德堡地区逐步成为当时欧洲的政治、经济、文化重镇。在二战时期，海德堡幸运地躲过了盟军飞机的轰炸，据说是因为盟军空军上层中，有些人曾经是海德堡大学的学生。

捷克布拉格城堡

布拉格城堡建于公元 7 世纪，是捷克皇家宫殿，位于首都布拉格伏尔塔瓦河西岸拜特申山上，由圣维特教堂和大小宫殿组成。

15 世纪和 17 世纪，由于宗教原因，布拉格先后发生胡斯战争和欧洲三十年战争。1621 年，在城外不远处进行的白山战役中，捷克军队战败，27 名新教徒贵族在老城广场被处死。1648 年，瑞典军队攻占并洗劫了布拉格，神圣罗马帝国皇帝将宫廷迁往维也纳。

布拉格城堡过去是国王举行加冕礼的地方，今天，捷克人在此举行共和国总统的选举仪式。

中国城池防守的基本设施

城池的得失对于帝国的安危至关重要，那么把城池修建得坚固牢靠是必不可少的，为了实现固若金汤、攻不可破的目标，人们在修建城池时想了许多办法，使得城墙尽量高大，储备尽量丰富，防护尽量完善。中国古代从商到西周，城池防护一直在城墙的高大牢靠上大做文章，处于低层次重复建设状态，城防技术并无新的进展。主要原因是那个阶段进攻手段单一，且成功率不高，难以对守城技术的改进形成直接刺激和有效牵引。但随着攻城技术的进步，守城技术也终于得到了提高。

反映古代战争的影视作品中，经常有这样的画面：城墙耸立，城门紧锁，门前一条护城河，城门口上安放吊桥，敌人进攻时，吊桥收起，己方出城时，吊桥放下，接着一支人马从中杀将而出。当城门破损时，守城士兵用装有刀具的两轮车，将破损处塞住，以阻止敌人侵入。影视作品固然有艺术加工的成分，但壕沟、吊桥、护城河、塞门刀车，一直是古代城池防守的基础设施。叉竿、抵稿、钩索、缚术索、滚木、礌石、狼牙拍、铁火床及行炉则是攻防两方的有效武器。

壕沟、冯垣

中国最早的城防设施，出现在公元前5000年至公元前3000年的仰韶文化时期。先民们在村落或住所周边挖上一两道壕沟，通过增加敌人近距袭击的难度，达到防范的目的。在当时的物质技术条件下，开挖壕沟也并不轻松，既然当时的人们能够下定决心费时费力地挖掘壕沟，说明了当时的人们已经有了定居的习惯。

护城壕沟一般距墙根10米左右，为防止敌人泅渡过河，壕内常常插入长短不一的竹刺，最长的低于水面约10厘米，以增强隐蔽性。秦朝时有的城池在护城壕上架设转关桥，这种桥只有一根梁，梁的两端伸出支于壕沿的横木，当敌人行至桥上时，转动人力绞盘，使横木缩回，桥面便会翻转，使敌人坠入壕内。

在护城壕后，有时会附加一道木篱或夯土的矮墙，称为冯垣。后面部署士兵，待敌军进入护城壕范围，配合城上守军，以武器杀伤或柴草熏烧。再向内，是宽2.5米左右的拒马带，用于阻碍敌军的云梯接近。最后，在距墙2.5米以内，安放5行高出地面半米的交错尖木桩，既可阻碍敌人攀城，也可刺

▲湖北江陵宾阳门城头

死坠落之敌。

陷马坑、翻转机桥

陷马坑是一种陷阱。据北宋《武经总要》介绍，这种陷马坑长150厘米，宽90厘米，深为120厘米。为有效杀伤落入坑内的敌人和马匹，坑下设有许多削成尖的鹿角木或竹片。陷马坑上面覆盖松土和草，有时还在上面种上一些植物或禾苗，用以麻痹敌人。陷马坑设置在敌军前进路上，用来减缓敌人的行进速度。也常在城门前后布设，用以阻止和伤害接近或突破城门的敌人。陷马坑常采用密布的方式，其中，最常见的布阵是"巨"字形。这种布阵，能诱惑敌人躲过第一坑，而落入第二坑。敌人即使迂回，也难免陷阱之灾。

除了陷马坑，《武经总要》还介绍了一种翻转式机桥。机桥设置在城壕或陷马坑上面，当敌兵踏上时，受重量作用，机桥即发生横向翻转，使敌兵落入陷阱。攻城者为了防御这种圈套，常派遣少数士兵编成侦察队，一旦发现陷阱立即用劈柴等物填埋。这大概是世界上最早的"探雷"兵了。

塞门刀车、木女头

古代城门的门板大多为木制，所以就成了最易被攻破的部位，也是敌人重点攻击的地方。在攻城技术还不太发达的春秋时代，攻城战就是以攻破城门为重点。所以，才出现了塞门刀车这些新的守城兵器。

塞门刀车是一种与城门等宽的木制两轮车。为有效阻击敌人，车的前面配置有几排刀状锋刃。当城门被破坏，敌人冲入时，就用这种车堵塞城门，利用车前部的锋刃击退敌人。

木女头是一种高约1.7米、宽约1.5米的木制品，下部装有车轮。当城墙上部的女墙被敌人破坏时，就把此车推到破坏处，代替女墙使用。

在城墙或城门被突破，又无法阻塞突破口时，守城者往往利用城内街巷作最后抵抗。这时，塞门刀车也可以作为巷战的专用战车。

叉竿、抵篙、钩索、缚木索

叉竿或抵篙是用来对付云梯的专用兵器。叉竿或抵篙前端呈两股叉状，长约6米，当敌人使用云梯搭挂城墙时，这些兵器的锋刃或长柄可用来阻止或破坏。叉竿或抵篙由于前端分叉且有锋刃，所以也常用作格斗兵器。另外，撞车也是对付云梯的利器，其前端放置装有铁尖的重木棒，相当于将一根大狼牙棒横放在车头，由于冲击力比较大，可以撞倒云梯。

钩索是一种由长竿、绳和抓钩组成的装置，使用者像钓鱼那样，把绳从城墙上垂下，钩住围城士兵后，将他抛离地面或是拖进城堡击杀。缚木索是在长木棍的一端装上钩子或叉子，用来破坏或移动撞城木及螺旋机。飞钩是在绳索一端绑上铁抓钩，扔向敌人，将其钩上来击杀。当然，飞钩有时也会用于攻城。太平天国时期，太平军二破武汉时，陈玉成曾亲率敢死队，用飞钩夜间偷袭得手。

滚木、礌石、狼牙拍

从城墙上投下重物击退敌人的战术，自从有了攻城战那一天就开始使用。最初使用的是滚木和礌石。滚木是防卫堡垒、高地时，从高处投放或滚放的长粗圆木。礌石从高处推下撞压敌人的石头。这两种都是最为原始的守城器械。后来人们在战争实践中，不断进行创新，制造了滚礌，包括木礌、泥礌、砖礌等。木礌长一米左右，基本材料为剥了皮的原木。为了提高杀伤力，往往选取材质重而硬的木种，并在上面固定很多钉状突起物。泥礌用掺入猪马鬃毛的泥土制成圆筒状，加热而成。长度约60厘米至90厘米，直径15厘米左右。砖礌是一种断面呈齿轮状的棒，由黏土烧制成砖，长约一米，直径约18厘米。

这些滚礌，只能一次性使用。由于原材料是泥或黏土，可以就地取材，而且制造工艺简单，因此守城者担心的不是数量不够，而是使用太多，一旦堆积如山，就等于给敌人搭成了一个攀越的平台。为了解决这个问题，守城者会将这些器物用绳子串起来，以便能够反复使用。为了节省体力和悬挂更重的滚礌，人们发明了车脚礌，使用人力绞盘代替手拉。

狼牙拍是古代的一种守城的工具，其制造方法为，在一块一米五见方的榆木板上，安放一两千个长15厘米的铁钉，前后装上铁环，用粗麻绳拴连。使用时，从城墙上投下，杀伤攀登城墙的敌人。

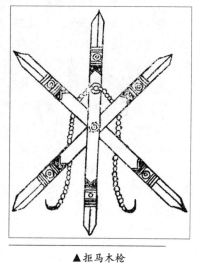

▲拒马木枪

铁火床、行炉

火攻战术在中国有悠久的历史，古代兵书《孙子》中专门有火攻篇。战国时齐国田单用火牛破燕，三国时吴国周瑜在赤壁火烧曹军战船，都是火攻取胜的著名战例。传统的火攻器具主要是带燃烧油脂的火箭，以弓弩发射。有时，也使用火兽、火禽和火船发起火攻。

对守城一方来说，火也是很好的守城工具。古代有一种简单奇特的守城兵器，把点燃的干草束从城墙上投下，烧杀攀城敌军，或破坏冲车等攻城兵器。也可用作夜间警戒或进行夜袭照明使用。唐宋时出现的"铁火床"和"铁嘴火鸡"，便是这种器械的代表。铁火床是一个长约1.5米、宽约1.2米的铁架，在格栏上捆扎上干燥的草束，点燃后用绞盘把它从城墙上放下去，烧杀攻城敌军或兵器。铁嘴火鸡是捆起来的干草束，为易于燃烧而掺入火药，使用方法和铁火床一样。

从城墙上投下的，不单单是固体，有时也使用气体和液体。有的在火药里混合上毒药，制成"毒气弹"；有的把铁、铝加热成液态状，甚至直接加热粪尿，这类器械叫做"行炉"。气体和液体可从攀登城墙的士兵铠甲等空隙渗入身体，很难防范。高温金属溶液杀伤力最大，而滚热的粪尿不仅有灼伤效果，而且受伤后容易化脓。一旦久困城内，物资和武器奇缺，粪尿常常成为最好的武器。清军围攻昆山时，在城墙根部扎营，守城军民曾用滚热的粪汤倒下，清军的帐篷被烫透，而且人员多有死伤。

孙子兵法火攻篇

孙子曰：凡火攻有五，一曰火人，二曰火积，三曰火辎，四曰火库，五曰火队。

行火必有因，烟火必素具。发火有时，起火有日。时者，天之燥也；日者，月在箕、壁、翼、轸也，凡此四宿者，风起之日也。

凡火攻，必因五火之变而应之。火发于内，则早应之于外。火发而兵静者，待而勿攻。极其火力，可从而从之，不可从而止。火可发于外，无待于内，以时发之。火发上风，无攻下风。昼风久，夜风止。凡军必知有五火之变，以数守之。

故以火佐攻者明，以水佐攻者强。水可以绝，不可以夺。

夫战胜攻取，而不修其功者，凶，命曰"费留"。故曰：明主虑之，良将修之。非利不动，非得不用，非危不战。

主不可以怒而兴师，将不可以愠而致战。合于利而动，不合于利而止。怒可以复喜，愠可以复悦，亡国不可以复存，死者不可以复生。故明君慎之，良将警之，此安国全军之道也。

中国攻守典型战例

重型攻城器的涌现，大大丰富了攻城战术。攻城由原先单纯的人海战术，已转变为攻城塔特种作业、抛石机火力压制、冲车攻敌软肋、单兵钩索攀城的联合作战。等到战国时期，云梯、水淹和地道出现，中国冷兵器时代的攻城战术就算基本齐备了。

相对来说，守城一方总是处于被动地位，但也并非无所作为。许多将领，甚至一些文官，都在守城之战中有不同凡响的表现，在中国战争史上留下浓墨重彩的一笔。透过这些堪称经典的战例，我们可对当时的攻守双方的兵器有一个大致了解。

6000 人对抗 13 万

唐代安史之乱中期，安禄山的叛军在扫平河北后，挥师南下，攻克洛阳，直逼潼关。同时派唐朝的降将令狐潮领兵四万进攻雍丘（今河南杞县）。雍丘附近的真源县县令张巡招募了一千来人，先行占领雍丘。

叛军在城周围架设了百余门大炮。架梯登城。张巡命令士兵把野蒿浇上油，顺城墙往下投，打退叛军。他率领将士打退叛军三百多次进攻，令狐潮不得不退兵。

过了两月，令狐潮又领兵来攻雍丘。叛军不断攻城，城里的箭用尽。一天深夜，张

▲河南睢阳张巡祠

巡命令士兵扎上千草人，裹以黑衣，用绳子从城头吊下。叛军不断用向草人射箭，净得几十万支箭。这可谓是陆地版的"草船借箭"箭。第二天晚上，张巡选了五百死士，仍用绳子吊下城。叛军以为又是草人骗箭。于是这五百人趁敌不备，直袭令狐潮大营，令狐潮来不及组织抵抗，只顾逃命。主帅一逃，几万叛军也四下逃窜，一退十几里。就这样，雍丘军民一直坚持防守一年多。

后来，太守许远要张巡援救睢阳（今河南商丘）。张巡赶到睢阳，与许远兵合一处，不过六千余人。许远虽官职更高，但知道张巡善兵，就请张巡来指挥守城。虽说双方兵力悬殊，但张巡带兵坚守，和叛军激战了十六天，俘获敌将六十多人，歼灭两万多人。

但城外的叛军越聚越多，城里的守军越打越少，到后来只剩下一千六百多人。还断了粮食供应，士兵们连树皮、茶叶和纸张都吃，一个接一个饿倒。城里所有的将士和老百姓明知道守下去毫无希望，也没有一个人叛逃。到了最后，全城只剩下四百余

人，叛军用云梯攻城，城头上的守军饿得连拉弓箭的力气都没有了。睢阳城终于陷落，张巡、许远、雷万春、南霁云等36名将领被俘。拒不投降，全部被杀。

睢阳陷落的第三天，河南节度使张镐带兵赶到，打退了叛军。七天后，郭子仪收复洛阳。由于睢阳的死守，整个江淮地区安然无恙。

滚滚汾水冲开战国帷幕

晋国后期，有赵、韩、魏、智四大贵族集团。智氏的智伯专断国政，在四卿中实力最为雄厚。智伯是一个没有政治眼光、贪得无厌的贵族，他恃强凌弱，从韩氏和魏氏那里各强行索要了一个大县。得陇望蜀的智伯接着又向赵氏索取土地，赵襄子不甘心受制于智伯，坚决拒绝。

恼怒的智伯于周贞定王十四年（公元前455年）举兵伐赵，胁迫韩、魏两家协同。赵襄子采纳谋臣张孟谈的建议，选择民心向赵，并早有准备的晋阳城（今山西太原西南）进行固守。

智伯统率三家联军猛攻晋阳三月不下，又围困一年多仍未攻克。联军屯兵坚城之下，渐渐趋于被动。而晋阳城中军民却是同仇敌忾，士气始终高昂。智伯苦苦思索，终于想出引汾河水淹灌晋阳城的计策。他命令士兵在晋水上游筑坝，造起一个巨型蓄水池，再挖一条河通向晋阳城西南。又在围城部队营地外筑起一道拦水坝，以防自己人马被淹。工程竣工后，正值雨季来临，河水暴涨。智伯下令开坝放水，大水奔腾咆哮直扑晋阳城。城内军民支棚而居，悬锅而炊，病饿交加，情况十分危急。

滚滚洪流使得韩、魏清醒地认识到，如果赵灭亡了，唇亡齿寒，下一个被兼并的就是自己，于是消极应战。赵襄子抓住这一矛盾，派遣张孟谈乘夜潜出城外，秘密会见韩康子和魏桓子，说服韩、魏两家暗中倒戈。

赵、韩、魏在一个夜间展开了行动：赵襄子在韩、魏的配合下，派兵杀死智伯守堤的官兵，掘开了卫护堤坝，放水倒灌智伯军营。智伯的部队从梦中惊醒，乱作一团。赵军乘势从城中正面出击，韩、魏两军则自两翼夹攻，大破智伯军，并擒杀智伯本人。三家乘胜进击，尽灭智氏宗族，瓜分其土地。

智伯的失败，在很大程度上是他咎由自取。他恃强凌弱，一味迷信武力，失却民心，在政治上陷入了孤立。四面出击，到处树敌，在外交上陷入了被动。在作战中，他长年屯兵于坚城之下，白白损耗许多实力。他疏于对"同盟者"动向的了解，以至为敌所乘。当对方用水攻转而对付自己时，又惊慌失措，未能随机应变，组织有效的抵御，终于身死族灭，一败涂地，为天下耻笑。

晋阳之战不仅奠定了魏韩赵三家分晋的格局，成为揭开战国历史帷幕的重要标志，而且作为古代水攻的典范战例，对中国战争史产生了深远影响。

地道里的惊天爆炸

曾国荃是晚清湘军统帅曾国藩的弟弟，在攻占天京的战斗中任前敌指挥。当时湘军和李鸿章的淮军、左宗棠的楚军同为清王朝的三支主力部队。湘军没有大型炸炮，曾国荃只好下令挖地道攻城。想当初太平天国将领李秀成围攻曾国荃时，曾经想用地道攻克敌营，但屡屡被湘军破坏。这一次攻守易位，李秀成处于防守地位，他便以其人之道还制其身，用开水灌，毒烟熏，篝火烧，火药炸来对付湘军，湘军每次都要死伤百十人。

有一天，地道已挖过城根。恰好有个太平军士兵用枪插地，地道里的湘军见枪头入地，以为已被发觉，一着急抓住枪往里拖，太平军知道清兵已到地下，马上迎击，清军未能得手。李秀成还经常登在城楼上遥望，根据地上草的颜色，判断底下是否有地道。因为地道是用来装药轰城的，挖深了爆破效

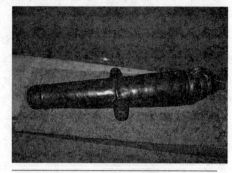

▲太平军所用铜炮

果不好。而一旦浅挖，草根就会受伤，草色便发黄。清军挖了大半年，耗费大量炸药，工兵死了一两千，南京城还是完好无损。曾国荃气得肝病复发，身心俱疲。

不久，湘军攻下钟山之巅，马上架上三组巨炮，日夜对城轰击。炮弹日夜不息地纷飞，同时曾国荃安排步兵持柴草扔掷到城下，表示将由此登城，这一障眼法成功诱骗了李秀成。工兵连挖十五天，终于挖到城根，在地道顶部填装3万斤火药，用大石堵住，留一小洞安放用好几丈的粗竹做成的引线。同治三年（1864）六月十六日午后，随着一声天崩地塌的巨响，天京城墙被炸得脱离城基，湘军攻进城内，天京宣告沦陷。

▲太平天国领袖洪秀全石像

欧洲攻守典型战例

城堡攻防战十分惨烈，因为其得失往往是决定一个地区性战役胜负的关键。英法百年战争（1337年至1453年）和英国红白玫瑰战争（1455年至1485年）就是骑士与城堡攻防战的经典演绎，其不仅在军事史上记录了一系列的攻防战术战例，而且留下许多英勇悲壮、可歌可泣的骑士战斗故事。

与中国相比，古代欧洲的城市攻防战同样激烈。公元前1350年左右，巴比伦王国衰退，亚述人在国王尼拉利统帅下迅速扩张，建立起强大的军事帝国，定都亚述。之后数百年，亚述人用四轮战车、羊角锤等攻城武器洗劫他方领土，成为著名的东方大帝国。

亚述帝国攻城主要采用弓箭盾牌掩护、架设云梯攀爬，活动塔辅助、破城锤撞击，以及投掷手和弓箭手压制、挖掘墙基打通入内等办法。古代中国则采用强力进攻、高处压制、地道开挖、引水淹城四种办法。两相比较，不难发现，这其中有许多相似之处。

1215年英国约翰王对曼彻斯特城堡中百名反叛骑士与守兵的进攻的战例更为有趣。约翰王命令首席政法官胡伯特日夜兼程送来40头最肥的猪，提炼出猪油，用猪油与木头在坑道中猛烧，使城堡高楼围墙大段倒塌而攻破之。1244年阿尔比派主教围攻蒙特塞格城堡时，用抛石机日夜不停地向城墙同一点发射重达40千克的投掷物，最后终于击破一个豁口，顺利攻城。这些路数，与古代中国也相差无几。

肉搏温泉关

公元前492年和公元前490年，波斯军队两次远征希腊，均遭失败，但波斯人并

▲《油画温泉关战役》

未就此罢休，新即位的波斯国王薛西斯一世继承先人的遗志，积极扩军备战，准备更大规模的远征。希腊人为抗击波斯再次入侵，于公元前481年结成以斯巴达和雅典为首的有30多个城邦参加的军事同盟，推举拥有强大陆军的斯巴达为盟主，组建希腊联军，准备迎敌。

公元前480年，薛西斯一世亲率波斯军约十余万人、战船一千余艘，渡过赫勒斯滂海峡，分水陆两路沿色雷斯西进，迅速占领北希腊，南下逼近温泉关。希腊联军统帅斯

巴达国王列奥尼达闻讯后，急忙率领先期到达的七千希腊联军，扼守温泉关。这里地势险要，只有一条东西走向的狭窄通道。西端被称作"西门"，易于部队攀援通过。进入西门后，通道变宽，沿通道前行约3.5千米，山势突然升高，形成千米高的悬崖峭壁，悬崖下面是波涛汹涌的大海，其间只有宽约1.5米的过道，人称"中门"。距中门约3千米处山势渐缓，此处称为"东门"，与中希腊平原相连。温泉关沿岸与隔海相望的狭长岛屿优卑亚之间，是一条狭窄的海峡，易于筑起海上壁垒阻挡波斯舰队。列奥尼达把6000名官兵配置于狭窄通道一线，令1000名官兵把守温泉关山后的小道，以防波斯军从后面偷袭。

起初，薛西斯一世以为凭着波斯军人多势众就能把希腊守军吓跑。但一连四天希腊人始终严阵以待，毫不退缩。薛西斯见威慑不行，便下令进攻。波斯军虽人数众多，但在狭窄的通道上施展不开，一连几次进攻都被希腊守军击退。恼羞成怒的波斯王命令其精锐的"万人不死军"发起强攻也未奏效。希腊人越战越勇，顽强据守2天，波斯军屡攻不克，死伤甚众。薛西斯一世一筹莫展，正在无计可施之际，当地一位希腊人却跑来指给他通往温泉关背后的一条小路。薛西斯一世喜出望外，遂任命这位希腊人为向导，傍晚让他带领自己的精锐部队从温泉关背后包抄过去。守在这里的希腊部队因为一连几天无情况，以为波斯人根本不会知道这条小道，疏于戒备。待到波斯人的脚步声把他们惊醒时，再组织抵抗为时已晚。

列奥尼达在腹背受敌的情况下，为保存实力，命令联军主力撤退，自己率领300名斯巴达人留下来拼死抵抗。第三天清晨，斯巴达人在列奥尼达指挥下与疯狂进攻的波斯军在中西门之间展开殊死搏斗。长矛断了用剑砍，剑折断了用石头砸，用拳头打，用牙咬。列奥尼达奋不顾身，勇猛杀敌，终于不幸阵亡。斯巴达人为了保护国王的尸体，击退波斯军四次冲击。最后，斯巴达人在波斯军的前后夹击之下全部壮烈牺牲，以自己的生命掩护了希腊联军主力的撤退。波斯军以损失2万人的代价才攻破温泉关。

攻陷君士坦丁堡

1453年，土耳其苏丹穆罕默德二世率17万步骑及320条战舰，全面围攻拜占庭首都君士坦丁堡。君士坦丁堡横跨欧亚两洲，南临金角湾，北靠马尔马拉海，沿岸筑有高大的城墙和塔楼，依山傍海，易守难攻。当时拜占庭帝国只剩下千年古都君士坦丁堡一隅之地，城内一万军民孤注一掷，誓与古城共存亡。他们在金角湾入口处，用粗大的铁链横锁水面，阻止敌船驶入。在城堡的西面陆地上筑了两道坚固的城墙，城墙上每隔百米筑一堡垒，墙外挖了很深的护城壕。

土耳其军队在西城墙护城河抢架浮桥，并试图用云梯强攻，被拜占庭军击退，损伤惨重。土耳其军舰亦试图冲进金角湾，金角湾的铁索阵起到阻拦作用，战舰无法近岸。在外海展开海战时，拜占庭海军凭20余艘巨舰冲击土军数百军舰的封锁线，土耳其海军居然毫无便宜可占。眼见战况毫无进展，穆罕默德二世下令用火炮集中轰击君士坦丁堡城墙的薄弱处，重达500千克的炮弹，不停地向城墙呼啸而去，这是欧洲历史上的第一次大规模炮击。惊雷般的炮声日夜不停，两周之后，坚厚的城墙经不住大炮的轰击，不断崩裂，土耳其军乘机发动总攻冲击突破口，但英勇拜占庭人集中城墙塔楼的炮火，将冲入城内的第一股土耳其士兵全部围歼。

▲元代水军征伐日本

5月，穆罕默德二世买通君士坦丁堡城郊的热那亚人，借道热那亚人控制的加拉太地区，潜入金角湾内。他命人在博斯普鲁斯海峡和金角湾之间铺设长约1.5千米的涂油圆木滑道，在夜色掩护下将80艘轻便帆船拖上海岸，越过山头，再从斜坡滑进金角湾，这样一来，拜占庭军处于水陆两面夹击之中。

1453年5月28日，土耳其士兵大规模集结城下。君士坦丁堡居民知道决战的时刻就要到了，彻夜未眠。5月29日，西线和北面金角湾两处的数百门大炮同时齐轰君士坦丁堡，整座城市在炮声中颤抖。君士坦丁堡城内的教堂纷纷鸣钟，洪亮的钟声在城市上空飘荡，千年帝国发出最后的哀鸣。

土耳其军全线总攻，高呼真主的土军士兵如潮水般前仆后继发动进攻，一万名精锐的土耳其新军火枪手冲向外围城墙的破口，一支30人左右的突击队，攻上了外围城墙的最大的城楼高塔。一名士兵砍断拜占庭的军旗，高举新月战旗站在高塔之上。城内的拜占庭士兵立刻集中弓箭射击高塔，高塔上的土军士兵用肉体挡在军旗周围，他们身中数百支箭，仍死死握住新月战旗。城外土军看到高塔上迎风飘扬的新月战旗，大受鼓舞，拼命冲锋，终于攻占外墙，君士坦丁堡失去了最后的屏障。土军蜂拥入城，随即展开残酷的巷战。拜占庭皇帝帕里奥洛古斯和他的皇家侍卫队以死相拼，最后全部战死。

数万拜占庭居民被掠为奴，皇宫教堂内无数珍宝落入苏丹手中，征服者们肆无忌惮地蹂躏这座伟大的城市。这座城市被赋予了一个新的名字——伊斯坦布尔。

如今的伊斯坦布尔，已成为土耳其最大的城市、最大的港口和工商业中心。并且作为主要旅游胜地，迎接世界各地的游客。人们在游览名胜古迹时，不知是否记得500多年前那惊心动魄的隆隆响声。

苏丹

苏丹代表一种头衔，最初是指阿拉伯语中的抽象名词"力量"、"权力"或"统治权"，后来用来代表依照沙里亚法规所设立的统治者，苏丹在任内拥有几乎全部的宗主权，但不拥有王权。同时，苏丹也用来指国王管区内的国家的有权统治者。而苏丹所统治的王朝与区域则称为苏丹国。

第八章　应用于战争的黑火药

　　黑火药是中国古代方士在炼丹中发明，后经丝绸之路传入阿拉伯，主要被用于医疗和冶金。中国唐代晚期，火药开始应用于军事。兵器专家们于 10 世纪初造出了火器——一飞火，并应用于战争。世界上最早的管型火器于 13 世纪中期在中国出现。后蒙古人西征，曾把南宋时期中国人发明的火器，广泛运用于阿拉伯和欧洲战场，阿拉伯人很快掌握火药技术并创新发展。百年之后，在军团过程中，欧洲人从阿拉伯人那里得到火药和火器，开始用金属制造发射筒。火药和火器不仅改变了欧洲大陆长期受游牧民族威胁的历史，而且欧洲人带着日益完善的火器，开始了对整个世界的入侵和征服。

　　火器的运用是一种革命性的进步，对人类社会发展产生了深远影响。

黑火药的发明与传播

　　火药是中国四大发明之一，是人类文明史上的一项杰出成就。火药在适当的外界能量作用下，能够进行迅速而有规律的燃烧，同时生成大量高温燃气。古代中国发明的火药，被称为黑火药，它与现代意义上的火药还有所差距。

　　鲁迅在《电的利弊》一文中指出："外国用火药制造子弹御敌，中国却用它做爆竹敬神；外国用罗盘针航海，中国却用它看风水；外国用鸦片医病，中国却拿来当饭吃。"而事实上，外国用来制作子弹的火药并非传统的中国黑火药，而火药在古代中国，也曾应用于军事领域，并非仅用来制作爆竹。宋元明三朝，中国火器技术并不亚于西方。直到1840年第一次鸦片战争期间，中英两国的枪炮在体系上也并无根本差别，但中国火药提炼和金属加工技术却远远落后于英国，两国枪弹貌虽合神却离，威力根本不可同日而语，以致清军虽然兵力占优却败绩连连，最终迎来丧权辱国的多舛命运。

炼丹中产生黑火药

　　古代中国人追求长生不老，拥有无边权力的帝王更是如此。这直接催生了一门奇门遁法——炼丹。炼丹术在中国起源很早，《战国策》中已有方士向荆王献不死之药的记载。汉武帝也妄想"长生久视"，向民间广求丹药，招纳方士，并亲自炼丹。从此，炼丹成为风气，开始盛行。历代都出现炼丹方士，也就是所谓的炼丹家。

　　在炼制"长生不老"仙丹的过程中，方士们积累了不少实际操作经验。三国以后道教兴起，这些方士逐渐加入其间，于是炼丹术有了神秘的宗教色彩。道教日益盛行，炼丹术随之水涨船高，奠定了我国火药与养生医学发展的基础。炼丹者认为，不同种物质掺合在一起，经过若干程序处理，可以转变成新的物质，凡体肉胎服用后，可以滋阴壮阳、延年益寿甚至长生不死。这种无稽之谈在科技落后的古代中国大行其道，不仅炼丹家深信不疑，企盼长享荣华富贵的帝王贵族们也参与其中。

　　炼丹术流行了一千多年，最终一无所获。但是，炼丹术所采用的一些具体方法有可取之处，它显示了化学的原始形态。炼丹术中很重要的一种方法就是"火法炼丹"，它直接与火药的发明有关系。所谓"火法炼丹"大约是一种无水的加热方法，晋代葛洪在《抱朴子》中对火法有所记载，火法大致包括：煅（长时间高温加热）、炼（干燥物质加热）、灸（局部烘烤）、熔（熔化）、抽（蒸馏）、飞（升华）、伏（加热使物质变性）。这些方法都是最基本的化学方法，这是炼丹术这种愚昧的行为能够产生科学发明的基础。在发明火药之前，炼丹术已经制成诸如硫化汞一类的物质，这是人类最早用化学合成法制成的产品之一。

为了便于吞食，炼丹者想方设法使矿石体积变小，硬度变软，毒性降低。硝石可熔解金属，硫黄可改变矿石形态，因而两者成为炼丹者的必备。在炼制过程中，由于偶然不慎，将硫黄与硝石同时掉到炭火上，产生了火焰甚至爆炸声响，这就火药的雏形。

中国最早的火药配方，保存在唐元和三年（公元 808 年）清虚子撰写的《铅汞甲庚至宝集成》中，称"为伏火矾法"，具体配方是硫、硝各二两，与三钱半马兜铃混合。将这些药放在罐内，再将点燃的木块等熟火掷放里面，就有大量的烟产生。中唐时期还有人提出，硫黄、雄黄、硝石掺合，放在密封容器里用火烧，喷出的火焰可能伤及手面，并可能毁坏房屋，可见当时人们已经知道这种混合物具备燃烧和爆炸性能。因此说，中国至迟在 9 世纪已经发明了火药。

需要指出的是，这种源于炼丹的火药称为黑火药，与后来出现的由诺贝尔等人发明的黄火药不可同日而语，前者的爆炸威力要小许多。有人认为古代中国只会将发明的火药用来制作鞭炮，实际上，应用于军事的尝试一直没有中断。只不过由于黑火药本身特性制约，特别是重伦理轻技巧的文化心理，使其在其后的科学探索中裹足不前。这种局面一直持续到 19 世纪中后期，在西方坚船利炮的攻击下，一向以天朝上邦自居的中国才逐渐萌生了现代科技意识。

早期火器在战争中的应用

人类对火器最早的应用，始于唐哀帝天佑初年（公元 904 年）。此间，唐将郑番率兵攻豫章（今江西南昌），他令士兵用浸有油脂的麻布将火药包起来，点燃后用抛石机抛向城内，把豫章龙沙门的城楼烧着，乘机指挥军士登城，一举夺占了豫章城。这种火药被郑番取名为"飞火"。

药王孙思邈伏火法

唐初的名医兼炼丹家孙思邈在所著《丹经内伏硫磺法》中记有：硫磺、硝石各二两，研成粉末，放在销银锅或砂罐子里。掘一地坑，放锅子在坑里和地平，四面都用土填实。把没有被虫蛀过的三个皂角逐一点着，然后夹入锅里，把硫磺和硝石起烧焰火。等到烧不起焰火了，再拿木炭来炒，炒到木炭消去三分之一，就退火，趁还没冷却，取入混合物，这就是伏火法。

北宋时，各种火球开始大量应用于作战。宋靖康元年（1126 年）正月，金军围攻宋京汴梁，宋东京留守使李纲奉命守城，他率领部下准备了大量的火球、火箭和弩弓石炮。金军攻城时，士兵们将各种火球火箭用手投、绳吊、抛石机抛射、弓弩挽射等方法投向敌阵，火焰四起，声如霹雳。金军每每在发起攻击前就被火球、火箭烧乱阵脚，无可奈何下只得退兵。他们根据攻汴失利的教训，从被俘宋军和工匠那里学得了火器制造技术，随即仿制，并用刚刚掌握的火球、火箭等火器，于同年 11 月第二次进攻汴梁。在大量火器的帮助下，金军终于攻破汴梁宣化门，占领了汴梁。

南宋绍兴三十一年（1161 年），金国国君完颜亮率 60 万大军南下，企图强渡长江，一举灭宋。宋将虞允文在采石矶列阵抵抗。金军渡江时，宋军用抛石机抛射内装火药和生石灰粉的爆炸性霹雳火球，火球落入敌阵先燃烧、后爆炸，声音像闷雷，加上烟熏火燎，生石灰粉四处飞散，使人的眼睛睁不开，呼吸困难，宋军乘机反攻，金军大败，南宋王朝转危为安。

南宋嘉定十四年（1221年），成吉思汗在袭取金中都（今北京南）时俘获了一批火器制造工匠。这些火器制造工匠为蒙古军制造了大量先进火器。蒙古军在随后的攻宋、攻西夏作战以及西征作战时，都曾大量使用各种火药箭、火球、火罐、火炮等，蒙古军攻城时，将这些火器用抛石机抛进城内燃烧和爆炸，极大提高了其攻城作战能力。

南宋绍定六年（1233年）五月，在守卫归德（今河南商丘县南）之战中，金军450人编成飞火枪队，各持飞火枪一支，并各带内藏火源的铁罐一只，夜袭蒙古军兵营，金兵450支飞火枪火焰齐喷，军营四下着火，蒙古军猝不及防，纷纷溃逃，发射完的金兵接着又使用飞火枪的矛头近刺远投，蒙古军死伤多达3500人。

魏胜于南宋隆兴元年（1163年）创制了能抛射火球的炮车（车载型抛石机）、能连续发射弩箭的弩车和各安装十数支竹火枪的如意战车。车前各装有木盾防护，旁侧有毡幕遮挡，每车有两人推车轮，后面可藏士兵十余人。列阵时，如意车列阵前、弩车为阵门、炮车在阵中。战斗时，乘双方接近，先从阵中炮车上发射火球、石弹，然后以弩车和弓箭手发射弩箭、火药箭，再以如意车喷射火焰，最后以长矛手、刀斧手近战搏杀。这种组合式装备和战术，集冷兵器与火器威力于一体，在远、中、近不同距离上形成多层杀伤力，且具有较强的机动性，因此受到南宋政府的重视，下令各军仿效。

火药由阿拉伯人传向欧洲

早在8世纪到9世纪时，硝和医药、炼丹术一起，由中国传到阿拉伯。当时的阿拉伯人称它为"中国雪"，而波斯人称它为"中国盐"，那时他们仅知道用硝来治病、冶金和做玻璃。13世纪，火药是由商人经印度传入阿拉伯国家。希腊人通过翻译阿拉伯人的书籍才知道了火药。在阿拉伯与欧洲的一些国家进行的战争中，阿拉伯人开始使用火药兵器，例如阿拉伯人进攻西班牙的八沙城时就使用过此类兵器。欧洲人在与阿拉伯国家的战争中，逐步掌握了制造火药和火药兵器的技术。

火药和火药武器传入欧洲，不仅对作战方法本身，而且对统治和奴役的政治关系起了变革的作用。以前一直攻不破的贵族城堡的石墙抵不住市民的大炮，市民的子弹射穿了骑士的盔甲，贵族的统治跟身穿铠甲的贵族骑兵同归于尽了。随着资本主义的发展，新的精锐的火炮在欧洲的工厂中制造出来，装着着威力强大的舰队，扬帆出航，去征服新的殖民地。因此，马克思认为，火药的发明大大推进了历史发展进程。火药火器的传播运用对冲破欧洲中世纪"黑暗时代"至关重要，它是文艺复兴的重要支柱之一。

燃烧性火器出现

　　燃烧性火器出现得最早，其主要性能是燃烧敌人的各种军用物资，并兼有烟幕、毒气、障碍、杀伤等作用。历史上这类火器名目繁多，据专家考证约有数十种，最初是借外力发射，用烧红的烙锥点火，后来演进为借助火药本身的反向动力推出，并用引信发火。燃烧性火器主要器种是火箭，其次是喷筒类。

火箭

　　早在火药发明之前，中国人就探究将火应用于战争。三国时代的蜀汉建兴七年（229年），诸葛亮率兵攻打陈仓（今陕西宝鸡市东），魏国守将郝昭指挥士兵用"火箭"向架云梯攻城的蜀军怒射，云梯燃烧，蜀军受挫。这种"火箭"实则是绑缚燃烧物的箭弩，点燃后靠弩弓放射出去，充其量只是具备燃烧功能的冷兵器。能称作火器的火箭，出现在唐末五代时期。那时天下大乱，兵烽四起，许多原先寄食豪门贵族的方士流离失所，一些人投身军旅，逐渐将火药配方运用到军事实践，相继出现了一系列火药武器。这种火箭也是将燃烧物绑缚在箭杆上，不同之于在于，其加装的是一个火药筒，火药筒后部有引火绳，火药燃烧产生气体，借助气体后喷的反作用力，使箭飞得更远。

　　后来人们将它与弓弩分离，制成完全依靠火药燃烧反向推动的火箭。在975年，宋与南唐作战中，1126年汴京防守战中双方都使用过这种火箭。不断改良的火箭在许多重要战役中大显神威。北宋元丰六年（1083）宋军抗击西夏的兰州战役，南宋绍兴三十一年（1161年）宋军袭击山东胶州湾陈家岛金水军根据地的战役，都大量使用了火箭。

　　经过不断探索，人们又制作出了多头火箭，能够一次发射多支到几十支火箭。有一种火器叫"一窝蜂"，就是把32支火箭装在一个大筒里，把它们的引火线联结在一起，将总火线点燃后，把32支火箭同时发射出去，威力很大。明代记录了一种称为"飞龙出水"的多节火箭。用毛竹五尺，去节刮薄，两头装有木雕的龙头尾，龙口向上，龙腹内装有数支火箭，龙头下面左右各装一个二百多克重的火箭筒，龙尾两侧也安装两个火箭筒。看上去就像一身生四翼的飞龙。将4个火箭筒的引信汇总一起，并与龙腹内的火箭引信相连。水战时，可离水面三四尺点燃引信，飞龙便腾空飞去，可在水面上飞行1500米远。当4支火箭燃烧将尽时，通过引信点燃龙腹内的火箭，这时从龙口中喷射出数支火箭，继续向前，直达目标，致使敌船燃火焚毁。"神火飞鸦"是另一种有名的火器，据明代兵书《火龙神器阵法》记载，"神火飞鸦"是用细竹篾、细芦、棉纸做成鸦状，腹内装满火药，身下斜钉4支火箭，使用时，同时点燃4支火箭，"飞远百余丈"（约 320 米）。多火药筒并联推进，可增大射程或增加投送重量，但也会因各火药筒推力大小不等，点火先后不一而导致飞行失败。但总体上看，实现多火药筒并联飞行，是火箭技术的一大进步。有翼火箭除"神火飞鸦"外，《武备志》记载的"飞空击贼震天雷炮"，也是有翼火箭。它是用竹篾编造，中间装一火药筒，其余部分装满火药，两旁各安风翅一扇，"如攻城，顺风点信，直飞入城"。火箭加翼，不仅可改善飞行稳定性，而且使火箭具有一定滑行能力，从而可借助风力增大飞行高度和距离。

最初的火药筒制作简单，用多层油纸、麻布等做成筒状，筒内装满火药，前端封死，后端留有小孔，从中引出引火线。到明朝时，制造火药筒的经验已相当丰富。戚继光在《练兵实纪·杂集》中记述：火药筒的火药要装得密实；中间要钻孔，增大火药的燃烧面；孔要钻直，否则火箭飞出会偏斜；孔深要适宜，太浅则燃烧面小，产生燃气少，火箭飞得慢甚至中途坠地，太深会把药筒前端烧穿；孔径以能容纳 3 根引火线为好，火箭可飞得急而平。这些经验，即使用现代火箭制造原理来衡量也是正确的。

早期火箭的战斗部就是一般的箭头，或代之以刀、矛（枪）、剑，强者可射穿铠甲，射程可达 700 米。有时在箭头上涂敷毒药，以增强杀伤效果。"神火飞鸦"则在鸦身内装满火药，发射后"将坠地方着鸦身，火光遍野"。"飞空击贼震天雷炮"的战斗部也是火药。火箭战斗部从用冷兵器实施个体杀伤，发展到用火药作群体杀伤和破阵攻城，是火箭武器杀伤威力的重大发展。

火箭的发射装置，早期是叉形架，后来出现竹筒导向器，明时进一步发明了"火箭溜"，形状状似短枪，火箭在其滑槽上发射，能更好地控制方向。多发齐射火箭是通过火箭桶（筒、柜）上下二层格板给单支火箭定位定向，并可利用上大下小的格板调节火力范围。齐射方向，则通过手控火箭筒，或将它架设一定角度来实现。戚继光军作战时，曾将火箭柜固定在车上，提高了机动能力，并用火箭车布成车阵，颇似现代火箭炮的发射方式。发射装置和发射方式的改善，使火箭的射向、射程和火力范围得到较好的控制，从而提高了作战威力。

世界试图利用火箭飞行第一人

火箭技术在我国古代不仅被广泛用于军事，明朝初年，还有人作了火箭载人飞行的最初尝试。据说约在 14 世纪末，有个叫万户的人在一把座椅的背后，装上 47 个当时最大的火箭，并把自己捆在椅子前边，两手各拿着一个大风筝，然后叫仆人同时把这些火箭点燃。其目的是想借助火箭向前推进的力量加上风筝上升的力量飞向前方。尽管这次试验没有成功，但万户却成为公认的世界上第一个试图利用火箭来飞行的人。

元军西征使用了大量火器。1220 年元军攻击尼沙城时，修筑了一座高炮台，使用 20 门弩炮对城内连续轰击了 15 天，发射了大量火箭、毒火罐、火炮弹。1258 年，蒙古兵围攻黑衣大食的都城巴格达时，使用过铁火炮（或叫震天雷，阿拉伯人叫"铁瓶"）。蒙古军西征的同时，随身携带火器及其制造技术，经被俘投降者之手传给了阿拉伯人。据阿拉伯文兵书记载，当时传入阿拉伯国家的火器有两种，一种叫"契丹火枪"，一种叫"契丹火箭"。到 14 世纪初，阿拉伯人把这两种火器发展成为两种"马达发"（阿拉伯语"火器"）。一种是用一根短筒，内装火药，筒口安置石球，点燃引线后，火药发作，石球射出以击人。另一种是用一根长筒，内装火药和铁球，然后再装上一支箭，临阵点燃线后，火药发作，冲击铁球，同时将箭推出。很明显，这两种火器与我国南宋时的"火筒"和"突火枪"类似。

火箭作为一种重要的燃烧性火器，其最大特点是可远距离施放，烧伤敌人。这类火箭是现代火箭的鼻祖，因为两者发射原理基本一样。

喷筒

现代战争中，火焰喷射器的威力有目共睹。它的先祖是中国古人发明的一种名为猛火油柜的火器。这个物件四足伏地，顶着一个方形的大铜柜，上面竖四根卷筒，首大尾细。尾部开一个米粒大小的小孔，首部为直径半寸的圆口，柜旁开一窍。卷筒是注油口，上面有盖。四根卷筒又扣一根横筒，筒内有拶丝杖，杖首缠半寸厚的散麻，前后束两个铜箍固定。这里的散麻起活塞作用，发射时，人在筒后用力抽动拶丝杖，压缩空气，将柜中的石油从尾部小孔喷出。那时人们称石油为"猛火油"，就是因此得名。油柜上有贮火药的火楼，临放时，用烧红的烙锥点燃火药，石油喷出后，经过药楼，燃成烈焰，喷向敌人。这种猛火油柜形体笨重，只能用于守城战斗或水战。为便于携带野战，明朝创制了喷筒类火器，不仅可以燃烧，还能喷毒气放烟雾。

有一种名为"毒龙喷火神筒"的喷筒，可以高射，专门用于攻城。筒体为竹子制成，长约一米，装上毒火药，悬挂在高竿上。进攻时对准敌城墙垛口，顺风燃放，喷射火焰毒烟，使守城敌人中毒昏迷。钻穴飞砂神雾筒是用毛竹做筒，安装坚木柄，筒内装入含砂的火药。顺风燃放，致使敌兵昏迷，然后乘机攻击。

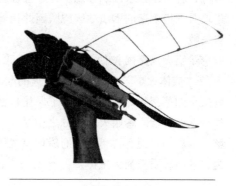
▲明代神火飞鸦

明代军中装备很多喷筒式火器，这种火器制作简便，将毒药配火药装入竹筒纸筒内，筒下安装长竹竿或木柄，就可以手持放，体轻实用，很受兵士欢迎。明代兵书中记载的喷筒火器就有 7 余种。喷筒类火器主要用于燃放火焰、毒烟及砂砾等，以致敌军中毒昏迷，或受烟幕遮障，或飞砂伤及双目而失去判向力，等等。

火球

火球也称火毬，是指中国古代装有火药的燃烧性球形火器。火球一般以硝、硫、炭及其他药料的混合物为球心，用多层纸、布等裱糊为壳体，壳外涂敷沥青、松脂、黄蜡等可燃性防潮剂。大者如斗，小者如蛋。使用时先点燃（初以烧红的铁锥烙透发火，后改进为引信发火），再用人力抛至敌方，球体爆破并生成烈焰，以此杀伤敌人。还可通过改变药物配合或掺杂铁蒺藜、小纸炮等，达到施毒、布障、发烟、鸣响等多种效应。火球主要用来焚烧敌方城垒车船，杀伤和惊扰敌军。

我国早在宋初，就有关于火球（火毬）的文献记载。《宋史·兵志》记载，咸平三年（1000）"神卫水军队长唐福献所制火箭、火毬、火蒺藜"。《武经总要》中，载有火毬、霹雳火毬、毒药烟毬、烟毬、引火毬等，并附有三种火药配方。火毬在宋、金、元朝是主要攻守火器之一，曾被广泛用于战争。如《三朝北盟会编》记北宋靖康元年（1126年）金军攻宋都汴京（今河南开封），金军"火毬如雨，箭尤不可计，其攻甚力"。到明朝，火器有了很大发展，但火毬制造简易，使用方便，仍在水军中广泛使用。到清朝，火毬虽仍在军中使用，但其所起作用已不大。

欧洲最早的火器——希腊火

在公元 7 世纪，拜占庭人就在与阿拉伯人的海战中，使用了一种叫做希腊火的液体燃烧剂。据称它在 668 年由一名为佳利尼科斯的叙利亚工匠带往君士坦丁堡。这种燃烧剂平时封装在木桶里，使用时用手摇泵通过一根管子将之喷向敌战船，遇空气便自燃，它可以在水面飘浮燃烧，并且容易附着在敌船或者落水士兵的身上。阿拉伯人进攻君士坦丁堡的木质战舰舰队因此遭到毁灭性的打击，其进攻君士坦丁堡的计划也告失败。

希腊火只是阿拉伯人对这种恐怖武器的称呼，拜占庭人自己则称之为"海洋之火"、"液体火焰"等。对于希腊火的配方和制作方法，后世知之甚少，原因在于拜占庭皇室的严密的保密措施。为了保住自己的致命武器，拜占庭研制和生产希腊火都在皇宫深处进行。希腊火的成分之中含有一定量的磷化钙，遇水、潮湿空气、酸类能分解，放出剧毒而有自燃危险的磷化氢气体，在潮湿状态下能够自燃。还有一种观点认为，其由轻质石油为主体，再混入一定比例的硫磺、沥青、松香、树脂等易燃物质，通过加热溶为燃烧性能极佳的液体。

▲希腊火喷火兵

678 年，阿拉伯哈里发穆阿维叶一世对拜占庭帝国发动了陆地和海上的联合进攻，在陆战受阻后，便集中海上力量，攻占了马尔马拉海东南沿海的基兹科斯，作为发动大规模海上进攻的基地。6 月 25 日，阿拉伯舰队向君士坦丁堡发动总攻。拜占庭海军出动装有希腊火的小船，对载有攻城器械和士兵的阿拉伯军舰展开了火攻。阿拉伯舰队总指挥法达拉斯命令舰队撤离，但已有大约三分之二的船只被焚毁。

为了躲避拜占庭海军的反围攻，穆阿维叶命令剩余的阿拉伯船只向南撤退。拜占庭海军乘胜进攻，在西莱夫基亚附近再次动用希腊火，使阿拉伯海军几乎全军覆没。

717年夏季，阿拉伯人兵分两路，再度攻打拜占庭。阿拉伯人采取封锁的战术，企图把君士坦丁堡变为一座死城。9月1日，阿拉伯人的一支舰队企图封锁金角湾，拜占庭皇帝利奥三世立即命令舰队出战，使用希腊火烧毁了20艘阿拉伯战舰，其余的军舰则均被俘获。此后，因惧怕希腊火的攻击，阿拉伯舰队再也不敢突入金角湾，坐视拜占庭运粮船向君士坦丁堡运去补给。718年春天，利奥三世在得到了准确情报之后，伺机出兵，使用希腊火摧毁了阿拉伯舰队。在这次围城战中，阿拉伯军队一共使用了2560艘船只，回到叙利亚和亚历山大港的却只剩下5艘。

希腊火的秘密最终因一名拜占庭的叛将泄露，被阿拉伯人掌握。在应对十字军的战争期间，阿拉伯人曾多次使用希腊火回击西欧人。

火箭——宋人抗金的重要装备

宋人抗金使用燃烧性火器的情况很多。例如，南宋建炎四年（1130年），金兵攻打陕州（今河南陕县），守将李彦仙使用金汁炮、火药炮等抵御，杀伤敌人甚多。宁宗嘉定十四年（1221年），金兵攻蕲州（今湖北蕲春），守将赵诚之等率部坚守25天，动用火器弩火箭7000支、弓火箭10000支、蒺藜火炮3000只、皮火炮20000只，重创敌方。

爆炸性火器产生

　　爆炸性火器起源于中国北宋时期，是在火药不断改进的基础上产生。与燃烧性火器相比，爆炸性火器有更大的杀伤力。可将火药装入纸制、竹制、陶制、铁制的弹体内，点燃引信，引爆炸药，炸伤炸死敌军人马及摧毁敌人防御设施。其使用范围从地面扩展到地下和水下。爆炸性火器依其性能和应用范围，主要有炸弹、地雷和水雷三类。

炸弹的产生

　　冷兵器时代的炸弹与现代意义上的炸弹不同，但原理相似。北宋时期，人们用竹篾编制成球形，外面糊上粘过泥土的纸张，里面装上火药和瓷片制成爆炸性火器，这种火器施放时发出霹雳般的震响，因此取名"霹雳火球"。它的主要功能是燃烧，迸射出的碎瓷片也可以击伤敌人。后来在此基础上又出现了"霹雳炮"，用纸筒做炮管，内装石灰和硫磺等物。燃放时，弹体先射向空中，再降落水中，硫磺和石灰见水便会膨胀发火，跳出水面，纸筒随即炸裂，石灰烟雾四散，可迷障敌人，伤及双目。1126年，金国军队围攻汴京，宋将李纲下令施放霹雳炮，击退了敌军。

　　1232年，蒙古兵进攻开封，在攻城器械掩护下挖掘城墙，城上守军开始用矢石反击，毫无作用。金兵遂用一只"震天雷"沿城墙用铁索吊下，爆炸后，"其声如雷，闻百里外"，城下攻城掘墙的蒙石兵连被炸成碎片。古书中描述震天雷的威力说："炮起火发，其声如雷，闻百里外，所燕围半亩之上，火点著甲铁皆透。"

　　"震天雷"也叫铁火炮，指中国北宋后期军队装备的一种铁壳爆炸性火器。震天雷用生铁铸成外壳，有罐子、合碗等不同样式，内装火药，并留有安放引火线的小孔。点燃后，火药在密闭的铁壳内燃烧，产生高压气体，使铁壳爆碎伤人，是当时威力较大的一种火器，广泛用于攻守城战、水战和野战。按其大小和用途不同，有的用炮抛掷，有的以手投放，也有的从城上推下。

　　《宋史·马塈传》记载，至元十四年（1277年）元军攻静江（今广西桂林）时，一守城宋将率250人用一大型铁火炮集体殉难的情景："燃之，声如雷霆，震城土皆崩，烟气涨天外，兵多惊死者，火熄入视之，灰烬无遗矣。"元军攻日本时，也曾使用铁火炮。当时参战的日本画家竹崎季长在其作品《蒙古袭来绘词》中，还画了一具呈炸裂状的铁火炮。

　　明朝嘉靖年间，曾铣镇守陕西时，发明了慢炮，类似现代的定时炸弹。这种炮的形状像个圆斗，外面涂五彩花纹，就像一个玩具，内装火药和发火装置，点燃后，三四小时自动爆炸。将慢炮放置路旁，敌人以为玩物相互观赏时突然爆炸。

清朝咸丰初年，大学士赛尚阿赴广西、湖南一带，参与镇压太平天国将领胡以晄的部队。赛尚阿招胡以晄弟弟胡以旸到军营，让他三番四次写信去劝诱其兄叛变。胡以晄大怒，把来信奏呈天王洪秀全，并回信痛斥其弟。赛尚阿让兵工专家特制了一个木匣，里面装上炸弹，假称有封信在里面，让胡以旸回去把信送给他哥哥。这种炸弹称为"手捧雷"，一启匣立即爆炸，十分灵便。赛尚阿的阴谋没有得逞，胡以晄最终病故于江西临江。

明清时期还经常使用炸药包、爆破筒等爆破器材，用来摧毁敌方的城堡等防御工事。1642 年，李自成攻打开封时，大顺军在开封城东北角挖掘了长 10 丈宽 1 丈多的大穴道，里面装满火药，放入三四条 4 丈多长的引信，然后引火爆破，崩塌城墙。1644年，另一农民起义军领袖张献忠挺进四川，曾用类似办法攻克重庆。张献忠随后进攻成都，面对坚厚城墙和三万守军，起义军几次强攻均被击退。张献忠命令部队砍伐数丈高的大树，剖开树干，掏空树心，装满炸药，然后两半树干合拢，用绸布缠紧，外面糊上泥浆，然后把大树树起，靠近城楼引爆。这大概是当时最大的爆破筒了。

明朝还使用一种水上爆破艇，名叫子母舟。母船前端贮满火药和纵火器具，子船藏在其腹中。当与敌船靠帮时，母船发火与敌船共焚，爆破手乘子船返回。后来又改进为二船合一的连环舟，前半部船舱盛火器，后半部用于人员逃生。

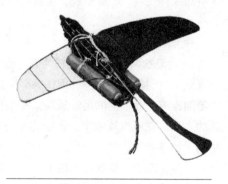

▲ "神火飞鸦" 火箭模型

地雷的产生

地雷是人们比较熟悉的一种古代火器。地雷在我国约有五百多年的历史。明代兵器制造家首次发明创制了地雷，并大量用于战争。早期的地雷构造比较简单，多为石壳，内装火药，插入引信后密封埋于地下，并加以伪装。当敌人接近时，引信发火，引爆地雷。明中期后，使用地雷渐广。雷壳多为铁铸，引信也得到了改进。万历八年（1580 年），戚继光镇守蓟州时，曾制钢轮火石引爆装置"钢轮发火"。它是在机匣中安置一套传动机构，当敌人踏动机索时，匣中的坠石下落，带动钢轮转动，与火石急剧摩擦发火，引爆地雷。这种装置提高了地雷发火时机的准确性和可靠性。明朝末年，地雷的种类更多，明代兵书《武备志》中记载了十多种地雷的形制及特性，并绘有地雷的构造图。黑火药时代的地雷的样式多种多样，按照引信不同，大致可以分为踏发式地雷、手拉式地雷和绊发式地雷三类。

踏发式地雷用石、陶、铁等铸造，如同碗口一般大小，腹内装填炸药，上面留一细口，穿出引线。临战前选择敌人必经要道或自己阵地前方容易受攻击的地方安放。这种地雷在影视作品中经常出现。直到现代战争中仍在要塞区域密布这种地雷群，以阻遏敌人靠近。有人把这种地雷用药线连接起来，分散埋设在敌人经过地带，布下一个地雷网。当敌人进入网内，一旦踏上发火装置，地雷便一个接一个连锁爆炸，可大范围地杀伤敌人大队人马。

手拉式地雷是用生铁铸成圆形，内装火药，大的可装火药一斗，小的装药三五升不等。装药后，用硬木做成"法马"塞住口，分数根引线装入一支长竹竿内，事先选择敌人必到之处，埋于地下将竹竿一头露于我方，等敌人进入雷区时，依号令点火引爆。也有的地雷不用竹竿，直接用绳索直接牵引引信。

绊发式地雷是用一口大瓷坛，内装炸药，用土将坛口填紧，留一小眼装引信埋入地下，再在地面放一堆碎石，同时埋设钢轮发火机一个，与坛口引线连接，在地面安设绊索，或用长绳由远处拉发。当敌人脚碰触绊索时，钢轮自动发火，引爆地雷，火药坛炸起，泥土碎石陶片四处迸射，杀伤威力很大。

除了埋在地下外，根据作战需要，还可将地雷设置在车上、建筑物内或用动物运载地雷冲阵。

抗日战争时期，山东海阳等地的军民，在艰苦的条件下坚持抗战，铁雷不够用，就自己动手制造各种石雷。在日寇扫荡时，村村户户的河沟路岔都摆下了地雷阵，炸得敌兵人仰马翻，失魂落魄，使得这一古老的火器重显威力。

手榴弹

15世纪欧洲出现了以铸铁为壳、内装黑火药并有引线的原始手榴弹，很多国家甚至成立了专门使用手榴弹的掷弹兵部队。但总的来说，因枪械的发展，手榴弹在较长的时间没有引起人们的足够重视。手榴弹最早被广泛使用是在1904年的日俄战争中，从此之后，在历次战争中，手榴弹是每个士兵必备的武器，是他们克敌制胜的法宝。早期手榴弹多为有柄手榴弹，这种手榴弹虽然投得远，投得准，但不便于携带。1915年，英军研制成无柄的密尔斯手榴弹，各国纷纷仿造，出现了"万向碰炸引信"提高了手榴弹的发火率；为对付坦克，又发明了空心装药的反坦克手榴弹，以及发烟、燃烧、毒气等多种特殊装药的特种手榴弹。

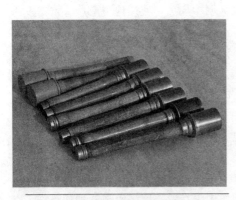
▲早期有柄手榴弹

今天，各国部队装备的是无柄手榴弹，来看一看它的构造：击针，扔手榴弹之前要先把它拔下来；雷管，是引爆手榴弹的"心脏"，没有它，或它失灵，手榴弹只能是"哑巴"；钢珠，手榴弹爆炸后，钢珠四处飞射，可以杀伤10米之内的敌人；保险，有了它，只要你不拉下击针，怎样磕碰手榴弹都不会炸；手榴弹里的炸药。

手榴弹虽小，但种类繁多，当代手榴弹可分为：进攻手榴弹，这种手榴弹没有钢珠，靠炸药的威力杀伤敌人，杀伤半径为5米，战士们可以一边进攻，一边投弹，不用隐蔽；防御手榴弹，它威力大，一颗手榴弹中装有七、八百粒小钢珠，爆炸时可以杀伤 10 米至 20 米之内的敌人，主要用于防守；除此之外，还有反坦克手榴弹，特种手榴弹（发烟、燃烧、照明、催泪等）。

水雷

水雷是最古老的水中兵器，最早是由中国人发明。1558 年明朝人唐顺之编纂的《武编》一书中，详细记载了一种"水底雷"的构造和布设方法，用于打击侵扰中国沿海的倭寇。这是最早的人工控制、机械击发的锚雷。它用木箱作雷壳，油灰粘缝、将黑火药装在里面，其击发装置用一根长绳索连接，由人拉火引爆。木箱下绳索坠有 3 个铁锚，控制雷体在水中的深度。1590 年，中国又发明了最早的漂雷——以燃香为定时引信的"水底龙王炮"。香的长短可根据敌船的远近而定。1599 年，中国人发明以绳索为碰线的"水底鸣雷"，1621 年中国人又改进为触线漂雷，这是世界上最早的触发漂雷。

欧美 18 世纪开始在实战中使用水雷。1769 年的俄土战争期间，俄国工兵初次使用漂雷炸毁了土耳其通向杜那依的浮桥。此后，各型水雷不断地被研制和改进，并广泛使用。北美独立战争中，北美人为攻击停泊在费城特拉瓦河口的英国军舰，于 1778 年 1 月 7 日，将火药和机械引信装在小啤酒桶里制成水雷，顺流漂下。当时虽然没有碰上军舰，

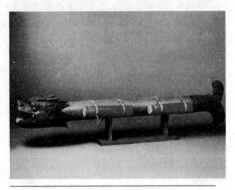

▲ "火龙出水"火箭模型

但在被英军水兵捞起时突然爆炸，炸死炸伤了一些人，史称"小桶战争"。19 世纪中期，俄国人发明了电解液触发锚雷。在 1854 至 1856 年的克里米亚战争中，沙皇俄国曾将这种触发锚雷应用于港湾防御战中。炸药发明者、大科学家诺贝尔的父亲伊曼纽尔·诺贝尔，曾于 1840 年至 1859 年间，在俄国圣彼得堡从事大规模水雷生产，这些水雷及其他武器被用于克里米亚战争。

第一次世界大战中，交战双方共布设各型水雷 31 万枚，共击沉水面舰艇 148 艘，击沉潜艇 54 艘，击沉商船 586 艘。第二次世界大战中，水雷的使用达到高峰，各国通过水面舰艇、潜艇和飞机布设 80 万枚各种触发和非触发水雷，共毁沉舰船 3000 余艘。1952 年朝鲜战争中，朝鲜人民军在元山港外布放了 3000 多枚水雷，美军出动了 60 艘扫雷舰和 30 多艘保障舰船，外加扫雷直升机进行清扫，结果使美整个登陆计划推迟达 8 天之久。在此后的越南战争、中东战争、海湾战争中，水雷都得到充分的应用，发挥了巨大的威力。尤其是海湾战争中，伊拉克海军舰艇基本上无所建树，布设下的 1200 余枚水雷，却损伤了多国部队 9 艘舰艇，其中仅美国就有 4 艘战舰被毁伤。因此，水雷被誉为"穷国的武器"。

第二次世界大战期间，水雷是由水面舰艇（舰布水雷）、潜艇（潜布水雷）和飞机（航空水雷）布设的。大战末期，使用了潜艇鱼雷发射管在水下布设水雷。战后最初几年，研制出一种用于布设在港口和海军基地进出口附近的所谓"自航"水雷。这种水雷朝选定方向发射，沉坐在海底后，进入战斗状态。20世纪40年代末50年代初，美国和英国试验过一种2万吨梯恩梯当量的核水雷。这种水雷能在700米以内炸沉大型军舰（巡洋舰、航空母舰等）或使其遭到严重破损，能在1400米以内击伤各种舰艇，大大降低其战斗力。

现代水雷分类

水雷按在水中所处的位置不同，可分为漂雷、锚雷、沉底水雷。按照水雷的发火方式，可分为触发水雷、非触发水雷和控制水雷。触发水雷大多属于锚雷和漂雷；非触发水雷又可分为音响沉底雷、磁性沉底雷、水压沉底雷、音响锚雷、磁性锚雷、光和雷达作引信的漂雷，以及各种联合引信的沉底雷等。若按布雷工具不同，可分为舰布水雷、空投水雷和潜布水雷。

20世纪70年代初，一些国家的海军制造了一种"自导水雷"——电动自导鱼雷。这种鱼雷式水雷用锚固定在水中或潜卧海底，当舰艇驶近时，在其物理场作用下，水雷即脱离雷锚（或从水底上浮），自动导向目标。70年代中期，各发达国家的海军仍在继续改进水雷，对飞机和潜艇布设的非触发沉底雷的改进尤为重视，还研制出了非触发引信的锚雷。此外，对制造威力更大的炸药和对付不同扫雷方法的各种类型的非触发引信，也进行了研究。

射击性火器问世

据史料记载，1259 年，中国制作了以黑火药发射子窠的竹管突火枪，这是世界上最早的管形射击火器。随后，又发明了金属管形射击火器——火铳。已发现的最早火铳产生于元至顺三年（1332 年），它的形状为一个长约 35 厘米、口径约 10 厘米铜制圆桶，使用时，先在枪管内填装黑火药，然后装上铁砂之类的物品，夯紧压实，然后点燃底部的引信，依靠火药瞬间爆炸产生的压缩气体，将铁砂喷射出去。这种铳射击距离很短，近距离作战威力很大。

南宋初期，出现了世界上最早的竹管火枪，由两个人拿着，点燃后发射出去，用来烧伤敌人。由于竹管火枪枪身容易毁坏，而且射程短，威力小，因此很难大范围推广。在 13 世纪至 14 世纪初，人们开始尝试制造金属管火器。

那个时代的人们对枪和炮的划分并不明确，没有一定的制式和标准。金属管火器出现以后，人们才将口径大的叫作铳、炮；口径小的叫枪、筒。近代区分枪与炮的标准也按口径大小区分，口径在 20 毫米及以上的为炮，以下则为枪。

现代枪炮的鼻祖——突火枪

随着早期火器在战争实践中的大量应用和不断改革发展，到南宋末年，又有了重大突破。南宋开庆元年（1259 年），寿春府（今安徽寿县）的人研创出一种突火枪。这种枪"以巨竹为筒，内安子窠，如烧放，焰绝然后子窠发出，如炮声，远闻百五十余步"。这种枪虽然仍以竹筒为管，但在其内却安放了由碎石、瓷片等组成的最初的子弹，不但可以喷火烧灼敌人，而且能够发射"子弹"杀伤敌人，已具备了现代管形火器的三个基本要素：身管、火药和弹丸。因而，突火枪的创制，成为后来出现的火铳以及欧洲出现的火门枪的先导，被各国公认为"世界上最早运用自发射击原理的管形射击火器"，堪称世界枪炮的鼻祖。

13 世纪中叶，元朝建立后，因战争需要，对军器制造十分重视。他们根据突火枪身管强度小、影响火器威力的情况，很快制造出了金属制的火铳，明显提高了射程和威力。

从出土的实物看，元代金属火铳明显地是对突火枪的继承和发展。在基本构造上，元火铳分为尾銎、药室和铳膛三个部分，这与突火枪的尾端、装药部和安放"子弹"的枪膛部相似；在操作方式上，二者的尾部都可安装手柄，便于发射者操作；在作用原理上，二者都是通过点燃药膛中通出的火捻引燃火药，利用火药燃烧产生的气体膨胀力将弹丸射出。所不同的是元代火铳是使用铜、铁等金属材料制造的，能够承受较大膛压，因而不但射程和使用寿命明显提高，而且便于按照统一的规格组织大量制造，且因其内壁较为光滑，更易装填和使用。这与突火枪竹制枪筒容易损坏、制造难以统一规格、射程和杀伤力较小、使用不方便相比，显然有了明显进步，因此大受欢迎，迅速推广，经不断改进，称雄战场数百年。

由于使用目的不同，元代火铳在大小和形制上出现了轻重两极分化，单兵近距离使用的火铳，往往小巧玲珑，通常其筒长 300 毫米左右，口径 30 毫米左右，重量不超过 10 千克，成为现代枪械的鼻祖。而由多人操作使用，主要用于攻城、野战、水战的火铳则越造越大，其口径往往在 100 毫米以上，一般重数十斤至数百斤，有的重逾千斤，成为现代火炮的鼻祖。

宋朝和金朝统治中国时期，是战争频繁的时代。宋、辽、金、西夏、蒙等不同政权在百余年的时间里相互征战杀戮，使各种火器在战争实践中不断发展。至公元 13 世纪初，蒙古在联宋灭金后，遂以一部力量南下攻宋，另一部力量则由成吉思汗之孙拔都率领，西攻中亚和欧洲，从而使火器流传到交战国家，并辗转流传到其他地区。

13 世纪后半叶，阿拉伯人在与蒙古军作战中获取了蒙古军的火器，仿制成了阿拉伯人使用的木质火器"马达发"。这是中国以外首次出现的火器。马达发是一种木质的管形火器，内装火药和碎石等弹丸，其后部带一个用于持握的长柄，是在突火枪基础上的发展，所不同的是突火枪是竹管，而马达发是木管。

14 世纪 20 年代，阿拉伯人使用马达发同欧洲人作战，管形射击火器传入欧洲。不久，德国人以及意大利佛罗伦萨人、威尼斯人和英国人分别制造了欧洲第一批金属管形火器——火门枪。这种火门枪通常管长 200 毫米左右，后部装有用以持握的木把，发射时需要用烧红的金属丝点燃火门里的火药，其弹丸是形状不规则的铁块、铅粒等。射击时发出巨大声响和火焰，能轻易射穿骑士的盔甲，立即成为各国军队武器库中的新宠。

早期火枪

1280 年左右，中国军用火枪传到阿拉伯，又由阿拉伯传到欧洲。到明朝初年的 14 世纪中期，世界上才开始出现最早的枪——火绳枪。

火绳枪是英国人发明的一种利用火绳枪机点火发射的装置，他们把火门枪枪管加长，加上枪托，再把这种装置安装在火门枪上。这种枪由枪管、枪托和火绳枪机三部分组成，它的枪机包括蛇形杆和扳机，蛇形杆前端夹有引燃的火绳，火绳多用麻绳浸泡硝酸钾或其他化学溶液制成。其点火原理是：扣动扳机时，杠杆作用将蛇形杆推下，使火绳接触枪管尾部的火药池，点燃火药，火焰通过火门传入枪膛，引燃发射药。这样，士兵就可以双手持枪，盯视着目标开枪了。火绳枪的发明，是枪械点火史上一次重大突破，直至今天，其原理仍获得广泛的应用。西班牙制造了在欧洲最负盛名的火绳枪"穆什克特"，该枪口径约 23 毫米，重量约 10 千克，长约 2 米，弹丸重 30 克至 50 克，射程可达 250 米，能够射穿厚木门和骑兵的盔甲。其方便瞄准和射击的特点，使射击的准确性得到明显提高，很快就淘汰了火门枪，成为各国军队的主战兵器。

从 14 世纪末至 16 世纪后半叶，是以火绳枪为主战兵器的时期。在长达 200 年的时间里，各国对火绳枪的性能不断进行完善和提高：一是发明了最初的机械式瞄准具。15 世纪欧洲火器的权威马丁·梅茨在火绳枪上加装了最早的准星和照门，使火绳枪成为能够准确瞄准射击的第一种武器，而在那个时代，大多数枪都是"光杆"，枪口上连个准星也没有。但令人费解的是，这种具有创新意义的优秀武器，只是后来在普鲁士列奥泼德一世的军队中有过少量装备，但却没有引起欧洲各国军方的注意。二是对点火装置不断进行改进与完善。为火绳枪增加了点火板，上有一组杠杆和弹簧并有一个短阻铁，并备有一个擦拭杆和送弹棍。后来，还陆续出现"按钮点火"、"压力点火"等不同装置。三是为了提高火绳枪的再次发射速度，出现了与冷兵器相结合并可连续射击的火绳枪和火铳。如 16 世纪初英国有一种叫"圣水喷洒"的火器，其外形是一个坚固的狼牙棒，头部有 4 个或更多的枪管，用火绳点燃，可多发齐射，也可逐次射击，射完后还可用作狼牙棒打击敌人。我国明代也有类似的三眼铳，用作火器发射完后，还可当作铁锤与敌搏斗。15 世纪初，明朝根据流入中国的火绳枪，很快仿制成鸟铳，并大量装备军队，鸟铳与原来的火铳相比，不但增加了准星和照门，提高了射击的精确性，而且增设了枪托，加长了铳管长度，使其性能大幅提高。

由于火绳雨天容易熄灭，夜间容易暴露，这种枪在 16 世纪后逐渐被燧石枪所替代。燧石枪产生于 1480 年至 1495 年间，据说由意大利科学家达·芬奇发明，它用燧石的火花点燃火药池，再由火药池点燃火药发射弹丸。

燧发枪利用燧石与铁砧撞击时迸发的火星来点燃火药，它的出现标志着纯机械式点火技术时代的结束。燧石枪的点火方式虽然比火绳枪先进，但本质仍属于一类，都是依靠外物提供火源点燃火药进行发射，只不过提供火源的方式由"灯草"换成"打火机"而已。

1521 年至 1526 年间德国人制造了世界上最早的燧发枪。经过几十年的完善和改进，燧发枪逐渐取代了火绳枪，并在此后的三百多年时间里，成为各国军队的主要武器。在枪的发展史中，燧发枪能装备这么长的时间，大概是空前绝后的。

最初的燧发枪，其发火装置是转轮式的。达·芬奇在 1500 年左右就曾绘制出转轮式燧发枪的结构图。因其结构复杂、精巧，但制造困难，因此使用了 50 年左右，就被简单可靠的击锤式燧发枪所取代。

1547 年，瑞典人发明了击锤式（也称弹簧式）燧发枪。这种枪使用钢火镰打火，扣动扳机时，击锤在弹簧作用下撞击钢火镰，迸发的火星落入下面的火药池中。火药池上还有一保护盖，用于防止雨水进入和火药洒出，射击前通过扳机将盖子打开，装入火药后再用手盖上。这种枪比转轮式枪机简单而且可靠，因此，一出现就受到欧洲各国的重视。法国自由民马汉在此基础上，进行了局部改进和进一步完善。17 世纪初，法军决定采用马汉改进的燧发枪，大量生产和装备。

燧发枪出现后，最先采用的是德国和西班牙。德军将其装备于步兵和骑兵，西班牙则是首先配发给由在比利牛斯山区招安的一伙强盗组成的部队，以至于此枪在西班牙至今仍被称为是"米格勒斗"（即强盗枪）。法王路易十三（1610年至1643年在位）的将军们反对使用燧发枪，理由是"燧石冒出的火星不足以点燃黑火药"。1653年，法王路易十四甚至专门颁发命令，严禁使用燧发枪，违令者立即送断头台处死，并下令立即制造一种"燧发火绳二合一枪"。但这样一来，也从反面促进了燧发枪的不断改进和完善，终使英国于1690年开始采用此枪。18世纪初，燧发枪逐渐成为各国军队的主要装备，而普鲁士则直至1808年才装备此枪。

最初的燧发枪多为滑膛、前装、单发、长管，枪重通常为5千克到10千克，口径一般在13毫米左右。射击时先装火药，再将弹丸放入前膛，用木榔头敲打送弹棍送入弹膛，后来，美国人创造了用浸油脂的亚麻布包住弹丸装入膛口的装弹方法，不但提高了装弹速度，而且起到了闭气作用，使枪的射程加大，精度提高。

还是在火绳枪时代，人们为了减少装填弹丸时的摩擦和更方便地擦拭武器，曾尝试在枪管内刻画直线式的膛线。随着对燧发枪射程、精度要求的不断提高和人们对外弹道认识的不断加深，通过大量试验和改进，后期的燧发枪逐渐由滑膛枪发展成为螺旋式线膛枪。当时的膛线多为2条到7条，最多的达到34条。由于线膛枪更利于火药气体的密闭，其弹头在旋转中飞行，弹道更加稳定，随之使枪的射程和精度又得到进一步提高，逐渐成为燧发枪的重要形式之一。

从16世纪至19世纪中叶前后三百多年间，是以燧发枪为主要装备的时期。在此期间，无论是欧洲各国间的战争还是美国的独立战争，无论是拿破仑战争、鸦片战争还是美国的南北战争，燧发枪都曾起到至关重要的作用。在此期间，人类战争完成了由火器与冷兵器并用时代向火器时代的转变，军队战术也由火器与冷兵器并用时代的战术发展到火器时代的战术。

近代步枪的雏形——鸟铳

鸟铳是指中国明朝后期对火绳枪和燧发枪的统称，清朝时多称为鸟枪。与明代前期使用的手持火铳相比，鸟铳身管较长，口径较小，发射同于口径的圆铅弹，射程较远，侵彻力较强；鸟铳增设了准星和照门，变手点发火为枪机发火，枪柄由插在火铳尾銎内的直形木把改为托住铳管的曲形木托，持枪射击时由两手后握改为一手前托枪身、一手后握枪柄，可稳定持枪进行瞄准，射击精度较高。又因其枪机形似鸟嘴，故又名鸟嘴铳。鸟铳的基本结构和外形已接近近代步枪，是近代步枪的雏形。

中国清朝入关之初，中国军事装备专家对火器有相当改良和实验，曾先后开发过转轮式、弹簧式和撞击式的燧发枪，可惜没有用来装备军队，而是供宫廷狩猎。康熙年间，有人发明出"连珠铳"，一次可连续发射28发铅弹，又造出威远将军炮，这两种兵器是机关枪和榴弹炮的雏形，射程远，威力大。但康熙认为"骑射乃满洲根本"，而未加以利用。乾隆年间制作出镶骨燧发枪，但用途依然是狩猎。正是清朝统治者的短视，中国火器发展出现了灾难的停顿，虽其后有小步跃升，但终于被欧洲抛在身后。

早期击发枪

早期火枪的技术性飞跃出现在爆炸式点火

激发方式出现之后，最早进行试验的是苏格兰人亚历山大·福希斯，他使用器皿装雷粉，把雷粉夹在两张纸之间而制成了纸卷"火帽"。1808年，法国人包利将纸火帽运用于枪械，并使用了针尖发火。1814年，美国首先试验将击发药装于铁盂中用于枪械。1817年，美国人艾格把击发药压入铜盂中，这对后膛装填射击武器的发展具有十分重要的意义，并获得了迅速发展。1821年，英国伯明翰的理查斯发明了一种使用纸火帽的"引爆弹"。后来，有人在长纸条或亚麻布上压装"爆弹"自动供弹，由击锤击发。随之而来的是爆炸式点火技术，击发枪也就应运而生了。总体来说，中世纪火枪威力比较有限，并没有对军事变革起到决定性的影响。

中国在17世纪中期明末清初时，火器装备并不弱于西方，而且当时也有接受新生事物的胸怀和智慧。1637年，葡萄牙人向明朝政府进献了线膛枪。该枪射程远，精度高，装填方便，神机营的火器专家用后赞不绝口，上表请示大量仿制并装备京军三大营。

公元757年，清政府禁止在华的外国人携带火器，这固然有安邦保民因素，但也透露出对这种"奇巧淫技"看不上眼的意味，反映出军事战略思维的落后。一个世纪后的1842年，英国远征军司令濮鼎查率领区区四千人，击败了清朝二万正规军。1860年英法联军洗劫圆明园时发现，当年英国使团赠送给乾隆的火炮仍保存完好，随时可以发射，这种先进兵器居然被当作玩物摆放了多年。

1640年，法国军官皮塞居深感冷兵器与火器混编的不便，枪手只能远射，近战搏击时成为负担；而长矛又只能近战，远战过程中只能看别人作战，不但增加了军队编制，而且不利于作战。为解决这一矛盾，他发明了刺刀。近战时，枪手可将刺刀直接插入枪口，枪就变成了长矛；远战时，拔下刺刀，又成为枪。后来，法国元帅戴沃邦又进一步将刺刀改为套在枪口外使用，既不影响射击，又可用于搏击，起到枪与矛的双重作用。长矛手由此从军队编制中消失，从而结束了冷兵器与火器并用的时代，正式进入火器时代。

燧发枪在主宰战场300年后，终于于19世纪让位于陆续出现的各种新式武器。

1793年，苏格兰牧师福赛斯发现雷汞对撞击、针刺和热作用十分敏感，可作为良好的起爆药。他在好友莫拉的帮助和鼓励下，研制出一种把雷汞火帽套在带火门的击砧中，以击锤打击火帽发火引燃膛内火药的装置，击发枪由此诞生，并很快被英军采用。他在此基础之上，经多次改进，使击发枪更加完善。同燧发枪相比，击发枪的系统简单，价格低廉，射手无须再担心燧石丢失，因而其发射速度更快，可靠性更高，法、俄、土等国纷纷采用。

后装线膛枪

从火器产生到19世纪初，各种枪都是前装火药，即将火药和弹丸分别从前膛口装入的。这种前装枪装弹程序复杂、动作幅度大，不但再装填的速度慢，而且影响瞄准，易暴露目标。1835年普鲁士人德莱赛发明了从枪管后方装填将底火、发射药和弹头合为一体的纸质定装弹，使用击针针刺发火的步枪，后装枪正式诞生。使用后装枪时，射手只需用枪机从后面将子弹推入枪膛，扣动扳机即可射出弹丸。虽然这时的后装枪只能一发一发地分别装填弹药，但却比前装枪的装填速度提高了四五倍之多，并且能够在跑动或卧或跪射击中重新装填子弹，因此立即受到普鲁士陆军参谋部的高度重视，重金资助其研制，及时装备军队使用，并很快在战场上发挥了重大作用。

早在燧发枪主宰战场的时期就已出现了早期的线膛枪，但当时的多数武器仍还是滑膛的。随着后装击发枪的出现和武器射程的加大，对射击精度的要求也越来越高。1865 年，英国人梅特福对早期线膛枪进行改进，创制出后装、击发的线膛枪。这种线膛枪膛线的特点，是采用了浅阴线和稍带圆角的阳线结构，不但能够保证弹丸稳定飞行，从而提高其命中精度，而且能够避免黑火药残渣的过多堆积，成为最适合以黑火药为发射药的线膛枪。这种枪一投入战场，立即显现出巨大的优越性。

后装击发枪的出现，使步枪在装填和射击速度方面向前跨出了一大步，然而仍有进一步发展的空间。1836 年，巴黎的著名枪械工勒富夏发明了纸质针刺发火枪弹。由于纸质枪弹发射后往往留有大量残渣，不但清除困难，而且容易造成故障，因此后来又改为全金属的枪弹。后经不断改进，逐渐发展为类似现代枪弹的底缘发火枪弹和中心发火枪弹。开始这些枪弹均使用黑火药，口径多在 10 毫米至 12.5 毫米之间。19 世纪 80 年代中期以后，随着无烟火药的发明和应用，逐步改为无烟火药，其口径也相应地减至 6.5 毫米至 8 毫米之间。随着制造工艺的提高，生产速度加快，成本降低，至 19 世纪中叶，全金属定装枪弹已逐渐成为轻武器弹药的基本形式。

金属定装弹药的出现，为进一步提高射击速度奠定了坚实基础。1861 年，美国青年斯潘塞发明了连珠枪。这种连珠枪采用金属全装枪弹，在其枪托中设置了一个可装 7 发子弹的管式弹仓。使用时，扳动扳机护圈，能使弹仓内首发子弹自动进膛，扣动扳机射击后，再扳动护圈即可完成退壳动作，且在护圈回复原位后，次发子弹就在弹簧力作用下自动进入枪膛。斯潘塞连珠枪很快装备内战中的美国的北军，并在美国南北战争中立下了赫赫战功。

1865 年，27 岁的德国退伍士兵彼得·保罗·毛瑟设计了一种发射金属定装子弹的旋转后拉式枪机步枪。这支步枪很多关键部位的构造，如自动凸轮待击、机头设计、弹性拉壳钩、预抽壳概念、手控保险以及闭锁凸笋等都具有独创性。1871 年，毛瑟步枪成为德军的制式装备，来自世界各地的订货单如潮水一般涌向德国。开始的毛瑟枪采用 11 毫米口径，以黑火药作发射药，9 发装管式弹仓；后来经不断改进，改为口径 7.65 毫米至 7.92 毫米，以无烟火药发射，由位于枪机下交错排列的 5 发装弹仓供弹。该枪重 4 千克左右，表尺射程 2000 米，坚固可靠，故障率低，性能优良，开创了现代军用步枪的先河。毛瑟步枪及其仿制品在此后几十年内成为许多国家的制式武器，其基本结构和原理至今仍为许多轻武器仿效。

火炮

早先的枪和炮实际上是同一类武器，火炮不过是放大了的火枪。从《明史》记载可知，15世纪初的明朝正德后期至嘉靖初期，葡萄牙人即已来到中国，扳机击发式火绳枪随之传入，同时传入的还有先进的佛郎机炮。佛郎机炮的传入带有一些戏剧色彩，有一种说法是，葡萄牙的战舰在珠江口沉没，于是，明朝军民打捞中发现了这种西洋舰炮，明朝军队照猫画虎仿制。这种仿制炮号称将军炮，带有炮耳和瞄准具，可以调节射程，炮身寿命长，大型者重一千多千克，射程近两千米。

实际上，中国也有自己的火炮，中国古代火炮指中国古代一种口径和重量都较大的金属管形射击火器，由身管、药室、炮尾等部分构成，滑膛多为前装，可发射石弹、铅弹、铁弹和爆炸弹等，大多配有专用炮架或炮车。自元朝以后，古代火炮开始成为中国军队的重要装备，主要用于攻守城塞，也用于野战和水战。

明朝末期，为了抵挡清朝满族八旗军的进攻，大炮成了急需的兵器。驻守山海关的名将袁崇焕，曾进口八门西洋大炮。吴三桂镇守山海关时，曾制作过大口径铁芯铜炮，集铁坚铜韧于一身，提高了大炮的使用性能。明朝时的大炮主要有三种类型：一为红衣炮（即红夷炮）型。现存于黑龙江省博物馆的一门康熙十五年（1676年）铸造的"神威无敌大将军"铜炮就是红衣炮，该炮炮身前细后粗，口径110毫米，全长248厘米，重1000千克，装药2千克，铁弹重2.7千克。这种炮在中俄雅克萨之战中发挥了较大作用。二为子母炮型，类似佛郎机铳。如"子母炮"，"奇炮"等。现存于北京故宫博物院的一门"子母炮"，母炮口径32毫米，

▲明代神威大将军铁炮

全长184厘米，子炮长25.5厘米。三为大口径短管炮，如"冲天炮"、"威远将军"炮等。现存北京故宫博物院的一门康熙二十九年铸造的铜质"威远将军"炮，口径212毫米，全长69厘米，重280千克，载以四轮车，能发射15千克重的爆炸铁弹。康熙时比较重视火炮，仅据《清文献通考》记载，从康熙十三年（1674年）至六十（1721年）年，共造大小钢铁炮约900门。随着火炮的大量生产，康熙三十年（1691年），清政府成立火器营，专习枪炮。雍正五年（1727年），清政府又规定各省绿营兵每千名设炮10位，火炮成为清军的主要装备之一。清朝中期以后，火炮的发展基本处于停滞状态。直至第一次鸦片战争前后，为抗击殖民主义者的侵略，各地军民又造了一些重型火炮，广东省虎门、江苏省镇江市等地至今仍保存有当时的抗英火炮。从19世纪50年代开始，清政府大肆购买西方近代火炮，同时创办了一些近代军事工业，制造近代火炮，中国古代火炮逐渐被近代火炮所取代。

清军为了和明军争夺政权，大力发展火器，但这种重视并非出于对科学技术的追求，而是一种相时而动的临时举措而已，加之当时火器杀伤力不如弓箭，加之缺少重大战争的直接刺激，清朝统治者便更加倚重弓马骑射。八旗军尚在关外作战时，努尔哈赤曾被炮火所伤，因此对大炮这种现代兵器非常重视，并在投诚的明朝将领帮助下学会了使用。统一全国后，清朝政府也曾积极仿造研制，但认知水平还处于人有我有阶段，很少想过要通过人有我新赢得比较优势。从雅克萨战役到准噶尔战役，从鸦片战争到八国联军侵华，虽然清军都有大炮投入其间，但相对敌人来说，武器装备的威力已是江河日下。

1840年第一次鸦片战争中，中英两军的火器还处在同一个量级，都还没有脱离17世纪沿用的前装滑膛炮系统。但火炮的性能却相差很大。1797年，英国机械师莫兹利发明车床，其后全金属车床、自动调节车床、牛头刨床等一系列工作母机相继出现。英军火炮铸造已经废除传统的泥模整体模铸法，开始大规模采用车床切削铸造法，这使英军火炮内膛精度和气密性迅速提高，并安装了先进的瞄准系统，火炮的射程和精度远远超过清军。而清朝在这方面相去甚远，就连林则徐这样有见识的封疆大吏，也认为火炮越重威力就越大。与此同时，英国火药制造工业已领先世界，火药的提纯、粉碎、拌和、压制、烘干等工艺，全是机械化生产。而清军的火药依旧产自手工作坊，含硝量过高却无法提纯，不但容易受潮，爆炸力也远逊于英军。这种科技上差异，使得中英两军的火器虽然机理相同，攻击能力却判若云泥。

1900年，八旗兵在八国联军"连环火枪"（机枪）前尸积如山，惊惶万状的慈禧却指望"神功护体，刀枪不入"的义和团扭转颓势。其实，清朝的覆亡非一日之功，早在所谓的康乾盛世时，悲剧的前幕已经拉开。

武城永固大将军炮

故宫午门前的广场上，陈列着一尊铸造于1698年的"武城永固大将军"青铜炮，还带有当时比较先进的炮车，属于明末清初中国火炮的最佳制品。该炮由南怀仁设计，是他为清廷设计火炮的巅峰之作。该炮在大沽炮台失陷后被从炮台掳掠到北京东交民巷德国使馆，后因故未能被运离中国。这尊火炮上标有29的数字，说明这种炮最少生产了29门。19世纪末期的战争中，大沽口清兵依然用这种火炮与英国人作战，可见当时清朝的火炮在近两个世纪的时间内基本没有发展。

第九章 现代枪械

　　19世纪中后期是欧洲火药发展的黄金时代，这时期的火药技术有了质的飞跃，出现了很多威力大的火药，以诺贝尔发明的硝化甘油安全炸药，以及威尔勃兰德发明的梯恩梯炸药为代表，这个阶段我们可以简称为黄色火药时期。黄色火药不仅被直接制成炸药用于战争，而且促进了现代枪炮的产生。

　　原始火器与现代枪炮有明显区别，主要标志是，原始火器为前膛装弹、滑膛枪管、火绳点火，而现代枪炮为后膛装弹、线膛枪管、针刺击发、底火引爆。另外，根据弹丸也可将两者区分开来，原始火器的弹丸大都为铁砂、铁球等，发射后不能旋转，靠穿透力杀伤敌方。而现代枪炮的弹丸，除具备原始火器作为战斗部存在的金属体外，还有药筒（弹壳）、发射药和火帽（底火），发射后可以旋转，不仅可以依靠惯性做出打击，而且有的可以二次爆炸，并同时具备穿透力和爆炸力。

近现代军事工业的奠基石——黄火药

近现代军事和工程中使用火药的基本上都是黄火药系统，包括猛炸药、发射药、击发药、起爆药、推进剂等。黄火药满足了近现代工业和军事革新的技术需求，是整个近现代军事工业的奠基石。

黄火药的产生

1771 年，英国 P. 沃尔夫合成了苦味酸，最初作为黄色染料使用，后发现其具有爆炸功能，19 世纪被广泛用于军事，用来装填炮弹，是一种猛炸药。

1779 年，英国化学家 E. 霍华德发明一种起爆药——雷汞，可用于配制火帽击发药和针刺药，也可用来装填雷管。

1807 年，苏格兰人发明了以氯酸钾、硫、炭制成的击发药。

1845 年，德国化学家 C.F. 舍恩拜因不小心将棉花浸于硝酸和硫酸混合液中，洗掉多余的酸液时发明硝化纤维。15 年后，该国少校军官 E. 邻尔茨用硝化纤维制成枪炮弹的发射药，俗称棉花火药。至此硝化纤维火药取代了黑火药作为发射药。

1846 年，意大利化学家 A. 索布雷将甘油、硝酸和浓硫酸按 1:2:4 的比例混合，首次制得硝化甘油。这是一种烈性液体炸药，轻微震动即会剧烈爆炸，不宜工业化生产。

1863 年，J. 威尔勃兰德发明出了梯恩梯炸药。这是一种威力强而又安全的炸药，即使被子弹击穿也很难燃烧和起爆。20 世纪初广泛用于装填各种弹药，逐渐取代了苦味酸。

1884 年，法国化学家、工程师 P. 维埃利发明了无烟火药。克服了有烟火药燃爆后杂质太多、容易阻塞枪管的弊端，为枪弹连发扫清了技术障碍，著名的马克沁重机枪就是在此背景下出现的。至此无烟火药成为普遍使用的发射药。

1899 年，德国人亨宁发明了黑索今，它是一种比梯恩梯威力更大的炸药，其威力巨大，仅次于核武器。

由此可见，黄火药的发展经历一个多世纪的探索，并导致了近代军事的重大变革。而作为发射弹药的黑火药在 19 世纪就基本被淘汰了，随着无烟火药、双基火药、雷管、梯恩梯等的出现，才引发了新一轮军事革命，从而产生了现代意义上的枪炮、炸弹和火箭、导弹。

炸药大王——诺贝尔

阿尔弗雷德·贝恩哈德·诺贝尔（1833 年至 1896 年），是瑞典化学家、工程师和实业家，诺贝尔奖的创立人。他出生于瑞典一个技师家庭，9 岁时随父亲移居俄国彼得堡，耳闻目睹父亲研制水雷和炸药的过程，萌发了献身科学的理想。17 岁时，他到美国著名工程师艾利逊的工场实习。实习期满后，又到欧美各国考察了四年，深入了解各国工业发展的情况。26 岁时随父亲搬回瑞典。当时，火药性能已不能适应欧洲采矿业发展，加之他听说法国意欲研制新炸药，于是诺贝尔决定全力以赴研究炸药。

当时，硝化甘油已经出现，这种炸药特别敏感，暴冷暴热、撞击摩擦、明火高热都容易爆炸，给制造、存放和运输造成很大危险。发明以后的十几年间，除用来治疗心绞痛外，并没有人把它当炸药用。1862 年，他研究出了用温热法制造硝化甘油的安全生产方法，使之能够比较安全地成批生产。1863 年秋，诺贝尔和他的弟弟一起，在斯德哥尔摩海伦坡建立了一所实验室，从事硝化甘油的制造和研究。这年年底，诺贝尔发明了控制硝化甘油爆炸的有效方法。起

▲诺贝尔

初他用黑色火药作引爆药，后来使用雷管代替。1864 年他取得了这项发明的专利权。

正当事业初获成功时，厄运旋踵而来。1864 年 9 月 3 日，海伦坡实验室发生爆炸，包括诺贝尔弟弟在内的 5 人被当场炸死。因周围居民强烈反对诺贝尔继续研究，诺贝尔只好到马拉伦湖的一只船上研制硝化甘油。1865 年 3 月，诺贝尔在温特维根建造了世界上第一个硝化甘油工厂。那个时期，他生产的硝化甘油，安全系数仍然不高。运输炸药的火车、海轮，甚至生产工厂，都发生过爆炸。因此一些国家下令禁止制造、贮藏和运输硝化甘油。

1866 年，诺贝尔在反复试验中发现，用木炭粉、锯木屑、硅藻土等吸收硝化甘油，能减少容易爆炸的危险。最后，他用一份重的硅藻土，去吸收三份重的硝化甘油，第一次制成了运输和使用都很安全的硝化甘油工业炸药。这就是诺贝尔安全炸药，俗称黄色火药。

为了消除人们对安全炸药的怀疑和恐惧，1867 年 7 月 14 日，诺贝尔在英国的一座矿山做了一次对比实验：他先把一箱炸药放在木柴上，点燃木柴，没有爆炸；他再把一箱炸药从约 20 米高的山崖上扔下去，也没有爆炸；然后，他在石洞、铁桶和钻孔中装入炸药，用雷管引爆，结果都爆炸了。不久，诺贝尔建立了安全炸药生产营销营的垄断组织，向全世界销售。从此，人们结束了手工作坊生产黑色火药的时代，进入了安全炸药的大工业生产阶段。

1872 年，他在硝化甘油中加入硝化纤维，发明了一种树胶状的双基炸药。他还将硝酸铵加入安全炸药，代替部分硝化甘油，制成更加安全而廉价的特强黄色火药。1887 年，他把少量的樟脑，加到硝化甘油和火棉炸胶中，发明了无烟火药。直到今天，这种火药仍在军工领域普遍使用。

制造炸药既要威力强劲，又要安全可控，诺贝尔制很好地解决了这些难题，他一生获得各种专利权 355 项，被后世称为"炸药大王"。晚年，他曾做过人造丝和人造橡胶的试验，虽然没有成功，但对后来的发明却有着启发和借鉴意义。

近战自卫的武器——手枪

手枪是近战和自卫用的小型武器，短小轻便，能突然开火，在50米内具有良好的杀伤效力。手枪从诞生以来，深受使用者的喜爱，在武器史上占有重要的地位。

手枪的分类与发展

手枪按用途可分为自卫手枪、战斗手枪和特种手枪；按构造可分为转轮手枪和自动手枪。转轮手枪的转轮上通常有5到6个既作弹仓又作弹膛的弹巢，枪弹装于巢中，旋转转轮，枪弹可逐发对正枪管。常见的转轮手枪装弹时转轮从左侧摆出，故又称左轮手枪。转轮手枪的发射机构有两种类型：一种是单动机构，先用手向后压倒击锤待击，同时带动转轮旋转到位，然后扣压扳机完成单动击发；另一种是双动机构，可一次扣压扳机自行联动完成待击和击发两步动作，也可进行单动击发。其中以双动机构应用最为普遍。

自动手枪的自动方式，大多为枪机后坐式或枪管短后坐式。采用弹匣供弹，弹匣通常装在握把内，容弹量多为6～12发，有的可达20发。一般均有空匣挂机装置，采用单动或双动击发机构。多数自动手枪为可自动装填的单发手枪，战斗射速约24至40发/分。

一般转轮手枪和自动手枪主要用于自卫，称为自卫手枪。少数大威力手枪和冲锋手枪，火力较强，有效射程较远，称为战斗手枪。冲锋手枪可单发，也可连发，必要时能附加枪盒或枪托抵肩射击，战斗射速可高达110发/分以上。特种手枪包括微声手枪和各种隐形手枪等，用于执行特殊任务。

19世纪初出现击发手枪后，曾有一种被称为"胡椒盒"的多枪管旋转手枪问世。1835年美国人S.科尔特改进的转轮手枪，取得了英国专利，这支枪被认为是第一支真正成功并得到广泛应用的转轮手枪。1855年后，转轮手枪采用了双动击发发射机构，并逐渐改用定装式枪弹。自动手枪出现于19世纪末期，

枪的"姓名"

在我国，每支枪上都刻有数码，枪上的数码就起着姓和名的作用，以"五六—1式"班用机枪为例，在这种枪的收弹机盖上刻有三组号码：最上面的是"五六—1式"字样，"五六"表示这种枪是我国1956年正式批准生产的，"1式"表示在原有基础上进行过一次改进，凡是这种机枪不论后来哪一年生产的都用这个姓。号码中间有个椭圆形或三角形，里面有"9346"字样，表示这挺机枪是9346工厂生产的。下面还有一排最多的数码，如"2503886"字样，"25"表示年号，后面的5位数才是真正的枪号。年号，是从这挺机枪被批准生产的那年算起的，如果是1956年生产的，年号就是"1"，按此类推，"25"则表示1980年的产品。

1892 年奥地利首先研制出 8 毫米舍恩伯格手枪，1893 年德国制造的 7.65 毫米博查特手枪问世，1896 年德国开始制造 7.63 毫米毛瑟手枪。在这以后的十余年间，自动手枪发展迅速，出现了许多型号。由于它比转轮手枪初速大、装弹快、容弹量多、射速高，因而自 20 世纪初以来，各国大多采用了自动手枪。由于转轮手枪对瞎火弹的处理十分简便，故在一些国家仍有使用。

第一支手枪——左轮手枪

第一支真正意义的手枪是美国天才枪械师塞缪尔·柯尔特发明的转轮手枪，也就是今天的左轮手枪。左轮手枪一般装弹 6 发，每扣动一下扳机，射一发弹，同时转轮向左转一格，击发下一发弹。我们在西部片中看到的美国牛仔，就都是使用这种转轮手枪。

自 1835 年美国的柯尔特发明转轮手枪之后，至今，已一百七十余年，转轮手枪可谓是历久不衰，生命之树长青。到了 20 世纪初，左轮手枪逐渐成为警用和民用防身手枪，而自动手枪取代了左轮手枪，成为军用手枪。

为什么警察和平民防身仍用左轮手枪呢？因为左轮手枪相对于自动手枪有一个大优点：不卡壳。我们知道，由于火药受潮等种种原因，有的子弹会"瞎火"，即发射不出去，自动手枪遇到这种情况就"傻眼"了，而左轮手枪只需要再扣一下扳机，就可以"省略"这颗臭弹而击发下一发弹，这在千钧一发的战斗中是相当重要的。虽然现在"瞎火"率为千分之一或万分之一，但左轮手枪的这一优点仍深受人们喜爱，一些制作精美、威力巨大的左轮手枪更为收藏家所青睐，那些短小精悍的左轮手枪则是淑女名媛的防身利器。虽然左轮手枪已有一百多岁了，但它仍宝刀未老，英姿焕发，与自动手枪一较短长。

▲柯尔特左轮手枪

但是，同左轮手枪相比，自动手枪也有自己的优点。它威力大，容弹多，装弹快，可连续射击，从而成为军用手枪中的佼佼者。自动手枪中的名枪很多，主要有：德国的"毛瑟枪"、美国的"柯尔特"M1922A1、意大利的"贝雷塔"92F、勃朗宁等等。

第一支军用自动手枪——毛瑟 1896 型

毛瑟枪是自动手枪中的佼佼者之一，它由德国的毛瑟兄弟设计制作的。世界上第一支军用自动手枪就是毛瑟 1896 型手枪，这个名字大家可能有些陌生，但是提到它的另两个名字，大家就都知道了——"驳壳枪"或"盒子枪"。在许多反映抗日战争和解放战争的影片中，八路军和解放军使用的手枪就是这种枪。这种枪的枪套为一个木盒子，接在枪把上就可以当卡宾枪用，故称"驳壳枪"，它的威力大，射程可达150米。另一种闻名遐迩的驳壳枪是毛 M1932 式手枪，也就是人称"二十响大镜面"、"快慢机"的手枪，口径 7.63 毫米，枪长 320 毫米，装弹 20 发，可以打连发，一扣扳机就是一梭子子弹，威力惊人，火力猛烈，人称"小机枪"，是深受指战员青睐的武器，至今仍在一些第三世界国家使用，可谓生命之树长青。

▲毛瑟 1896 型手枪

第一支成熟的自动手枪是"柯尔特"M1911A1。

▲ "柯尔特" M1911A1 手枪

第一支成熟的自动手枪——"柯尔特"M1911A1

它由天才的枪械设计大师约翰·勃朗宁设计，于 1911 年装备美国部队，至 1985 年被"贝雷塔"92F 式手枪顶替之前，在军界服务七十余年，深受美军官兵喜爱，至今仍有军官佩带"柯尔特"。"柯尔特"手枪采用 11.43 毫米口径，是手枪中绝无仅有的大口径，威力大于当今世界流行的 9 毫米口径。当然，并不是说所有的枪都是口径越大杀伤力越大，但作为手枪用弹，在近距离射击，还是口径大的杀伤力大。"柯尔特"枪装弹 7 发，枪长 216 毫米，重 1.13 千克，射程为 75 米。

当代手枪中的精品——"贝雷塔"92F

"贝雷塔"92F 式手枪是由意大利"贝雷塔公司"设计生产的。意大利"贝雷塔公司"是一家历史悠久的老牌公司，由皮特罗·贝雷塔于 1680 年创建，历经三百余年，长盛不衰。至今已拥有手枪、冲锋枪、自动步枪、霰弹枪等系列产品。以产品质量可靠，造型富于美感，制作精细而闻名世界。"贝雷塔"92F 口径为 9 毫米，枪长 217 毫米，前端露出一小段枪管，形成其外形特色，扳机前部的护圈呈半月形，利于双手握持射击，枪把上有"贝雷塔"公司的徽标。装弹量为 15 发，空枪重 950 克。"贝雷塔"92F 手枪无论从外形、质量，还是火力、精度，都堪称当代手枪之精品。

手枪中的名牌——勃朗宁

勃朗宁手枪由美国著名的轻武器设计师约翰·摩西·勃朗宁设计。产品主要由比利时的 FN 国营兵工厂、美国的柯尔特武器公司及雷明顿武器公司制造。比利时 FN 国营兵工厂制造的勃朗宁手枪种类较多，其中有军用手枪、警用手枪和袖珍手枪，口径有 6.35mm、7.65mm 和 9mm，手枪的自动方式有自由枪机式和枪管短后坐式。比利时勃朗宁 M1900 7.65mm 手枪，自动方式为自由枪机式的手枪，并获得专利，这是世界上第一种自由枪机式自动方式的手枪。1900 年，比利时的 FN 国营兵工厂获得生产特许权并开始制造，该手枪被比利时军队列为制式手枪，枪的全称为：勃朗宁 M1900 7.65mm 手枪。这种手枪在一九四几年前流入我国较多，在我国被称为"枪牌手枪"。

▲勃朗宁手枪

勃朗宁 M1900 手枪由枪管、套筒、握把和弹匣组成，发射 7.65mm 半突缘式勃朗宁手枪弹。枪管有 6 条膛线，导程约 230 毫米。套筒前端设有准星，后端有"V"形缺口照门。套筒前部有平行的上下两孔，上孔容纳复进簧，下孔容纳枪管，套筒后部有击针等部件。

步枪概况

步枪经过火绳枪、燧发枪、前装枪、后装枪、线膛枪等几个发展阶段，并最终定型。步枪按自动化程度可分为非自动、半自动（自动装填）和全自动三种，现代步枪多为自动步枪。按用途可分为普通步枪、突击步枪（又称自动步枪）、卡宾枪和狙击步枪。按使用枪弹又可分为大威力枪弹步枪、中间型威力枪弹步枪、小口径枪弹步枪。

步枪的产生和发展

到 19 世纪 40 年代，德国研制成功德莱赛击针后装枪，这是最早的机柄式步枪。这种枪的弹药是从枪管的后端装入并用击针发火，因此比以前的枪射速快四五倍。但步枪的口径仍保持在 15 毫米至 18 毫米之间。到 60 年代，大多数军队使用的步枪口径已经减小到 11 毫米。80 年代，由于无烟火药在枪弹上的应用，以及加工技术的发展，步枪的口径大多减小，一般为 6.5 毫米至 8 毫米，弹头的初速和密度均大幅提高和增加，因此步枪的射程和精度得到了提高。德国的毛瑟步枪是当时的代表之作。

19 世纪末，步枪自动装填的研究即已开始。1908 年，蒙德拉贡设计的 6.5 毫米半自动步枪首先装备墨西哥军队。第一次世界大战后，许多国家加紧对步枪自动装填的研制，先后出现了苏联的西蒙诺夫、法国的 1918 式、德国的伯格曼等半自动步枪。

至第二次世界大战后期，各国出现的自动装填步枪性能更加优良，而中间型威力枪弹的出现，则导致了射速较高、枪身较短和质量较小的全自动步枪的研制成功，这种步枪亦称为突击步枪，如德国的 stg44 突击步枪、苏联的 AK－47 突击步枪等。

第二次世界大战后，针对枪型不一、弹种复杂所带来的作战、后勤供应和维修上的困难，各国不约而同地把武器系列化和弹药通用化作为轻武器发展的方向，并于 20 世纪 50 年代基本上完成了战后第一代步枪的换装。以美国为首的北约各国于 1953 年底正式采用美国 T65 式 7.62×51 毫米枪弹作为该组织的制式步枪弹，即 NATO 弹，并先后研制成了采用此制式弹的自动步枪。例如，美国的 M14 自动步枪、比利时的 FNFAL 自动步枪、联邦德国的 G3 式自动步枪等。

根据以往战争的经验，并考虑步枪的射程以及创伤弹道等问题，美国于 1958 年开始进行发射 5.56 毫米枪弹的小口径步枪的试验，研制出发射 M193 式 5.56 毫米枪弹的

▲以色列"沙漠之鹰"手枪

M16 小口径自动步枪。该枪于 1963 年定型，经过越南战争使用后，又作了进一步改进，于 1969 年大量装备美国军队。鉴于 M16 自动步枪具有口径小、初速高、连发精度好、携弹量增加等优点，北约各国也都竞相发展小口径步枪，并出现了一系列发射比利时 SS109 式 5.56 毫米枪弹的小口径步枪。此后，北约绝大多数国家都完成了战后步枪的第二次换装。其中有些步枪还可根据作战需要，即可单发射击，又能连发射击，实施 3 发点射，还可发射枪榴弹。部分步枪为了缩

▲步枪 M16

短长度采用无托结构。法国的 FAMAS 自动步枪，就是这类步枪的典型代表。

苏联在采用发射 M43 式 7.62 毫米中间型枪弹的 AK47 和 AKM 突击步枪的同时，也加强了小口径步枪的开发与研制，并于 1974 年定型了 AK74 式 5.45 毫米小口径突击步枪。至此，步枪小口径化、枪族化、弹药通用化已取得了决定性的进展。随着中间型枪弹和小口径枪弹的发展，自动步枪、狙击步枪、突击步枪和短突击步枪等现代步枪也得到更广泛的发展。

近二十年来，由于科学技术的迅速发展，也出现了一些性能和作用独特的步枪，如无壳弹步枪、液体发射药步枪、箭弹步枪等，为步枪的发展开辟了新的途径。

来复枪

早期的枪械都是前装滑膛枪。1520 年，德国纽伦堡的一个铁匠戈特，为了简化前装手续，减少气体泄出，使弹丸在枪膛内起紧塞作用并提高装填速度，发明了直线式线膛枪，采用圆形铅球弹丸。由于"膛线"一词的英文译音是"来复"，所以线膛枪也被称作来复枪。至今，印有戈特姓名和 1616 年生产日期的步枪还保存在博物馆内。这种带有膛线的来复枪射击精度大大超过了滑膛枪。

16 世纪以后，膛线由直线形改为螺旋形，发射时能使长形铅丸做旋转运动，出膛后飞行稳定，提高了射击精度，增加了射程。较为有名的是法国的米宁前装式来复枪。此枪重约 4.8 千克，有 4 条螺旋形膛线，最大射程 914 米。弹丸长形，头部蛋形，底部中空，略小于口径，比较容易从枪口装填。发射时，火药气体使弹底部膨胀而嵌入膛线以发生旋转。但由于这种线膛枪前装很费时间，因而直到后装枪真正得到发展以后，螺旋形膛线才被广泛采用。

最有名的来复枪是英国帕特里克·弗格森于 1776 年发明的。这种枪射程达 180 米，最远可达 270 米，平均每分钟可射 4~6 次。这比起当时每分钟只能发射一次，射程仅 90 米的一般步枪来说却是巨大进步。弗格森在枪膛内刻上螺旋形的纹路即来复线，使发射的弹头旋转前进，增加了子弹飞行的稳定性、射程和穿透力；又在枪上安

装了调整距离和瞄准的标尺，提高了射击命中率。

19世纪，人们对枪的性能提出了更高的要求。1825年，法国军官德尔文设计了一种枪管尾部带药室的步枪，采用球形弹丸，弹丸装入枪管后，利用探条冲打，使弹丸变形而嵌入膛线。这种枪的射程和精度都有明显提高。德尔文被称为"现代步枪之父"。

1848年出现的米涅式步枪，构造比德尔文步枪更加简化，省去了专门的药室，弹丸也改为中空式。

半自动步枪

半自动步枪又叫自动装填步枪，指能够完成自动抽壳、抛壳、再装填并成待击状态的步枪，它无须像连珠步枪一样手动装弹。半自动步枪区别于非自动步枪之处在于它不用每发射一颗子弹就推拉一次枪机，而是每扣一次扳机就发射一颗子弹，用火药气体的力量退壳、上弹，其发射速度大大高于非自动步枪。

1923年，美国设计师伽兰德按照步兵委员会的要求，设计了一支受到高度评价的7毫米口径半自动步枪。考虑到兵工局认为7.62毫米枪弹的储备量很大，因而坚决抵制新采用的7毫米口径步枪的情况，同时他还秘密地搞出一支7.62毫米口径的样枪。在双方争执不下之际，他拿出了7.62毫米口径的样枪，受到美国陆军参谋长麦克阿瑟将军的肯定，终于于1936年正式在美军列装。该枪为导气式、回转闭锁枪机，8发弹夹供弹，有效射程600米。二战中美国共生产了四百余万支伽兰德步枪。美军士兵携其漂洋过海，在欧洲、亚洲、非洲等战场上作战，与协约国步枪相比，其火力处于明显的优势地位。被称为是"一支成功的、生产和使用量最大的第一支半自动步枪"。苏联在二战中也研制和装备过"托卡列夫"、"西蒙诺夫"等型号的半自动步枪，但前者因故障率高被撤装，后者则生不逢时，性能虽好，且我国还曾大量仿制为"56式半自动步枪"，但因当时自动步枪已出现，失去先机，成了"马后炮"。

自动步枪

▲早期半自动步枪

1916年，俄国的费德罗夫鉴于当时对步枪有效射程要求过高（1200米）、步枪子弹威力过剩的情况，设计出一种6.5毫米口径的自动步枪"阿伏托马特"。该枪虽只装备了数千支便停止了生产，但却为后来自动步枪的研制开了先河。与苏联人不同的是，德国人认为步兵对500米以外的目标看不清的情况，所以他们认为步枪射程过远意义不大，因此他们于1934年研制了一种中间威力的"7.92步兵用短弹"，1940年又研制出使用中间弹的自动步枪，并很快大量生产并装备部队使用，定名为"突击步枪"。至大战结束，德国已形成包括 MP42、MP43、MP44 等多种型号的系列自动步枪。

第二次世界大战以后，人们普遍认识到单兵突击的意义已经不大了。

1958 年，美军首先开始试验发射 5.56 毫米雷明顿枪弹的小口径自动步枪 AR 15 式。它由美国著名枪械设计师尤金·斯通纳设计，1962 年定名为 M16 式自动步枪并装备部队，开枪械小口径化的先河。M16 式自动步枪重 3.1 千克，有效射程为 400 米，弹头命中目标后能产生翻滚，在有效射程内的杀伤威力较大。这种枪后来的改进型 M16A1 式和 M16A2 式自动步枪，均装备了美军。

许多国家也研制出多种发射小口径枪弹的步枪。苏联于 1974 年定型了口径为 5.45 毫米的 AK74 式自动步枪。在欧洲一些国家还装备了无托步枪，这种枪握把在弹匣前方，可保持足够的枪管长度，枪长却明显缩短，如法国的 FAMAS 步枪，奥地利的斯太尔自动步枪和英国的 SA80 自动步枪。1980 年 10 月，北大西洋公约组织选定 5.56 毫米作为枪械的第二标准口径，并在各公约国军队中装备这种高射速小口径的自动步枪。

苏联红星——AK47 及 AK74

1941 年莫斯科保卫战中，一枚弹片击中了红军战士米哈伊尔·卡拉什尼柯夫，使他住进了医院，从此，他走上了另外一条人生道路，世界枪坛也发生了一场划时代的革命。

住院期间，出于对枪械的热爱和打发闲暇时光，卡拉什尼柯夫设计了一种突击步枪，这是一种可连发，火力猛，短小轻便的步枪。老一辈枪械大师慧眼识英才，采纳了这个"后生小子"的设计，于 1947 年定型生产，称为 AK－47，A 是俄语自动步枪的缩写，K 是卡拉什尼柯夫的名字开头字母。

AK－47 于 1951 年装备苏联红军，这种步枪长 869 毫米，大大短于当时的步枪，重 4300 克，配备 30 发弹夹，口径为 7.62 毫米，射速每分钟 600 发，射程 400 米，但其弹头在 1000 米处仍有杀伤力。

AK47 名扬四海是在越南战争中，手持 AK47 的游击队使美国大兵吃尽了苦头。美国士兵虽有 M16 同 AK47 抗衡，但由于 AK47 坚固，耐恶劣环境，便于维修，威力大，所以有的美国士兵丢下手中的 M16 而捡起敌人抛掉的 AK47，足见其性能之优越。从此，AK47 被大量出口，非洲、南美、古巴、中东，只要有硝烟战火的地方，就可以看到它的身影，它甚至成为恐怖分子的偏爱。卡拉什尼柯夫也因此名扬全球，被誉为"世界枪王"。

为顺应世界范围内的"小口径化浪潮"，卡拉什尼柯夫于 1974 年设计定型了 AK74 小

▲AK－74

口径自动步枪口径5.45毫米，枪重3150克，枪长930毫米，装弹30发。AK74最明显的特点是弹夹为橙黄色，而不像一般枪械为黑色。AK74问世之后，在阿富汗战争中经受了考验，成为苏军制式装备。

我国于1956年仿制该枪，命名为"1956年式冲锋枪"，大量装备我军，并在历次局部战争和边境冲突中屡建功勋。专家评论该枪："几乎具备了全部现代突击步枪所可能有的优异性能——令人惊诧的可靠性、结构简单性、操作容易性和生产简易性"，对现代轻武器发展产生了深远的影响。

世界上第一支军用小口径步枪——美国M16

美国的M16作为世界上第一支军用小口径步枪，其优点是后坐力小，便于控制，是第二代突击步枪的代表。M16的射击精确度，不论是单发还是连发都优于第一代AK47。但M16步枪有一个最大的毛病，就是容易卡壳。

全球首支无托突击型小口径步枪——法国FAMAS

法国FAMAS是1971年设计的产品，是全球首支无托突击型小口径步枪。在亚非许多国家和地区军队中装备。该枪提把将照门和准星包含在内，具有很好的防护作用。另外，该枪还加装有两脚架，射击精确度在现代无托步枪中最好。

另外，中国95式步枪也是一支技术性能优良的步枪，95式步枪的诞生，标志着中国小口径班用轻武器的发展已步入世界先进水平行列。该枪质量轻、体积小、威力大、动作可靠，是许多世界名枪无法比拟的。该枪单发射击精确度与法国FAMAS相差无几。

奥地利AUG也是有名的无托步枪，该枪除装备奥地利军队外，还装备阿根廷、澳大利亚、新西兰等40多个国家地区。该枪通过更换不同长度的枪管，实现短步枪、机枪和卡宾枪切换。这种切换虽然有利于简化后勤保障，但容易在枪管与机匣连接处形成空隙，射击时造成枪管微小径向摆动，影响射击精确度。

▲法国FAMAS突击步枪

中国95式步枪

随着经济的发展和国力的强大，中国的枪械设计、制作水平也在逐步提高。老式枪械56式冲锋枪、54式手枪正逐步走进军事博物馆，95式自动步枪以其优良的战术技术性能，使得我国的枪支制造技术跨入了世界先进水平的行列。

95式自动步枪是根据1989年提出的研制指标要求，于1995年设计定型，命名为QBZ95式5.8毫米自动步枪（简称95式自动步枪）。该枪于1997年作为中国人民解放军驻港部队的配用武器首次露面。95式为无托结构步枪，导气式自动方式，机头回转式闭锁，可单、连发射击，机械瞄准具为觇孔式照门。95式自动步枪与QBB95式5.8毫米班用机枪（简称95式班用机枪）以及短枪管的QBZ95B短突击步枪组成了95式枪族。95式枪族及其他5.8毫米口径班用枪族正陆续装备作战部队。

由于该研制指标对枪的长度、重量及威力要求较高，设计人员采用了不同于传统枪械的无托设计，以满足技术要求。这种结构实质上是将机匣及发射机构包络在硕大的枪托内，外观上最显著的特征就是握把前置，弹匣和自动机后置，在保持枪管长度不变的情况下，缩短了全枪的长度。这是无托结构最为显著的特点。

95式自动步枪使我国单兵武器走向小口径化之路，其配用的5.8毫米DBP87普通弹，是5.8毫米小口径枪弹中的主要弹种，必要时DBP87普通弹也可配用于88式5.8毫米通用机枪和88式5.8毫米狙击步枪等步兵轻武器。

第三代突击步枪——德国G36

德国G36于1995年开始列装，属于第三代突击步枪，声名不及M16、AK47、AUG等突击步枪，没有经过实战检验。但是该枪体现了绝妙的构思，看似常规却有处处透出的非常规之举。该枪配备准直和望远式两套光学瞄准具，并加装夜视仪，射击精确度高。

反坦克步枪

第一次世界大战中，面对英法的坦克，德军步兵一筹莫展，德国人便在毛瑟步枪的基础上，于1918年紧急研制出一种口径为13毫米的专用反坦克步枪。但因战争很快就结束了，没有发挥出作用。战后，德国及英、苏等国分别采取在普通步枪的基础上成比例放大的方式，研制出更先进的反坦克步枪，并在第二次世界大战中崭露头角。其中，德国的反坦克步枪有7.92毫米、13毫米、20毫米等不同口径，重17千克至20千克，能在200米距离上击穿25毫米装甲钢板；英国MKI/2反坦克枪枪重16.32千克，口径13.92毫米，能在300米距离上击穿21毫米厚的装甲板；苏联的PTRD41式反坦克步枪由著名设计师杰格佳廖夫研制，枪重

▲PTRD41式反坦克步枪

17.3千克，口径14.5毫米，能在500米距离上击穿25毫米厚的装甲钢板。

反坦克步枪曾在实战中取得明显战绩，但随着坦克装甲厚度的不断增加，其反坦克功能逐渐被新出现的威力更大的火箭筒所取代，成为昙花一现的武器。

改变历史走向的枪械

　　著名的枪械设计师约翰·摩西·勃朗宁，出生于美国一个颇有声望的军械世家，1897 年后移居到比利时。勃朗宁曾根据博查德的发明设计了多种性能优良的手枪，其中某些类型的勃朗宁手枪至今仍在许多国家的军队中装备使用。

　　德国人毛瑟发明的毛瑟枪是最早的机柄式步枪，"毛瑟枪"有螺旋形膛线，采用金属壳定装式枪弹，使用无烟火药，弹头为被甲式。毛瑟枪完成了从古代火枪到现代步枪的发展演变过程，具备了现代步枪的基本结构。

勃朗宁手枪的惊天射杀

　　20 世纪初，两次巴尔干战争鼓舞促进了该地区民族争取独立的运动，尤其是波斯尼亚和黑塞哥维那两地的斯拉夫人，他们强烈要求摆脱奥匈统治，与塞尔维亚合并，建立统一的国家。在巴尔干，反奥的青年组织和秘密团体不断出现，要求实现南部斯拉夫民族统一，建立"大塞尔维亚国"的民族运动不断高涨。奥匈帝国为了对塞尔维亚实施武力炫耀和威胁，以塞尔维亚为假想敌，在邻近塞尔维亚边境的波斯尼亚举行军事演习。奥匈帝国王储、狂热的军国主义分子弗兰兹·斐迪南大公亲自检阅这次演习。

　　1914 年 6 月 28 日，检阅完毕后，斐迪南偕同妻子乘敞篷汽车，在总督和市长陪同下，傲然自得地前往萨拉热窝市政厅。当车队行驶到闹市中心时，事先埋伏在路旁的波斯尼亚青年查卜林诺维奇冲上前去，向斐迪南乘坐的汽车投掷一枚炸弹，炸弹在车后爆炸，只伤了一名随从军官。斐迪南故作镇静，命令车队继续前进。斐迪南夫妇参加完市政厅举行的欢迎仪式，返回行驶到一个街口转弯处时，隐蔽在路旁的塞尔维亚族爱国青年加弗利尔·普林西波，急步上前，用手枪对准斐迪南夫妇连发两枪，两人当场毙命。

　　这一事件使早已渴望战争的德皇威廉二世兴奋异常，竭力鼓励奥匈对斯拉夫人动武。在协约国方面，俄法表示支持塞尔维亚，英国表面上对德国表示保持中立，私下却鼓励俄国备战。在各欧洲大国的直接参与下，奥塞冲突最终导致全面的欧洲大战。萨拉热窝事件因而成为第一次世界大战的导火索，令全球陷入有史以来规模最大的战争，史称第

▲勃朗宁老式手枪

一次世界大战，到1918年一战结束，超过800万人在战争中死亡。

加弗利尔·普林西波后来被法庭判处15年徒刑，他刺杀斐迪南大公夫妇所用的勃朗宁自动手枪，起初存放在警察手里，后警方将手枪交给主持斐迪南丧礼的牧师，此枪便一直由牧师保管。20世纪20年代牧师去世后，他的财产由维也纳的耶稣会负责保存，手枪却不知去向。2004年6月，奥地利一个修道院的牧师在大扫除时，意外发现了那把引发了第一次世界大战的手枪，这把手枪竟然藏身于该修道院的角落里。如今这把手枪收藏在维也纳博物馆，一名发言人说："这真是个伟大的发现。"

刺杀肯尼迪、拯救丘吉尔

1963年11月22日中午，美国第三十五任总统约翰·菲茨杰拉德·肯尼迪在夫人杰奎琳·肯尼迪和得克萨斯州州长约翰·康纳利陪同下，乘坐敞篷轿车驶过得克萨斯州达拉斯的迪利广场时，遭到枪击身亡。肯尼迪是美国历史上第四位遇刺身亡的总统，也是第八位在任期内去世的总统。

负责总统遇刺案调查工作的沃伦委员会在经过了长达10个月的调查之后，于1964年9月发表了一份官方报告，在此份报告中指出，刺杀肯尼迪的凶手是得克萨斯州教科书仓库大楼的雇员李·哈维·奥斯瓦尔德，他从教科书大楼六层上的窗口，向乘坐敞篷车的总统开枪将其刺杀。

▲德国毛瑟手枪

刺杀肯尼迪的兵器是一支6.5×52厘米意大利产卡尔卡诺M91/38手动步枪。这种枪也称毛瑟枪。

1898年9月，24岁的骑兵连长丘吉尔率英国骑兵在非洲苏丹恩图曼大平原沿河行军时，被手持长矛的土著人包围了。面对危急的情势，士兵们用马刀反击，结果死伤惨重。丘吉尔见状，连忙拔出手枪，将一个土著人击倒了。随后，他又给手枪换上10发弹匣，连连向进攻的土著人射击，终于杀出一条血路，突出了重围。

丘吉尔作为骑兵连长，本应和士兵一样佩带马刀，但由于他肩部关节脱位，举刀不方便，只好花高价买了一支毛瑟手枪。在这次战斗中，如果没有毛瑟枪，丘吉尔恐怕也已成了土著人的刀下鬼了。

冲锋枪和霰弹枪

　　轻机枪的出现，虽然解决了步兵分队战斗中支援火力的问题，但单兵近战火力仍显不足。第一次世界大战中，使用手枪子弹，主要用于近战的冲锋枪应运而生。

世界上第一支冲锋枪

　　1915 年，第一次世界大战时期，为适应阵地争夺战和近战、巷战的需要，意大利人阿比尔·贝特尔·列维里设计了维拉·派洛沙双管自动枪，这种冲锋枪是世界冲锋枪的鼻祖。阿比尔·贝特尔·列维里在取得美国和意大利专利后，决定该枪由维拉·派洛沙兵工厂生产，命名为 M1915VP 冲锋枪。该枪口径为 9 毫米，发射 9 毫米格里森蒂手枪弹。全枪重 6.5 千克（空枪），全枪长 533 毫米。只能连发射击，射程 50 米至400 米。该枪有两个枪身，由两个 25 发弧形弹匣上方供弹，枪身以脚架支撑，无枪托，以双手握持枪尾射击。由于全枪较重，不适于单兵使用，一般装在车船或飞机上射击。这种枪的射速达 3000 发/分，精度很差。该枪是世界公认的第一支冲锋枪。

德国 MP18 冲锋枪

　　德国 MP18 冲锋枪由德国工程师雨果·斯麦塞尔于 1918 年研制，伯格曼公司试生产，因此又称为伯格曼冲锋枪。经改进后，其批量生产型号为 MP18I，于第一次世界大战末期大量装备德军。该枪首次采用自由枪机式自动原理，口径 9 毫米，蜗牛式弹匣内装弹 32 发，连发射击，重 4.18 千克。苏联、芬兰等国在 20 世纪二三十年代制造的冲锋枪多为此枪的仿品。虽然 MP18 冲锋枪的战绩不详，但战后《凡尔赛和约》中明确规定了禁止德军使用此枪的条款，可看出各国对此种武器的重视和畏忌程度。我军红军时期曾使用过 MP18 冲锋枪，因其枪管有很多圆圆的散热孔，且连发射击如同机枪，因此红军战士形象地称其为"花机关"。长征中，红军突击队员使用 MP18 冲锋枪强渡大渡河、巧渡金沙江，发挥了重要作用。

德国制 MP38/40 冲锋枪

　　每部描写"二战"的影片中都可以看到 MP38/40 的身影，凶神恶煞般的德国士兵手持 MP38/40 扬威逞能，虽然它成为一代名枪，却被冠上了"纳粹屠刀"的恶名。MP38/40 于 1938 年由德国天才枪械设计大师施梅瑟研制成功，这是世界上第一支采用合金塑料制造并具有折叠枪托的冲锋枪，在当时是十分先进的。枪托折叠后，全枪显得短小精悍。由于实战中出现了"走火"伤人事件，施梅瑟又对其进行改造，推出MP40 冲锋枪。

MP40 冲锋枪因其火力猛烈，使用可靠，广受欢迎，成为制造和装备量最大的冲锋枪之一，在 1940 年至 1944 年的 4 年间，就生产了 104.74 万支。

MP40 伴随德国军队东征西讨，到处侵略，犯下了滔天罪行。但由于它便于携带，可靠耐用，不仅德军官兵十分喜爱，甚至许多美、英、苏军也大量使用缴获的 MP40 冲锋枪，对其性能大加赞赏，可见一代名枪"魅力"果然不小。MP40 冲锋枪枪长枪托折叠时 630 毫米，枪托打开时 833 毫米，口径 9 毫米，重 4.3 千克，装弹 32 发。

▲ 德 MP38/40 冲锋枪

美国"汤姆逊"和 M1 冲锋枪

汤姆逊冲锋枪是由美国人佩恩和埃克霍夫两人于 1918 年设计的，但因当时美国军方对是否采用冲锋枪一事举棋不定，故长期作为盗匪和黑帮的武器，因此该枪声名狼藉。20 世纪 30 年代，在时任美国陆军兵工局局长的汤姆逊极力推荐，直到 1942 年，汤姆逊冲锋枪才成为美军制式武器。该枪口径为 11.43 毫米，采用半自由枪机自动方式，配有 30 发弹匣或 100 发弹鼓供弹，空枪重 4.9 千克，有效射程 200 米。因其结构复杂、价格昂贵，美军列装后只生产了 140 万支就被其改进型 M1 冲锋枪所取代。"汤姆逊"和 M1 冲锋枪经历过第二次世界大战实战的严峻考验，均为世界上有影响力的著名冲锋枪。

英国"司登"式冲锋枪

司登式冲锋枪是 1941 年由英国枪械设计师谢波德和杜尔宾两人设计，恩菲尔德兵工厂生产。该枪结构简单、外观丑陋，弹匣向左侧伸出，其枪管、枪机拉柄、套筒、机匣、金属枪托的铁架等部件，全由大小粗细不同的铁管制作，因此被人称为"管子工的杰作"，但其成本低廉、容易大量制造，一支枪成本不足 11 美元，在 1943 年生产高潮期间，其周产量达到 47000 支，从 1941 年至 1945 年，其生产量达到 375 万支。该枪口径 9 毫米，枪机采用自由后坐自动方式，配 32 发装弹夹，可连、单发射击，枪全重量仅 3.55 千克，可谓是外观丑陋却性能优良，使人们不得不对其"刮目相看"。在二战初期阶段，在英军武器特别是自动武器奇缺的情况下，该枪的大规模生产，不但解决了英军的燃眉之急，而且大量向盟国出口，并对以后的武器性能评估及规模生产方式创立了重要模式。

苏联"波波沙"冲锋枪

苏联的"波波沙"冲锋枪有两种型号，一种是由什帕金设计、1941 年装备的 PP-SH41 型，另一种是由苏达列夫设计、1942 年诞生于被围困的列宁格勒的 PPSH42 型。

两者口径均为7.62毫米，前者采用木质枪托，由71发弹鼓或35发弹匣供弹，有效射程350米，重3.63千克；后者采用金属折叠枪托，30发弹匣供弹，重3.36千克。该枪虽然外观粗糙，但大量采用冲、焊、铆、销等简单工艺，成本低，容易大量生产，且性能也不错。"波波沙"冲锋枪共生产了500万支以上，是世界上生产数量最多的冲锋枪之一。二战中"波波沙"广泛装备于苏军部队，创造过无数辉煌战绩。1943年7月11日，苏军第380师列兵阿日达洛夫在战斗中使用"波波沙"冲锋枪，首先消灭了德军两个火力点，打死15名敌人，而后又对退逃的50多名法西斯士兵进行追击，竟使敌人全线动摇，该师乘机由防御转入进攻。

如今，阿日达洛夫当年使用的那支"波波沙"冲锋枪仍保存在俄军博物馆内。在抗美援朝战争中，中国人民志愿军曾大量装备和使用我国仿造"波波沙"的"50式"冲锋枪，创造了骄人战绩。从上甘岭战役到奇袭白虎团，都可看到"波波沙"的影子。

▲"波波沙"冲锋枪

新式冲锋枪

20世纪50年代以后，因小口径自动步枪的出现和大量装备，冲锋枪的使用领域被"侵占"，冲锋枪转而成为特种部队、警察以及各类非直接战斗人员手中的利器。此后，冲锋枪继续向猛烈火力、高可靠性和小型化、轻型化的方向发展。其中较著名的有：

MP5冲锋枪

1965年，德国HK公司研制出MP5冲锋枪。该枪发射9毫米巴拉贝姆手枪弹，可单、连发射击，其精度高、结构紧凑、使用可靠、性能优越，受到使用者高度评价，为世界20多个国家采用。该枪在标准型的基础上，又陆续推出各种微声型、超短型的系列变形枪。这些变形枪，有的能够放在衣服下面隐蔽携带，有的在室内射击时室外就听不到，还有的采取特殊外形（如提包枪），使用极为隐蔽、方便。因此该枪成为特种部队和警察手中的利器。1977年，德国特种部队在摩加迪沙机场采取的反劫机行动中使用MP5冲锋枪，一举毙伤全部4名恐怖分子，使其名声大振，成为当今世界最著名的冲锋枪之一。

"乌兹"冲锋枪

20世纪50年代初，名不见经传的以军中尉乌兹·加尔研制出一种结构紧凑、性能可靠、十分适合在沙漠地区使用，且生产成本很低的冲锋枪。经试验评审，大受赞赏，立即投入生产并大批装备部队。后来又在标准型的基础上，陆续研制出小型乌兹和微型乌兹冲锋枪，并研制了配套使用的消音器、激光瞄具，根据需要，还可采取更换枪管、枪机、弹匣的方法，发射多种口径的子弹。1976年，在乌干达恩培德机场的反劫机行动中，以军特种部队突然行动，使用乌兹冲锋枪发射出猛烈的火力，击毙了全部恐怖分子和担任警戒的乌干达守军，营救出全部245名人质，以军无一伤亡。这一行动使乌兹冲锋枪受到世界各国的广泛肯定，成为很多国家特种部队得心应手的武器。

▲乌兹冲锋枪

"英格拉姆"、"幽灵"、"卡利科"冲锋枪

20世纪60年代以后，各国还先后推出"英格拉姆"（美国）、"幽灵"（意大利）、"卡利科"（美国）等新型冲锋枪。这些枪各有特点，各有其他武器所没有的优长。如"英格拉姆"小巧玲珑；"幽灵"采用了少见的自由枪机、闭膛击发的机构，且配有获得专利的四排50发供弹弹匣；"卡利科"则首创了螺旋式弹匣等。这些冲锋枪都成为这一时期世界上著名的冲锋枪。

79式、85式轻型冲锋枪

1979年，我国根据南疆军事行动的需要，研制出79式轻型冲锋枪。该枪重量轻、体积小，全枪重量仅1.9千克，首次在冲锋枪上采用导气式自动方式，20或30发弹匣供弹，在300米距离上能够穿透2.5毫米厚的钢板，且其勤务性好，因此受到部队欢迎，该枪在丛林地区战斗中发挥了很大作用。在此基础上，我国又于1985年推出了更为先进、可靠的85式轻型冲锋枪。该枪结构简单，成本低廉，使用可靠，精确性有进一步

▲85式轻型冲锋枪

提高。很快就大量装备侦察、警备和特种作战部队使用。

近战利器——霰弹枪

霰弹枪是一种十分可怕的武器，我们经常可以在银屏上看到它：主人公用它一枪就把门轰得千疮百孔，或把敌人打得飞了出去，这并不夸张。霰弹枪发射一种大号霰弹，口径一般在18.5毫米左右，每颗霰弹内装50粒到120粒钢珠，一枪出去，不亚于"万箭齐发"，霰弹枪在近战中特别厉害，敌人出现时，不必精确瞄准，只需对准大致方向轰上一枪，即使不能全部命中，让敌人挨上几十粒钢珠亦非难事。即使完全没有命中，敌人看到墙上布满蜂窝状的弹孔，也会吓得六魂出窍而丧失抵抗能力。

同样，在黑暗的情况下，在丛林战中，霰弹枪同样可以大显身手。美国仅在越南战争中就装备了870万支霰弹枪。霰弹枪一般射程在50米左右，贯穿力不强，即使身

中几十粒钢珠，只要能及时抢救，一般不会丧命。这一特点更使霰弹枪深受警察喜爱。在闹市区发生枪战时，警员最担心自己射出的子弹穿透罪犯身体后，伤及无辜群众，对于手持霰弹枪的警察来说，他就可以放心开枪射击了，只要使用得当，远处的流弹不会造成很大伤害。这种近处威力大，远距离伤害小的枪支，自然深受警察宠爱。美国警察每辆警车即装备一把霰弹枪，成为震慑犯罪的利器。

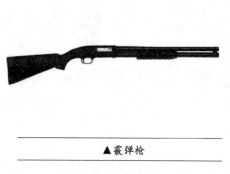

▲ 霰弹枪

霰弹枪可分为军用、警用和民用霰弹枪。军用多为全自动连发射击，警用为半自动射击，民用为单动射击，每发射一发子弹，用手推拉前护木完成退壳上弹的过程。军用霰弹枪的代表是意大利弗兰奇 SPAS15，一扣扳机，6 发霰弹全部射出，每发霰弹内装 120 粒钢珠，一次连发，可射出 720 粒钢珠，敌人就算有通天之能，也难逃一死。警用霰弹枪代表首推弗兰奇公司的 SPAS12 型枪，该枪长 80 厘米，重 4.3 千克，装 8 发霰弹，既可半自动射击，可也单动射击。此枪别具特色之处是可折叠的枪托上有一倒钩，可以扣住手臂，实施单手射击。民用枪首推美国雷明顿 M870 型，长 96 厘米，重 3.1 千克，装 6 发霰弹，主要用于防身，打猎之用。

异军突起的机枪

提起机枪，大家都不会陌生。许多战争影片都对机枪的威力表现得淋漓尽致。机枪一开火，敌人便成片成片地倒下。机枪是战场上对步兵进行火力支援的主要武器。

机枪带有两脚架、枪架或枪座，是能实施连发射击的自动枪械。机枪以杀伤有生目标为主，也可以射击地面、水面或空中的薄壁装甲目标，或压制敌火力点。机枪通常分为轻机枪、重机枪、通用机枪和大口径机枪。根据装备对象，又分为野战机枪（含高射机枪）、车载机枪（含坦克机枪）、航空机枪和舰用机枪。轻机枪装有两脚架，重量较轻，携行方便。轻机枪射速一般为每分钟80发至150发，有效射程500米至800米。重机枪装有稳固的枪架，射击精度较好，能长时间连续射击，射速为每分钟200发至300发，平射时有效射程为800米至1000米，高射为500米。通用机枪，亦称两用机枪，以两脚架支撑可当轻机枪用，装在枪架上可当重机枪用。大口径机枪的口径一般在12毫米以上，可高射2000米内的空中目标、地面薄壁装甲目标和火力点。

机枪的发展历程

为了提高枪械的发射速度，19世纪80年代前，许多国家都研制过连发枪械。英国人J.帕克尔发明的单管手摇机枪于1718年在英国取得专利，该枪由于枪身太重，且装弹困难，因此未引起普遍重视。美国人R.J.加特林发明的手摇式机枪，于1862年取得专利，在1861年至1865年美国内战中首次使用。

世界上第一支以火药燃气为能源的机枪，是美国工程师海勒姆·斯蒂文斯·马克沁发明的，1884年该机枪取得了专利。这是枪械发展史上的一项重大技术突破。马克沁重机枪在英国对南非的殖民战争中被首次使用。此后，其他国家也相继研制成了各种重机枪。在第一次世界大战的索姆河会战中，1916年7月1日英军向德军发起进攻，德军用马克沁重机枪等武器向密集队形的英军进行了猛烈持续的射击，使英军一天之中伤亡近6万人。这个实例可以说明重机枪的密集火力对有生目标的杀伤作用。为了使机枪更加灵活，1902年丹麦人W.麦德森设计了一种有两脚架带枪托可抵肩发射的机枪，全枪重量9.98千克，称为轻机枪。

第一次世界大战期间，军用飞机和坦克的问世，要求步兵有相应的防空和反装甲的能力。为了提高机枪威力，出现了大口径机枪，专用于空中目标、地面薄壁装甲目标和火力点。1918年德军首先装备了大口径机枪，随后法国、英国、美国也陆续装备了大口径机枪。军用飞机和坦克上也装备了航空机枪和坦克机枪。军舰则在机枪刚出现时就装备了舰用机枪。

第一次世界大战后，德国设计了MG34通用机枪，枪身带两脚架全重12千克，

1934 年装备部队，配备弹鼓和两脚架可作轻机枪用，配备弹链和三脚架可作重机枪用。第二次世界大战后，许多国家研制的新型通用机枪相继出现，如美国的 M60 机枪、苏联的 ΠKM/ΠKKC 机枪、中国的 67－2 式机枪等。

▲MG34 通用机枪

现代战争要求提高机枪的机动性和杀伤力，有些班用轻机枪已减小口径，并与突击步枪组成小口径班用枪族。重机枪在一些国家的机械化部队中已让位于车载机枪，在普通步兵分队中则被通用机枪所取代。大口径机枪的重量已大幅度下降，为了提高穿甲性能，大口径机枪配用了次口径高速脱壳穿甲弹等新的弹种。目前机枪还正在研究配用无壳弹以增加携弹量，提高持续作战的能力。随着普通光学、激光和光电夜视瞄准装置正在不断改进，将进一步提高机枪的精度和全天候作战能力。

机枪的辉煌之战

机枪刚刚问世，就被使用于战场。加特林机枪问世时美国内战激战方酣，北军的巴勒特将军立即花 12000 美元买了 12 挺机枪和 12000 发子弹，编成一个机枪连。在围攻弗吉尼亚州彼得斯堡的战斗中，他亲自指挥机枪连作战，结果大败南军。1888 年，英军在冈比亚使用机枪，给当地部族造成大量伤亡。1893 年，地处非洲的一个 50 余人的罗得西亚警察分队，使用 4 挺机枪击退了 5000 名祖鲁人的进攻，并击毙其中的 3000 人。1898 年英军镇压苏丹的起义，残酷屠杀了 2 万人，其中四分之三死于马克沁机枪下。1900 年，八国联军侵略中国，在京东通州以南的战斗中，侵略者使用机枪击溃了清军和义和团数十个营的冲锋和阻击，并屠杀了大量的平民。1904 年日俄战争，双方都使用机枪作战，仅在争夺旅顺口 203 高地的战斗中，日军就有数万人死于机枪火力。

机枪火力的惊人威力，使人们清楚地认识到其巨大的战术价值。1885 年，清朝洋务派首领李鸿章在英国参观了马克沁机枪后，连说"太贵、太贵"，但仍买回样品进行仿制。此后各国纷纷采购和装备机枪，机枪很快成为军队火力的骨干，预示着以机枪为代表的轻武器即将登上战争的巅峰地位。

第一次世界大战期间，机枪得到了普遍的应用。特别是在 1916 年的索姆河战役中，德军就使用机枪抗击英法联军的进攻。

索姆河是法国北部的一条小河，全长 200 余千米，向西流入英吉利海峡。1916 年，英法联军为报在凡尔登之战中损兵折将 75 万人之仇，集中了 14 个师的兵力，决心消灭据守索姆河地区的德军 8 个师。6 月 24 日，英法联军实施火力准备，发射了

150 万发炮弹，但效果并不明显。7 月 1 日晨，联军总攻开始。身穿红上衣、蓝色裤子的英军和穿蓝上衣、红裤子的法军部队像潮水般地冲向敌人阵地。进入对方预先标定的距离时，德军的数百挺机枪全部开火，联军士兵一批批倒下。到日落时，战场上的尸体约有 6 万具。侥幸回到出发阵地去的英法士兵寥寥无几。

▲索姆河战役中前进的法国士兵

马克沁重机枪

马克沁重机枪由美国工程师海勒姆·斯蒂文斯·马克沁发明，他出身贫寒，通过勤奋自学而成为知名的发明家。1882 年，马克沁赴英国考察时，发现士兵的肩膀被老式步枪的后坐力撞得青一块紫一块。马克沁感到，强大的后坐力可以成为武器自动连续射击的理想动力。他首先在一支老式温切斯特步枪上进行改装试验，利用射击时子弹喷发的火药气体使枪完成开锁、退壳、送弹、重新闭锁等一系列动作，实现了单管枪的自动连续射击，并减轻了枪的后坐力。1883 年，马克沁成功研制出世界上第一支自动步枪。后来，他根据从步枪上得来的经验，进一步发展和完善了他的枪管短后坐自动射击原理。他还改变了传统的供弹方式，制作了一条长达 6 米的帆布弹链，为机枪连续供弹。为给因连续高速射击而发热的枪管降温冷却，马克沁还采用水冷方式。1884 年，马克沁在制造出世界上第一支能够自动连续射击的机枪，射速达每分钟 600 发以上。

马克沁重机枪的出色表现，使得许多国家纷纷进行仿制，一些发明家和设计师还对进行了技术革新。1892 年，美国著名械设计家勃朗宁和奥地利陆军尉冯·奥德科莱克几乎同时发明了导气式自动机枪，这种结构至今仍为大多数机枪采用。美国枪械设计师 B. B. 霍奇基斯设计了气冷式机枪，取消了水冷式机枪上笨重的注水套筒，使机枪更为轻便。

多管排列式机枪

1878 年，美国的诺登飞发明了多管排列式机枪，其构造为 5 支枪管一字排列，固定不动。这种机枪后坐和复进都是由扳动侧方的机柄来完成的，弹匣垂直安装在枪上，弹匣内的枪弹借自身的重量而下降。发射时，5 支枪管同时发射。在自动武器的发展历史中，多管排列式机枪起到了很大推动作用。

意大利"布雷达"机枪

该枪是在第一次世界大战结束之际，由意大利布雷达公司研制成功的。该枪口径为 6.5 毫米，初速为 630 米/秒，有效射程 600 米，理论经射速 500 发/分，自动方式为半自由枪机式，连发，由弹匣供弹，容弹量 20 发，全枪长 1232 毫米，枪管长 521 毫米，空枪质量 10.34 千克。此枪性能优良，立即被多个国家采用。

苏联"德普"式机枪

1923 年，苏联轻武器设计师捷格佳廖夫自告奋勇，设计出一种装 49 发子弹时全重仅 8.4 千克的轻机枪，即"德普"式机枪。该枪为导气式，由弹盘供弹，全自动射击，战斗射速为 80 发/分。该枪既能作机枪使用以支援步兵分队作战，又可像步枪一样以任何姿势射击，很快引起欧美国家的注意。然而因当时苏联总军械部一些人对轻型机枪的认识不足，认定它注定会"昙花一现"，因此迟迟不予生产和列装。捷格佳廖夫只好设法请伏龙芝元帅到工厂视察，并向元帅详细汇报了此枪的研制情况，得到元帅的大力支持，终于在 3 年后正式列装。"德普"式机枪在第二次世界大战中立下赫赫战功。

德国 MG42 轻机枪

MG42 轻机枪是德国的一位实业家格鲁诺夫于二战初期设计的。相传 1939 年德军占领波兰后，在众多缴获物之中发现有一份机枪设计图纸，由格鲁诺夫参考图纸修改制成了 MG42 机枪。该枪采用枪管短后坐原理，金属弹链供弹，重 11.6 千克，属轻枪，但加三脚架后，还可当重机枪使用，因此又被称为通用机枪。这种机枪首次在生产中大量采用冲压件，制造容易，成本低，被称为是"三最"机枪，即最短的时间、最低的成本、最出色的武器。该机枪是世界上最出名的机枪之一。

MG34 式机枪

第一次世界大战中，水冷式重机枪显示了强大威力。1919 年签订的《凡尔赛和约》中，美、英、法等战胜国明文禁止德国研制水冷式重机枪。希特勒建立德国纳粹政权初期，既要重整军备，发展新武器，又要掩人耳目，避免列强的制裁。所以德国在发展轻机枪的幌子下，于 1934 年研制成功一种新型的 MG34 式机枪。这种枪枪改水冷为空气冷却，通过更换枪管的办法解决枪管过热的问题，供弹采用弹链、弹鼓两种方式，支架可两脚、三脚互换。装两脚架、配弹鼓，就是轻机枪；装三脚架、配弹链，就是重机枪，这是世界上第一种轻重两用机枪。

▲德国 MG—34 式机枪

该枪射速高达 1200 发/分，火力极为猛烈。1942 年，在与美军突尼斯卡塞林山口的激战中，德军使用的 MG42 机枪极具杀伤力和震撼力，致使两千四百余名年轻的美国兵当场举手投降。

由于 MG34 式机枪在第二次世界大战中显示出的巨大的威力，其他国家纷纷效仿，在第二次世界大战后研制出了多种两用机枪。如今，轻重两用机枪已经基本取代了重机枪。

现代机枪中的佼佼者

第二次世界大战后，各国相继研制现代机枪，以更换旧式机枪，以适应直升机及各种轻式装甲车辆作战的需要。其中有代表性的有：

M60 通用机枪

M60 通用机枪于 1958 年正式装备美军，以取代已装备多年的勃朗宁系列机枪。M60 采用导气式自动原理，枪机回转式闭锁方式，弹链供弹，连发射击，其射速较低，很容易控制，同老式机枪相比，其重量也轻了不少。另外该枪结构紧凑、火力较强，除美军外，很多西方国家都大量装备，并研制出多种改型枪，广泛安装在坦克、步战车和直升机上，作为并列机枪和车（机）载机枪。

RPK 轻机枪

RPK 轻机枪是与 AKM 系列自动步枪是同时装备苏军的 7.62 毫米机枪。RPK 轻机枪重量轻、火力猛烈、使用灵活，特别是该轻机枪与 AK 系列武器的基本结构完全相同，除机匣、枪管和枪托等为数不多的部件外，其他所有部件均可互换。该轻机枪实际上就是一支重枪管型的 AK 自动步枪，因此深受部队欢迎。这种设计思想，在苏军以后发展的 RPK74 型 5.45 毫米机枪中，都起到重要的参照作用。

67－2 式轻重两用机枪

1967 年，67 式轻重两用机枪开始批量装备我国部队，以替代原有的 53 式重机枪和 58 式连用机枪。67 式轻重两用机枪经多次改进，于 1982 年定型为 67－2 式轻重两用机枪。20 世纪 80 年代起大量列装，成为我军制式武器。该枪口径 7.62 毫米，全重 15.5 千克，有效射程 800 米至 1000 米，全枪重量轻。与同时期世界上同类机枪相比，多数性能相当，有的甚至略占优势。该机枪作为我国自行研制的第一种新型机枪而载入史册。

"米尼米"机枪

1985 年，美军正式装备了由比利时 FN 公司研制的"米尼米"机枪。至 20 世纪 90 年代初，"米尼米"已产销 70 万挺，除美军外，已成为北约集团 20 余个国家的制式装备。该枪采用导气、开膛待击方式，链式和弹匣两种供弹方式，据称其全枪寿命可达 10 万发之多。"米尼米"机枪分为标准型、伞兵型和车载型三种形式，可使用两脚架、三脚架射击，需要时还可折回脚架，实施无依托射击。1991 年在海湾战争中首

高射机枪

高射机枪主要用来对空射击，特别对低空飞机、俯冲机和空降兵等射击效果明显。高射机枪多为大口径机枪。枪身有单枪与多枪联装之分，装有简单机械瞄准装置或自动向量瞄准具。枪架有三脚架式和轮式，上有高低机和方向机，有的还装有精瞄机，并有高低、方向射角限制器，用于支持枪身和赋予枪身一定的射角和射向。高射机枪对 1000 米以内的地面、水面装甲目标、火力点、船舶以及骑兵都有相当大的杀伤力。

▲67-2 式轻重两用机枪

次亮相即出手不凡，受到广泛好评。

1985 式和 1980 式高射机枪

两次世界大战期间，用于射击飞机和装甲车的大口径机枪曾广泛装备军队。后来，由于飞机飞行高度不断增大、车辆装甲不断增厚，大口径机枪逐渐被冷落。80 年代以后，因直升机及各种轻装甲目标大量涌现，大口径机枪重新得到重视。我国研制的 1977 式、1985 式 12.7 毫米高射机枪，1975 式、1980 式 14.5 毫米高射机枪，就是新研制的大口径机枪中的代表。这些高射机枪不仅成为步兵的制式武器，而且广泛安装在各种战车上，成为轻武器家庭的重要成员。

"金属风暴"机枪

1995 年底，澳大利亚人迈克·奥德怀尔发明的"金属风暴"机枪，射速比世界上现有的射速最快的机枪高出 20 倍，这种机枪可能给武器技术带来革命。在测试过程中，该机枪每分钟可以向目标发射 13.5 万发子弹，其射速很快，甚至可以用来拦截由激光制导的"智能"炸弹。自从阿根廷人在 1982 年的马尔维纳斯群岛（英国称福克兰群岛）战争中使用"贴近海面飞行的"飞鱼式舰对舰导弹击中英国的"谢菲尔德"号军舰以后，军舰设计人员就在军舰上布满类似"金属风暴"机枪的每分钟能发射 3000 发弹的"密集阵"近防武器系统，对拦截弹道导弹和巡航导弹具有重要的作用。

"金属风暴"的机枪发明人奥德怀尔在研制过程中，采用的是公元 14 世纪火器刚刚诞生时的原理，即让武器能比"现有技术投掷出更多的子弹"。这种原理极为简单，而且不需要活动的部件。专门为澳大利亚奥林匹克射击队制造枪支的 MAB 工程公司已经制造出这种速射机枪的样品，其研制费用为 72.3 万美元，与大多数武器研制费用相比，这个研制费用是微不足道的。尽管常规的美制加特林速射机枪，同"金属风暴"机枪一样，也是多管机枪，但每个枪管发射一发子弹之后要重新装填子弹。"金属风暴"的机枪却能够把多发子弹依次排列在枪管内，最新的样品每个枪管能储存 90 发子弹。

特种枪械概述

　　随着军队兵种日益增多，军人的分工日益明显，适用于不同任务、对象和目标的特种枪械纷纷出现。信号枪、微声枪、狙击步枪、微型冲锋枪、反器材步枪、特种变形枪械、水下枪械和防暴武器，就是具有代表性的特种枪械。

信号枪

　　进入 20 世纪，随着现代诸军兵种的出现，对战斗指挥方式的要求越来越高。开始，人们使用普通的步枪发射弹头内装有燃烧发光剂的信号弹进行战场联络，后来出现了专门用于发射信号弹的信号枪。

　　信号枪一般为非自动式，形如手枪，多为单管，也有双管和四管的。其结构通常包括身管、闭锁机构、击发机构、发射机构、退壳与保险机构以及握把等部分。因信号弹需要装有大量的燃烧剂，因此信号枪口径较大，通常在 20 毫米以上，是一种特殊的枪械。又因信号枪一般不需要有较大射程，对其准确性的要求也不高，因此多采用滑膛、短枪管形式。夜间使用的信号弹主要分为红、绿、黄、白四色，昼间信号弹为发烟式，通常有红、蓝两色。

　　在两次世界大战期间，世界各国曾制造了多种结构、口径、样式、型号的信号枪，广泛运用于战争中的指挥、通信、救援等活动。1957 年我国仿制了苏联 1926 年式信号枪，定名为"26 毫米信号枪"，大量装备部队。该枪口径为 26 毫米，手工装弹，每 4 秒至 5 秒发射一发，最大弹道高不小于 90 米，持续发光时间不少于 6.5 秒，夜间光色分辨距离不小于 7000 米。

微声枪

　　1908 年，现代"自动武器之父"马克沁及其子珀西发明了枪支消音器，并获得了专利。当时，他们的这项发明不是为了用于作战，而是因为酷爱打猎的珀西本人喜欢安静，讨厌猎枪刺耳的声音。王白西将经过潜心研究制成了微声猎枪赠送给同样爱好打猎的美国总统塔夫脱。消息传出后，立即引起军方的重视，他们在珀西微声猎枪的基础上，于 1912 年制成了世界上第一支微声步枪，并一鼓作气研制出微声手枪，主要供特种部队和美国中央情报局的特工使用。

　　微声枪的结构，通常是在普通枪支的枪管部安装消音器，有的还使用特制的微声子弹，以减少射击的声音。消音器消音的原理是，使火药气体在出枪口前，在特定的空间内不断消耗能量，以减少射击时出现在枪口的声、光、烟，但枪支的射程、精度也会受影响而随之降低。其结构形式通常有网式、隔板式和封闭式三种。以封闭式消

▲ 微声手枪

声器为例，它是在枪管部加装一个封闭的管子，管中置有一连串的橡皮圈，当子弹穿过时，因弹性的橡皮圈堵住高速高压的火药燃气对空气的冲击，因此具有较好的消声效果。

在两次世界大战中，微声枪支由于其射击时发出的声音很小，因此不易暴露射击位置和行动，能够在敌后和其他特殊场合使用，为自己赢得从容行动和撤离的时间，同时还能够加强敌人的恐惧心理，因此成为各国特种部队士兵、警察、特工等人员的重要武器，被广泛运用于敌后侦察、伏击、袭击、救援以及情报、暗杀、恐怖等行动。在这些行动中，微声手枪往往取得其他武器无法取代的效果。

狙击步枪

早在燧发枪时代，人们就利用枪支较远的射程，挑选精确度较高的枪支，从远处打击重要目标。1777 年即美国独立战争的第三年，英军"百发百中"的神枪手弗格森少校使用燧发枪在战场上选择狙击目标，某日，他看到对面出现一名衣着随便的人，只带着一个随员站在美军阵地上。弗格森端枪瞄了一下，没扣扳机，他觉得对方不像是个大人物。他万万没有想到的是，此人正是美国陆军总司令乔治·华盛顿。弗格森少校虽然没有扣动扳机，击中华盛顿，成就他作为狙击手的威名，但在以后的历次战争中，以对方重要人物为猎杀目标的狙击手屡建功勋。狙击手使用的狙击步枪逐渐成为一种特殊的枪械。

早期的狙击步枪，多为精选的普通步枪。这些精选出的步枪通常具有结构紧密，内膛平直，弹道稳定的特点，有的还在枪上临时加装有高倍率的光学瞄准镜，加上射手是经过严格训练和筛选的高手，因此，在正规作战中发挥了不平凡的作用。如"二战"期间，德军一名狙击手使用这种精选的普通步枪，三年内狙杀敌方 345 人。

至二十世纪五六十年代，出现了多种型号的专用狙击步枪。其中有代表性的有：

美国 M21 狙击步枪

该枪是在著名的伽兰德步枪的基础上改进而成。其与普通步枪的不同之处，主要表现在：一是其零件特别是枪管是精选出来的，可谓"千里挑一"的精品；二是其结构更加精密、坚固；三是枪口装消焰制退器，能进一步提高精度，消除偏心误差；四是枪口安装消声器，减少了射手暴露的机会；五是配用高倍率瞄准镜，方便射手远距离瞄准。该枪在 300 米距离上射击 10 发子弹的平均误差不超过 150 毫米。

苏联 SVD 狙击步枪

该枪由苏联的德拉戈诺夫设计，口径 7.62 毫米，半自动发射，枪口装有瓣形消焰

器，并设计有减轻后坐和枪口上跳的装置，配有可夜间使用的 4 倍光学瞄准镜，重
4.3 千克，10 发弹匣供弹，最大有效射程 1300 米。该枪广泛装备于苏军及华约国家军
队，我国也曾仿制并装备部队使用。

现代狙击步枪分两种，一种是在现有步枪的基础上，加装高倍瞄准镜，重枪管，
两脚架改装而成，如德国的 HKPSG1 狙击步枪、瑞士 SIG550 狙击步枪等。另外一种是
专门制作的狙击步枪，这种枪一般为专门订做，射程更远，精度更高。这种枪一般为
单动击发式，即每发射一颗子弹，即拉动枪
机一次，退弹上膛。这种狙击步枪一般采用
大威力枪弹，一枪毙命。其中精品有美军
M24 狙击步枪、TRG—21 狙击步枪、
RAIM300 变换式狙击步枪、SSG2000 狙击步
枪、SSR 消音狙击步枪等等。以上所说的主
要是中口径狙击步枪，主要用以消灭 800 米
至 1000 米距离的目标。

大口径狙击步枪口径一般为 12.7 毫米和
14.5 毫米，采用大号子弹，可装炸药。因
此，其战术作用已不仅仅是对付人，而且用

▲62 毫米 M24 狙击步枪

于摧毁敌方通信器材（如雷达）、轻型装甲车、汽车、飞机等，美国在海湾战争中用
它来引爆水雷。大口径狙击步枪枪身长，均在 1000 毫米以上；射程远，可达 1500—
2000 米；威力大，弹头内装炸药，威力相当于小炮弹，可把人炸飞；重量也大，一般
10 千克到 20 千克左右；精度高，装有 20 倍瞄准镜。美国巴雷特公司的狙击步枪目前
大受欢迎，品种主要是 M82A1，长 1549 毫米，重 14.7 千克，装弹 11 发，射程 1800
米，此枪在海湾战争中大出风头。美国佩瑞恩公司的 12.7 毫米 TSW 大口径步枪是另
一颗明星，枪长 1490 毫米，重 13 千克，装 14 倍瞄准具，装弹量 10 发，威力大但后
坐力小，弹头可穿透钢装甲之后爆炸，可谓令人胆寒。今天，随着大口径狙击步枪的
不断完善，将有越来越多的特种部队装备它，相信它一定会在战场上大显身手。

微型冲锋枪

微型冲锋枪简称"微冲"，枪长一般不超过 35 厘米，可隐藏在大衣中携带，因此
深受搞暗战的人喜爱，也是黑社会杀手、恐怖分子的"宠儿"。

闻名遐迩的微冲有：美国"英格拉姆"微冲，枪长仅 22 厘米，重 1.5 千克，装弹
32 发。每分钟发射 1200 发子弹，轻轻一扣扳机就是十几发子弹，火力十分猛烈；美
国 KG9 微冲，枪长 31 厘米，重 1.3 千克，装弹 32 发，除警察、保安人员使用外，流
入黑社会，美国许多街头流氓分子均使用此枪；美国"卡利克"冲锋枪，长 35 厘米，
使用一种新颖的"滚筒"式弹鼓，装在枪身上方，十分小巧，可装弹 50 至 100 发，火
力强大，现仅为美国特警专用，并少量出口沙特阿拉伯、科威特。

微型冲锋枪因便于隐蔽携带，火力猛，因此一般不在市场公开出售，但一些犯罪分子会千方百计弄到此枪。

反器材步枪

随着现代战场上暴露人员的持续减少和直升机、轻型装甲车辆、雷达天线、制导和通信设施等重要目标的不断增多，对适宜在较远距离上有效摧毁这些高价值目标的大口径步枪的需求随之提高。因此，从 20 世纪 80 年代开始，西方一些国家在二战时反坦克步枪的基础上，发展了多种以对方高价值设施和器材为主要目标，口径为 12.7毫米至 15 毫米，由单兵使用的大口径狙击步枪，即反器材步枪。

▲现代反器材步枪

反器材步枪较典型的型号，一是美国巴雷特 M82A1 大口径狙击步枪。该枪口径为 12.7 毫米，采用枪管短后坐自动方式，半自动发射，10 发弹匣供弹，重 12.9 千克，枪口配有高效的制退装置，可调式两脚架，由单兵使用。海湾战争中，美国海军陆战队使用此枪从远距离射击，击毁伊军装甲指挥车等多个高价值目标。二是奥地利 AMR 反器材步枪。该枪为无托型半自动滑膛枪，采用长行程后坐原理，重 18 千克，口径 15 毫米，发射钨制箭形弹，5 发弹匣供弹，射程达 2000 米，能在 800 米距离上穿透 40 毫米厚的装甲钢板，主要用于袭击轻装甲车辆、直升机、停机坪上的飞机、油罐、雷达、战场火力点和机场设施等高价值目标。

特种变型枪械

在二战后，各国为了不同的使用目的，还分别研制出形形色色的特种变型枪械。如主要供侦察兵和特种部队使用的匕首枪、提包枪、头盔枪等，主要供特工使用的钢笔手枪、照相机手枪、雨伞枪等。除外型特殊外，这类特种枪械多设有微声部件，并根据需要发射不同作用的特殊子弹，如毒针弹、麻痹弹、失能弹等。在当时美苏"冷战"的大背景下，特种变型枪械曾发挥重要作用，但却很少为世人所知。

水下枪械

20 世纪 50 年代以后，在冷战的背景，西大阵营的特种部队和特种作战不断发展，水下成为新的战场。一些国家开展了水下枪械的研制，最具代表性的是苏联于 20 世纪七八十年代研制的水下手枪和水下步枪。其中以 SPP－1 水下手枪和 SPS 水下步枪为代表。

SPP－1 水下手枪，口径4.5毫米，重0.95千克，有4个弹膛、4个枪管，每管各装填1发弹长为145毫米的水下箭形弹，可连续射击。在5米至40米水深条件下，其有效射程可高达17米，随水深逐减。

APS 水下步枪，口径5.66毫米，其外形与结构均类似 AK 系列自动步枪，全重3.4千克，26发箭形水下枪弹弹匣供弹。在空气中有效射程为30米，在5米、20米、40米不同水深中，其有效射程分别为30米、20米和10米。在有效射程内，上述水下手枪和步枪均能有效穿透5毫米厚的面罩，对敌人产生致命后果。

防暴武器

20世纪90年代，随着冷战的结束，维持社会治安和防止恐怖主义活动的问题更加突出，各种防暴武器应运而生。

主要包括：使用军用枪支或榴弹发射器发射的各种动能防暴弹，如橡皮头子弹等；通过强烈的闪光和声波震荡，使对方暂时失去反抗能力的震荡手榴弹；能够为暴乱者打上印记的染色弹；手投或使用各种榴弹发射器发射，能够对眼、鼻和呼吸系统产生强烈刺激的催泪弹；能使人暂时失去战斗力的化学失能弹等。此外，因霰弹枪口径较大、适宜发射内装特种防暴战剂的弹药，且其射程有限、可避免伤及无辜，因此也被广泛用作防暴武器。

▲橡皮子弹

枪弹的发展

枪弹由弹壳、底火、发射药、弹头四部分组成。发射时由撞针撞击底火，使发射药燃烧，产生气体将弹头推出。

火帽的发明史

在黄火药发明创造突飞猛进之时，近代枪炮技术也迅猛地发展。1800 年，人们发现了雷汞，紧接着便又发明了含雷汞击发药的火帽。1808 年，法国人包利首次应用纸火帽，并使用了针尖发火。1814 年，美国首先试验将击发药装入铁盂用于枪械。1817 年，美国人艾格把击发药压入铜盂中，发明了火帽，火帽的应用对后膛装填射击武器的发展至关重要。1821 年，英国人理查斯发明了一种使用纸火帽的"引爆弹"，后来有人在长纸条或亚麻布上压装"爆弹"自动供弹，由击锤击发。1840 年，德国人德莱赛发明了针刺击发枪，弹药从枪管后端装入，并用针击发火。1860 年，美国首先设计成功了 13.2 毫米机械式连珠枪，开始了弹夹的使用。

纸壳枪弹

1800 年，人们发现了雷汞，紧接着便又发明了含雷汞击发药的火帽。把火帽套在带火孔的击砧上，打击火帽即可引燃膛内火药，这就是击发式枪机。随后，1812 年，在法国出现了定装式枪弹。它是将弹头、发射药和纸弹壳连成一体的枪弹。于是，人们开始从枪管尾部装填枪弹。

纸壳子弹虽不是那么有名，但在枪弹历史上也占有一席之地。早期的前装枪，一般都是直接从枪口往内加火药，然后再装入弹头，操作缓慢而且每次的装药量不确定，因而射击效果也不稳定，而定量装药并非是解决这一问题的有效方式。在那个时代，尚没有现在这么先进的加工技术。为了使装弹速度加快，且药量一定，纸质弹壳就应运而生，最初的纸质弹壳只使用纸卷成的筒，里面装有火药，但弹头与之分别装入，装填速度仍较慢。后来人们把弹头和火药一同装入纸质弹壳内。

后来当发明了底火后，人们把底火、发射药、弹头包装在一起，极大地提高了射击速度。然而，纸壳子弹没有可靠的密闭，影

▲AK47 步枪用的"1943 年型"子弹

响射击精度，并使枪机结构复杂化了。

金属枪弹成就毛瑟枪

世界上最早使用金属弹壳枪弹的直动式军用手枪，是德国人彼得·保罗·毛瑟发明制造的。毛瑟的大名不仅与许多步枪联系在一起，而且不少手枪和左轮手枪亦多用其姓氏命名。直动式军用步枪，亦称毛瑟步枪，由德国奥伯恩多夫兵工厂1871年制造，因此又称1871式毛瑟步枪。这种步枪口径为11毫米，枪管内有螺旋膛线，发射金属弹壳枪弹。射击时，由射手操纵枪机机柄，实现开锁、退壳、装弹和闭锁。

和此前的各种枪弹比，金属枪弹明显增加了射击的精度，因而说它成就了毛瑟枪也不为而过。而毛瑟步枪的发明则是步枪史上的一次重大变革。

无壳子弹和无壳子弹枪

由于现代防弹装备的不断完善，尤其是钢盔和各种避弹衣的大量使用，参战人员必须消耗更多的子弹才能消灭敌人。为此，参战人员就必须要携带更多的子弹，从而对作战的机动性和战斗力产生影响。为解决这一矛盾，既保证子弹装药量不变又使重量大为减轻的无壳子弹就应运而生。

无壳子弹没有传统子弹的金属弹壳，其重量仅为传统子弹的二分之一，其制作方法是先将火药与黏合剂模压成实心方块，然后将金属弹和引爆底火压制在实心方块上。这种子弹工艺简单，体积小，重量轻，同时，在射击时不必担心子弹的后抛问题，因此使枪的构造也大大简化。

与无壳子弹配套使用的就是无壳子弹步枪，这种新式步枪全长约65厘米，枪管长约53厘米，枪口直径为4.7毫米，可一次装50发子弹，枪的后膛有一个独特的转盘，转盘上开有一个方形截面的弹膛，弹仓平行于枪管。这种步枪可快速射击，射出速度明显高于传统步枪。在连发射击时，它每分钟可射出500发无壳子弹。由于射击速度之快几乎没有产生反冲的时间，所以枪的稳定性好，命中率高，穿透力强，能击穿500米至600米处的普通钢盔。

德莱赛半自动手枪

1908年，德国选定巴拉贝鲁姆（卢格）半自动手枪作军用制式手枪，并选定该枪使用的9×19毫米枪弹为制式枪弹。一战在即，德军对手枪的需求量大大增加，然而巴拉贝鲁姆手枪结构复杂，兵工厂生产效率很慢。因此，尼谢·梅塔尔巴伦与马西内恩法布利克于1910年将德莱赛M1907半自动手枪大型化，生产出德莱赛M1910半自动手枪，该枪最初在德国被称为9毫米巴拉贝鲁姆德莱赛手枪。该枪采用可使结构简化的自由枪机式工作原理，发射威力较大的9×19毫米枪弹。该枪套筒内装有强力复进簧，手拉套筒向后较费力，该枪因此又配装了可使套筒上部抬高以解除套筒与复进簧接触的特殊装置。

近代中国的兵器制造

清末洋务运动是近代中国兵工发展的开端。所谓洋务运动，是指学习西洋事物的运动。经过丧权辱国之痛后，当时朝野上下一致认为，中国不如西人，只是器械而已。只要师夷长技，便可达到与洋人对等的地位。近代中国的兵器制造就是在这种思想下发展起来的。

鸦片战争时中英兵器对比

（一）枪支对比

清军所使用枪支是仿造明代从西方引进的鸟铳，其形制功能比英军落后了200多年。该枪枪长2米，射程约100米，射速为每分钟1发至2发，且质量低劣，严重老

▲鸦片战争中清军所用大炮

化。而英军则配备前装滑膛燧发枪和前装滑膛击发枪，这两种枪枪长不超过1.5米，射程200米至300米，射速为每分钟2发至4发。

（二）火炮对比

两军火炮式样和机理大体相同，都为前装滑膛炮，但制造工艺和质量差距很大。在铸炮工艺上，工业革命后英国冶铁技术进步显著，并使用了铁模等工艺，火炮设计合理，射击精确度高；清军铸炮用铁杂质多，沿用传统泥模工艺，炮管容易炸裂，威力小，射击精确度低，有的火炮还是明代铸造的。在炮弹种类及质量上，英军装备实心弹、霰弹、爆破弹，清军使用实心弹，而且弹体粗糙、弹径偏小，射程和射击精确度大受影响。

（三）火药对比

英国火药生产已进入机械化生产阶段，火药配方合理，可根据弹炮弹的需要调整硝、硫、炭的比例。清军火药由工匠根据经验在作坊里生产，爆炸效力低，容易发潮，难以久贮。

（四）舰船对比

英国军舰下部为双层结构，外面包裹金属材料，可防沉防朽防火；船上至少有两根桅杆，悬挂十余面帆，可利用各种风向航行；船上还安装有10门到120门大小火炮，火力强劲且覆盖面广。

清军水军主要为福建和广东两支水师，从未出洋作战，主要担任近海巡逻、守卫海岸任务。清军最大战舰吨位不及英军等外级军舰，清军安炮最多的军舰仅与英军火力最弱的军舰相当。另外，清军战舰在航率很低，鸦片战争前福建水师共有舰船242艘，在航率不到一半。正是因为舰船的全面落后，使得清军不敢出海迎敌，任凭英军横行于中国海面。

中国首艘汽船——"惠吉"号

从1865年开始，在李鸿章、曾国藩的主持下，江南机器制造局开始了对德式武器的仿制，1867年仿制出德国毛瑟前膛步枪，这是中国自己生产的第一种步枪，该枪使用黑火药和铅弹头。在1867年时，每天平均可以生产15支毛瑟枪和各式弹药。李鸿章认为当时该局生产的枪械弹药，对于后来平定捻乱有所助益。除了枪弹之外，该局也在1868年生产出了中国第一艘自造的汽船"惠吉"号。并于1891年为中国首次炼出钢铁。

晚清时期，江南制造局军备产品质次价高，生产的步枪性能不佳，连李鸿章的淮军都拒绝使用。制造局生产的汽船速度很低，耗燃料惊人，而且价格奇高，自造一艘的成本，大约可以向英国买两艘船。

制造局军备生产成本高涨，既有生产原料依靠进口、申购物资泛滥的原因，更有冗员太多的因素。不仅外国顾问日渐增加，中国官员、职员也有不少人利用关系进入，坐领干薪。19世纪70年代初期制造局官员只有40人，不到十年人数就增加了一倍。

武昌起义第一枪——汉阳造

汉阳造是汉阳兵工厂制造的一种步枪，旋转枪栓，双前栓榫锁定，曼里夏式弹匣，表尺照门、刀片形准星瞄准具，枪管长度29.13厘米，枪重4.14千克。

此枪从1895年开始生产，一直到1944年该厂将其改造为中正式步枪，该枪在中国前后生产了将近50年。由清朝新军开始，汉阳造先后装备过北洋军、北伐军、中央军、红军。在抗日战争中，汉阳造仍广泛用于抵御外侮。直到朝鲜战争，中国人民志愿军仍有许多部队持着汉阳造，在冰天雪地中与十六国联军拼杀。

1911年10月10日晚8时许，坐落于武昌城南的新军第八镇工程营房里，革命党人打响了直指清王朝的武昌首义第一枪。新军第八镇工程营晚八时，后队正目（班长）、革命党人代表熊秉坤在武昌领导新军起义，拉开了武昌首义的序幕。经一夜浴血激战，革命军攻克湖广总督署和湖北藩署。革命军与清军在汉口及武昌均发生激战。驻汉阳新军四十二标第一营党代表胡玉珍次日起义，举右队队官宋锡全为指挥官，占领兵工厂，接收工众3000余人，及大量步枪、山炮。

武昌起义所用枪均为汉阳造，因此该枪也被称为"武昌起义第一枪"。

第十章 火 炮

　　火炮是以发射药为能源发射弹丸，口径在 20 毫米以上的身管射击武器。火炮种类较多，配有多种弹药，可对地面、水上和空中目标射击，歼灭、压制有生力量，摧毁各种防御工事和其他设施，击毁各种装甲目标和完成其他特种射击任务。火炮是陆军的重要组成部分和主要火力突击力量，具有强大的火力、较远的射程、良好的精度和较高的机动能力，能集中、突然、连续地对地面和水面目标实施火力突击。火炮主要用于支援、掩护步兵和装甲兵的战斗行动，并与其他兵种、军种协同作战，也可独立进行火力战斗。炮兵在历史上有"战争之神"的称号。

火炮家族

战争之神

火炮的历史很久远，世界上已发现最早的金属火炮是我国西夏时期的一尊铜火炮。我国是最早将火炮技术应用在军事上的国家，我国的宋、元时期就建成了世界上最大的火炮部队。

早在春秋时期，中国已使用一种抛射武器——礟。10世纪火药用于军事后，礟便用来抛射火药包、火药弹。在元代，中国已经制造出最古老的火炮——火铳。13世纪中国的火药和火器西传以后，火炮在欧洲开始发展。14世纪上半叶，欧洲开始制造出发射石弹的火炮。

世界上最古老的铜铸火铳

世界上现存最早的两尊火铳是元代制造的。一尊是元至顺三年（公元1332年）铸造的盏口铜铳。它由身管和药室两部分组成，铳口直径105毫米，全长353毫米，重6.94千克，这就是火炮的初始原型。另一尊火铳是元至正十一年（公元1351年）铸成，重4.75千克，长435毫米，铳口直径30毫米，火铳下端刻有"至正辛卯"4个篆字，前端刻有"射穿百札，声动九天"8个篆字。该火铳是目前世界上已发现的最古老和最大的火铳。

火药发展的最大难题，就是燃点快、质量不均匀和威力大小问题，此外，设计出合适的火炮也非易事，倘若设计不当即无法开火。由于受到早期的制造技术所困，施放火炮者所面临的危险程度，其实与炮击目标物所差无几。例如在1460年时，苏格兰国王约翰二世就是在点燃火炮时，因为火炮发生爆炸死于非命。

中古时代的火炮，被用作攻城时炮轰城墙以及在战场上向大批的敌军开火之用。它们可以精准地轰毁城堡里面建筑物的垂直外墙，因此人们便发展出倾斜低矮的外墙取替高耸垂直的外墙。在这段时期里，火炮在战场上的作用有限，因为当时的火炮仍非常笨重，在作战时，很难移到新的位置上开火。

到了15世纪中期，火炮与火药的技术已经有了很大的进步，火炮成为军队重要的武器。最明显的例子，是在1453年时，君士坦丁堡的城墙，被奥斯曼土耳其的攻城巨炮发射的炮弹所轰毁，最终导致该城陷落。

火炮通常由炮身和炮架两大部组成。炮身由身管、炮尾、炮闩和炮口制退器组成。炮架由反后坐装置、摇架、上架、高低机、方向机、平衡机、瞄准装置、下架、大架和运动体等组成。

火炮有多种分类方法。按用途分，可为地面压制火炮、高射炮、反坦克火炮、坦克炮、航空机关炮、舰炮和海岸炮。其中地面压制火炮包括加农炮、榴弹炮、加农榴弹炮和迫击炮，有些国家还包括火箭炮。反坦克火炮包括反坦克炮和无坐力炮。火炮按弹道特性分为加农炮、榴弹炮和迫击炮。

为了提高炮兵火力的适应性，现代火炮除配有普通榴弹、破甲弹、穿甲弹、照明弹和烟幕弹外，还配有各种远程榴弹、反坦克布雷弹、反坦克子母弹、末段制导炮弹以及化学炮弹、核弹（见核武器）等，这些炮弹使火炮能压制和摧毁从几百米到几万米距离内的多种目标。

▲明代神威大将军炮

虎蹲炮

虎蹲炮是中国明代抗倭名将戚继光研制的。他研究了当时的几种轻型火炮后，为了克服发射时产生后坐力，容易造成自伤的缺点，在炮口安装了支撑架，因形似虎蹲而得名。虎蹲炮用熟铁制造，长约 590 毫米，重约 21.5 千克。炮筒外加 5 道箍，使用时不易炸裂。虎蹲炮发射时前身加铁爪钉，后身加铁绊，将其固定于地。虎蹲炮炮身短，射程不远，但发射散弹，具有较大的杀伤面，而且体轻，机动性好，也可船载作战。

1598 年，中国与朝鲜联军的水军在露梁海峡附近海面对日军作战，当时日军拥有数百艘船只。中国战船追击日军至釜山南海，战斗激烈。中国船上众多虎蹲大炮连续猛烈

▲虎蹲炮

地轰击，日军战船纷纷中弹起火，日军大败。在这次海战中，日军伤亡 1 万多人，战船除逃脱 50 余艘外，全部葬身海底。此战后，日军全部撤离朝鲜，20 年中没敢再侵犯朝鲜。

红夷炮

明朝万历四十八年（1620 年），明朝政府购买了 4 门西洋新式大炮，到明朝天启三年（1623 年）时，又购买了 26 门，明朝政府为其取名为红夷炮。红夷炮的口径较大，为 80 毫米至 130 毫米左右。红夷炮管壁较厚，且从炮口至炮尾逐步加厚，有准星、照门，便于瞄准，中部还增设了炮耳，架炮时可以保持炮身的平稳。

红夷炮是当时威力最大的火炮。当时明军与清军正在关外交战，努尔哈赤率 6 万大军攻宁远，宁远守将袁崇焕仅有守军 2 万，但拒不投降，发炮还击。双方激战 3 日，明军用炮火击毙清军 1.7 万余人，清军战败。努尔哈赤也因被炮击中，受伤而死。

明崇祯十五年（1642 年），清军在皇太极的带领下进攻松山和锦州。此时清军汲取上次失败教训，已装备红夷大炮，在大炮的轰击下，明军损失达 5.4 万余人，战马损失 7000 余匹。清军攻破松山，俘守将洪承畴，13 万明军全军覆没。清军随后下锦州，攻塔山，在塔山西列红夷炮，将城墙炸垮 70 米，全歼守军 7000 人。而后清军又用红夷炮轰垮杏山城墙 83 米，攻破杏山。此后，明军的红夷炮全部落入清军之手，清军将红夷炮改名为红衣炮。

线膛炮

19 世纪初，人们受到来复枪的启示逐步认识到线膛的作用。不过开始时由于受到冶金技术的限制，还只能在炮膛里刻出直线，起到前装弹丸比较方便的作用。

1846 年，意大利少校军官卡瓦利提出了用线膛炮发射卵形弹的设想。他的卵形弹是用铸铁制成的，弹丸侧面有两个斜形凸起，装填时将这两个凸起嵌入火炮的膛线，膛线为螺旋形。发射时，弹丸在向前运动的同时，还会沿膛线产生高速旋转。但由于当时制造炮弹的技术水平很低，卡瓦利的炮弹在射击时常因弹丸定心不准而堵在膛内发生爆炸，使火炮被毁。尽管如此，线膛炮还是开始受到重视。

螺旋的膛线使弹丸旋转飞行，大大提高了弹丸飞行的稳定性和射击精度，增加了火炮的射程。同时，炮弹实现了后装，发射速度明显提高。其后不久，英国机械工程师惠特沃思也造成一门线膛炮，用的是盘旋的六角炮膛代替旋转的来复线。这些改进的基本思想是使炮弹贴紧膛壁，以便增加射程并使炮弹发射后发生旋转以增强炮弹飞行的稳定性。

线膛炮的出现，是火炮发展史上的一项了不起的发明。与当时同口径的滑膛炮相比，线膛炮的射程增加了 1 倍到 2 倍，弹丸重量增大了 1.5 倍，射击精度提高了 4 倍。同时，由于不需要从炮口装药装弹，而是改为后装，所以线膛炮的发射速度快多了。

加农炮

加农炮指一种身管长、弹道低伸的火炮。海岸炮、坦克炮、反坦克炮和航空机关炮都具有加农炮弹道低伸的特性。加农炮身管长、初速大、射程远、弹道低伸、变装药号数少，适用于对装甲目标、垂直目标和远距离目标射击。

18 世纪，欧洲的加农炮炮身长一般为口径的 22 倍至 26 倍。

第二次世界大战前后，口径在 105 毫米至 108 毫米之间的加农炮得以迅速发展，炮身长一般为 30 倍至 52 倍口径，初速达 880 米/秒，最大射程 30 千米。20 世纪 60 年代，炮身长为 40 倍至 70 倍口径，初速达 950 米/秒，最大射程达 35 千米。20 世纪 60 年代以后，加农炮基本没研制新型号，性能仍保持在 20 世纪 60 年代水平。

比较著名的加农炮有 59 式 130 毫米加农炮、59－1 式 130 毫米加农炮、美国 M－2 式加农炮等。

59 式 130 毫米加农炮是中国军队从苏联 M－46 加农炮仿制成功的。该炮采用单筒身管，装多孔式制退器，手动横楔式炮闩，变后坐制退机，液体气压式复进机，两机分别布置在炮身上、下部，均为杆后坐形式；炮架由摇架、上架、下架、大架和防盾组成，大架装有炮身推拉器，行军时，解脱反后坐装置，将炮身后拉，以缩短火炮行军长度；瞄准部分分为方向机、高低机、平衡机、瞄准装置组成，高低机为单齿弧外啮合式，平衡机为气压式，瞄准装置由瞄准具、周视瞄准镜、直接瞄准镜与照明具组成。59式加农炮全重8.5吨，炮班8人，六轮卡车牵引，射速6发/分至8发/分，最大射程27千米。此后59式加农炮结合了122毫米加农炮和152毫米加榴炮的炮架和结构设计，使得全重减轻了2.1吨，射速提高到8发/分至10发/分，命名为59-1式。该炮在1979年对越自卫反击战时表现出来的性能非常优越，火力猛、射程远、命中精度高、使用可靠，受到参战官兵的赞誉。进入20世纪80年代，中国军队又为130毫米加农炮研制了底排弹、底凹弹、子母弹等多种新弹种，最大射程增加到38千米。

美国M-2式加农炮，也称M-2式加农炮，是美国在20世纪40年代初定型生产的155毫米牵引火炮。该加农炮第二次世界大战时期装备部队，是美军战时最主要的远程重型火炮。该加农炮用以装备军及集团军炮兵部队的加农炮营，每营炮12门。该加农炮战后装备美国、法国、澳大利亚、阿根廷、丹麦、希腊、意大利、日本、约旦、韩国、巴基斯坦、土耳其等国。该炮射程远、威力大，但重量太大、机动性差，只能用履带车牵引。

榴弹炮

榴弹炮指一种身管较短、弹道较弯曲的火炮。榴弹炮的初速较小，射角较大，弹丸的落角也大，杀伤和爆破效果好，采用多级变装药，能获得不同的初速，便于在较大纵深内实施火力机动。它适于对水平目标射击，主要用于歼灭、压制暴露的和隐蔽的（遮蔽物后面的）有生力量，破坏工程设施、桥梁、交通枢纽等，是地面炮兵的主要炮种之一。

最早的榴弹炮起源于15世纪意大利、德国的一种炮管较短、射角较大、弹道弯曲、发射石霰弹的滑膛炮。17世纪，在欧洲正式出现了榴弹炮的名称，它是指发射爆炸弹、射角较大的火炮，最先装备榴弹炮的是由荷兰裔士兵组成的英国部队。

榴弹炮按机动方式可分为牵引式和自行式两种，其中，自行式榴弹炮主要有苏联的2S1式122毫米自行榴弹炮、美国M109A2式155毫米自行榴弹炮、英国AS90式155毫米自行榴弹炮、法国F1式155毫米自行榴弹

▲榴弹炮

炮、日本75式155毫米自行榴弹炮、美国M110A2式203毫米自行榴弹炮等。

榴弹炮是地面炮兵的主要炮种之一，19世纪中叶，榴弹炮采用了变装药，射角为12°到30°，炮身长为口径的7倍到10倍。第一次世界大战中，许多国家的军队竞相装备榴弹炮，新的型号不断出现。当时，榴弹炮的炮身长为口径的15米至22倍，最大射程可达14200米，最大射角一般为45°。德军攻击比利时要塞，曾使用口径为420毫米M型榴弹炮，其最大射程为9300米，弹重1200千克。第二次世界大战中，曾出现炮身长为20倍到30倍口径，最大射程18千米，初速为635米/秒，最大射角65°的榴弹炮。英国的AS90式155毫米自行榴弹炮采用52倍口径，最大射程为24千米，采用火箭增程弹可达30千米，初速为827米/秒，最大射角70°。

新型榴弹炮通过加长炮身、增大膛压、提高初速和配用底部喷气弹、火箭增程弹等技术，射程大幅度提高。现代105毫米至203毫米榴弹炮的最大射程已达到17.5千米至39千米，可更有效地打击敌纵深目标。

现代的榴弹炮可以在短时间内发射出更多的炮弹，有的实现了装弹和射击操作的自动化，大大提高了射速。如法国1979年装备的GCT型155毫米自行榴弹炮，射速达每分钟8发，一个炮兵团装备50多门这种榴弹炮，1分钟就能发射20吨炮弹。

现代榴弹炮配用的弹种空前多样化，除了高威力的杀伤爆破榴弹之外，还有反坦克布雷弹、反坦克子母弹、末制导炮弹以及化学炮弹和核炮弹。随着微电子技术和精确制导技术的发展，制导炮弹和具有自动寻的能力的榴弹炮炮弹大量装备使用，大大提高了榴弹炮的命中精度，使之具有导弹的特点，而在破甲、杀伤等方面又优于导弹。如美国的M198式155毫米榴弹炮使用激光半主动制导炮弹"铜斑蛇"对20千米外坦克射击，命中概率高达80%~90%，相当于2500发常规炮弹的命中率。用203毫米榴弹炮发射的美国的"萨达姆"遥感反装甲炮弹，可分离出3个子弹头，具有毫米波自动搜索、识别、判断和攻击的能力，能击穿70毫米以上的坦克顶装甲。

20世纪60年代以来，榴弹炮已发展到炮身长为口径的30倍至44倍，初速达827米/秒，最大射角达75°。这种榴弹炮发射制式榴弹，最大射程达24500米；发射火箭增程弹，最大射程达30000米。由于榴弹炮的性能有了显著提高，能遂行同口径加农炮的任务，因而有些国家已用榴弹炮代替加农炮。

使用增程炮弹是增大火炮射程重要手段之一，现代榴弹炮使用的增程炮弹主要有火箭增程弹、底部排气弹等。火箭增程弹能增程25%到50%，底部排气增程弹能增程15%到30%。

2005年9月21开幕的第11届北京航展上，北方工业公司在室内展厅展出了一款名为"PLZ-05式155毫米自行榴弹炮"的缩比模型，立即引起各方关注。这是中国迄今为止推出的第二种155毫米自行榴弹炮，国外军事媒体纷纷预测它将成为中国人民解放军陆军未来20年主力身管压制火炮。

因为国产第一代155毫米系列压制火炮的研制过程中，已经取得的比较丰富的设计经验，所以52倍口径155毫米火炮的研制工作较为顺利，原理样炮和车载实验炮在

20 世纪 90 年代中后期先后被生产出来并投入靶场射击试验。

国产第二代 155 毫米自行加榴炮，除车内携弹量以外，火力性能指标已经全面超越西方先进的 155 毫米自行火炮。

无坐力炮

无坐力炮是利用发射时炮尾向后喷射产生的反作用力，使炮身后坐力减小的火炮，也叫无后坐。特点是体积小、重量轻、结构简单、操作方便，是轻巧的步兵伴随武器。由于后坐力很小，故不需要炮架，因此它的重量只相当于其他同口径火炮的十分之一左右。这种炮配用的是定装式空心装药破甲弹，用于摧毁近距离的敌方坦克、装甲车、野战工事等，是步兵分队反坦克的主要武器之一。

无坐力炮按身管结构分为线膛和滑膛两种，按运动方式分为便携式、驮载式、车载式、牵引式、自行式等，按弹药装填方式分为前装式和后装式，按消除后坐方式分为喷管型、戴维斯型和弩箭型。这种无坐力炮口径一般为 57～120 毫米，反坦克直射距离 400～800 米。

世界上第一门可供实战的无后坐力炮由美国海军少校戴维斯在 1914 年发明，当时，他为了抵消炮弹发射时所产生的巨大反作用力，戴维斯在同一根炮管的另一头也装上一个配置弹丸，向前发射弹丸的同时，后面那颗平衡弹在其反作用推力下从炮后射出，爆成碎片，从而第一次制造出一种在发射过程中，利用后喷物质的动量与前射弹丸动量平衡使炮身不后坐的火炮，并且用于实战当中。

▲无坐力炮

1936 年，俄国人梁布兴斯基制造了一门 76.2 毫米的无坐力炮，他首次使用喷管发射气体弹来消除后坐力。第二次世界大战中，这种无坐力炮发射空心装药穿甲弹，成为有效的而且是主要的反坦克武器。这种炮的最大优点是体积小、重量轻、操作方便。最大的缺点是炮后火焰大，容易暴露炮位，而且炮弹初速低。因此，现在很多国家都已停止研制和生产，只有英国、日本等少数几个国家装备，主要用于反坦克作战。随着反坦克导弹、新型榴弹炮和反坦克火箭的发展，无坐力炮有被取代的趋势。

迫击炮

迫击炮指用座钣承受后坐力、发射迫击炮弹的曲射火炮。迫击炮射角大（一般为 45°～85°），弹道弯曲，初速小，最小射程近，杀伤效果好，适于对近距离遮蔽物后的目标和反斜面上的目标射击。迫击炮结构简单，操作方便，体积较小，重量较轻，适于随伴步兵迅速隐蔽地行动。迫击炮主要配杀伤爆破榴弹，用于歼灭、压制暴露的和隐蔽的有生力量和技术兵器，破坏铁丝网和障碍物。迫击炮还配有烟幕弹、照明弹、宣传弹和其他特种炮弹，可完成多种战斗任务。

迫击炮按炮膛结构分为滑膛式和线膛式，按装填方式分为前装式和后装式，按运动方式分为便携式、驮载式、车载式、牵引式和自行式。

迫击炮从诞生到现在，一直都是陆军的重要装备。世界上第一门真正的迫击炮诞生在 1904 年的日俄战争期间，发明者是俄国炮兵大尉尼古拉耶维奇。

当时沙皇俄国与日本为争夺中国的旅顺口而展开激战。俄军占据着旅顺口要塞，日本挖筑堑壕逼近到距俄军阵地只有几十米的地方，俄军难以用一般火炮和机枪杀伤日军，于是尼古拉耶维奇便试着将一种老式的 47 毫米海军炮改装在带有轮子的炮架上，以大仰角发射一种长尾形炮弹，结果竟然有效杀伤了堑壕内的日军，打退了日军的多次进攻。这门炮使用长型超口径迫击炮弹，全弹质量 11.5 千克，射程为 50～400 米，射角为 45°～65°。这种在战场上应急诞生的火炮，当时被叫作"雷击炮"，它是世界上最早的迫击炮。

第一次世界大战中，由于堑壕阵地战的展开，各国开始重视迫击炮的作用，在"雷击炮"的基础上，研制出多种专用迫击炮。1927 年，法国研制的斯托克斯—勃朗特 81 毫米迫击炮采用了缓冲器，克服了炮身与炮架刚性连接的缺点，结构更加完善，已基本具备现代迫击炮的特点。

到第二次世界大战时，迫击炮已是步兵的基本装备，如当时美国 101 空降师 506 团 E 连的编制共 140 人，分为 3 个排和 1 个连指挥部。每排有 3 个 12 人的步兵班和 1 个 6 人的迫击炮班，每个步兵班配备 1 挺机枪，每个迫击炮班配备 1 门 60 毫米口径的迫击炮。此时，迫击炮的结构已相当成熟，完全具备了现代迫击炮的种种优点，如射速高、威力大、质量轻、结构简单、操作简便等，特别是无需准备即可投入战斗这一特点使其在二战中大放异彩。据统计，二战期间地面部队 50% 以上的伤亡都是由迫击炮造成的。世界上最大的迫击炮"利特尔·戴维"就诞生在第二次世界大战期间，现存放于美国马里兰州军械博物馆。该炮的口径为 914 毫米，炮筒质量为 65304 千克，炮座质量为 72560 千克，发射的炮弹质量约为 1700 千克。它是为当时盟军正面攻破德军"齐格菲"防线而秘密设计制造的。然而这门独一无二的迫击炮刚刚造好，战争就结束了。因此该炮还没有来得及放一炮，就宣布退役了。

20 世纪 60 年代以来，由于采用了新结构、新材料、新技术及配用火箭增程弹，使迫击炮性能不断提高，增大了射程，减轻了重量，缩短了反应时间。自行迫击炮也有所发展。1963 年，英国装备的 L1A1 式 81 毫米迫击炮，采用耐高温的高强度合金钢锻制身管、可折叠的"K"字形炮架和锻铝座钣，弹上装有塑料闭气环，增大了射程，减轻了重量，并配用手持式计算机，2 秒钟内可精确解算出射击诸元。迫击炮将通过减轻重量和实现自行以提高机动性，配用特种弹以增大射程和提高反装甲能力。

火箭炮

火箭炮指炮兵装备的火箭弹发射装置，通常为多发联装，发射方式是引燃火箭弹的点火具和赋予火箭弹初始飞行方向。由于火箭弹靠本身发动机的推力飞行，火箭炮不需承受膛压的笨重炮身和炮闩，没有反后坐装置，能多发联装和发射弹径较大的火箭弹。火箭炮发射速度快，火力猛，突袭性好，因射弹散布大，故多用于大面积目标射击。它主要配有杀伤爆破火箭弹，用以歼灭、压制有生力量；也可配用特种火箭弹，用以布雷，照明和施放烟幕等。火箭炮按运动方式分为自行式和牵引式，以自行式居多。

火箭炮通常由定向器、回转盘、方向机、高低机、平衡机、瞄准装置、发火系统和运行体组成。定向器通常分为筒式、笼式和轨式。有的定向器有螺旋导向装置，能使尾翼式火箭弹在定向器内低速旋转。定向器通过耳轴，高低机、平衡机连接在回转盘上，转动高低机手轮，赋予火箭炮射角。平衡机使高低机操作轻便、平稳。瞄准装置和高低机、方向机配合，实施瞄准。发火系统在发射时使各火箭弹的发动机按预定的时间间隔依次点火，其发火电路通常由电源（一般为蓄电池）、发火机、接线盒、火箭弹导电盖、点火具、弹体、定向器、运动体和扣应导线构成，由发火机的钥匙开关控制。火箭炮除了自动发射机构，一般还有手动发射机构或简易发射机构。

世界上第一门现代火箭炮是1933年苏联研制成功的BM13型火箭炮。这种自行式火箭炮安装在载重汽车的底盘上，装有轨式定向器，可联装16枚132毫米尾翼火箭弹，最大射程约8500米，1939年正式装备苏军，1941年8月在斯摩棱斯克的奥尔沙地区首次实战应用。当时苏军的一个火箭炮连一齐发射，摧毁了纳粹德国军队的铁路枢纽和大量军用列车。

为了保密，当时苏军未给火箭炮定名，但在发射架上标有表示沃罗涅日"共产国际"兵工厂的"K"字标记。由于这个缘故，苏军战士便把这威力巨大的新式武器亲切地称之为"卡秋莎"。严格地说，"卡秋莎"是导轨火箭炮，而不是多管火箭炮。最早的具有炮管式发射装置的多管火箭炮，是德国于1941年正式装备部队的158.5毫米6管牵引式火箭炮和280×320毫米6管牵引式火箭炮。

▲火箭炮发射

在第二次世界大战末期和战后，各国都非常重视火箭炮的发展与应用。进入20世纪70年代以后，火箭炮又有了新的进步，其性能和威力日益提高，除配用杀伤爆破火箭弹外，还可配用燃烧弹、烟幕弹、末段制导弹、反坦克子母弹、燃料空气弹和干扰弹等。现代火箭炮实现自动化装弹，采用电子计算机控制操作和指挥，并在保证良好机动性的前提下，适当地增加定向器的装弹数目和增大射程，已成为现代炮兵的重要组成部分。

目前，世界上比较著名的火箭炮有：中国的"卫士"—2D 火箭炮，射程 400 千米；俄罗斯的"飓风"220 毫米火箭炮和"旋风"300 毫米火箭炮；美国的 M270 式227 毫米火箭炮。

反坦克炮

反坦克炮指主要用于打击坦克和其他装甲目标的火炮，它的炮身长、初速大、直射距离远，发射速度快，穿甲效力强。

第一次世界大战中，曾用步兵炮和野炮对坦克射击。战后，随着坦克性能的不断提高，专用反坦克炮问世。20 世纪 20 年代，瑞士制成了高射和平射两用的 20 毫米反坦克炮。20 世纪 30 年代，德国的 37 毫米、苏联 45 毫米等反坦克炮，发射装有炸药的穿甲弹，在 500 米距离上能穿透 40 毫米至 50 毫米厚的装甲。第二次世界大战中，有的中型坦克和重型坦克的装甲厚度增至 70 毫米至 100 毫米，反坦克炮口径也随之增大到 57 毫米至 100 毫米，初速达 900 米/秒至 1000 米/秒，穿甲厚度在 1000 米距离上达70 毫米至 150 毫米。20 世纪 60 年代以来，出现了发射尾翼稳定脱壳穿甲弹的滑膛反坦克炮，穿甲厚度明显增大。苏联 T－12 型 100 毫米反坦克炮在 1500 米距离上使用穿甲弹时的穿甲厚度达 400 毫米。

▲现代反坦克炮

与反坦克导弹相比，牵引反坦克炮笨重，机动性差，进出阵地迟缓，因此有的国家用反坦克导弹代替反坦克炮。但反坦克炮有多种弹药，适应性好，比较经济，近距离首发命中率较高，因此，有些国家仍继续装备使用。

反坦克火箭筒

1941 年，一位瑞典设计师带着全部技术资料来到美国，将空心装药技术出售给美国陆军。次年，美军上校斯金奈将其与火箭技术相结合，研制出一种由火箭推进、空心装药战斗部的新兵器。这种兵器的弹径 60 毫米，弹重 1.55 千克，弹长 410 毫米至 550 毫米，最大射程 640 米，直射距离 100 米，破甲厚度 127 毫米。其发射装置全重量 6 千克，长 1524 毫米，从后部装填火箭弹，由单兵肩扛发射，操作和携带极为方便。

1942 年春，斯金奈参考 M10 型枪榴弹的设计，从而解决了火箭弹的威力问题。斯金奈又把 M10 型枪榴弹的结构用在火箭弹的战斗部上，并把火箭筒的直径扩大到 60

毫米。随后他又制作了整体式的发射筒，安装了肩托、手柄和一个采用手电筒电池的电击发机构。这就是 Ml 型反坦克火箭筒的研发过程。

由于持这种武器射击时的姿态与当时美国著名喜剧演员鲍勃·彭斯吹奏自制管乐器"巴祖卡"时很相似，于是射手们就给这种火箭筒取了一个名字叫"巴祖卡"。对当时的坦克来说，巴祖卡是无敌的。1942 年，巴祖卡在北非首次参战，仅发射了几发火箭弹，就击毁了德军的 5 辆坦克，其中有一辆因弹药爆炸，连炮塔都被炸飞了，德军的一个坦克连被迫投降。

"巴祖卡"身手不凡，立即引起各国重视，纷纷仿制。在二战和战后一段时间内，先后出现了德军仿制的"铁拳"反坦克火箭、"巴祖卡"的改进型"超级巴祖卡"、苏联研制的 RPG－2 火箭筒以及我国的 90 式火箭筒等。至 20 世纪 60 年代初，世界各国已分别装备了 30 余种型号的火箭筒，成为轻武器家族的重要分支之一。这些都属于第一代的火箭筒，直射距离一般为 100 米至 400 米，破甲厚度由前期的 100 毫米左右逐渐增至 200 毫米至 300 毫米，最大可达 400 毫米，成为当时坦克的强劲对手。

20 世纪 50 年代末，反坦克火箭筒发展到第二代。其中最有代表性的是美国的 M72 和苏联的 RPG－7。M72 是美国赫西东方公司于 1958 年研制的，1962 年批量装备，用于替代老式的火箭筒。该火箭筒由发射筒、击发装置和瞄具三部分组成，弹径 66 毫米。与老式火箭筒相比，该火箭筒重量减轻，威力增大，很受士兵欢迎，很快成为西方各国装备数量最多的反坦克火箭。

第四次中东战争中，以军在戈兰高地战斗中近距离使用 M72 反坦克火箭筒，使叙军坦克遭受巨大损失，以致战后很长时间，以军还在为当时装备此种武器数量较少而遗憾。几乎与 M72 同步，苏联于 1959 年开始，在 RPG－2 的基础上研制第二代火箭筒 RPG－7，并于 1962 年开始装备军队。该筒基本结构与 RPG－2 相同，筒径 40 毫米，采用 70.5 毫米超口径火箭弹，其精度和威力都有明显提高。第四次中东战争，在西奈半岛的战斗中，RPG－7 火箭筒与"萨格"反坦克导弹

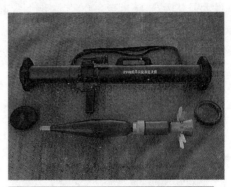

▲M72 反坦克火箭筒

紧密结合，迅速歼灭了以军一个坦克旅的大部，震惊了世界。这两种火箭筒及其仿制品，成为当时世界反坦克火箭筒的基本样式。

20 世纪 80 年代后，在各种新型坦克装甲不断出现的促进下，各国纷纷研制第三代反坦克火箭筒。如美国的 M72E4、SMAW，苏联（俄罗斯）的 RPG－18/22/26/29，法国的"阿布拉斯"、"达特 120"，德国的"铁拳 3"，瑞典的 AT－4 等。这些反坦克火箭筒，不但进一步提高了精度和射程，而且分别采取了加大弹径、改用贫铀药罩、使用串联战斗部、使用可伸缩炸高探针等措施，显著提高了武器的破甲能力。第三代

[""]

反坦克火箭筒的有效破甲厚度普遍达到 300 毫米以上，最多的达到 900 毫米。它们直射距离普遍由原来的 300 米左右提高到 500 米以上，命中精度则由原来的 75% 以下提高到 90% 左右。

高射炮

高射炮指从地面对空中目标射击的火炮。它炮身长，初速大，射界大，射速快，射击精度高，多数配有火控系统，能自动跟踪和瞄准目标。高射炮也可用于对地面或水上目标射击。

高射炮的原理和构造与一般火炮基本相同。它装有半自动或全自动炮门，有机械化或自动化装填机构，可连续地自动地装填和发射；大多装有随动装置，能自动瞄准和追随目标。大、中口径高射炮还装有引信测合机，自动装定引信分划。小口径高射炮一般装有自动瞄准具，可以不断地计算射击诸元。牵引式高射炮通常采用十字形或三角形炮床，使火炮具有 360° 方向射界。

按运动方式可将高射炮分为牵引式和自行式高射炮。按口径可将高射炮分为小口径、中口径和大口径高射炮。

第一次世界大战前夕，德国和法国出现了高射炮。第一次世界大战中，参战国主要装备有 75 毫米、76.2 毫米和 105 毫米高射炮，同时还出现了自行高射炮。这一时期，高射炮炮弹的初速为 600 米/秒至 760 米/秒，发射速度为 15 发/分至 150 发/分，最大射高为 6000 米至 8000 米，炮上装有简易的瞄准装置，并编制了射表，该高射炮装填和发射由人工操作。

▲ 自行高射炮

在早期制成的高射炮中，性能最好的是德国 1914 年制造的 77 毫米高射炮。其突出特点是在四轮炮架上装有简单炮盘。这种炮盘在行军时可以折叠起来，用马或车辆牵引。作战时，打开炮盘，支起炮身即可对空射击。炮盘的使用既便于火炮转移阵地，又缩短了由行军转到作战状态的时间。由于它采用控制手轮调整身管进行瞄准，而且首次采用炮盘，因而射击命中率较高。

20 世纪 30 年代以后，高射炮的作战性能得到了很大提高。这时期的高射炮在结构和性能方面有这样几个突出的变化。首先，高射炮采用了长炮管，借以提高初速和射高。有的小口径高射炮的炮管长度已达到口径的 70 倍，初速达到每秒 1000 米左右，比原来提高近 50%。中口径高射炮的射高达到 10 千米以上，是原来的三四倍。其次，高射炮配备了先进的射击瞄准装置，提高了高射炮的命中率。再次，在小口径高射炮上配备了装填和复进等装置，大、中口径高射炮则采用了机械输弹设备，提高了高射炮的射速。另外，大部分高射炮都采用了自动化程度非常高的火控系统，全面提高了高射炮的作战能力。

第二次世界大战中，随着飞机飞行高度的提高，出现了120毫米和128毫米等大口径高射炮。随着炮瞄雷达和火炮随动装置的相继出现，近炸引信的使用，使射击精度和毁伤概率进一步提高。

20世纪60年代以来，有些国家用地空导弹逐步取代了大、中口径高射炮。但由于地空导弹在低空存在射击死区，小口径高射炮仍然获得发展。其初速达1200米/秒，发射速度300～1000发/分；炮上装有初速测定仪和炮架自动调平装置，提高了射击精度；采用多管联装，提高了发射速度，增大了火力密度。此时还出现了炮瞄雷达、光电跟踪和测距装置、火控计算机与火炮结合为一体的自行高射炮系统，提高了机动性和射击效果，改善了防护性能，并装有稳定器以提高行进间射击的能力。

自行火炮

自行火炮指同车辆底盘构成一体，自身能运动的火炮。自行火炮越野性能好，进出阵地快，多数有装甲防护，战场生存力强。自行火炮的使用，有利于不间断地实施火力支援，使炮兵和装甲兵、摩托化步兵的战斗协同更加紧密。

1914年，俄国制造出了世界上第一门安装在卡车底盘上的，不需外力牵引而自行运动的76毫米自行高射炮。这就是自行火炮的前身。

自行火炮主要由武器系统、底盘部分和装甲车体组成。武器系统包括火炮、机枪、火控装置和供弹装填机构等。为减小炮身后坐量，多采用效率较高的炮口制退器。为减少战斗室内的火药燃气，炮身上装有抽气装置。为提高射速和减轻装填手的劳动强度，多采用半自动或全自动供弹装填机构。底盘部分包括动力装置、传动装置、行动装置和操纵装置，通常采用坦克或装甲车辆底盘，有的则是专门设计的。车体的装甲材料主要有钢质和铝合金两种，厚度一般为10毫米至50毫米。自行火炮的前装甲较厚，其他部位较薄。

自行火炮按行驶方式可分为轮式和履带式两种，按装甲防护程度可分为全装甲式、半装甲式和敞开式。其最突出特点之一是机动性好。一般的自行火炮最大时速达30千米至70千米，最大行程可达到700千米，具有极好的越野能力，能协同坦克和机械化部队高速机动作战，可执行防空、反坦克和远、中、近程对地面目标攻击等任务。二是火力强大。使用数辆自行火炮便可迅速形成防空、反坦克和对地面攻击的合理而有效的火力配备系统，可根据最大程度地发扬综合性火力。

▲现代自行火炮

三是防护力强。自行火炮吸收了坦克装甲防护好的优点，特别是现代自行火炮大都采用坦克、装甲车底盘，履带驱动，车体装甲厚度达 10 毫米至 50 毫米，而自身又较坦克轻便灵活，所以可以安装比同样底盘的坦克更大口径的火炮，构成高度机动、火力强大而自身保护能力较强的一种火炮，在战争中起到过去的牵引式火炮无法起到的作用。

自行火炮出现于第一次世界大战期间。第二次世界大战时，随着坦克的普遍使用，自行火炮作为有力的支援武器，得到迅速发展。这一时期的自行火炮主要是反坦克炮，炮塔为固定式，方向射界很小。战后，美、苏等国均重视自行火炮的发展，研制和装备了多种类型的自行火炮，并不断地改进其战术技术性能。

舰炮

舰炮是装备在舰艇上的海军炮。按口径分为大、中、小口径舰炮，按管数分为单管、双管和多管联装舰炮，按防护结构分为炮塔舰炮、护板舰炮和敞开式舰炮，按自动化程度分为全自动舰炮、半自动舰炮和非自动舰炮，按射击对象分为平射舰炮和平高两用舰炮，按战斗使命和任务分为主炮和副炮。

舰炮由基座、起落部分、旋回部分、瞄准装置、拖动系统、弹药输送系统、电气系统等构成。舰炮及其弹药和火控系统组成舰炮武器系统。现代舰炮的口径一般在 20 毫米至 130 毫米之间，初速 1000 米/秒左右，射速 10 发/分至 100 发/分，最大射高 3 千米至 15 千米，最大射程 4 千米至 20 千米。通常是采用加农炮，自重平衡，多管联装，具有重量轻、结构紧凑、射界大、射速快、操纵灵活、瞄准快速、命中率高和弹丸破坏威力大等特点。使用弹药有穿甲弹、爆破弹、杀伤弹、空炸榴弹和特种弹，用于射击水面、空中和岸上目标。

▲现代舰炮

公元 14 世纪出现火炮后，舰炮也出现了。最初的舰炮是臼炮。直到 18 世纪末，其结构和陆炮一样，都是用生铁、铜和青铜铸造的滑膛炮，配置在多层甲板的两舷，故称为舷炮。1861 年，北美首先建造了有旋转炮塔的甲板炮。随着后装线膛炮的发展，无烟火药和高能炸药的采用，舰炮口径不断增大，结构和性能不断改进，加之装备了光学测距仪、炮瞄雷达和射击指挥仪等，舰炮的射程、发射率、命中率和弹丸破坏力都有了提高。20 世纪 60 年代，精确制导反舰武器的出现使舰炮的地位发生了显著变化，但舰炮仍是水面战斗舰艇不可缺少的武器。

"巴黎大炮"

1918 年 3 月 23 日清晨，法国巴黎每隔 15 分钟，就有一次震耳欲聋的爆炸。这一天，巴黎遭到了 21 次重炮的轰击。这些炮弹是德国的一门巨炮发射的，这门巨炮因此被人们称为"巴黎大炮"。

巴黎人民的痛苦并没有结束，从 3 月 23 日至 8 月 9 日，德国又从不同方向断断续续向巴黎发射了 300 多发炮弹，其中 180 发落在市中心，140 发落在郊外，导致巴黎市民伤亡 1000 余人。

"巴黎大炮"的射程达到了 120 千米之遥。它的炮弹主要在同温层中飞行，射角是 53°，初速为 1700 米/秒，最大弹道高达 4 万米。当炮弹进入同温层时，它还有 1000 米/秒的速度，这时弹道切线与水平线的夹角恰在 45°左右。炮弹在同温层中飞行约 100 千米，然后重新进入对流层落到地面，击中 120 千米以外的巴黎。

"巴黎大炮"的口径为 210 毫米，炮身长 37 米，若把炮身竖立起来，它的炮口要高过 10 层大厦的楼顶。这样长的炮身，用一般的炮架是支持不住的，炮身的重量就足以使其变形。因此炮身后半部加了一个支架，用很粗的钢杆通过支架拉着炮身的前半部，同时又与后面的炮身尾部相连。

该炮的炮弹重达 120 千克，具有远射程弹丸外形。弹丸后部有两排突起，使它沿着火炮的膛线运动。为了使炮弹能得到 1700 米/秒的初速，每发炮弹的发射药就需 200 千克。由于膛压很高，火炮发射时的后坐力很大，所以要求有重而坚固的炮架。因此"巴黎大炮"非常笨重。

▲巴黎大炮

"巴黎大炮"的弹重、初速和膛压都很大，发射时炮管膛线磨损很厉害，因此一个炮管打不了 100 发炮弹。发射一二十发后，射击精度就明显降低。这种炮的寿命不到普通火炮的 1%。

由于"巴黎大炮"存在上述一些致命的弱点，加之当时第一次世界大战已经接近尾声，因此没有得到进一步发展。但是，"巴黎大炮"在人类火炮发展的历史上是空前绝后的，成为历史上著名的火炮。

多拉火炮

1935 年，大力扩军备战的希特勒下令德国克虏伯兵工厂研制口径为 700 毫米至 1000 毫米的大炮，作为攻克法国的马其诺防线之用。

克虏伯兵工厂经过长达八年的研制，到 1942 年初终于制成了一门世界上最大的巨炮。这门炮的口径为 800 毫米，炮膛内可蹲下一名士兵。德军炮兵给它起了个名字叫"多拉火炮"。1942 年 3 月，希特勒在多名元帅和将军的陪同下观看了这门火炮的试射。在试射时，火炮先是发射了 1 枚 7 吨重的炮弹，随后又发射了 1 枚 4.8 吨重的炮

▲多拉火炮

弹，均击中目标。

多拉火炮是个超级庞然大物，身管长达32.48米，身管重400吨。火炮全长42.9米，高11米，总重量达1329吨。运输时需将身管、炮尾、炮闩等部件拆卸下来，分车装送。安装则必须使用大型吊车，安装好一门炮需要1500人工作30天左右。多拉炮发射小组的编制多达1420人，由一名陆军少将指挥。加上另外进行空中掩护的2门高炮，以及其他维修和警卫人员，总共需要4120人为它服务。

多拉火炮曾在苏联及波兰的战斗中使用过，曾向塞瓦斯托尔市区的7个目标发射了48发炮弹。在斯大林格勒战役中和莫洛托夫城的战斗中，则分别向两个城市发射了18发炮弹。在大战快结束时，还参与镇压过华沙起义。大战结束后，该炮被盟军解体，化为一堆废铁。

克虏伯兵工厂

克虏伯兵工厂是克虏伯家族创办的，克虏伯是19世纪到20世纪德国工业界的一个显赫的家族，其家族企业克虏伯公司是德国最大的以钢铁业为主的重工业公司。在二战以前，克虏伯兵工厂是全世界最重要的军火生产商之一，二战后以机械生产为主，约有20万雇员和380亿欧元的年营业额。

新概念火炮

目前，发达国家的军队已进入一个被称作"军队新革命"的时代，它以科学技术新成就为基础，不断创造出创新的武器系统。近年来，美国、英国、德国、法国意大利等国家综合采用各种先进技术，改进原有的武器和弹药，研制和改进新概念火炮系统。

电炮

电炮能突破常规炮弹初速低于 2000 米/秒的界限，射程远，精度高，破坏力大。可分为电磁炮和电热炮两大类。

电磁炮利用电磁力来推动弹丸，电热炮利用电加热等离子体，使工质变成气体来推动弹丸毁伤目标，结构形式有导轨炮和线圈炮两种。

导轨炮有两根平行的铜制导轨，当强电流从一根导轨经炮弹底部的电枢流向另一根导轨时，在两根导轨之间形成强磁场，磁场与流经电枢的电流相互作用，产生强大的电磁力，推动电磁弹从导轨之间发射出去。导轨炮的特点是结构简单，但杀伤力较弱。

线圈炮炮管由许多个同口径、同轴线圈构成，炮弹上嵌有线圈。线圈磁场与炮弹的感应电流相互作用，逐级把炮弹加速到很高的速度。线圈炮的优点是炮管间没有摩擦，能发射较重的炮弹。

▲电磁炮

电磁炮的研究在很长一段时间里进展缓慢，主要是因为没有找到合适的储能设备，结果不得不采用体积庞大得像几间房子的装置来产生大电流，这严重影响了电磁炮的使用。后来，人们研制成了大型单极发电机和固态电刷机构，才使这个关键问题得到了初步的解决。现在电磁炮的储能装置已经缩小到只有几千克重，体积仅相当于半张乒乓球台那么大，这为电磁炮走出实验室打下了良好的基础。

据报道，这种电磁炮装置，不仅可以用来发射打坦克的炮弹，还可以用作航空炮、坦克炮以及反卫星武器，甚至有可能作为发射宇宙飞船的手段。今后，人们发射宇宙飞船，将不是像传统方式发射，而是通过电磁炮，一按电钮，飞船就在电磁炮推动下起飞去遨游太空。这是因为电磁炮速度惊人，达到了发射宇宙飞船的条件。

电热炮是利用电能来发射炮弹，利用动能来直接撞击和毁伤目标的新型武器。电热炮可细分为纯电热炮和电热化学炮。纯电热炮的工作原理是向炮管输入大电流，在炮弹内产生等离子体，加热分子量小的惰性工作流体使之急速膨胀，把炮弹发射出去，发射炮弹的能量全部来自电能。电热化学炮用碳氢化全物燃料加过氧化氢氧化剂代替惰性工作流体，在等离子体作用下，工作流体发生化学反应产生能量发射炮弹。这种炮的发射能量20%来自电能，80%来自化学反应。电热炮的优点是可用常规火炮改装，能将重量较大的炮弹发射到每秒2200至2500米的高速。其炮弹出膛速度比电磁炮速度慢，而且可以控制，所以可发射制导炮弹。

电磁炮作为发展中的高技术兵器，其军事用途十分广泛。用于天基反导系统，摧毁空间的低轨道卫星和导弹，还可以拦截由舰只和装甲发射的导弹。因此，在美国的"星球大战"计划中，电磁轨道炮成为一项主要研究的任务，就是用于防空系统，美军认为可用电磁炮代替高射武器和防空导弹遂行防空任务。电磁炮还可充当反装甲武器，美国的打靶试验证明，电磁炮是对付坦克装甲的有效手段。电磁炮也可用于改装成常规火炮，可大大提高火炮的射程。

液体发射药炮

液体发射药是由液态物质组成，用于身管武器发射的火药。液体发射药的优点是能量高，火焰温度低，安全性较好，可以调节喷入的药量和燃烧速度，采用液体发射药还可取消药筒，提高武器射速等，是大幅度提高枪、炮性能的重要措施。液体发射药炮是身管武器发展史上的一项重大变革。

液体发射药与固体发射药相比，其优点是可以提高初速和炮管使用寿命，能更好地利用车辆内部的空间，提高战车生存力，后勤供应方便。另外，生产液体发射药的成本低廉。对于坦克炮来说，液体发射药最大的吸引力是可以提高武器性能，增加坦克的携弹量，降低坦克的易损性。

液体发射药炮目前主要存在的问题是燃烧过程不稳定，影响初速、命中精度和穿甲性能。目前研制中的实验型液体发射药炮大多采用再生喷入法，利用差动活塞注入，需要很高压力的泵，系统复杂，密封困难也未解决。点火和退弹也存在一些问题。此外还有在坦克中与其他材料的相容性问题等。所以液体发射药炮首先可能在低速的炮兵武器上实现。

非瞄准线火炮

非瞄准线火炮是美军未来战斗系统（FCS）的有人操控子系统之一，也称非直瞄火炮。它采用无人化炮塔，操作手在驾驶舱内，利用装甲保护遥控火炮作业。它采用闭环火控系统将各种传感器搜集到的数据自动处理，装定目标诸元，省去了光学瞄准系统而不再需人手操作。这种高度自动化使单门自行炮成员减为两人，射速高达分钟6至8发。

2005年，非瞄准线火炮发射平台在亚利桑那州尤马试验场首次试射成功。非瞄准线火炮发射平台由美国 BAE 系统公司军械系统部研制。据 BAE 系统公司说，这次试射表明，美国火炮系统能够通过软件控制发射实弹。

非瞄准线火炮发射平台的研制一直是按计划进行的。公司获得了该发射平台 8 种系统的生产前研制经费，预计将于 2008 年交付美国陆军使用。BAE 系统公司可望于 2007 年初交付第一批可用于试射和申请合格证书的非瞄准线火炮发射平台。

▲美军非瞄准线自行火炮

激光炮

激光炮性能独特，前景广阔。它以激光发射镜为炮管，直接将束能以接近光速投射到目标上，使激光射中处瞬间被高热能毁伤。激光高射炮具有发射无需弹药、无声、无后坐力等特点，只要光能充足即可，可灵活、快速、高效打击不同方向的饱和攻击，所以发展激光高射炮备受世界各国青睐。

美国陆军曾在演习中使用"鹦鹉螺"激光高射炮，仅用 5 秒钟就击落 3 架无人靶机。俄军最近新装备的激光防空系统由两辆车组成，一辆载电源，一辆载发射机，用雷达捕捉目标后，发射高能激光毁伤或激燃目标内的仪器。法、德两国也正在实施氧化碘化学助能激光高射炮的研制计划，让激光射束能更强、更远。目前，世界已有 20 个国家装备激光高射炮。

隐形炮

隐形高射炮生存力强，最适应全天候、全频谱作战。目前，发展隐形高射炮有涂料隐形、反红外隐形和综合技术隐形三种类型。

（一）涂料隐形。英、法军在 1993 年率先用吸波涂料研制出隐形高炮；俄军现正研制用电质变色吸波薄膜等视频隐形新技术，不但让火炮具备吸波能力，且能通过炮身颜色与地面背景调色，以求隐、景"合一"。

（二）反红外隐形。高射炮电器部分工作时会不断向外辐射红外线，易遭红外侦察和红外导弹打击。为提高反红外探测能力，美国将"高灵敏"油冷装备安装在"回击者"自行高炮各电器上，消除了热能的向外辐射。

（三）综合技术隐形。瑞典采用"综合隐身术"，将 MK2 式自行高射炮炮塔、甲板采用复合塑料制成，炮管护有玻璃钢筒体外套，电器部分加装速冷空调，用迷彩、隐身材料伪装车体，使红外、电磁波向外辐射几乎为零。

▲ 俄罗斯海军新型 21630 隐形炮舰

能发射卫星的大炮

据报道，美国劳伦斯·利弗莫尔国家研究所打算用身管长47.2米的大炮试射5千克重的炮弹，这一试验的目的是验证超高速氢气炮将有效载荷送到高空的可能性。若试验成功，这家研究所将制造一门更大型火炮，并从美国范登堡空军基地向太平洋上空发射能升至434千米高空的炮弹。继而，发展一种令人吃惊的火炮，以求把卫星等有效载荷送上地球轨道，实现炮射卫星的目标。

这家研究所从1992年以来一直坚持炮射卫星的研究工作，1996年底他们还邀请了一些政府官员、军事部门的人员以及新闻记者参观了它的第26次试验。

美国研制的这种超远程火炮，虽也是炮，但与常规火炮设计构思迥然不同。它不用火药或固体推进剂，而利用压缩氢气来产生强大的推力。它是气体炮，使用氢气作推力，不仅成本低，而且发射时氢气在空气中直接燃烧后不会造成任何环境污染。

其次，炮的身管被设计成"L"形，即将全长约130米身管折成相互垂直的两段，一段长82米，为燃烧和泵管段，它水平布设；另一段长7米，它与燃烧和泵管段成直角，用以发射炮弹。之所以选择"L"形，是为了减小支撑发射管桥架的高度。

这门火炮发射过程是这样的，先点燃位于355毫米直径的燃烧和泵管段一端的甲烷与空气混合气体，气体膨胀后，推动管内活塞向发射管方向施压，使管内氢气增压至超高压，从而解脱位于发射管中的弹丸固定装置。于是弹丸开始加速，在加速同时有一装置将炮管中的空气不断排出，从而减小了作用在弹丸上的阻力，使弹丸的初速（离炮口时的速度）达到14500千米/小时。此外，弹丸在离开炮管后，由于弹上装有小型冲压发动机，它不断赋予飞行中弹丸推力，使弹丸可以飞得很远。

该研究所在美国阿拉斯加进行的一次发射试验中，安置了长1000米，口径355毫米，仰角为20度至30度的火炮发射装置，可用于发射总重为450千克的卫星。

当然，用超级火炮发射有效载荷到地球的研制工作还任重道远，但我们相信终有一天能实现这个目标。人类也许不再乘坐宇宙飞船或航天飞机，而是乘坐"炮弹"上天遨游。

五花八门的炮弹

炮弹，即火炮射击的弹药。通常由弹丸、引信、发射药、底火等组成。今天的炮弹和早期的炮弹的差别已经非常大了，今天的炮弹则多种多样，种类极大丰富了，用途也很广泛了。

远古时期的炮弹

远古时期的炮弹都不能爆炸，而是靠冲力来破坏或摧毁单个的目标。能爆炸的炮弹大约公元 14 世纪末才出现，但性能很差。在公元 1421 年攻克科西嘉的圣博尼法斯的战斗中，首次使用了安有导爆索的炮弹。发射这种带导爆索的炮弹对炮手来说是极其冒险的，首先要在铜制或铁制的炮弹壳内装上炸药，再安上引线，将其点燃，然后再小心翼翼地放进炮膛内发射。最坏的结果是炮筒爆炸，炮手当场丧命。

公元 1510 年，又出现了铸造的整发弹和球形实心弹。这些炮弹由称做"榴弹炮"的特种火炮发射，弹上装有弹托装置，可以使"弹眼"和引信准确地对准炮膛轴线，朝向炮口。在法国国王路易十四时期，开始研究榴霰弹。直到 18 世纪晚期，人们都把炮弹称为"枪榴弹"，这个词原意指"石榴"，因为弹壳内的炸药看起来像无数的石榴籽。

英国人施拉普内尔于 1784 年发明了子母弹，里面装的炸药不多。而在此以前设计的炮弹都装药甚多，因为人们认为是爆炸力量使弹片向四面八方飞散的。施拉普内尔的想法是只用足够的炸药炸开弹壳，让弹壳内的若干子弹以炮弹原来的速度继续向前飞，并再次爆炸，以扩大杀伤面。子母弹于 1804 年在阿姆斯特丹堡首次得到应用，但由于炮弹在离开炮筒时要点燃炸药，给子母弹预点火，所以很难掌握时机。1852 年，博克塞上校改进了这种炮弹，用铁片隔膜把炸药和引信与弹头隔开。他的炮弹在 1864 年开始使用，称为"隔膜弹"。

由于博克塞引进了时间准确的引信，从 1867 年起，标准炮弹有了很大的改进。1882 年，黑色炸药首次被苦味酸所取代，接着梯恩梯又取代了苦味酸。1891 年开始用无烟火药。至此，炮弹已发展成熟了。

炮弹中的"元老"——榴弹

榴弹也叫开花弹，是炮弹中的"元老"，它"出生"最早，使用最久，子孙也最多。这种炮弹是利用弹丸爆炸后产生的破片和冲击波来杀伤或爆破的，又分为杀伤弹、爆破弹和杀伤爆破弹几种。

杀伤弹是在它的"肚子"里面装填炸药，在着地瞬间爆炸，可形成大量的破片去

▲榴弹

杀伤敌人。口径和结构不同的杀伤弹，杀伤效力也不同。85 毫米榴弹能产生约 900 块有效破片，可杀伤 280 平方米范围内的敌人；100 毫米榴弹可产生 1400 块有效破片，杀伤范围比 85 毫米榴弹大 30%；152 毫米榴弹威力更大，可产生约 2800 块有效破片，威力相当于 85 毫米榴弹的三倍。

爆破弹的特点是炸药装得比较多，弹壳较薄，主要是利用弹丸爆炸后产生的巨大冲击波来毁坏目标的。一般给它配"短延期引信"，使它在撞击工事时不立即爆炸，而是钻入工事一定深度后再爆炸。

杀伤爆破榴弹既有杀伤作用，又有爆破作用，可以一弹两用。

为了填补手榴弹投掷距离以外、迫击炮最近射程以内的火力空白，1908 年，英国工程师马丁·黑尔斯设计了枪榴弹。这种武器的弹体是一节金属管，内装 113.4 克炸药，前置击针和雷管，后部是一根薄壁钢管。将钢管插入步枪枪口，可用空包弹将全弹发射出去。着地时，在惯性作用下雷管向前碰撞击针起爆，以破片杀伤敌人。因其可用枪发射，又可以手投掷，因此是最早的手投枪发两用枪榴弹。

黑尔斯枪榴弹一经问世，立即得到各国青睐，同时也揭开了枪榴弹发展的序幕。到第一次世界大战前，英、法、俄、德等国分别研制出自己的枪榴弹。这些枪榴弹基本上都是使用本国制式步枪发射，弹径从 40 毫米至 60 毫米，射程多为 200 米至 300 米左右。这些枪榴弹大批投到了第一次世界大战的战场上。

1916 年的索姆河之战，德军步兵面对英、法坦克的进攻束手无策。德国人开始研制聚能装药的反坦克枪榴弹。第二次世界大战时期，反坦克成为步兵作战的重大任务，1941 年，苏联将其反坦克手榴弹同枪榴弹相结合，研制出 WPGSl1941 式反坦克枪榴弹。该弹采用空心装药战斗部，弹径 61 毫米，全重 680 克，战斗部装药 334 克，连稳定射向的细导杆全长 463 毫米，使用步枪、用空包弹发射，在 50 米至 70 米距离上，着角 60 度时，可击穿 80 毫米厚的装甲。这种武器出现后立即送到二战战场使用，对步兵反坦克起到积极作用。

在第二次世界大战中及战后的一段时间内，几乎所有国家都投入对反坦克枪榴弹的研制，出现了多种型号，其中最有代表性的是法国的 45 毫米反坦克枪榴弹。该弹重540 克，长 365 毫米，射程 80 米至 260 米，破甲厚度 200 毫米。后经改进，弹重增至800 克，射程 240 米，可击穿 300 毫米装甲钢板和 900 毫米厚的混凝土板。该反坦克枪榴弹一度成为步兵反坦克的"尖端武器"。

现在，榴弹性能越来越好，种类也越来越多，其中包括：杀伤威力较大的钢珠弹、箭霰弹、子母弹；飞行距离较远的底凹弹、枣核弹、火箭增程弹以及底部排气弹等。

现代某些杀伤榴弹的弹内装有数千颗小钢珠、小钢箭和小钢柱，这些榴弹杀伤破片多、杀伤面积大。如105毫米箭式榴霰弹，肚里装有4.15千克炸药和8000颗小钢箭，弹丸空炸时，小钢箭可杀伤约6000平方米内的暴露步兵。小钢箭射入人体后，还会扭转、拐弯，造成很大的创伤面。

现代榴弹，不仅威力大，而且射程也远，不少榴弹可以飞行20千米至30千米，有的甚至达到40千米至50千米。

无坚不摧的穿甲弹

穿甲弹是一种依靠弹丸强度、重量和速度穿透装甲的典型的动能弹。现代穿甲弹弹头很尖，弹体细长，采用钢合金、贫铀合金等制成，强度极高。

穿甲弹的特点为初速高，直射距离大，射击精度高，是坦克炮和反坦克炮的主要弹种。也配用于舰炮、海岸炮、高射炮和航空机关炮，用于毁伤坦克、自行火炮、装甲车辆、舰艇等装甲目标以及飞机、直升机、汽车、火箭炮、导弹发射运输/发射车、指挥车、通信车、雷达等非装甲金属结构技术兵器，也可用于破坏坚固防御工事。

穿甲弹的弹头非常坚硬，当它击中目标时，每平方厘米面积上的压力，可以达到几十吨至数百吨，足足可以穿透坦克、装甲车、装甲飞机或军舰，也可以炸毁混凝土工程等目标。

穿甲弹早在19世纪便已出现，当时，它主要对付装甲战船，并不普及。直到第一次世界大战中坦克面世，装甲弹才得到普遍应用，其性能也有了很大改进。这期间装甲弹是一种适口径穿甲弹，即穿甲主体的直径与穿甲弹弹体的口径相同。这类穿甲弹又叫普通穿甲弹。根据穿甲弹的弹头不同，通常人们还把普通穿甲弹分为尖头穿甲弹，钝头穿甲弹和被帽穿甲弹。前两种穿甲弹主要用来对付均质装甲，而后一种穿甲弹由于在弹头上加有风帽和被帽，因而穿甲能力强，可用来对付表面经硬化处理的非均质装甲。

▲穿甲弹

第二次世界大战时，重型坦克杀上战场，装甲厚度达到150毫米至200毫米。面对这样的"硬骨头"，钝头和被帽装甲弹都显得无能为力，于是便出现了一种次口径超穿甲弹。所谓次口径，是指穿甲主体的直径小于弹径。这种次口径超速穿甲弹的弹体内，有一个用硬质合金制成的弹芯。由于穿甲弹是依靠弹丸的动能来穿透装甲的，因而当弹丸以高速撞击装甲时，强度高而直径细小的弹芯就能把大部分能量集中在装甲的很小面积上，从而一举把硬壳穿透。后来，因为坦克的装甲增厚，于是便出现了威力更强的超速穿甲弹。这种弹按其稳定方式的不同分为两种。一种是以弹丸自身旋转稳定的，另一种是借助于装在弹体上的尾翼稳定的。

　　现代战场上，主战坦克的体积越来越小，运动速度也越来越快，对于这样的目标，只有在弹丸直接命中它们时才能使它失去战斗力。因此，穿甲弹都做成流线型，以减小空气阻力。这样的穿甲弹初速大，飞得快，弹道低伸，命中精度就比较高，一般在1000米距离射击时，偏差仅在0.1米左右。

碎甲弹

　　碎甲弹是在20世纪60年代初期由英国研制成功的一种反坦克弹种。碎甲弹较薄

▲ 碎甲弹

的弹体内包裹着较多的塑性炸药，用线膛炮发射。其杀伤原理为：当碎甲弹命中目标时，受撞击力的作用，弹壳破碎后就会像膏药一样紧贴在装甲表面上，当引信引爆炸药后，所产生的冲击波以每平方厘米数十吨的应力作用于装甲上，从而会在装甲的内壁崩落一块数千克的破片和数十片小破片，这些高速崩落的破片，可杀伤车内乘员，损坏车内设备，从而达到使目标失去战斗能力的目的。

　　碎甲弹的优点：一是其构造简单，造价低廉，爆炸威力大，一般可对1.3倍至1.5倍口径的均质装甲起到良好的破碎作用；二是碎甲效能与弹速及弹着角关系不大，甚至当装甲倾角较大时，更有利于塑性炸药的堆积；三是碎甲弹装药量较多，爆破威力较大，可以替代榴弹以对付各种工事和集群人员，因此配备碎甲弹的坦克一般不用再配备榴弹。

照明弹

　　照明弹是弹体内装照明剂用以发光照明的弹药。航空炸弹、炮弹等均含有照明弹弹药。通常可利用时间引信在预定的空中位置引燃抛射药，将被点燃的照明炬连同吊伞系统从弹底抛出，缓慢地下降，照明剂发出强光，照亮目标区。

　　照明弹内部有一个特殊的照明装置，里面装着照明剂。它包含金属可燃物、氧化物和粘合剂等数种物质。金属可燃物主要用镁粉和铝粉制成。镁粉和铝粉燃烧时，能产生几千度的高温，放射出耀眼的光芒。氧化物是硝酸钡或硝酸钠，它们燃烧时能放出大量的氧气，加速镁、铝粉燃烧，增强发光亮度。粘合剂大都采用天然干性油、松香、虫胶等原料制成，它能将药剂粘合在一块，起缓燃作用，保证照明剂有一定的燃烧时间。照明剂安放在照明剂盒内，盒的下端连接有降落伞。

　　照明弹还配有时间引信和抛射药。当弹丸飞到预定的空域时，时间引信开始点火，引燃抛射药，点燃照明剂，抛射药产生的气体压力将照明剂和降落伞抛出弹外，降落

伞可在空气阻力作用下张开，吊着照明盒以每秒 5 米到 8 米的速度徐徐降落、燃烧，使白炽的光芒射向大地。

照明弹的光非常亮，一发中口径照明弹发出的光，亮度可达 40 万烛光至 50 万烛光，持续时间为 25 秒至 35 秒，能照明方圆一千米内的目标。在战斗中，可借助照明弹的亮光，迅速查明敌方的部署，观察我方的射击效果，及时修正射击偏差，以保证进攻的准确性。在防御时，发射照明弹可以及时监视敌方的活动。

照明弹的种类很多，除火炮上配有照明弹外，还出现了照明炸弹、火箭筒照明弹、照明手榴弹、照明枪榴弹和照明地雷等。

会跟踪坦克的遥感弹

遥感弹是一种新型的远距离反坦克弹种。一发遥感弹可以携带数个小弹，每个小弹都由战斗部、传感器、信号处理器、降落伞、电源和保险机构组成。传感器是弹丸的核心部分，它相当于一部雷达，可自动发出电磁波寻找目标，并接受目标反射回来的回波。传感器一旦发现目标，就能计算出引爆弹丸的有利时间和位置，适时地发出引爆信息。小弹的战斗部由炸药和药型罩组成。当炸药爆炸后，药型罩在极高压力和温度作用下，被挤成一个小弹丸，高速射向目标，速度高达每秒 2000 米至 4000 米，足以穿透几十米外的坦克顶部装甲或侧装甲。

遥感炮弹通常配备在 155 毫米以上的大口径火炮上发射，当炮弹发射到坦克群上空时，小弹就从母弹"肚里"抛出，以每秒 10 米的速度下降。当下降到最有利高度时，引爆战斗部，战斗部所产生的一枚高速小弹丸，便沿着传感器所指引的坦克方向飞去，将坦克顶部装甲击穿。

遥感炮弹操作简单，不受云、雾、烟幕的干扰，威力大，能在数十千米外有效地摧毁敌坦克，而且一发炮弹能够同时命中几辆坦克。

战争的利器——火炮

第一次世界大战期间，法国小城凡尔登爆发了德法军队的阵地战，火炮在这场战争中被运用到了极致。由于战争十分残酷血腥，因而被后人称为"凡尔登绞肉机"。

第二次世界大战期间，举世闻名的密集炮火厮杀，出现在斯大林格勒等地。回顾这些死伤惨重的战役，可窥见火炮在战争中的地位，以及对生命高效而无情的掠夺。

火炮被用到极致的凡尔登战役

凡尔登战役是一战期间发生在德法军队之间的一场著名战争，火炮在这场战争中被运用到了极致。

凡尔登是法国东北部的一个小城，位于默兹河畔，地处丘陵环绕的谷地，西距巴黎225千米，东距梅斯58千米，历来有"巴黎钥匙"、"欧洲要塞"之称。当时的凡尔登是协约国军队防线的突出部和通往巴黎的强固据点，对德军深入法国、比利时构成很大威胁。1916年，德意志帝国决定将进攻重点再次转向西线，力图打败法国，并决定选择凡尔登要塞作为进攻目标。

1916年2月21日7点15分，德军集中前线所有大炮开始炮击，从而掀开了凡尔登战役的序幕。炮群以每小时10万发以上的密度向法军阵地倾泻炮弹，连续轰击12小时，200多万发炮弹和燃烧弹密密麻麻地落在凡尔登周围二十多千米的三角地带。据当时的记载说，历史上从未见过这样强烈的炮火，真是炮弹横飞，倾泻如雨，大地为之颤抖，法军第一道防线完全被浓烟烈火笼罩。德军的大炮夷平了堑壕，炸毁了碉堡，并把森林炸成碎片，山头完全改变了面貌。

炮击之后，德军以6个师的主力步兵向法军阵地发起冲锋，两军展开了白刃战，厮杀拼搏。那天气温极低，有的士兵被冻得不省人事，醒来后又投入战斗。面对德军的猛烈进攻，法军拼死抵抗，他们在"不许敌人过去"的口号下，以自己的身体挡住敌人的进路，伤亡十分惨重。

经过几天的激战，法军终因寡不敌众，第一道防线失守，阵线被切成几段，与后方的交通线全部断绝，凡尔登的命运和整个法国的防御体系均处于千钧一发的危险境地。在这紧急关头，法军任命60岁的老将贝当为凡尔登地区的司令官。临危受命的贝当，

▲凡尔登战场坑道中的士兵

将整个战线划分为若干防区，严令士兵坚守，同时抢修被炸毁的公路。并组织了一支由9000名人员、3900辆汽车组成的运输队，以平均每14秒钟通过1辆卡车的速度，昼夜不停地向前线运输补给。一星期之内，运送来19万援军和2.5万吨军火，大大加强了凡尔登的防卫。

▲凡尔登战役中德军"大贝尔塔"榴弹炮

德军决心攻占凡尔登，法军不惜伤亡拼死抵抗，形成了伤亡惨重的拉锯战。密集的炮弹使大地震撼，人体、装备和瓦砾像谷壳般飞掷到天空，爆炸的热浪融化了积雪，灌满水的弹穴淹死了许多伤兵，凡尔登满目疮痍，最深的弹坑有10层楼那么深。到12月18日战争结束时，法军损失54.3万人，德军损失43.3万人。这场大规模的流血厮杀是极为典型的阵地战、消耗战，被称为"凡尔登绞肉机"，凡尔登战场也因此有了"大屠场"和"地狱"之称。这场战役是第一次世界大战的转折点，德意志帝国从此江河日下，最终走向失败。

苏联军队的"战争之神"

1943年7月5日至23日，苏德两军在库尔斯克地区进行会战。德军集中了65个师、1万门火炮、2700辆坦克、2500架飞机，向苏联军队发起进攻。苏军以三个方面军的兵力、2万门火炮、3400辆坦克和2100架飞机实施防御和反击。

7月5日，苏军在得知德军将要发起进攻的计划后，朱可夫便于德军进攻前40分钟下令对德军率先进行炮火突袭。苏军的3000门火炮进行了30分钟急袭，打乱了德军的进攻计划。数小时后，德军才发起进攻，但攻势被削弱。此后，德军利用坦克部队加强进攻力量。

从7月5日至15日，苏联炮兵共击毁德军坦克1000多辆，最终击退德军进攻，取得了库尔斯克会战的胜利。

1942年7月，德军集中50个师进攻斯大林格勒，经过长达4个月的苦战后，苏军开始进行反攻。11月19日晨7时30分，苏军集中数千门大炮，其中包括1937式152毫米榴弹炮，向德军发起猛攻。火炮突袭持续80分钟，仅一个方面军的炮火就歼灭和压制了德军100个炮兵连、60个迫击炮连，并破坏了196个掩蔽部和126个防御工事。战至11月23日，德军33万人被合围。

1943年1月10日，苏军再次集中开火，对被围德军进行了55分钟的猛烈炮击。随后炮火逐步向后延伸，苏军在坦克的支援下发起冲锋。到2月2日，穷途末路的德军终于宣布投降。为了纪念炮兵在斯大林格勒战役中的功绩，苏联政府决定把斯大林格勒保卫战反攻开始的日子——11月19日，设为"炮兵节"。从此以后，苏联军队把炮兵称为"战争之神"。此后在打败德国法西斯的战争中，苏军的"战争之神"发挥了巨大的作用。

1945 年 2 月，苏联军队已经攻到柏林城下。防守的德军总兵力约为 100 万人，各型火炮达 10 万门。防御正面每千米部署火炮 17 门，密度最大处每千米部署火炮达 66 门。苏军则从三个方面实施突击，共计有兵力 250 万人，41600 门各型火炮，6250 辆坦克和自行火炮以及 7500 架飞机。投入的总兵力超过卫国战争期间的历次战役。

1945 年 4 月 16 日凌晨 3 时，苏联白俄罗斯第一方面军的近万门各种火炮突然发起攻击，在 20 分钟之内，把 50 万发炮弹倾泻在德军阵地上，迫使德军放弃一线阵地，退守二线阵地。紧接着，苏军炮兵延伸炮火。在交战的第一天里，苏军即发射炮弹 1236 万发。

4 月 17 日晨，苏军在突破地段上又集中了每千米 250 门到 270 门大炮，发射的炮弹量与第一天相当。通向柏林的道路被打开了。到 4 月 26 日，苏军各部队在炮火的掩护下，从四面八方向柏林市区推进，逐渐紧缩包围圈。

4 月 29 日，苏军开始攻击国会大厦。苏军用 18 式 105 毫米口径轻型榴弹炮对国会大厦和歌院的楼房区进行了 10 分钟的火力突袭。4 月 30 日 13 时 30 分，苏军又用 89 门大口径火炮对国会大厦进行了长达 20 分钟的直接瞄准射击。当日 21 时 50 分，苏军战士终于把红旗插上国会大厦。

上甘岭战役

抗美援朝战争中，最著名的战役当数上甘岭战役。这场交战双方原本界定为小规模的攻防战，却演变成了一场密集炮火支援下的人肉大战。现今许多国家军事院校都将此作为经典战例写进教材。

上甘岭是朝鲜中部一个十几户人家的小山村，位于志愿军中部战线战略要点五圣山南麓，阵地突出，距"联合国军"的金化防线仅 5 千米。1952 年 7 月，为了寻求朝鲜战争战俘问题的解决，中方谈判代表向美方提出了双方所俘获的武装人员全部遣返的原则。而美方坚持自愿遣返的主张，并于 10 月 8 日宣告停战谈判无限期休会。后敌方为了改善其在金化地区的防御态势，争取在谈判席上的有利地位，于 10 月 14 日向上甘岭的阵地发动了进攻，美方命名为"金化攻势"。

上甘岭虽然战略位置重要，但地形特别狭小，长约 2700 米，宽约 1000 米，只有 597.9 和 537.7 两个高地，当时志愿军仅驻守了 15 军 45 师 135 团两个连。因此，交战之初双方都难以预料此战会有惊人的规模和持续时间。"联合国军"计划以伤亡 250 人为代价，在 5 天内拿下两个高地。

当时，"联合国军"调集美第 7 师、美第 187 空降团、南朝鲜第 2 师和第 9 师、加拿大步兵旅、菲律宾营、哥伦比亚营、阿比西尼亚营等部队共 7 万余人，大炮 3000 多门，坦克 170 多辆，飞机 3000 多架次，向志愿军两个连约 3.7 平方千米的阵地上，倾泻炮弹 190 余万发，炸弹 5000 余枚。战斗极为激烈残酷，特别是炮兵火力密度前所未见。我方阵地山头被削低两米，高地的土石被炸低一两米，许多坑道被打短了五六米。志愿军参战部队共 4 万余人，他们依托以坑道为骨干的坚固防御阵地，英勇顽强地抗击进攻之敌，每一表面阵地都反复争夺数次，战况空前紧张激烈，涌现出黄继光、邱少云、孙占元等一大批震天撼地的英雄人物。

上甘岭战役中，敌我反复争夺阵地达 59 次，我军击退敌人 900 多次冲锋，歼灭敌军 2.5 万余人，击落击伤敌人飞机 270 余架、坦克 14 辆、大炮 60 余门。粉碎了由美军第 8 集团军司令范弗里特亲自指挥的攻势，守住

▲ "联合国军" 在强大炮火掩护下向上甘岭发起猛攻

了阵地，创造了坚守防御战的范例。"联合国军"发动此次攻势的目的是企图扭转战场上的被动局面，然而结果却相反。当时美联社报道说："这次金化的战役，现在已到了朝鲜战争中空前未有的激烈程度。在人员的伤亡和使用的大量物质上，除了 1950 年盟军在北朝鲜的惨败情形外，是空前未有的。"

10 万余人持续鏖战 43 天，共有 4 万多名士兵倒在这片 3.7 平方千米的土地上，可谓一场不折不扣的绞肉机之战。

第十一章　机械化兵器

　　19世纪末，资本主义大工业生产方式确立，西方列强为争夺殖民地和势力范围，对新式武器的需求非常强烈，促进了机械化兵器的发展创。

　　第一次世界大战前后，机械化兵器登上战争舞台，军事装备使用范围从陆地扩展到空中、地面、海上、水下等立体空间，极大地改变了战争的面貌。

机械化兵器发展历程

机械化兵器主要指铁甲舰艇、潜艇、飞机、坦克、装甲车辆等武器系统。这些兵器以机械化器械为运载发射平台，通过化学能与物理能的转化，将火力和机动力合为一体。机械化兵器的发展历程，与技术进步联系紧密。

装甲舰和潜艇首先登场

19世纪，蒸汽动力战舰迅速发展，并出现了装甲舰。20世纪初，新型船用蒸汽轮机为军舰提供了强大的动力，威力更大的舰炮促进了战列舰和巡洋舰的诞生，"巨舰大炮主义"在大国海军中盛行。

19世纪90年代，汽油机和蓄电池电动机双推进动力系统出现，潜艇迅速装备军队，使近代军事技术向前跨出一大步。

军用飞机翱翔蓝天

1903年12月17日，美国莱特兄弟首次驾驶自己设计、制造的动力飞机飞行成功。1909年，美国陆军装备了第一架军用飞机，机上装有1台30马力的发动机，最大速度68千米/小时。

飞机最初应用于军事主要是用于侦察，偶尔也用于轰炸地面目标和攻击空中敌机。第一次世界大战期间，出现了专门为执行某种任务而研制的军用飞机，例如主要用于空战的歼击机，专门用于突击地面目标的轰炸机和用于直接支援地面部队作战的强击机。

第二次世界大战期间，交战双方大量使用飞机，飞机的技术性能不断提高，后期还出现了喷气式飞机。

坦克横扫战场

第一次世界大战期间，机枪、火炮和堑壕构成了陆上阵地攻防作战的中坚力量。为打破阵地战的胶着状态，英、法等国开始研制将火力、防护力和机动力合为一体的新式武器。1915年，英国政府采纳E.D.斯文顿的建议，利用汽车、拖拉机、枪炮制造和冶金技术，试制了坦克的样车。1916年9月15日，有32辆坦克首次参加了索姆河会战。

大战期间，英、法两国制造了近万辆坦克。主要有：英Ⅳ型、A型，法"圣沙蒙"、"雷诺"型坦克等。其中，"雷诺"型坦克数量最多，性能较好，装有单个旋转炮塔和弹性悬挂装置，战后曾为其他国家所仿效。

坦克的问世标志着军事装备发展进入攻防结合的新起点，开创了陆军机械化的新时代。

第二次世界大战期间，交战双方生产了约30万辆坦克。大战初期，法西斯德国首先集中使用大量坦克进行闪击战。大战中后期，在苏德战场上曾多次出现有数千辆坦克参加的大会战，在北非战场以及诺曼底登陆战役、远东战役中，也有大量坦克参战。在二战中，与坦克作斗争，已成为坦克的首要任务。坦克与坦克、坦克与反坦克火炮的激烈对抗，促进了坦克技术的迅速发展，使坦克的结构形式趋于成熟，性能得到全面提高。这些坦克普遍采用装有一门火炮的单个旋转炮塔，中型、重型坦克的火炮口径分别为57毫米至85毫米和88毫米至122毫米。主要弹种是榴弹，尖头或钝头穿甲弹，并出现了次口径穿甲弹和空心装药破甲弹。坦克最大时速25千米至64千米，最大行程100千米至300千米。为提高车体和炮塔的抗弹能力，改进了外形，增大了装甲倾角（装甲板与垂直面夹角），车首上装甲厚度多为45毫米至100毫米，有的达150毫米。在第二次世界大战中，坦克经受了各种复杂条件下的战斗考验，成为地面作战的主要突击兵器。

第二次世界大战后至20世纪50年代，苏、美、英、法等国设计制造了新一代坦克。为了提高战术技术性能，有的坦克开始采用火炮双向稳定器、红外夜视仪、合像式或体视光学测距仪、机械模拟式计算机、三防（防核、化学、生物武器）装置和潜渡设备。

20世纪60年代，中型坦克的火力和装甲防护，已经达到或超过以往重型坦克的水平，同时克服了重型坦克机动性差的弱点，从而形成了一种具有现代特征的单一战斗坦克，即主战坦克。这些主战坦克普遍采用了

▲苏T-34中型坦克

脱壳穿甲弹、空心装药破甲弹和碎甲弹，火炮双向稳定器、光学测距仪、红外夜视夜瞄仪器，大功率柴油机或多种燃料发动机、双功率流传动装置、扭杆式独立悬挂装置，三防装置和潜渡设备，并降低了车高，改善了防弹外形。有的坦克安装了激光测距仪和机电模拟式计算机。70年代以来，现代光学、电子计算机、自动控制、新材料、新工艺等技术成就，日益广泛应用于坦克的设计制造，使坦克的总体性能有了显著提高，更加适应现代战争要求。

航空母舰研制成功

世界上第一艘航母诞生于1918年4月，它是英国人利用"暴怒"号巡洋舰改建而成。舰体前后半部分别铺设70米和87米甲板，用于起飞和降落。同年7月19日，7架飞机从"暴怒"号航母上起飞，攻击德国飞艇基地，这是历史上航母首次应用于

战争。

第二次世界大战中，美、英、日等国竞相发展航母，将空中力量与海上力量紧密结合起来，改变了传统的海战方式，使海上作战范围和规模不断扩大。

防空武器逐步发展

随着军用飞机的发展，防空武器也逐渐发展。第一次世界大战中，各主要参战国装备了高射机枪和高射炮。到第二次世界大战时，由于采用较先进的观测仪器和指挥器材，特别是出现由指挥仪、高射炮和雷达组成的高炮系统，并采用无线电近炸引信，使得防空作战能力有了显著提高。

生化武器问世

1915 年 4 月 22 日，德军在比利时伊普尔战役中首次大量使用毒气，一举突破英法联军阵地。从此，一些国家竞相研制，揭开了化学武器与防化器材的角逐。生物武器的使用也始于第一次世界大战，但大量研制是在 20 世纪 30 年代确立了免疫学和微生物学之后。抗日战争和朝鲜战争中，日、美军曾多次使用生化武器。

▲ 美 军

通信技术的革命

19 世纪末，美国、俄国、意大利相继发明了有线电报、电话和无线电报，实现了信息的远距离快速传递，从根本上改变了军队指挥方式，为迅速有效地组织指挥大规模作战创造了条件。20 世纪 30 年代，英国发明雷达后，无线电技术进一步应用于侦察、警戒、跟踪、火力控制和导航，极大提高了军队的作战效能。经过多年的发展，如今已经形成了一个新的作战领域——电子战。

军事工程装备同步发展

20 世纪 60 年代以后，数量大增的机械化兵器对工程保障提出了更高要求，相继出现了工程侦察器材、渡河桥梁器材、路面器材、地雷战反地雷战器材、爆破器材、筑城器材、伪装器材、野战给水器材、工程机械等，逐步形成了完整体系。

机械化兵器时代一直持续到以电子计算机为标志的信息化时代来临，而机械化兵器，则一直使用到现今。

盘点装甲车辆

装甲车辆是指装有武器和防护装甲的军用车辆，包括坦克、步兵战车、装甲输送车等，是机械化、摩托化、数字化部队不可缺少的主要装备。装甲车辆和火炮一起，构成现代化陆军的基本单元。其装备的数量和质量，是评判陆军是徒步化、骡马化，还是摩托化、机械化、数字化的重要标志。

坦克

坦克是指具有强大的直射火力、高度的越野机动性能和坚固的防护力的，用履带作为运动操纵载体的军用车辆。1916 年英国生产出世界上第一辆坦克。同年 9 月 15 日在第一次世界大战的索姆河战役中，英军派出了一支由 32 辆坦克组成的世界上第一支装甲部队伴随步兵冲锋并取得了非常大的战果。从此坦克就成了各国竞相发展的陆军主要作战武器，而专门的装甲部队、坦克部队由此而产生。而第二次世界大战的德军的"闪击战"、苏军的"大纵深作战"、美军的"突击"均是利用坦克等装甲火器无与伦比的机动力、火力和防护力来实施的。坦克也就成了火力、机动力、防护力三者结合的代名词。

目前坦克分为主战坦克和特种坦克两种，主战坦克是指在战场上担负主要作战任务的战斗坦克，是装甲兵的基本装备，是地面作战的主要突击兵器，其所配备的火炮口径一般都在 105 毫米至 125 毫米的范围之内，重量在 35 吨至 55 吨之间，有的甚至超过 60 吨。以美军的 M1A1 艾布拉姆斯系列坦克、英军的挑战者系列、以色列的梅卡瓦系列、俄罗斯的 T－80 系列、中国的 98 式系列、法国的勒克莱尔系列、德国的豹式系列为代表的是新一代坦克。

特种坦克包括水陆两用坦克、架桥坦克、扫雷坦克、喷火坦克、侦察坦克。第二次世界大战中运用比较多的有美军可空运的 M551 "谢里登"轻型水陆两用坦克、苏军的 T－40 轻型水陆两用坦克。目前世界上最先进的水陆两用坦克是我国生产的 63A 式水陆两用坦克。

▲63A 式水陆两用坦克

步兵战车

步兵战车指摩托化步兵用于行进和战斗的装甲车辆，步兵在步兵战车中不光可以用车载轻型火炮和机枪打击敌人，还可以通过步兵战车中特设的射击孔向车外敌人射击，以达到消灭敌人，保存自身的目的。

步兵战车按结构分，一般分为有轮式的和履带式的两种，其中轮式步兵战车是20世纪80年代以后为适应高机动部队而研制出来的步兵战车的新类型，步兵战车与普通的装甲运兵车最大的区别，在于步兵战车一般都装备有小口径的火炮，可以伴随坦克一起作战，而装甲运兵车只装备用于自卫的机枪，不能同坦克一起作战，而且比步兵战车更容易被敌人火力摧毁。还有一个特例，就是俄罗斯空降兵还装备了一种可以载人直接进行空降的步兵战车（亦称伞兵战车），这种装甲车辆的成功应用，使俄罗斯空降兵成为全球第一支拥有成建制重型火力的空降兵。

步兵战车配备一门机关炮和数挺机枪，有的还可以装反坦克导弹和防空导弹，具有相当的作战能力。但它最主要的用途是运送士兵。一般步兵战车可搭乘6人到8人，战车的装甲可以保护士兵免受伤害，车体两侧开有若干个射击孔，战士们可以向外射击。

▲美洲狮步兵战车

轮式步兵战车速度快，时速一般为90千米至120千米，但轮胎一旦被子弹打中就不妙了；履带式战车刀枪不入，翻山越岭不在话下，但速度略慢，为60千米至80千米。两种步兵战车是各有所长。当今世界著名的步兵战车有美国的"布雷德利"战车、日本的90式战车、法国的AMX-10型战车，可谓百花齐放，万紫千红。

美式"布雷德利"战车是以"二战"中美军著名将领奥马尔·布雷德利五星上将的名字命名的。"布雷德利"战车外形很"生猛"，高高大大，像一辆"小坦克"，全重22吨，可运载7名士兵。炮塔上装一门25毫米口径"大毒蛇"机关炮，炮如其名，十分凶猛，射速每分钟500发，可在1000米距离上穿透66毫米装甲。它的装甲防护力在当今世界步兵战车中名列第一，可抵御14.5毫米大口径穿甲弹，内部设备先进，电控炮塔，红外夜视，双向稳定装置一应俱全，可在行进中和夜间射击。"布雷德利"战车于1980年研制成功，投产，可它的"命运"很坎坷，一些军事家指责它外形太高，战争中易受攻击。另外，它价格太贵，曾被评为1988年度十大最差武器之一。1990年海湾战争中，"布雷德利"在战场上大显身手，同"沙漠雄狮"M1坦克一同驰骋沙场，成为联军进攻中的两把利剑，它曾用机关炮和导弹击毁过数十辆伊拉克坦克，而对方还以为遇到了M1坦克呢。"布雷德利"战车以自己在实战中的出色表现，证明自己是世界上最好的步兵战车，而被誉为"沙漠猛虎"。

装甲汽车

装甲汽车是指装有武器的轮式装甲战斗车辆，用于侦察、战斗警戒和通信、摧毁敌人兵器和杀伤敌人有生力量。许多国家的军队均装备有此种车辆。

第一批装甲汽车于20世纪初在英国制成，并在1899年至1902年的数战争中使用了这种车辆。俄国于1914年开始生产装甲汽车，到1917年年中，俄军拥有装甲汽车约300辆，编成13个装甲汽车营，其中有些已积极参加了十月武装起义和国内战争。研制现代装甲汽车时，常采用了新结构和新装置（如装于轮毂内的减速器，分动箱和充气浮渡器材等）以提高其通行性能，越壕和浮渡水障碍的能力。装甲汽车内安装有可防护乘员免遭大规模杀伤武器伤害的通风过滤装置，电台和夜视仪等。

装甲汽车的底盘为2轴或3轴全驱动式，并装有防弹充气轮胎。装甲汽车按其战斗全重分为轻型（4吨以下）、中型（4～8吨）和重型（8吨以上）三种，乘员为2人至4人。陆上最大时速为90千米至105千米，水上最大时速为4千米至5千米（靠轮胎划水），最大行程为500千米至750千米。轻型装甲汽车配备的武器为机枪，有时配备无坐力炮和反坦克导弹；中型和重型甲汽车配备的武器为20毫米至30毫米机关炮和反坦克导弹。某些重型装甲汽车还装有坦克炮塔及75毫米至105毫米火炮。轻型装甲汽车的装甲可防枪弹，而中型和重型则可防弹片。装甲汽车车身为承载式，通常是密闭的，并设有旋转炮塔，内装主要武器。装甲汽车的底盘可用来制造装甲输送车，反坦克导弹和防空导弹发射车以及其他各种战斗车辆。

装甲输送车

装甲输送车指设有乘载室的轻型装甲车辆，主要用于战场上输送步兵，也可输送物资器材。装甲输送车具有高度机动性、一定防护力和火力，必要时，可用于战斗。装甲运输车分履带式和轮式两种。

装甲输送车由装甲车体、武器、推进系统（动力、传动、操纵、行动装置）、观瞄仪器、电气设备、通信设备和三防（防核、化学、生物武器）装置等组成。动力和传动装置通常位于车体前部，后部为密封式乘载室。有的乘载室装有空调设备，采取降低噪音和减震措施，使载员乘坐舒适，减轻疲劳。车尾有较宽的车门，多为跳板式，便于载员迅速隐蔽地上下车。有的乘载室两侧和后部开有射击孔。这种车的装甲通常由高强度合金钢制成，有的采用铝合金，可抵御普通枪弹和炮弹破片。车上通常装有机枪，有的装有小口径机关炮。利用装甲输送车底盘，可改装成装甲指挥车、装甲侦察车、自行火炮、火炮牵引车、反坦克导弹或地空导弹发射车、修理工程车和装甲救护车等变型车。

装甲输送车的战斗全重一般为6吨至16吨，车长4.5米至7.5米，车宽2.2米至3米，车高1.9米至2.5米，乘员2人至3人，载员8人至13人，最大爬坡度25度至35度，最大侧倾行驶坡度15度至30度。履带式装甲输送车陆上最大时速55千米至

▲德国"野牛"轮式装甲运输车

▲我国履带式装甲运输车

70 千米，最大行程 300 千米至 500 千米。轮式装甲输送车陆上最大时速可达 100 千米，最大行程可达 1000 千米。履带式和四轴驱动轮式装甲输送车越壕宽约 2 米，过垂直墙高 0.5 米至 1 米。多数装甲输送车可水上行驶，用履带或轮胎划水，最大时速 5 千米左右；装有螺旋桨或喷水式推进装置的装甲运输车，最大时速可达 10 千米。

第二次世界大战后，装甲输送车得到迅速发展，许多国家把装备这种车的数量作为衡量陆军机械化程度的标志之一。装甲输送车造价较低，变形性能较好，但火力较弱，防护力较差，多数车乘载室的布置不便于步兵乘车战斗。步兵战车出现后，有的国家认为步兵战车将取代传统的装甲输送车；多数国家认为两种车的主要用途不同，应同时发展。

装甲列车

装甲列车是指在铁路沿线对部队进行火力支援和实施独立作战的装甲（防枪弹及弹片）铁路车辆。装甲列车在编制上是一个由战斗列车和基地列车组成的部队。数列装甲列车编成一个营，组成一个营的基地列车。战斗列车用于实施战斗，有一台装甲蒸汽机车（装甲内燃机车）、两节或两节以上的装甲车厢或装甲平台和二至四节作掩护用的铁路平板车（掩护用的铁路平板车有时叫检道平板车，挂在战斗列车的首尾两端，用来防止敌人爆破和运输制式修复器材）。装甲蒸汽机车（装甲内燃机车）位于装甲车厢（装甲平台）之间，煤水车朝向敌方，机车上通常设有装甲列车指挥员的指挥室，并备有必要的通信设备和射击指挥器材。装甲车厢（装甲平台）的武器通常要有一至两门火炮，四至八挺机枪，位于车厢两侧和旋转炮塔内。战斗前，战斗列车各节车辆采用刚性连接，以使装甲列车能够通过轻微损坏的铁路线段。基地列车用于配置司令部，安排人员休息和放置随车储备物资。它有一台蒸汽机车（内燃机车）和数节车厢（客车和货车车厢）。战斗时，基地列车要做好随时供应物资器材的准备，在敌人炮火射程以外，于战斗列车之后跟进。

原型装甲列车于 1861 年至 1865 年美国国内战争期间用来对骑兵作战。1870 年至 1871 年普法战争和 1899 年至 1902 年英国第一次布尔战争中，在使用木板、绳束、土袋代替装甲防护的所谓土木掩体列车的同时，亦出现了装甲列车。第一次世界大战爆发前，各交战强国均拥有数列结构极为简陋的装甲列车。战争中，西欧诸国的军队里出现了重型装甲列车，车上装有用以摧毁要塞工事的大威力火炮。俄军的装甲列车装有轻型火炮和机枪，用来对部队进行火力支援。俄国国内战争期间，装甲列车的使用尤为广泛。正是那时，出现了轻快装甲列车，这种列车有一台装甲蒸汽机车、一节装甲平台、一至两节掩护平板车，用来对部队进行火力支援。第二次世界大战中，航空兵和装甲坦克兵的发展，降低了装甲列车的作用。装甲

▲二战时苏联红军装备的装甲列车

列车只偶尔以其火力杀伤敌人，参与濒海地区的防御，担任对浅近战役后方铁路交通线的警戒。装备有高射炮和高射机枪的装甲列车，对掩护大型铁路枢纽部和铁路车站免遭敌航空兵的袭击，曾起过重要作用。

装甲轨道车

装甲轨道车是一种战斗用的有装甲防护的铁路自动轨道车，用于对铁路地带的侦察和警戒，装备有火炮和机枪、通信工具、灭火器材和生活保障器材。车上有乘员3人至5人。

装甲轨道车按其武器分为轻型、重型两种。轻型装甲轨道车有机枪2挺到4挺，重型装甲轨道车除机枪外，还装有1门小口径火炮。武器位于炮塔内和装甲车体两侧。装备有装甲轨道车的分队在编制上隶属于装甲列车营的建制。在第一次世界大战、第二次世界大战中都曾使用过装甲轨道车。

装甲指挥车

装甲指挥车指配备多种电台和观察仪器，用于部队作战指挥的轻型装甲车辆。有履带式和轮式两种。

装甲指挥车通常利用装甲输送车或步兵战车底盘改装，具有与基型车相同的机动性能和装甲防护力。多数装有机枪，乘员1人至3人。指挥室较宽敞，装有多部无线电台、多功能的车内通话器，多种观察仪器以及工作台、图板等。可乘坐指挥员、参谋和电台操作人员2人至8人，有的指挥车还装有有线遥控装置、辅助发电机和附加帐篷等。在固定地点实施指挥时，指挥人员还可通过有线遥控装置，在距车1千米至2千米范围内，车上电台非常灵敏。辅助发电机用来给车上的蓄电池组充电。也可在车尾架设附加帐篷，构成车外工作室。

第一次世界大战期间，英国用Ⅵ型坦克，拆去火炮，安装无线电报设备，改装成装甲指挥车，投入战场使用。法国用"雷诺"F.T.坦克改制成T.S.F.指挥车。第二

▲中国85式装甲指挥车

次世界大战期间，为了解决坦克和机械化步兵部队的作战指挥，英、美、德、法等国曾用履带式、半履带式和轮式装甲车辆改制成指挥车，车上一般不安装武器，而且车上通信设备的品种少，性能较差。战后，随着无线电技术的迅速发展，装甲指挥车的性能得到提高，能较好地保证指挥员在机动作战中实施不间断的指挥。

由于陆军机械化、装甲化程度的提高，有些国家已把装甲指挥车列入装甲车车族系列，并扩大了装备范围。为适应现代条件下作战指挥的需要，装甲指挥车的通信设备将朝着功能更加齐全，进一步提高自动化程度，增强保密和抗干扰能力的方向发展。

装甲侦察车

一场现代化战争正在进行，敌方使用了化学武器，扬起的灰尘遮住了人们的视线。一阵"隆隆"的马达声过后，一辆装甲车停住。只见从它的尾部下方伸出一只奇怪的"橡皮手"，越伸越长，在地上抓了把泥土又缩了回去。这就是现代化的装甲侦察车。它的全称为 NBC 装甲侦察车，即英文核武器、生物武器和化学武器侦察车的缩写。装甲侦察车的外廓尺寸小、重量轻、速度快、爬坡能力强。车上通常装有机关炮和机枪。

装甲侦察车主要用于实施战术侦察，可分履带式和轮式两种。

现代装甲侦察车装有多种侦察仪器和设备。其中，大倍率光学潜望镜用于在能见度良好的昼间进行观察，对装甲车辆的最大观察距离为 15 千米左右。红外夜视观察镜、微光瞄准镜、微光电视观察系统和热像仪用以进行夜间侦察。侦察雷达是一种主动式电子侦察器材，具有全天候侦察能力，最大探测距离约 20 千米，误差一般为 10 米至 20 米。车上装有较完善的通信设备，可将侦察的情报及时准确地报告指挥机关。有的车上还装有地面导向仪、红外报警器、地面激光目标指示器、核辐射及毒剂探测报警器等。

在核爆炸、生物化学武器投放的战场上，人是无法生存的，而装甲侦察车可防护放射污染，有良好的"三防"装置。内部设有各种检测设备，通过电控机械手抓取泥土等标本进行采样分析，将分析结果及时通知司令部，它就像战场上的一头灵狐，身手敏捷，最大时速可达 100 千米，适应各种严酷的野外环境。当今世界最先进的装甲侦察车是德国的"狐"式侦察车，它的装甲可防御步枪子弹，并装备一挺机枪，最高时速达 105 千米，内部装有先进的核自动探测器、化学战探测器、报警装置、全球定位系统等，它是现代战场上的"火眼金睛"。

随着科学技术的迅速发展，新型装甲侦察车的侦察设备将朝着高生存力、全天候、远距离和多样化的方向发展。

特种坦克剪影

特种坦克意指装有特殊设备，负担专门任务的坦克。特种坦克包括两栖坦克、扫雷坦克、架桥坦克、喷火坦克等。这些特种坦克在很多战役中发挥出它们独特的作用，在武器大舞台上写下了浓墨重彩的一笔。

水陆两栖坦克

水陆两栖坦克是装有水上行驶装置，能自身浮渡，可在水上和陆上使用的坦克。水陆两栖坦克的浮力主要由密闭车体的外廓排水体积来保证。通常采用的水上行驶装置有螺旋桨、喷水推进器，也可利用履带划水推进。水陆两栖坦克主要用于强渡江河和登陆作战。

中国 T–63A 型水陆两栖坦克，是目前世界上火力最为强悍的水陆坦克之一，拥有相当潜力的外销市场。这种坦克防护能力也不错，炮塔正面装甲在 1000 米距离可防 25 毫米穿甲弹，车体正面装甲 100 米距离可防 12.7 毫米穿甲弹，后面和侧面装甲 100 米距离可防 7.62 毫米穿甲弹。

喷火坦克

坦克喷火装置由喷火器、燃烧剂贮存器、高压气瓶或火药装药、控制器等组成，用于在近距离内喷射火焰，杀伤有生力量和破坏军事技术装备等。有的喷火器塔与坦克炮塔可以替换，以适应不同战争环境需要。

1935 至 1941 年意大利与埃塞俄比亚战争中，意军首次使用喷火坦克。第二次世界大战期间，喷火坦克得到广泛使用，这些喷火坦克携带喷射燃料 200 升

▲美国 AAV7 两栖步兵战车

至 1800 升，可喷射 20 次至 60 次，喷火距离 60 米至 150 米。战后，美国以 M4A4、M5A1、M48A2 等坦克改装成多种型号的喷火坦克，有的曾在朝鲜战争和越南战争中使用。20 世纪 70 年代以后，新发展出的喷火坦克喷射距离已超过 200 米。

架桥坦克

第四次中东战争中，以色列军总部经过周密的策划，决定出动坦克部队去偷袭埃及后方的某军事基地。

一天黄昏，以色列的一支坦克突击队悄悄地离开了基地。令人奇怪的是，在这支坦克部队中，有一辆模样很怪的坦克，它没炮塔，背上驮着折叠的钢铁字形长臂。

前方一条大河拦住了坦克突击队的去路，只见那辆怪模样的坦克驶到河边，它将背上的长臂抬起，再放开折叠，把长臂一下子搭到了对岸。原来，这辆坦克是架桥坦克。它只花了3分钟，一座22米长的钢桥就架好了。坦克一辆接一辆从桥上驶到了对岸，架桥坦克最后驶过了桥。过河后，只见它很快收起长臂，把长臂折叠后驮在背上，跟随其他坦克继续前进。

就这样以色列坦克突击队过河后，悄悄迂回到埃军后方，发起突然攻击，将埃军的军事基地摧毁。

架桥坦克也称坦克架桥车，它以制式坦克车体底盘为基础，去掉炮塔，代之以制式车辙桥以及架设和撤收机构，用于在敌火力威胁下快速架设桥梁，保障己方坦克及装甲车队安全通过反坦克壕沟、天然沟渠及河流等障碍。

1918年英国研制成V型坦克架桥车的实验样车。第一次世界大战后，苏联、法国、意大利和波兰等国也相继制成了坦克架桥车的实验样车。第二次世界大战期间，一些国家的军队先后装备了用坦克底盘改装的坦克架桥车。这一时期的坦克架桥车主要有前置式、翻转式和跳板式三种，对提高坦克部队在战场上的机动能力起到了一定的作用。二战后，坦克架桥车的技术性能有显著提高。20世纪40年代后期，英国在翻转式基础上制成了Ⅲ型剪刀式坦克架桥车。20世纪50年代中期，前苏联在跳板式基础上制成了MTy－1平推式坦克架桥车。20世纪70年代以来，剪刀式坦克架桥车的技术性能更趋完善，如捷克斯洛伐克MT－55式和英国"酋长"式。随后原联邦德国生产了"海狸"式、前苏联生产了MTy－2式多节平推式坦克架桥车。我国于20世纪70年代开始研制坦克架桥车，80年代中期装备部队。

我国以79式坦克底盘发展的84式坦克架桥车，能保障坦克和战车顺利通过河流和壕沟等障碍，亦可加强公路桥或加固被破坏桥。该车战斗全重38吨，乘员2人至3人，最大公路时速50千米，行程365千米；车上载有1座双节平推式车辙桥，自重8吨，承载能力为主桥10吨，副桥8吨，桥全长18米，有效跨距16米，架桥时间3分钟至4分钟，撤收可从桥的任意一端进行，时间为3分钟至4分钟。

"矮人坦克"

20世纪70年代初，苏军征兵处人潮汹涌。人们听到苏军将招收30000名特种坦克兵的消息后，纷纷前来报名。

许多高大的青年满怀信心前来应征。可是，他们失望了。因为征兵站的工作人员告诉他们，这次只招收身高1.55米至1.60米的矮个子。

"你们那里有矮个子的青年人吗？"征兵处的工作人员到处打听。

由于苏联人矮个的很少，征兵处工作人员费尽周折，才招到了30000名矮个的坦克兵。

苏军招收矮个子坦克兵的消息传到西方，西方一些国家的情报机构意识到，苏联一定制造出了一种新式坦克。于是，纷纷派出谍报人员前去刺探情报。

西方间谍通过各种手段，终于拍到了一张这种新式坦克的照片。从这张模糊照片上可以看到这种坦克非常低矮，西方把这种坦克称为"矮人坦克"。

直到 1977 年 11 月，在苏联的红场阅兵式上，这种被称为 T-72 的新式坦克才公开露面。

T-72 坦克只有 2.19 米高，难怪不得不专门挑选身高在 1.6 米以下的矮个子来当坦克手，因为身高 1.6 米以上的人在 T-72 坦克内就会感到不便。

无数次战争证明，坦克越高大，就越容易受到敌人炮火的袭击。为了降低坦克的被命中率，苏联率先研制了这种低矮的 T-72 坦克。

T-72 坦克能造得这么矮，原因是它采用了自动装炮弹机，省去了一名装填手。T-72 坦克中的乘员只有三人，而大多数坦克乘员都是四人。

T-72 坦克虽然低矮，却装着一门 125 毫米口径的火炮，这也是当时世界上口径最大的坦克炮之一，威力十分巨大。

在随后的中东战争中，T-72 坦克果然大显神威，在战场上，它们用巨大的火炮频频击毁敌人的坦克，而自己却很少有被敌人击中的。

T-72 坦克是苏联 20 世纪 70 年代初生产的第三代主战坦克，全重 41 吨，最高公路时速为 65 千米。它的 125 毫米滑膛炮能发射各种炮弹，发射的穿甲弹在 1000 米距离内可穿透 400 毫米厚的装甲。车上还装有两挺机枪。

轻型坦克

1983 年秋天，美国派出的两支特混舰队驶离了美国东海岸。第二天凌晨，舰队驶抵加勒比海上的岛国格林纳达附近海域。

随着美舰队指挥官的命令，两架攻击型直升飞机从甲板上腾空而起，飞向格林纳达的珍珠机场。守卫机场的古巴军队发现美国直升飞机后，立即用高射炮和防空导弹向它们射击。可是，古巴军队的防空火力点立即被随后从美国航空母舰上飞来的攻击机摧毁了。接着，几十架满载全副武装美军的直升飞机降落在珍珠机场上。经过激烈的战斗，美军全歼古巴守军，占领了机场。

美舰队指挥官接到已经占领珍珠机场的报告后，立即命令"支奴干"运输直升飞机吊着"谢里登"轻型坦克，飞向珍珠机场。

在珍珠机场上空，一架架"支奴干"直升飞机稳稳地把轻型坦克放在地面上。

这支从天而降的坦克部队随即离开了机场，神不知鬼不觉地快速向格林纳达首都圣·乔治城推进。当守卫圣·乔治城的古巴军队突然见到美军坦克部队出现在他们面前时，都慌了手脚。美军很快就击败了守军，攻陷了圣·乔治城。这就是轻型坦克的战术作用。

所谓轻型坦克，顾名思义，就是重量较轻、装甲较薄的坦克。轻型坦克一般装有直瞄武器，战斗全重不超过 25 吨，类型包括侦察、空降、水坦克和坦克歼击车等，主要用于侦察、警戒、巡逻、空运和两栖登陆作战以及反坦克作战等。

轻型坦克发端于第一次世界大战，经历了昌盛—衰退—再崛起的马鞍形发展过程。进入 20 世纪 80 年代以后，为了加强快速部署部队的作战能力，满足局部战争的作战需要，各国都十分重视研制装备新一代高机动、大威力的轻型坦克。美国为提高部队的快速反应能力，大力推行的装甲火炮系统计划，实际上就是一种轻型坦克发展计划。

世界上最知名的轻型坦克是美国装备的 M－551 "谢里登" 轻型坦克。M－551 坦克是美陆军 20 世纪 60 年代发展的一种轻型坦克，1968 年开始装备部队，目前美陆军空降部队还有少量装备。受 20 世纪 60 年代反坦克导弹热的影响，M－551 装备了 1 门 M81 型 152 毫米短管坦克炮。

我国装备的轻型坦克主要是 62 式轻型坦克。该坦克于 1958 年研制，1962 年设计定型，1963 年投产并装备使用，是我国自行设计研制的第一代轻型坦克。它主要装备在南方丘陵山地的装甲部队，执行侦察、迂回、同敌方轻型装甲车辆作战等主要任务，具有良好的机动性能、一定的火力和防护能力。

坦克抢救车

坦克抢救车也称坦克抢救牵引车，指装有专用救援设备的履带式装甲车辆。坦克抢救车主要用于野战条件下，对淤陷、战伤和技术故障的坦克实施拖救和牵引后送，必要时，也可执行排除路障和挖掘坦克掩体等任务。通常装有绞盘、起吊设备、驻铲和刚性牵引装置等，有的还携带拆装工具和部分修理器材。车上通常有两名乘员，还可搭乘 2 名至 3 名修理人员。

第二次世界大战期间，坦克抢救车多用坦克底盘改装，大多依靠车钩牵引完成拖救作业，有的装有绞盘和起吊设备。战后，坦克抢救车普遍安装了绞盘、起吊设备、驻铲和刚性牵引装置等，提高了拖救、抢修和牵引能力。20 世纪 70 年代以来，各国在生产新型坦克的同时，也生产相应底盘的坦克抢救车，并广泛采用液压驱动技术，使作业装置的工作能力、可靠性、自动化程度及总体性能得到较大的改进和提高。

扫雷坦克

扫雷坦克是工兵部队用于扫雷的特种坦克，扫雷坦克通常在坦克战斗队形内边扫雷边战斗。扫雷坦克装备的扫雷器主要有机械扫雷器和爆破扫雷器两类，可根据需要在战斗前临时挂装。

机械扫雷器按工作原理分为滚压式、挖掘式和打击式三种。滚压式扫雷器利用钢质

▲我国 84 式坦克架桥车

辊轮的重量压爆地雷。挖掘式扫雷器利用带齿的犁刀将地雷挖出并排到车辙以外。打击式扫雷器利用运动机件拍打地面，使地雷爆炸。

第一次世界大战末期，英国在Ⅳ型坦克上试装了滚压式扫雷器。第二次世界大战期间，英、苏、美等国相继使用了多种坦克扫雷器，如英国在"马蒂尔达"坦克上安装了"蝎"型打击式扫雷器，前苏联在 T－55 坦克上安装了挖掘和爆破扫雷器，美国在 M4 和 M4A3 坦克上分别安装了 T－1 型滚压式和 T5E1 型挖掘式扫雷器等。这些扫雷坦克在战斗中发挥了一定的作用，但它们扫雷速度低，扫雷器结构笨重，运输和安装困难。20 世纪 50 年代至 60 年代，扫雷坦克得到迅速发展，性能也有很大提高。这时期出现装有滚压式或挖掘式扫雷器的扫雷坦克，减轻了重量，简化了结构，提高了扫雷速度。扫雷器与坦克的连接方式也变得简单可靠，并易于装卸和操作。由于固体燃料火箭技术的发展，英、美、苏等国陆续将火箭爆破扫雷器安装在拖车或坦克上使用。20 世纪 70 年代以来，为了适应在复杂条件下的扫雷需要，一些国家在坦克上安装了挖掘和滚压相结合、挖掘和爆破相结合的混合扫雷装置。许多国家在发展扫雷坦克的同时，还研制和装备了各种专用装甲扫雷车。如前苏联在ⅡT－76 坦克改进型的底盘上安装了三具火箭爆破扫雷器，美国装备了爆破和挖掘相结合的 LVTE 装甲扫雷车。由于多数反坦克车底地雷使用磁感应引信，一些国家还研发了磁感应扫雷器。

空降坦克

原苏联在 20 世纪 30 年代开始试验空降轻型装甲车，并设计一种具有飞机外形、能在空中滑翔的古怪兵器——KT－40 型飞行坦克。这种坦克以炮管的上下左右摆动控制方向舵和副翼，像滑翔机一样由牵引机牵引，到目标上空后松开牵引索，滑翔着陆。着陆后拆除机翼和机尾，迅速投入地面战斗。苏军成功地试飞了同比例的木质模型，但铁钢的实物却无法飞离地面。KT－40 从此寿终正寝。1942 年，日本沿用苏联 KT－40 的思路，设计出一种名为"特三号战车"的飞行坦克，同样以失败告终。

美军 M－22"蝉"式坦克是世界上第一种专门设计的空降坦克，于 1943 年 4 月投入生产。其火力、机动性和防护方面均非常适合空降作战需要，对后来世界各国开发空降坦克具有重要的参考价值。但由于美国无法在二战期间研制出合适的重型运输机或滑翔机，M－22 坦克只能为英军所用。1945 年 3 月 24 日，在代号"大学行动"的莱茵河空降战役中，英军第 6 空降师成功地使用"哈米尔卡"重型滑翔机装载 12 辆改进后的 M－22 实施空降，它们和英军"领主"空降坦克一起，为英军提供了有力的支援。有一辆 M－22 坦克在着陆后，从伊塞尔河大桥到一路杀到哈明克尔恩镇，先后摧毁了 10 余个德军火力点，歼灭了 100 多名德军士兵，为英军第 6 空降师胜利完成任务立下了汗马功劳。

二战之后，德国"鼬鼠"空降战车、苏联 BMP 系列伞兵战车以及美国的 M－551"谢里登"空降坦克相继研制出来。近来美国还恢复了 M－8 装甲火炮系统的研制，它能够利用 C－130 型"大力神"运输机进行低空、低速空投。其配备的武器是一门 105

毫米坦克炮，足以对付敌方坦克和装甲目标，从而使新世纪里的"陆战之王"真正地成为了"添翼之虎"。

现代主战坦克

现代主战坦克主要包括勒克莱尔坦克、M1A1 坦克、捷豹坦克和 90 式坦克，现分别介绍如下：

（一）法兰西骑士——勒克莱尔坦克。勒克莱尔坦克是法国最新一代主战坦克，以第二次世界大战中法军装甲部队将领菲利普·勒克莱尔的名字命名。它炮塔圆圆的，上边挂着模块式反应装甲，上边高出来的一块是车长瞄准仪，外形圆头圆脑，比较好认。

勒克莱尔重 54 吨，配置 UPV8X—1500 超高压柴油发动机，最高时速可达 71 千米。勒克莱尔坦克是当今世界最先进的坦克之一。它装备一门 120 毫米滑膛炮，采用全自动计算机控制装弹，每分钟可发射 15 发炮弹。勒克莱尔的射击控制系统更为先进，全部由微机驱动，有 8 台 360 度潜望镜，并备有热成像观瞄仪和激光测距机。有了这些先进的设备，勒克莱尔可以在高速行进中发炮，命中同样运动中的目标。

（二）沙漠雄狮 M1A1。M1A1 "艾尔布拉姆"坦克是美国陆军主力坦克。它问世于 20 世纪 70 年代，经过不断改进，成为现代主战坦克中的佼佼者。它的炮塔外型较扁、矮，采用多层复合装甲，十分坚固，据美军试验表明，目前世界各国的坦克没有能一炮击穿 M1A1 的装甲。它装备一台功率为 1470 马力的涡轮发动机，最高速度可以达到 72 千米。M1A1 装一门 105 毫米线膛炮，一挺 12.7 毫米高射机枪和一门 40 毫米迫击炮。它采用全自动装弹，激光测距仪、弹道计算机保证它炮不虚发，百发百中，夜视仪、红外瞄准仪保证它在黑夜中也能捕捉到目标。所有这些优异性能使 M1A1 坦克在 1990 年的海湾战争中大显神通。

▲沙漠雄狮 M1A1 主战坦克

在这场战争中，伊拉克部队的 T－72 坦克炮弹根本无法击穿 M1A1 的装甲，而 M1A1 发射的穿甲弹穿过沙丘将 T－72 的炮塔击穿，其威力十分惊人。在地面战斗中，仅有 13 辆 M1A1 坦克被击伤，其中有 6 辆是被自己人误伤的。卓越的表现使 M1A1 坦克名扬四海，成为一代坦克之星。

（三）德意志捷豹。德国人一向非常重视坦克的发展，曾在"二战"之前提出"机械化军团"思想，"二战"中德国的装甲部队在战争初期势不可挡，横扫欧洲大陆。当时世界上最先进的坦克就是德国的"黑豹"坦克。这只"豹"几经改进，就变成了今天大名鼎鼎的"豹"Ⅱ式坦克。"豹"式坦克炮塔宽大，前部扁平并突出一个尖角，炮弹打到上边会滑走。它装备一台功率达1500马力的柴油发动机，最高时速可达75千米，在同类坦克中名列第一。它的炮塔上装一门120毫米滑膛炮和两挺机枪，火力威猛，先进的观瞄设备和电控设备均名列世界前列。

在1990年海湾战争中，"捷豹"大显身手，击毁数百辆伊拉克坦克，自身伤亡为零，因而许多军事家、武器专家一直认为"豹"Ⅱ坦克是世界上最好的坦克，的确，它在对地形、气候上的适应能力均超过美国的M-1"艾尔布拉姆"坦克之上。1998年，德国又推出改进型"豹"ⅡA5坦克，在1998年世界主战坦克排行榜上名列第一。

（四）90式坦克：90式坦克是日本1990年研制成功的，但由于日本军方对其保密极严，连拍照都要把关键部位挡得严严实实，使人难睹其"庐山真面目"。直到1997年，日本军方把90式坦克拿到"世界最佳主战坦克评比"大赛，人们才发现，90式坦克的火控系统和微电脑技术，比法国的勒克莱尔、德国的"豹"2A5坦克还要先进，具备自动跟踪目标能力，而且可在多个目标中选出威胁最大的敌人抢先攻击。在这次比赛中，90式坦克击败众多好手，名列第一，由于它采用许多德国"豹"Ⅱ坦克的技术，因此又被称为"电光四射的日本豹"。

90式坦克装配一台三菱10ZG柴油发动机，功率强劲。120毫米加农炮配自动装弹机，每分钟可发射炮弹15发。90式坦克防护能力也是世界一流，由先进的陶瓷复合装甲提供的防护坚不可摧。

隐形坦克

在陆战战场上，坦克一旦被发现，就很容易被击毁，所以坦克制造专家也在努力为坦克寻找"隐身衣"。目前有关坦克的隐形技术已取得了重大突破，许多隐形技术已经在一些坦克上显示出巨大的本领。

由于微光夜视仪的出现，坦克在夜战中也很容易被发现，于是，专家们建议给坦克涂上迷彩，或者挂伪装网。现代迷彩有的兼有伪装和吸波作用，不仅可以降低坦克的目视发现概率，还可以减弱坦克的红外辐射。

"二战"中的经典坦克战

第二次世界大战中，进行了多次大规模的坦克战。当时苏联投入 T34 - 76 和 T34 - 85 中型坦克，IS - 1/2/3 和 kv 系列重型坦克参战。德国在战场上使用具有领先水平的"黑豹"和"虎"式坦克。另外，美国 M4"谢尔曼"、英国的"丘吉尔"步兵坦克和"克伦威尔"巡洋坦克，日本的 97 式坦克，也都被运用到战场。有趣的是，当时投入的坦克，有不少以动物作别称，比如黑豹、虎、灰熊、犀牛、鳄鱼、公羊、水牛、毒蟹、萤火虫等，可谓是动物王国盛大聚会。

机械化战争理论

第一次世界大战中，英军首次使用坦克，显示出强大的突击力。时任英国坦克军参谋长的富勒，提出了建立和使用机械化军队的观点，后通过一系列著作，创立了机械化战争理论。机械化战争论主张陆军实行机械化和依靠机械化军队取胜，也被称为坦克制胜论。

富勒认为，随着骑兵退出战场，步兵降为辅助兵种，作为新生兵种的炮兵，机动能力需要提高。坦克具备骑兵和炮兵的双重优势，使战争成为一种纯粹的机械化活动，投入坦克多的一方将取胜。他提出的机械化战争样式是：坦克突向敌方纵深，摧毁首脑机关；飞机轰炸交通枢纽和补给系统；摩托化步兵和炮兵扩大战果，追歼逃敌。它主张先发制人，通过一次会战即夺取胜利。

富勒的理论在当时产生了巨大影响，在他之后，德国、法国、奥地利等国家，分别从不同角度丰富发展机械化战争理论。法西斯头子希特勒非常认同这种理论，并应用于第二次世界大战初期，闪击波兰、法国以及进攻苏联的作战行动中，都大量使用了坦克等装甲武器。

富勒的理论，指出了军队建设和作战方法发展的某些趋向，但与此同时，他过分夸大了坦克的作用。随着武器装备不断发展，坦克的优势逐渐下降，片面依靠坦克取胜是难以实现的。

虚假传奇：长矛战坦克

在二战战场众多轶闻趣事中，波兰骑兵用长矛大战德军坦克的故事，最为人津津乐道。

事实上，这只是一种传奇式的演绎。1939 年 9 月 19 日，波兰第 18 骑兵团在掩护"但泽走廊"波军总撤退过程中，向德国第 19 装甲军的第 2 和第 20 摩托化师结合部发起攻击，其中两个执行迂回任务的波军骑兵中队正好碰上一个就地休息的德军步兵营，波兰人出其不意发起冲锋，将猝不及防的德国步兵击溃。在追逐过程中，驻扎在周围的德军装甲部队闻讯赶来支援，在平原展开追逐，并向波兰骑兵开炮。在这场战斗中，包括团长和团参谋长在内的 100 多名波兰骑兵阵亡，余部很快撤退。

第二天，赶来采访的意大利战地记者乔治·帕拉达，报道称波兰精锐骑兵不了解坦克性能，以为坦克装甲是用锡板做成的伪装物，端着长矛一次又一次地冲击德军坦克，遭到了毁灭性的打击。这个报道造成了轰动的效应，"波兰骑兵用长矛向德国坦克冲锋"的神话就此产生。

▲二战中的波兰骑兵

当事两国对此神话都三缄其口，因为双方各有所图，波兰人借以赞美自己抗击侵略者的大无畏英雄主义精神，德国人用来渲染第三帝国铁流和闪击战的威力。所以，谁都不愿澄清真相，致使这个虚假传奇流传了若干年。

莫斯科坦克战

1941 年秋，苏德战场上的德军发动攻势，投入部队 100 万人和坦克 1700 辆集中攻夺莫斯科。苏军投入 80 万人和 770 辆坦克。10 月 2 日，德军机械化兵团突破了苏军奥廖尔防线，直逼莫斯科。苏军坦克第 4 旅 10 月 3 日从莫斯科郊区出发，4 日到达奥廖尔附近。当天夜间全旅利用有利地形构筑防御工事，所有坦克全部进行了设伏和伪装。

5 日晨，德军约一个团的兵力在 100 多辆坦克引导下，成纵队由奥廖尔开来，遭到苏军坦克旅的伏击，损失坦克 11 辆后退回出发地。

苏军坦克第 4 旅于 10 月 5 日夜转移到第一军人村地域，在公路两旁再次设伏。6 日晨，德国坦克近 100 辆和大量摩托化步兵沿公路开来，又遭到伏击，德军损失坦克 43 辆、反坦克炮 16 门、官兵约 500 人。坦克第四旅仅损失坦克六辆。苏军在总共八天的阻击战中，先后六次变换阵地，协同其他部队阻击了德军两个坦克师和一个摩托化师的进攻，共击毁击伤敌坦克 133 辆，自己仅损失坦克 8 辆。

1941 年 12 月，苏联第 16 集团军以坦克部队为基础建立了两个快速集群，从南北两面迂回包抄德军。从北面迂回的快速集群由一个坦克旅、一个骑兵师和一个步兵旅组成，于 12 月 13 日从北面迂回依斯特拉水库直插敌防御阵地后方。从南面迂回的快速集群由两个坦克旅、一个独立坦克营和一个步兵旅组成，于 12 月 13 日从巴甫洛夫镇一带渡过依斯特拉河。主力部队在穿插部队配合下，于 12 月 15 日强渡依斯特拉河成功，突破了德军依斯特拉河防线。

整个莫斯科会战，苏军的坦克部队没有集中使用，没有出现大规模的坦克群作战场面，但坦克与部队的协同作战效果已受到人们的高度关注。

斯大林格勒坦克大会战

斯大林格勒会战是苏德战争中一次决定性的大会战。德军在莫斯科会战失败后，重点进攻斯大林格勒的北高加索，企图切断伏尔加和夺取巴库，北取莫斯科，南出波斯湾。德军投入作战的是德军"B"集团军群，共计71个师。直接进攻斯大林格勒的是德第6集团军和坦克第4集团军，共计25个师25万人、740辆坦克、1200架飞机。苏军共投入7个诸兵种合成集团军（其中两个坦克集团军），共计38个师18万余人、360辆坦克、337架飞机。在斯大林格勒会战中，苏军初次使用装甲兵坦克兵大兵团（机械化军、坦克军和坦克集团军）作为主体武力独立完成重要的战役性任务。

7月24日，德军北路突击集团突破苏军第62集团军的防御，进至上布季诺夫卡地域，包围了苏军两个步兵师和一个坦克旅。苏军坦克第13军和坦克第1、第4集团军7月27日实施反突击，协助被围苏军突围成功。

8月6日，德军南路突击集团进犯斯大林格勒外围的阿布加涅罗沃地域，利用坦克突破苏军第64集团军的防御。苏军坦克第13军9日实施反突击成功，击毁德坦克约140辆。

防守斯大林格勒市区的苏军第62集团军仅有坦克93辆，而德军有坦克500辆，相差悬殊。由于市内有街垒、建筑物，而且道路遭到严重破坏，不便于集中使用坦克，所以苏军将坦克化整为零，编成5辆到7辆坦克组成的小组，支援步兵反冲击，并将部分被击伤的失去机动能力的坦克作为固定火力发射点配置在十字路口或广场，用以加强支撑点。

另外，苏军把装甲坦克兵的大兵团编为快速突击集群，用来完成战役合围的主要任务。西南方面军的突击集群由坦克第5军和坦克第5集团军的坦克第1、第26军组成。该集群于11月19日中午12时独立突入前沿向战役纵深发展进攻，先后击溃了德军预备队两个坦克师和一个摩托化师的反突击，同斯大林格勒方面军的第4机械化军会合，四昼夜前进140千米。

▲斯大林格勒的坦克

斯大林格勒方面军的快速突击集群由第5机械化军、第13机械化军和一个骑兵军组合而成。机械化第4军于11月22日中午前进100千米，23日下午，该军与西南方面军的装甲坦克兵部队会合，完成了反攻第一阶段对德军合围的任务。

苏军反攻第二阶段，西南方面军将四个坦克军和一个机械化军投入作战，5天时间前进近220千米，割裂了意大利第8集团军、罗马尼亚第3集团军的残部以及德军多尔麦辛集团。其中苏军坦克第24军5昼夜前进达

240千米，于12月24日拂晓突然攻占塔钦斯卡亚火车站和飞机场，缴获飞机350架。随后被德军合围，血战5昼夜后突围。

1943年1月22日至25日4天中，苏军推进10千米至15千米，德军损失重大，防守地域狭窄地段东西仅宽3.5千米，南北宽20千米。苏军第21集团军集结了近卫坦克第9和第48团以及坦克第121旅，26日晨，重新发起进攻，经1小时的战斗，坦克第121旅所属分队进至红十月村地域，与从东面进攻的第62集团军的近卫步兵第13师的部队会合。被围德军被分割成两部分，2月2日被苏军全歼，斯大林格勒大会战结束。

库尔斯克坦克大战

1942年7月，斯大林格勒战役开始，苏德双方经过7个月较量，以德军惨败告终。德军统帅部决定发动大规模夏季攻势，以挽回败局，振作士气。德军决定从库尔斯克下手，不仅因为虎踞在此的苏军严重威胁德军防线，而且德军想通过突破此地进而占领顿河、伏尔加河流域，并为攻占莫斯科打开通道。

斯大林格勒战役结束后不久，德军统帅部便开始大规模准备，同年7月，德军在库尔斯克地区南北两侧，以中央和南方两个集团军群为主，集结了17个坦克师、3个摩托化师和18个步兵师，总兵力达90余万人，打算在库尔斯克以东会合，完成合围。此役德军投入2700辆坦克、2050架作战飞机、约1万门火炮和迫击炮。其中，虎式、豹式坦克和斐迪南式强击火炮，都是当时最先进的武器。虎式坦克装有88毫米大口径火炮，前装甲厚达100毫米，攻击力和防御力优于苏军的T－34坦克。苏军投入的总兵力为133.6万人，配备3600辆坦克和强击火炮，2万门大炮和3130架飞机，总指挥由朱可夫元帅担任。

在这期间，一个名叫凯恩克奥斯的英国人，截获了德军将于夏季展开攻势的通信。此人1942年3月开始在英国布莱切利公园的密码破译中心工作，1937年读大学时被苏联间谍机关招募。出于保密的原因，英国政府当时不太愿意与苏联分享太多的情报。凯恩克奥斯冒着叛国的指控向莫斯科提供这些情报，内容不仅包括德国战略意图、空军基地详细情况，还包括豹式坦克、虎式坦克改进型、追猎者坦克歼击车的性能、数量和战术。苏军根据这些情报制订了相应的反制措施，决定采取伏击的办法对付这些新式装甲武器。

1943年7月，双方完成战略集结，200万大军对垒，一场血腥厮杀一触即发。这时，苏军从捕获的战俘口中得知，德军将在7月5日拂晓开始进攻。于是，苏军最高统帅部

▲ 苏军 T－34 中型坦克

当机立断，决定先下手为强。5 日凌晨 2 时，库尔斯克会战以苏军大规模炮击宣告开始。德军改突袭为强攻，以楔形坦克编队为先锋，以每平方千米 100 辆的密度实施冲击。坚守在第一道防线的苏军凭借坦克、反坦克炮，以及燃烧瓶痛击德军。

7 月 6 日傍晚，南北两面德军均突破第一道防线。在随后几天的战斗中，尽管德军连续发动猛烈进攻，仍未能达到合围的目的。7 月 11 日，德军决定于次日在南线对苏军发起新的攻势，库尔斯克会战进入了关键的第二阶段。

为了取得第二阶段战役胜利，德军将 SS、48 装甲军等党卫队装甲军主力部队也投入战斗。德 SS 装甲军由包括希特勒近卫师在内的 3 个装甲师组成，是德军装甲部队的精锐。7 月 12 日，SS 装甲军的 650 辆坦克，与赶来增援的苏军第 5 坦克近卫集团军850 辆坦克，在 15 平方千米的战场上进行了一场坦克肉搏战。德军虎式重型坦克在前，马克 – 5 型坦克在后，以每平方千米 150 辆坦克的密度向苏军展开冲锋。虎式坦克虽然攻击力极强，但速度每小时不过 20 千米，加之战线狭长，众多坦克拥挤在一起，难以发挥优势。苏军 T – 34 坦克以快制慢，开足马力冲入敌阵，发挥机动性强的优势，以近战消灭虎式坦克。这一大胆攻势令德军始料不及，顿时阵脚大乱，约 400辆坦克被击毁，其中包括 70 辆至 100 辆虎式坦克。这次战斗彻底摧毁了德 SS 装甲军的战斗力，使南线进攻计划以失败告终。

以上是苏联人对这场战斗的描述，不排除夸大己方战果的因素。根据美国华盛顿特区国家档案馆的一份秘密文件，一些专家认为真实战况可能是这样的：7 月 12 日早晨 5 点钟左右，数百辆苏 T – 34 和 T – 70 坦克，分成 40 组至 50 组向德军阵地冲来。T – 34 坦克就径直杀向敌阵，但其火炮射程小于德军虎式坦克，大量苏军坦克在接近敌军之前就被击毁。战斗结束后，战场上苏军坦克的残骸数以百计，苏 181 坦克团在战斗中全体阵亡。

不管哪种表述更接近历史真实，此战都被作为人类历史上最大的坦克战而永载史册。

J. F. C. 富勒

英国军事理论家和军事史学家。参加过第一次世界大战。历任坦克部队参谋长、参谋学院主任教官、英军总参谋长助理、野战旅旅长，获少将军衔。他一生著述颇多，涉及的军事领域也十分广泛，先后研究过步兵战术、机械化战争理论、国际政治和国家防务以及军事历史等。不过他最重要的理论贡献还是在机械化战争论方面。著有《西方军事史》、《装甲战》等 30 余种军事著作。

北非的坦克大战

1941 年 11 月 19 日至 23 日，英国第 8 集团军与德军非洲军团在北非西迪拉杰格展开了一场坦克战。

11 月 16 日，德军第 15 装甲师的炮兵和第 90 轻装师的部队已做好向托卜鲁克要塞进攻的准备。突然到来的大雨使德军的机场被淹没，侦察活动中断。

11 月 19 日，英军一个装甲师、两个装甲旅向北猛扑过来。德军隆美尔元帅命第 21 装甲师向贾卜尔萨莱勒前进，第 15 装甲师则在当天晚上进入甘布特以南地域。隆美尔命德军第 21 装甲师组编的战斗群实施攻击。战斗群在贾卜尔萨勒东北约 8 千米的地方碰上了强大的英军坦克部队。双方激战到黄昏，德军把英军赶过阿卜德小道，德军损失两辆 T－3 和若干辆 T－2 型坦克，英军有 23 辆"斯图亚特"坦克被击毁。

11 月 20 日，德第 15 装甲师沿卡普措小道推进，傍晚，与英国第 4 装甲旅接触，激战到黑夜。英军坦克损失惨重，德军坦克也有较大损失。

20 日晚，隆美尔决定非洲军团于 21 日进攻向托卜鲁克开进的英军。德非洲军团组织了兵力强大的后卫，由 88 毫米炮和反坦克炮支援。英军坦克还是冲进了德摩托化部队的纵队，击毁了德军的许多卡车。英第 7 装甲旅旅长决定留下第 6 皇家坦克团和炮兵支援群守卫西迪拉杰格机场，由第 7 轻骑兵团和第 2 皇家坦克团迎击开进的德坦克部队。由于坦克和火炮不能集中起来协同作战，英第 7 轻骑兵团的多数坦克被击毁。

随后德非洲军团又由东南面发起攻击，以夺占西迪拉杰格机场，但未成功。21 日拂晓，英军第 70 师和第 32 坦克旅出击，突破了德"非洲"师和"波伦亚"师部队的阵地。德军陷入困境，隆美尔赶到现场直接指挥有 88 毫米火炮的第 3 侦察队迎击英军。若干辆英军坦克被击毁，英军败退。

11 月 22 日的早晨，英军袭击了德军的后卫。德军的反坦克炮和 88 毫米炮，使得英军坦克不敢靠前。英军第 4 和第 22 装甲旅已与炮兵支援群和守备西迪拉杰格机场的第 7 装甲旅的余部会合，处于非常有利的态势。隆美尔迅速命德军第 21 装甲师的步兵和炮兵由北面攻击西迪拉杰格高地。这时 88 毫米炮支援的德第 5 装甲团由北迂回到西面攻击机场。英军炮兵支援群向德军猛烈射击，但德军第 5 装甲团还是无所顾忌地攻击了飞机场。英军第 22 装甲旅穿过英军的炮兵阵地进行了反冲击，南北两个高地上的德军 88 毫米炮和反坦克炮向第 22 装甲旅开火，使它遭受很大损失，只得撤退。英第 1 皇家步枪营占领了西迪拉杰格机场的北高地，德军坦克由后方攻击了这个营，步枪营大部分人员当了俘虏。黄昏时，英第 4 装甲旅投入战斗，但已不能挽回局势。

英第 7 装甲师师长戈特将军把他的部队撤到南高地以南。德第 15 装甲师攻击了英第 7 装甲师的侧翼。德第 15 装甲师在平坦的沙地上迅速开进，19 时左右在西迪拉杰格机场东南碰上了英军大群坦克。德第 8 装甲团立即展开战斗，包围英军，坦克前灯大开，车长探身车外用手枪射击。英军措手不及，几辆坦克被击中起火。英第 4 装甲旅旅部及其第 8 轻骑兵团受到致命打击。

第十二章 海战兵器

海洋是资源宝库、交通要道、国家屏障、人类赖以生存的空间。因此，争夺海洋霸权的战争从未停息。

在历史上，制海权曾决定很多国家的国运兴衰。一场关键性海战往往决定了一个民族的前途命运、生死存亡，胜利者称霸世界，失败者经常一蹶不振。

舰艇的发展历程

舰艇指活动于水面或水下，具有作战或保障勤务所需的军用船只，是海军的主要装备。舰艇主要用于海上机动作战，进行战略核突击，保护己方或破坏敌方的海上交通线，进行封锁反封锁，支援登陆抗登陆等战斗行动，也进行海上侦察、救生、工程、测量、调查、运输、补给、修理、医疗、训练、试验等保障勤务。

从桨船到航空母舰

舰艇有着悠久的历史。古代随着水上战争的出现，舟船开始用于战争，并逐渐发展成为各种专用战船。我国和东地中海一些国家是古代战船建造的先驱。早期的古代战船是桨船。据史料记载，我国商朝末年（公元前 11 世纪），周武王伐纣时曾使用舟船运兵渡河。春秋时期（公元前 770 至前 476），我国古代战船已有了适应战斗需要的形制。一些沿海诸侯国把战船划分为"大翼""中翼""小翼""突冒"等，并有"余皇"一类的战船作为王船（旗舰）。西汉初期，战船有了进一步发展，主要战船——"楼船"高十余丈。三国时期，最大的"楼船"高 5 层。明朝初期，郑和七次下西洋，所用"宝船"长 44 丈 4 尺（约 137 米），宽 18 丈（约 56 米），张 12 帆，是当时世界上最大的海船。

在地中海地区，古代埃及、罗马、腓尼基、迦太基、希腊、波斯等国都曾建立过海上舰队。公元前 3 世纪，出现了单列、双列桨战船。

桨船为平底木船，靠人力划桨前进，船速较低，只适于在内河、湖泊和沿岸海区活动。有的战船，船首有尖锐的冲角或犁头，用以撞沉或犁沉敌船。我国古代战船上武器装备是以中型和轻型武器为主的。在交战时，远则用弓、弩，接舷战则用刀、枪作战。战船将士兵卒各备有长短兵器。战船多设有战棚或女墙（仿照城墙式样，有雉堞甚至开四门），或用牛皮蒙在木板上，或钉竹片，作为防护装置。无女墙的战船，战斗时在左右舷悬挂罟网，以防敌人跳帮。船上还备有：若干小镖，可在 30 步（约 46.2 米）内投掷击敌；较重的犁头镖，在刁斗上下投可以击杀敌人和洞穿敌船体；撩钩，用以钩搭敌船；勾镰，用以勾船割缭绳。

公元前 256 年，罗马帝国约 330 艘舰船组成的庞大舰队出征非洲，在西西里附近的

▲现代仿制的郑和下西洋"宝船"

海域，与由350艘舰船组成的迦太基舰队展开了激烈的战斗。罗马舰队以"V"字形布阵，迦太基舰队则排成一字形的横宽队形，在海战中，罗马舰队采取惯用的接舷战术，取得了击沉敌船30艘，俘获64艘的辉煌战绩。

宋朝以后，战船又备有火药桶，投中敌舟能使全舟尽焚。战船上也有使用二级火箭"火龙出水"等火器作战的。明朝有许多装备火铳的快艇，如"蜈蚣船"及"火龙船"等，后者两舷暗伏火器百余件，一船足抵平常战船10艘之用，可见战船装备火器后威力大增。

到了公元16世纪，火炮开始在挂满风帆的战船上应用，揭开了热兵器在海战中大显神威的历史，船与船之间的战斗也因为火炮的使用而拉开了战斗的距离。此后300多年的海战中，作战形式都是以风为动力的帆船远远地摆开阵式，舷侧对舷侧地用炮打个你死我活。随着工业革命的到来，蒸汽机、螺旋桨、铁甲、爆破弹、旋转炮塔迅速在战船上出现和应用。木制战船发展成为用钢铁作装甲的铁甲舰，1860年英国建造了世界上第一艘铁壳装甲舰"勇士"号，标志着钢铁战舰时代的到来。

19世纪初，舰艇采用了蒸汽机，出现了明轮蒸汽舰。19世纪40年代，出现了螺旋桨推进器蒸汽舰，舰炮从滑膛炮过渡到线膛炮，从发射球形实心弹过渡到发射圆锥形爆炸弹，从固定的舷炮发展到可旋转的炮塔炮。随着舰炮射程、命中率和破坏力的提高，大型军舰不得不采用装甲防护，出现了装甲舰。19世纪下半叶开始，船体材料逐步由钢材取代木材。大型舰艇的排水量增至1万吨以上，装备大功率蒸汽动力装置，具有更良好的机动性能，装备更多的武器，携带更多的燃料和军需品，使舰艇的战斗力大大提高。鱼雷和近代水雷问世后，出现了鱼雷艇、驱逐舰、布雷舰等中小型舰艇。鱼雷艇的出现，使巨舰大炮制胜的海战传统观念遇到了挑战，迫使大型军舰采取水下防护措施，如设置多层防雷隔舱等。

20世纪初期，各主要海军国家大力发展装甲舰和装甲巡洋舰，以后分别改为战列舰和战列巡洋舰，排水量增至4万吨左右，同时出现了潜艇、护卫舰、扫雷舰艇、水上飞机母舰等新舰种。第一次世界大战前夕，英、法、俄、意、德、奥等国海军的主要战斗舰艇有战列舰、战列巡洋舰、巡洋舰、驱逐舰和潜艇共1200余艘，在战争中显示了很大威力。战后，一些海军国家继续建造战列舰、巡洋舰、驱逐舰、潜艇和大批快艇，并出现了航空母舰。

第二次世界大战前夕，英、美、法、德、意、日等国海军有战列舰、航空母舰、巡洋舰、驱逐舰和潜艇共一千多艘，还有大量小型舰艇。第二次世界大战期间，航空母舰和潜艇发挥了显著作用，得到了迅速发展，成为海军的重要突击兵力。战列舰难以发挥它

▲中国"辽宁号"航空母舰

过去那种主力舰的作用，且易于遭受攻击，战后各国不再建造。20 世纪 80 年代，美国又将"新泽西"号、"艾奥瓦"号、"密苏里"号战列舰装备导弹重新服役。为适应登陆作战、反潜战和反水雷作战的需要，一些国家建造了大批登陆舰艇、猎潜舰艇和反水雷舰艇。舰载机、鱼雷、水雷的不断革新，雷达、声呐等探测设备的广泛应用，舰用蒸汽轮机和柴油机的不断改进，造船材料和工艺的不断发展，使战斗舰艇的战术技术性能大为提高，勤务舰船的种类和数量也有了进一步发展。

▲美国"新泽西"号战列舰

第二次世界大战后，随着现代科学技术和造船工业的迅速发展，舰艇的发展进入了崭新的阶段。20 世纪 50 年代初期，航空母舰开始装备喷气式飞机和机载核武器。50 年代中期，第一艘核动力潜艇建成服役。50 年代末，导弹开始装备在舰艇上。60 年代，出现了导弹巡洋舰、导弹驱逐舰、战略导弹核动力潜艇、核动力航空母舰、核动力巡洋舰和直升机母舰等。70 年代以来，出现了搭载垂直短距起落飞机的航空母舰，通用两栖攻击舰，导弹、卫星跟踪测量船，海洋监视船等多种舰船。大中型舰艇大多搭载有直升机，导弹已成为战斗舰艇的主要武器，这些战斗舰船装备了自动化的舰艇作战指挥系统和火控系统，先进的船舶设备和电子仪器等。此后，科学技术最新成果均应用于舰艇之上，譬如水翼技术应用于快艇，气垫技术成功地应用于登陆艇和快艇，这大大提高了舰艇的性能。

早期海战

在早期的海战中，战船上的主要武器和作战方式，是在与敌船接触进攻时，船上的士兵手持刀剑跳到敌船上去肉搏厮杀，以决胜负。后来由中国人发明的火药传入欧洲，西方各国迅速发明了可用火药发射弹药的火炮，并很快用于海战。本节内容便是早期历史上一些比较经典的海战纪实。

萨拉米斯海战

据历史记载，2300多年前的地中海沿岸各国，由于贸易纷争经常发生海战。它们普遍使用一种长形的、外形装饰华丽典雅的长桨帆船，由几十名桨手划动。在船头装有尖利的金属撞角，这是海战的主要武器，可用于对敌人船只的冲撞。早期的这种木制战船只有单层桨座，为了增加速度和机动性，埃及、腓尼基和希腊的海军制造出双层桨座战船和三层桨座战船。作战时，每一把桨由一人划动，同时船上有人吹笛或击鼓，统一指挥几十、甚至上百名桨手的操桨动作。战船行进主要靠桨手们划动，同时也依靠风帆作辅助动力。一侧桨手倒划水，可使船环形急转。机动性比现在人们的想象要好得多。

公元前480年，希腊与波斯帝国在爱琴海上的萨拉米斯岛附近进行了一场海上大战，波斯、希腊双方都使用这种靠人力划桨的三层桨座战船。当波斯大军的战船驶进雅典附近的峡湾时，风把波斯海军的后续战船吹进海湾，800艘战船挤作一堆，这时，一支小型的希腊海军舰队，趁机用三层桨战船的撞角对波斯战船横冲直撞，一艘一艘地将之撞沉。希腊战舰左冲右突，使数量上占绝对优势的波斯舰队遭遇惨败。此次海战，希腊舰队损失40艘战船，而波斯舰队则损失近200

▲萨拉米斯海战中的战船

艘战船，其余船只被迫退回出发地。这次海战以后，波斯帝国最终丧失了海上优势，而希腊确立了其对海洋的控制权。

雷班托海战

公元1571年的雷班托海战，是古希腊罗马木制战船的最后一次大规模海战。交战双方军舰的船首都装上了前所未有的大炮。使基督教国家夺得胜利的是6艘威尼斯三桅加里亚斯大型桨帆战船。这是一种半桨半帆式推进的重型战船，每艘船上装有 30 门到 50 门大炮。土耳其舰队的战船虽也装有火炮，但火力较小，在对方舰队的猛烈攻击下，陷入一片混乱之中，木制的战船在火炮轰击下纷纷起火，士兵大批落水。土耳其战船很快一艘一艘地沉入大海之中。土耳其舰队损失了 150 艘战船，2500 名士兵战死，5000 名士兵被俘。这一仗给欧洲人的海战观念带来了很大的变化，人们发现，自萨拉米斯海战以来的 2000 年间，一直统治着海洋的古希腊、古罗马的没有火炮的木制战船已经过时了，装备了舷侧火炮的新型战船已经登场。

大胜西班牙"无敌舰队"

公元 16 世纪初，以桨为动力的桨帆并用战船仍在称霸地中海时，大西洋沿岸的国家开始尝试用风帆作为战船的主要动力。风帆取代了人力划桨，使战船成为远洋探险、贸易和海上抢劫的性能优异的工具。公元 1520 年，英国国王亨利七世建造了世界上第一艘四桅风帆战船"伟大的亨利"号，该船配有 80 门火炮，分别布置在船首、船尾和两层火炮甲板上。该船有 4 根桅杆，满载排水量达 1500 吨，是公元 16 世纪最大的战船之一。当时的另一个海上强国西班牙，也紧随英国的脚步，建造了一种西班牙式的大桅帆战船。该船长约 30 米，宽 9 米，船身狭长，船首仍保留了一个金属尖角，用于撞击敌船，船上也安装了许多火炮，可在远距离对敌人发动攻击。

公元 1588 年，英国与西班牙因争夺海上霸权而爆发了一场大规模的海战。开战前，西班牙拥有一支庞大的"无敌舰队"，有大小战船 130 余艘，整个舰队共有 3 万名士兵，但西班牙的"无敌舰队"所用的战船，仍沿用射程较近的大炮和靠士兵跳船格

▲西班牙无敌舰队

斗作战的古老战术。而英国女王伊丽莎白的海军统帅和海军事务高参约翰·霍金斯就发现，过去那种跳船格斗的战术，已经不如远程大炮适于海战，他们花了 10 年时间把英国皇家军舰改装为快速舰队，每艘舰船都配备远程重炮，可发射 4000 克至 8000 克重的圆形铜炮弹，命中率高，有些射程超过 2000 米。交战一开始，西班牙舰队摆开新月形阵式，试图在英国舰队对其中央战船进攻时，用两翼战船包抄夹击的战术，将英国舰队击溃。但经验丰富的英国海军统帅霍华德和德雷克，指挥英国舰队分成两列，分别攻击西班牙舰队的两个侧翼。面对着开向英吉利海峡的西班牙舰队，英国舰队把握住战斗距离，而攻击主要是用大炮远距离轰击。在激烈的战斗中，大批西班牙战船连同那些无用武之地的士兵被英国战船的炮火击中，很快沉入大海。

这次海战，西班牙"无敌舰队"损失惨重，130 余艘战船只剩下 65 艘，西班牙人

的海上霸主地位被英国人取代。这也是一次单凭舰炮攻击取胜的海战，它改变了 2000 多年的海战方式。

甲午海战

1894 年 7 月，日本海军与中国清政府的北洋水师在黄海的丰岛海域附近遭遇，日舰"吉野"号首先向北洋水师舰队突然开炮，挑起了中日甲午海战的战火。

战前，清政府的海军在北洋大臣李鸿章的主持下，于 1885 年向德国订购了世界上较先进的 7335 吨级钢铁装甲舰"定远"号、"镇远"号和排水量 2300 吨的"济远"号，这在远东是威力最大的战列舰。1887 年至 1888 年，清政府又向英、德订购的 4 艘性能更为先进的战列舰"致远"号、"靖远"号、"经远"号和"来远"号抵华并编入现役，至此北洋水师舰队拥有主力战舰 20 余艘。日本对中国的新型钢铁装甲战列舰十分恐惧，为在未来海战中与中国抗衡，日本投入巨资赶建了一批铁甲战列舰。

甲午海战的丰岛海战开始时，日方共有装甲巡洋舰两艘，轻巡洋舰 1 艘，中方有"济远"号装甲巡洋舰和中国自制的钢壳炮舰"广乙"号，由于日舰航速快，火力猛，又是有备来犯，经过激烈交战，中方"广乙"号被重创退出战斗，"济远"号也受伤，被迫撤出退往威海。日舰在追击途中还击沉中方一艘运兵船，俘走一艘木制炮艇。中国海军首战失利。

1894 年 9 月 17 日，中日海军在黄海大东沟海域附近再次交战，北洋水师的 10 艘战舰与日本联合舰队的 12 艘战舰投入战斗。北洋水师尽管在吨位与航速上与对方相差不大，但在火炮的口径和射速上却远逊于日方，加之战场指挥混乱失误，经过 5 个小时的激烈战斗，北洋水师被击沉 5 艘战舰，其他军舰也大都受伤，而日舰虽有 5 艘遭重创，但却无一沉没。北洋水师在海战中几乎丧失了主动权。由于清政府和北洋水师的软弱无能，1895 年 2 月，北洋水师的 30 余艘战舰，在威海港内，被日本联合舰队全部击沉或俘虏，至此，清政府苦心经营的北洋舰队全军覆没。

甲午海战是世界装甲战舰在舰队规模上的第一次大海战，它表明了大口径火炮和厚重装甲战舰的作战优势，也显示了速射炮和集中炮火进行攻击的优越性。因此，各国海军纷纷借鉴经验，开始建造大型铁甲战舰，拉开了大舰与巨炮称雄海上的序幕。

庞大的舰艇家族

舰艇是个庞大的家族，通常分为战斗舰艇、登陆舰艇和勤务舰艇三类，也可分为战斗舰艇、登陆作战舰艇、水雷战舰艇和勤务舰艇四类或战斗舰艇和勤务舰艇两类的。每一类舰艇按其基本任务的不同，又区分为不同的舰级和舰型。

舰艇被视为国家领土的一部分，遵守本国的法律和公认的国际法。

巡洋舰

巡洋舰是一种火力强、用途多，主要在远洋活动的大型水面舰艇。巡洋舰是海军战斗舰艇的主要舰种之一。

巡洋舰装备有与其排水量相称的攻防武器系统、精密的探测计算设备和指挥控制通信系统，具有较高的航速，较大的续航力。通常由数艘巡洋舰组成编队，或参加航空母舰编队担任翼侧掩护，常为旗舰，必要时也可单舰遂行战斗活动。

在帆船时代，巡洋舰是指舰炮较少，通常不直接参加战列线战斗，而主要用于巡逻，护航的快速炮船。在蒸汽船时代初期，则指明轮巡航炮船。舰船采用螺旋桨推进后，至19世纪60年代，才开始探索并建造具有近代意义的巡洋舰。

19世纪末期，主要有装甲巡洋舰和水平装甲巡洋舰。在日俄战争的对马海战中，日本舰队的巡洋舰编队，适时发现了企图避战的俄国舰队并进行跟踪，发挥己方速度优势，钳制和迟滞俄国舰队的前卫队，使日本舰队主力得以及时赶到进行决战，取得了海战的胜利。

第一次世界大战期间，出现了满载排水量为3000吨至4000吨的巡洋舰，动力装置以蒸汽轮机代替蒸汽往复机，以燃油代替燃煤，航速增至30节，续航力增大，装备127毫米至152毫米舰炮。它能压制对方驱逐舰，引导和支援己方驱逐舰进行战斗，成为得力的战舰。在日德兰海战中、英、德主力舰队的交战，首先是由双方前卫巡洋舰编队的交火而诱发的。

第一次世界大战后，巡洋舰有了进一步发展。第二次世界大战初期，出现了重巡洋舰和轻巡洋舰，以后又出现了更大排水量的大巡洋舰。在多次海战中，巡洋舰发挥了重要作用。在大西洋和太平洋的海战中，巡洋舰都进行或参加了激烈的战斗。

现代巡洋舰采用科学技术的最新成果，普遍装备了舰舰导弹、舰空导弹、新型舰炮、反潜武器和反潜直升机以及新型雷达、声呐等，不断提高反潜、防空能力，装备了作战指挥自动化系统，具备了快速反应能力。有的还采用核动力装置，使续航力空前增大，机动性大大提高，其吨位也有进一步增大的趋势。

朱姆沃尔特级是当今美国海军众多战舰中最优秀的舰艇。该级别舰定员74人。其排水量与武器载荷未作最后决定，但海军计划装配256枚导弹，由垂直发射系统发射；还计划配备两座新型155毫米先进火炮系统，它能发射增程导向弹药，弹重110磅，能带72个M80子母弹，使射程达100海里，并具有GPS精度。DD－21舰的弹舱容量目标为每门炮配750枚ERGM弹。该巡洋舰采用穿波内倾型舰壳，减小雷达反射截面。海军也正在审查低信号上层建筑的可行性，以利保持隐身特性。

▲现代轻型巡洋舰

战列舰

战列舰又称为战斗舰、战舰，是一种以大口径舰炮为主要战斗武器的大型水面战斗舰艇。由于其上装备有威力巨大的大口径舰炮和厚重装甲，具有强大攻击力和防护力，所以，战列舰曾经是海军编队的战斗核心，是水面战斗舰艇编队主力。

在军舰的大家族中，战列舰是最早诞生的舰种。战列舰的发展经历了风帆战列舰和蒸汽战列舰两个阶段。随着科学技术的发展，战列舰由木质壳体换成了钢铁装甲，由风帆驱使改为蒸汽机推动，由大炮轰击发展为导弹摧毁。

战列舰的名称，最早出现在17世纪英国和荷兰战争期间。当时的战舰都是用木头做壳体，扯起风帆作动力，因此，那时的战列舰叫木质风帆战列舰。

以前的海战，交战双方采用接舰战的方式。中国发明的火药通过蒙古人传到西方，舰船舷侧装上了火炮，传统的接舰战受到了冲击。随着火炮口径增大、射距增加，交战双方的舰船也逐渐放弃了密集的横队战术，进而拉开了交战的距离。由于舰炮装在船的两侧，为了便于发挥火力，作战舰队一艘跟随一艘，采取一路纵队队形作战。这样一来，舰体大的、火力强的战舰编入了战斗的行列，那些吨位小、火炮射距近的舰船只用来巡逻。于是，编入战斗行列的大舰就被称为战列舰。战列舰可分为木质风帆战列舰、蒸汽战列舰和装甲战列舰三类。

（一）木质风帆战列舰。木质风帆战列舰排水量由1000吨逐步增大到4000吨至5000吨。它有3层甲板，每层单板都装备火炮；有前桅、主桅、后桅3根桅杆，一根主桅的直径是1.01米，高36.6米。桅杆用绳索扯起三四段横帆，海风把白帆鼓张起来驱动战舰前进，一般风力下航速5节至10节。

造这样的一艘木质风帆战列舰，需要2000棵栎树，其中有很多树龄在百年以上。由于各列强争相造大舰，森林不能满足供应，英国人不得不到世界各地寻找坚韧的木材。法国、荷兰和西班牙本土都没有适合做桅杆或横帆上用的冷杉木或松树，因而，他们派人到波罗的海沿岸或北美洲四处寻找适合做桅杆和横帆的木材。

木质风帆战列舰既不用煤也不用油，有风就能行驶，只要装载足够的食品、水和军需品，就能够随风逐流在海上活动几个月，使其摆脱了长期依靠岸上基地供给的弊端。但是风帆战列舰缺少战术自由：进攻时，它须驶到敌舰的上风用火炮轰击敌人；风向不对或没有风，就须进行"Z"字形移动，不断调整前进的方向。它还有一个致命弱点，即一旦风帆和桅杆受损，战舰就失去前进动力。因此，法国军舰同英国风帆战列舰交战时，专门对准对方战舰的桅杆、桅桁和索具射击，把风帆打坏了，英舰就失去追击的能力。

1827 年 10 月，英、法、俄联合舰对在希腊西海岸外的纳瓦里诺湾同土耳其、埃及联合舰队发生的激战，这是木质风帆战列舰之间在地中海最后一次大海战。此次海战，双方参战的战列舰、巡洋舰、炮船、小船共 92 艘。炮战结果，土耳其、埃及军舰损失计战列舰 1 艘、巡洋舰 12 艘、炮船 22 艘，水兵战死 4000 人。联合舰队损失轻微。

（二）蒸汽战列舰。蒸汽战列舰出现于 19 世纪中期，它是近代工业的产物。发明家富尔顿汲取了前人的经验，实验各种明轮、螺旋桨和水阻小的船体，到了 1807 年，他的试验取得突破性进展，8 月 17 日，42.7 米长的"克勒蒙"号蒸汽船在纽约的哈德逊河上破浪前进，两岸行人驻步观赏，富尔顿在船上兴奋地挥动着帽子向世人宣告：新的航海时代开始啦！

不久，美国发明家约翰·史蒂文斯在汽船上安装了两具反向螺旋桨，消除了单桨产生的横偏。美国人在蒸汽船"大不列颠"号上装了螺旋桨，它在处女航中打破了船只横渡大西洋的纪录。

1849 年，世界上第一艘蒸汽动力战列舰"拿破仑"号在法国诞生了。该舰装备 100 门火炮。蒸汽战列舰的优势在于不受风向和水流的制约，提高了航速，在战斗中可以自由进行战术机动。但是，由于早期的蒸汽战列舰消耗的木头和煤太多，航行距离受到限制，往往航行不到 100 海里就耗尽了燃料。再加上人们对蒸汽机的功能不放心，所以，风帆仍未废除，蒸汽机只是在无风或出入港口时才使用。

（三）装甲舰。1853 年克里米亚战争中的两次事件使得人们对装甲舰刮目相看。在黑海的锡诺普，土耳其的 11 艘木制战舰被俄国一个中队的平射炮迅速摧毁。而在向塔布尔要塞发动攻击中，法国海军投入了用 10 厘米厚的锻铁作装甲的 3 艘新式活动炮台。炮弹撞击得装甲舰"砰砰"响，可就是难以穿透。这些活动炮台却驶进来，用炮火把要塞炸成了废墟。这是世界上首批投入战斗的装甲舰。

这次海战的奇迹使世界海军强国幡然醒悟，各国纷纷研制装甲舰。法国于 1859 年制造出世界上第一艘铁甲舰"光荣"号，铁甲厚约 11 厘米，后面用大肋木支撑，排水量 5617 吨，装有 36 门炮。为了同"光荣"号抗衡，英国海军则紧锣密鼓建造自己的第一艘铁甲战列舰"勇士"号。该舰于 1860 年下水，长 115.8 米，排水量 9000 吨，有 45.7 毫米厚柚木支撑着 11.4 毫米厚装甲带，有 40 门大炮，速度 14 节。比"光荣"号更进一步的是，"勇士"号的全部舰壳都用铁包裹。"勇士"号的下水，结束了木壳舰的时代。

随着冶金业的发展，钢代替了熟铁，舰艇装甲变得越来越坚硬。19 世纪 80 年代，出现了能阻挡穿透表面坚硬并防破裂的合成钢铁装甲。德国的克鲁伯工厂生产了一种钢板既坚硬又轻，14.6 毫米厚的克鲁伯钢板的防护作用与 30.4 毫米厚的合成钢或与 38.1 毫米的熟铁一样。这种钢板很快被大多数国家的海军所采用。1892 年，英国建造了世界上第一艘钢质战列舰"君主"号。这艘战列舰满载 1.5585 万吨，航速达到创纪录的 18 节。该舰前后甲板各装备一座双联装 343 毫米炮，两舷还装有大炮。1895 年，英国又建造了"尊严"号战列舰。该舰首次使用碳素钢，排水量 1.49 万吨，速度 18 节，装备 30.5 毫米炮 4 门、15.2 毫米炮 12 门。至此，世界上已广泛应用钢材造舰。

冶金业不仅促进了战列舰舰体的发展，同时也给舰炮带来了变革。19 世纪 40 年代，美国的约翰·埃里克森和斯托克顿各设计一门锻铁制造的 30.5 毫米口径的巨型火炮，用于装备"普林斯顿"号战舰。埃里克森的火炮试射时，后膛附近出现了裂纹。这位设计者用很粗的锻铁带加固后膛。斯托克顿的大炮试射时，突然发生了炸膛，在场的美国国务卿、海军部长、两名国会议员等人均不幸遇难。美国总统泰勒正在舱下与贵宾交谈幸免于难，于是，各国专家一度对这种大炮持怀疑态度。

19 世纪 50 年代，美国海军中校约翰·达尔格伦设计出一门像啤酒瓶子状的大炮，后膛粗，朝炮口逐渐变细，炮口的爆炸气体压力较小，这种炮很快被美国海军采用。后来，英国人设计出阿姆斯特朗火炮。这种炮由内外两管组成，外管在灼热状态下套在内管外面，冷却时牢牢套住。内管是一个锻铁条，盘绕成管状。这样，这块金属承受的发射压力是沿纵向而不是横向扩展，从而避免了炸膛。

为了给这种大炮和炮手提供一定的防护，约翰·埃里克森和英国海军上校考珀·科尔斯分别研制出海军舰炮的回旋炮塔。最先竣工的安装回旋炮塔的战舰是埃里克森设计的"班长"号，曾在 1862 年汉普顿战役中发挥了威力。后来，像英国的"君主"号、"尊严"号战列舰，都安装回旋炮塔火炮。

炮身的变革带来炮弹的更新，出现了无烟火药和高爆炮弹。钢铁的装甲、带膛线的大炮、高爆的炮弹，使战列舰的威力空前大增。

20 世纪初，英国建造了"无畏"号战列舰，法、俄、德、意、日、美等国也相继建造战列舰。在两次世界大战期间，战列舰有了很大发展，其满载排水量由 2 万吨增大到 7 万吨，最大航速由 25 节提高到 30 节以上。20 世纪 80 年代初，美国开始将 4 艘"艾奥瓦"级战列舰进行现代化改装，其满载排水量为 5.8 万吨左右，最大航速为 35 节，续航力可达到 1.5 万海里。

▲ "无畏"号战列舰

导弹艇

导弹艇指以舰舰导弹为主要武器的小型高速水面战斗舰艇。导弹艇主要用于近岸海区作战，在其他兵力协同下，以编队（或单艇）对敌水面舰船实施导弹攻击，也可用于巡逻、警戒和反潜。

中、小型导弹艇满载排水量数十至数百吨，大型导弹艇满载排水量达到300吨至500吨，航速30节至40节左右。导弹艇多数采用高速柴油机，有的采用燃气轮机或燃气轮机－柴油机联合动力装置。装备有巡航式舰舰导弹、舰炮，有的还装备有鱼雷、水雷、深水炸弹或舰空导弹。艇上有搜索探测、武器控制、通信导航、电子战和以电子计算机为中心的作战指挥等系统，能在最短时间内以最佳方案使用武器。导弹艇吨位小，航速高，机动灵活，攻击威力大，但适航性较差，续航力较小，自卫能力软弱。

导弹艇是在鱼雷艇的基础上诞生的，是导弹武器在海上应用的产物。世界上最早的导弹艇是20世纪50年代末期出现的苏联的"蚊子"级导弹艇，它最初系由P－6级鱼雷艇改装而成，除保留原来艇体和一些设备外，将鱼雷发射管拆除并装置两座斜度为12度角向前上方倾斜的固定式导弹发射装置。发射装置是由一个在半圆壳内较长的u形支架构成的，支架上有两道滑轨，尾部的滑轨是通过支撑结构斜落的。为了使滑轨上的导弹免受外来的影响，在它上面盖有一个呈椭圆截面的半圆壳罩。两条轻轨间的u形凹槽的断面是与导弹弹体下所携挂的发射火箭的结构相适应的，这样可使发射火箭的排气射流尽可能小地影响上甲板。由于发射装置之间的排列较近，故舷甲板上非常拥挤。这样不得不废除了原来安装在这里的25毫米的双联装对空炮。

就整体性能来说，"蚊子"级导弹艇的排水量小、耐波性差、续航力小，所以，该级艇的使用受到了海区和气象条件的很大限制，只适用于风浪不大的沿海水域。

苏联的"蚊子"级导弹艇大约建造了90艘，除在其他一些中小国家服役外，苏联海军早已不再使用该型艇。

为了弥补"蚊子"级导弹艇所存在的缺陷，前苏联在用鱼雷艇改装导弹艇的同时，开始了中型导弹艇——"黄蜂"级导弹艇的研制工作。与"蚊子"级导弹艇相比，"黄蜂"级导弹艇的满载排水量比"蚊子"级增加了一倍半，装弹数量为后者的一倍，适航性和作战能力都有明显的提高。其艇体采用混合线型，首部甲板斜升，艇体为钢质，全柴油机推进。4座导弹发射装置，每对前后排列固定在甲板的两舷，导弹向前发射。尾部发射装置的发射仰角为15°，而前部发射装置的仰角只有12°。与"蚊子"级相比，"黄蜂"级的发射装置是被完全封闭的外罩

▲以色列"萨尔－5"型导弹艇

所包围，发射装置的前和后均可关闭，发射时封闭盖可向上翻起，每个发射装置的后面均有火箭挡板。欲将导弹装填到发射装置内，则须将发射架向外伸出，将导弹置于其上，然后发射架连同导弹缩回到外罩的下面。

此级艇先后作过两次改装，因而有Ⅰ、Ⅱ、Ⅲ型之分。

1967年10月，埃及用苏制"蚊子"级导弹艇击沉了以色列"埃拉特"号驱逐舰，在海战史上首创导弹艇击沉军舰的战例。在1973年10月第四次中东战争中，以色列的"萨尔"级和"雷谢夫"级导弹艇，成功地干扰了埃及和叙利亚导弹艇发射的几十枚"冥河"导弹，使其无一命中，同时使用

▲中国"青岛"号导弹驱逐舰发射反潜弹

"加布里埃尔"导弹和舰炮，击沉击伤对方导弹艇12艘，这是电子战系统对增强舰艇攻防战斗能力所发挥的作用，也是导弹艇击沉同类型艇的首次战例。这些海战的经验，引起了各国海军对导弹艇的重视，竞相发展导弹艇。在现代条件下，导弹艇将会有更广阔的发展前景。

护卫舰

护卫舰指以水中武器、舰炮、导弹为主要武器的轻型军舰。护卫艇主要用于反潜护航，以及侦察、警戒、巡逻、布雷、支援登陆等。

第一次世界大战期间，德国实行无限制潜艇战，破坏海上交通线和封锁基地、港口，对协约国造成很大威胁。英、法、俄、美等国为适应反潜护航的需要，先后建造了护卫舰，最初不叫护卫舰而称为护航舰。

初期的护卫舰满载排水量240吨至400吨。

随着两次世界大战的爆发，护卫舰又有了进一步的发展。在第一次世界大战中，以英、法为代表的协约国一方有着广大的殖民地，需要从海上源源不断地运送作战物资，租用大批商船建立了海上交通线。为了切断英、法等国的海上交通线，遏制其战场上的物资需求，德国人利用研制的大批潜艇对英、法等国的商船队进行了神出鬼没的袭击。虽然那时的潜艇性能并不先进，但对付运输船队却是绰绰有余。在短短4个月中，德国潜艇就击沉英、法等国的运输船只总吨位210万多吨，给协约国造成惨重损失。

这表明，那些吨位小、续航力低的小型护卫舰只适合在港口附近活动，而无法适应远洋船队护航的要求。于是，他们开始建造1000吨以上，能够进行远洋护航的护卫舰。由此，护卫舰的作战使命则由港湾基地附近"看门护院"，扩展到穿洋越海的船队"保镖"，并在商船的护卫上起到了不小的作用。

在第二次世界大战中，德国沿用一战时的老方法继续用大量潜艇，并以飞机和水面舰艇相配合，截击英、法、美、俄的运输船队，破坏英、法等国的海上交通线，进行了广泛的破交战。在一年时间内，击沉了运输船只及护航舰艇1000余艘，总吨位达700多万吨。严峻的破交战迫使盟国采取反破交措施。1941年，美国将巨型商船改建成护航航空母舰，各盟国也纷纷建造1000吨至1500吨级护卫舰，仅3年时间就建造了1800多艘。

1943年，在大西洋上展开了激烈的破交与反破交海战。4月份，盟国派出了由40多艘商船组成的运输船队从英国开往美国，德国立即派出50多艘潜艇，预以"狼群战术"加以袭击。但此次盟国派出了以护卫舰为主的强大护卫舰队，在10天里与德潜艇作战30多次，击沉击伤潜艇6艘，而护卫舰无一沉没。6月份，盟国GS7运输船队出航时，德国又派出30多艘潜艇进行拦截。盟国有5艘护卫舰参加护航，与航空母舰协同作战，击沉德国潜艇15艘。

护卫舰在反破交战中大显身手，取得了令世人瞩目的战绩。这证明了它在海战中是大有作为的舰种之一，使其在二战之后仍得到了快速发展，并呈现出一些明显的特征。

首先，在舰体规模发展上与驱逐舰明显不同。驱逐舰的舰体是沿着越造越大的方向发展，而护卫舰的吨位则是"大小各有千秋"。目前，能自行建造大型护卫舰的国家有美国、俄罗斯、中国、英国、日本、荷兰等。其中美国最重视建造大型护卫舰，拥有100艘以上。大型护卫舰的舰体规模、武备及作战使命范围和驱逐舰已十分相近。

其次，二战后建造的护卫舰更加注重机动性和快速反应能力。为此，许多国家都做出了巨大努力。如前苏联在护卫舰上采用全燃动力装置后，从启动到全速运转只要2分钟时间。以色列采用小型高效发电机和轻型材料，减轻了舰体重量，有利于提高机动性，并在1200吨排水量的小型护卫舰上用电脑控制动力装置，以减少舰员。而日本的轻型护卫舰采用先进的火力自动控制系统，从发现目标、跟踪瞄准到实施攻击，全部由电脑控制，迅速而准确。

▲美国"佩里"级护卫舰

最后，舰小而威力强大。轻型护卫舰造价较低廉，且应用范围广，在和平时代，执行常规性的巡逻警戒、护渔护航等任务使用护卫舰最合适。因此，许多国家都致力于护卫舰的发展与性能提高，配备先进的武器、多种功能的电子设备及先进的作战系统。使其普遍具有对空、对海和对潜的打击能力，有的护卫舰还装备了远射程武器，加强了对岸攻击能力。如西班牙自行设计建造的"侦察"级护卫舰，排水量只有1000多吨，却装配2座4联装"鱼叉"反舰导弹发射装置、1

座 8 联袭"海麻雀"对空导弹发射装置、1 座 76 毫米舰炮和 2 座 40 毫米舰炮、2 座 3 联装鱼雷发射装置、1 座双管 375 毫米反潜火箭深弹。

驱逐舰

驱逐舰一般指装备多种武器，具有多种作战能力的中型军舰，是海军舰队编成中突击力较强的舰种之一。驱逐舰主要用于攻击潜艇和水面舰船，舰队防空，以及护航、侦察、巡逻、警戒，布雷、袭击岸上目标等。

1893 年，英国建造了"哈沃克"号鱼雷驱逐舰和"霍内特"号鱼雷艇驱逐舰，长 54.8 米，宽 5.48 米，排水量 240 吨，航速 27 节，这是世界上最早的驱逐舰。1900 年，美国建造了"班布里奇"级驱逐舰，排水量 420 吨，航速 29 节，装备两门舰炮和两个鱼雷发射管。1902 年，我国建造了"建威"号鱼雷快船和"建安"号鱼雷快船，排水量 830 吨，航速 23 节，装备舰炮 8～9 门和鱼雷发射装置，这是当时吨位较大的驱逐舰。第一次世界大战前，英、德、俄、法、美等国共建造了近 600 艘驱逐舰。这些驱逐舰的满载排水量 1000 吨至 1300 吨，航速 30 节至 37 节，多采用燃油的蒸汽轮机动力装置，装备 88 毫米至 102 毫米舰炮数门和 450 毫米至 533 毫米鱼雷发射装置 2 座至 3 座。1916 年，俄国建造的"义加斯拉夫"号后改名为"卡尔·马克思"号驱逐舰，排水量 1350 吨，航速 35 节，装备 100 毫米舰炮 5 门，三联装 450 毫米鱼雷发射装置 3 座，这是当时吨位较大、火力较强的驱逐舰。第一次世界大战末期，美国开始建造大型驱逐舰——驱逐领舰，此后，苏联等国也建造这种驱逐舰。至 20 世纪 60 年代末，驱逐领舰已被淘汰。

20 世纪 50 年代出现了导弹驱逐舰。美国于 1953 年建造了"米切尔"级导弹驱逐舰，满载排水量 5200 吨，装备"鞑靼人"舰空导弹；70 年代，建造了"斯普鲁恩斯"级导弹驱逐舰，满载排水量 7810 吨，装备"鱼叉"舰舰导弹和"海麻雀"舰空导弹。苏联于 1957 年建造了"基尔丁"级导弹驱逐舰，满载排水量 3500 吨，装备"SS－N－1"舰舰导弹；80 年代初，建造了"卡辛"级导弹驱逐舰，满载排水量 4600 吨，装备"SS－N－2C"舰舰导弹和"SA－N－1"舰空导弹。

从 20 世纪 60 年代开始，美、苏、英、法、加拿大、日本等国将反潜直升机装上了驱逐舰，美国将自动化指挥控制系统也装上了驱逐舰。70 年代以来，驱逐舰多采用燃气轮机动力装置续航力相应增大。

潜　艇

潜艇是海军的主要舰种之一，也称潜水艇，是一种既能在水面航行又能潜入水中某

▲ "米切尔"级导弹驱逐舰

一深度进行机动作战的舰艇。潜艇具有良好的隐蔽性，较大的自给力、续航力和较强的突击力，主要用于攻击大、中型水面舰船和潜艇，袭击海岸设施和陆上重要目标，以及布雷、侦察、输送侦察兵登陆等。

▲南军"亨利"号潜艇

1620 年，荷兰物理学家 C.J. 德雷贝尔在英国建造了一艘潜水船，船体由木框架外包牛皮构成，船内装有羊皮囊，向囊内注水，船就潜入水下 3 米至 5 米的深度。把囊内水排出船外，船便浮出水面。通过划动伸出舷侧的桨叶使船前进。这种潜水船被认为是潜艇的雏形。1775 年，美国人布什内尔建造了一艘单人驾驶的、以手摇螺旋桨为动力的木壳的"海龟"号小船，它能在水下"潜伏"约 30 分钟。1776 年，美国人曾用它潜抵英国战舰"鹰"号舰体下，用固定爆炸装置袭击但未获成功。这是使用人力潜艇袭击军舰的第一次尝试。美国南北战争期间，首次出现了蒸汽机动力潜艇。1864 年，南军的"亨利"号潜艇用水雷炸沉了北军的"休斯敦"号巡洋舰，这是潜艇击沉军舰的首次战例。

1893 年，法国建造了一艘蓄电池电动机潜艇。19 世纪末，爱尔兰籍美国人霍兰建造了一艘水面以汽油机、水下以蓄电池电动机为动力的双推进系统潜艇，并装有鱼雷发射管。1897 年，美国人 S. 莱克建成了第一艘双壳潜艇，在两层壳体间布置有可使潜艇下潜上浮的水柜。20 世纪初，出现了具备一定作战能力的潜艇，水下排水量一般为数百吨，水面航速约 10 节，水下航速 6 节至 8 节，主要武器是舰炮、水雷和鱼雷。第一次世界大战前，各主要海军国家共拥有潜艇 260 多艘，战争期间又增加 640 分艘。这些潜艇采用柴油机——电动机双推进系统，航速和续航力有了明显提高。

第一次世界大战后，各主要海军国家更加重视建造和发展潜艇。第二次世界大战前，这些国家共拥有潜 690 余艘，战争期间又增加约 1700 艘。在二战中，交战双方广泛使用了潜艇，其战斗活动几乎遍及各大洋。由于反潜兵力兵器的发展和广泛使用，促使潜艇的性能又有了新的提高。大战后，各主要海军国家十分重视新型潜艇的研究和建造，核动力和战略导弹武器运用在潜艇上，使潜艇的发展进入了一个新阶段。1954 年，美国建成了世界上第一艘核动力潜艇"鹦鹉螺"号。1959 年前后，苏联建成了第一艘核动力潜艇。1960 年，美国又建成了"北极星"战

▲第一艘核动力潜艇"鹦鹉螺"号

略导弹核动力潜艇"乔治·华盛顿"号。此后，英国、法国和中国也相继建成了核动力潜艇。

猎潜艇

猎潜艇指以反潜武器为主要装备的小型水面战斗舰艇，主要用于在近海搜索和攻击潜艇，以及巡逻、警戒、护航和布雷等。猎潜艇的满载排水量在500吨以下，航速24节至38节，水翼猎潜艇可达50节以上，续航力1000海里至3000海里，可在3级至5级海况下能有效地使用武器，5级至7级海况下能安全航行。现代猎潜艇装有性能良好的声呐、雷达，反潜鱼雷发射管4个至12个，多管火箭式深水炸弹发射装置2座至4座，20毫米至76毫米舰炮1座至6座，射击指挥仪和作战指挥自动化系统等，有的还装有舰空导弹。

猎潜艇于第一次世界大战中出现。初期的猎潜艇，满载排水量一般不超过100吨，最大航速10节左右。当时没有声呐，只能用深水炸弹和舰炮攻击下潜不深或浮出水面的潜艇。第二次世界大战期间，猎潜艇的性能有了较大提高，满载排水量已达300吨左右，最大航速约20节，装有火箭式深水炸弹发射装置，大型深水炸弹发射炮或投放器。现代猎潜艇采用大功率柴油机或燃气轮机动力装置，其机动性能和搜索、攻击潜艇的效能大为提高。苏联于20世纪60年代建造的"SOI"级猎潜艇，满载排水量215吨，最大航速28节，装有5管火箭式深水炸弹发射器4座，深水炸弹滚架2个，深水炸弹24枚。美国于1963年建造的"高点"号水翼猎潜艇，满载排水量110吨，最大航速48节，装有反潜鱼雷发射管4个，40毫米舰炮1门。加拿大于1960年建造的"布拉·德·奥尔"号水翼猎潜艇，满载排水量237吨，最大航速50～60节，装有三联装反潜鱼雷发射装置4座。

猎潜艇的发展趋势是：提高航速和适航性，增强搜索潜艇的能力和反潜武器的威力，进一步应用气垫技术，普遍装备作战指挥自动化系统。

水雷战舰艇

水雷战舰艇包括布雷舰艇和反水雷舰艇。布雷舰艇用于在海上或其他水域布放水雷，其设备比较简单，且常由其他舰艇代为执行布雷任务。反水雷舰艇的使命则是破除敌方所布放的水雷，保障己方舰船航行安全。反水雷舰艇包括扫雷舰艇、猎雷舰艇、破雷舰等。直升机也是重要的反水雷兵器，但它不属于舰艇。反水雷舰艇中以扫雷舰艇出现得最早，大约诞生于20世纪初叶的日俄战争时期。在第一次世界大战时期，反水雷战的规

▲中国037猎潜艇

模相当庞大，成为那时海战的一个重要方面，扫雷舰艇也发展成为各国海军的一个独立舰种。

水雷是一类以静制动的兵器，它的作用很像陆地中的地雷。但水雷要杀伤的目标是各种舰艇，因此其体积和威力都比一般地雷大得多。从布设方式分，有在水中自由运动的漂雷，有用锚链固定在一定水深的锚雷，及沉于浅海水底的沉底水雷。在引爆方式上，则有舰艇与水雷相撞引爆的触发水雷，有舰船自身特征，如噪声、磁场及航行引起水压变化而引爆的非触发水雷，以及由布雷方控制引爆的控制水雷等。

在反水雷舰艇与水雷的对抗中，由于长期以来扫雷舰艇性能改善的速度落后于水雷性能提高的速度，而使扫雷舰艇处于被动境地。为了提高反水雷的效率，各国海军在发展反水雷舰艇方面做了巨大努力，一方面是提高舰艇的防雷性能，一方面是使其具有独特的猎、扫雷能力，高效地消灭敌方布设的各类水雷。

反水雷舰艇属军舰中最"安静"的舰艇，其吃水浅、磁性小、噪音小、航行引起的水压场小，尽量减小舰艇在扫雷过程中引爆水雷的可能性，以保证反水雷舰艇在猎、扫雷中的安全。

水雷灵敏度的提高和引爆方式的多样化、智能化越来越富有挑战性，这促使各国海军在提高反水雷舰艇的性能方面不得不做出巨大努力，自20世纪50年代以后的几十年间也取得了很大成绩。不仅造出了多种型号的扫雷舰艇和先进的扫雷具，还研制成功了气垫扫雷艇、遥控扫雷艇、破雷舰和猎雷舰艇。

水雷舰艇与反水雷舰艇这两个冤家对头，事实上却是一对孪生兄弟。在水雷用于海战的同时，人们便也开始了寻求扫除水雷的方法，这便促进了反水雷舰艇的诞生。

最早的扫雷具出现于19世纪末至20世纪初，它是带有浮标的钢索，由两艘舰艇平行拖曳在雷区航行。钢索挂住锚雷的雷索后，人们立即将整个锚雷拖至岸边浅水区，拆除引信或将其引爆。在1904年至1905年的日俄战争中，双方就是用这种古老方式扫雷。面对成千上万个水雷，又在敌方舰炮或岸炮的威胁下，这种方式的扫雷效率低，而且十分危险。

针对锚雷的特点，人们很快研制出了单舰拖曳切割扫雷具，如俄国的"萧里茨"式和英国的"水獭"式。这种扫雷具装在扫雷舰艇的尾甲板上，它有2根各装8把割刀的扫索。割刀像张开的剪刀，刀刃硬度很高，上面装有平衡板，使扫雷时保持水平并使刀口张向外舷。扫雷舰拖着扫索前进，碰到雷索时使雷索滑入刀口被割断，锚雷就浮出水面，然后由专门小艇加以击毁。

为扩大扫雷宽度，两根扫雷索的顶头各连接一个展开器，航行时可产生向外侧的展开力。为使带割刀的扫索部分和展开器运行在设定的扫雷深度上，在展开器平衡板的链环上连有一根定深索和一个指示浮体。定深索的长度就是扫除锚雷的深度，指示浮体则指示展开器的运行情况并起保持队形的作用。

在日俄战争中，俄国海军曾将自动挖泥船改装成拖带新式扫雷具的扫雷舰。挖泥船小量的吃水和巨大的空舱颇适合扫雷作业，因此俄国的扫雷舰队至第一次世界大战都称作"挖泥船队"。但这种"挖泥船"航速低，使随行军舰的行动减慢，人们逐渐认识到设计建造专门扫雷舰艇的必要性。

俄国在1910年至1912年专门设计建造了反水雷舰艇"明列捕"号和"火星"号，它们成为以后扫雷舰艇发展的基础。"火星"号排水量500吨，不拖带扫雷具航速11.6节，主机功率456千瓦，续航力1300海里。舰长44米，舰宽7.5米，吃水4.5米，可装备大中型切割扫雷具。其自卫武器为1门75毫米炮和2门37毫米炮。在发展扫雷舰艇的同时，俄国还创造了第一批用于低速扫雷舰艇的"萧里茨"式扫雷具、用于高速扫雷舰艇的展开板式扫雷具，后又制造了快速风筝式切割扫雷具。

第一次世界大战爆发后，德国人首先违反海牙会议关于禁止在敌对双方领海之外布雷的决定，除宣布英国附近海区为水雷危险区外，其攻势布雷扩大到波罗的海、黑海、白海咽喉区、锡兰岛附近、新西兰各港口，导致交战双方在大战期间布放了31万枚水雷。面对31万枚水雷造成的航海危险，各国匆忙建造和改装了大批扫雷舰艇。

第一次世界大战中的扫雷任务紧张而繁重，仅俄国波罗的海舰队的80艘扫雷舰艇就航行了54万海里，扫雷航行近16万海里，扫雷2000次以上，清扫海域7000平方海里，有些海区和航道清扫过80次。至大战结束时，除损失的大批扫雷舰艇外，各国海军还剩下近1400艘。战争实践证明了反水雷舰艇的重要，并使之发展成一个独立舰种。

第二次世界大战一爆发，交战双方就又投入了新一轮水雷战之中。此次水雷战不但规模更大，技术上也变得更加复杂。同时，新型水雷的挑战也促进了扫雷舰艇在技术上的长足发展。

为了对付新型水雷，一些国家对大中型水面舰艇加装消磁设备，对中小型扫雷舰艇多用非磁性材料建造，选用振动小、噪音低的动力机械，以减少磁性水雷、感应水雷和音响水雷的威胁，并很快研制出各种磁性、电磁扫雷具和音响扫雷具，有效地破除这类水雷。对灵敏度很高的感应水雷、音响水雷和水压水雷，有的国家则用商船改装成几千吨及万吨级的破雷舰。将其船体结构加强，增加隔舱，在舱内充满防浸水充填物，使之有较强的抗爆炸生命力。舰上还装备强大的磁性线圈和发声器，以产生强大的磁场和声场，这种巨舰航行的水压场也比一般舰艇大得多。用这种"敢死队"式的破雷舰来紧急开辟雷区航道或扫除一般扫雷舰艇难以扫除的水雷障碍。

英国和法国在反水雷舰艇方面居于世界领先地位，法国的"希尔歇"级舰开了现代猎雷舰的先河，法、荷、比研制的"三伙伴"级猎/扫雷舰也堪称世界驰名，而英国的"狩猎"级猎/扫雷舰是当代最大的玻璃

▲现代扫雷舰

钢船体的反水雷舰，船体耐腐蚀、防虫蛀和变，寿命可达 30 年。

登陆舰艇

　　登陆舰艇也叫两栖舰艇，是在登陆作战时，输送登陆兵力及其武器装备和补给品到敌岸的舰艇。登陆舰艇可分为登陆艇、登陆舰、登陆运输舰和登陆指挥舰等。

　　登陆艇可以在无靠岸设施的敌方滩头阵地抢滩登陆，将所载人员或武器装备物资直接送上岸。按照排水量区分，可分为小型和大型登陆艇。小型登陆艇能够装载 30 余名登陆兵或 3 吨左右物资。中型登陆艇能够装载坦克 1 辆，或登陆兵 200 名，或物资数十吨。大型登陆艇能够装载坦克 3 辆至 5 辆或登陆兵数百名或物资 100 吨至 300 吨。大型登陆艇可作为登陆运输舰和大型登陆舰的登陆工具之一，在由舰到岸的登陆作战中，换乘登陆艇突击上陆。第二次世界大战前，已出现了多种型号的登陆艇。第二次世界大战中，美、英、日等国建造登陆艇约 10 万艘。

▲日本"大隅"级登陆舰

　　1940 年英国专门设计建造了世界上第一艘大型登陆舰。此后，一些国家相继建造登陆舰。二战时，美国由于在远离本土条件下参战，所以建造了大量的登陆舰，仅 LST 级大型登陆舰就有 1000 多艘。二战后，登陆舰的技术发展很快，种类型号越来越多，有船坞登陆舰、两栖攻击舰等。现代登陆舰还设置了直升机平台，装备了航空导弹，采用了侧向推进器、变距螺旋桨和新型登陆装置，战术技术性能有了很大的提高。

　　登陆运输舰和登陆物资运输舰，属于单一装载的运输舰，现已很少建造。船坞式登陆运输舰亦称船坞登陆舰，可携带大型登陆艇数艘或中型登陆艇 10 艘至 20 艘或两栖车辆 40 辆至 50 辆。直升机登陆运输舰亦称两栖攻击舰，是在 20 世纪 50 年代中期，随着垂直登陆理论的发展，首先由美国用航空母舰改装而成。60 年代，美国建造的硫磺岛级两栖攻击舰是最典型的两栖攻击舰。登陆运输舰也称通用两栖攻击舰，可用其携载登陆艇、两栖车辆和直升机，同时实施由舰到岸的平面登陆和垂直登陆。该舰种是在 20 世纪 70 年代发展起来的，可以实现均衡装载的要求。

功勋巡洋舰

功勋巡洋舰是在历史上产生过极大影响，改变历史或具体的战争进程的巡洋舰，它们都具有某种特殊的历史意义，比方说曾参加过俄国十月社会主义革命的"阿芙乐尔"号巡洋舰，美国南北战争中的"班长"号巡洋舰，以及英国的"贝尔法斯特"号巡洋舰等。

"阿芙乐尔"号打响十月革命第一炮

"阿芙乐尔"号虽是俄国海军三大著名战舰之一。该舰曾参加日俄战争，随俄国第二太平洋舰队前往远东增援，1905年5月在对马海战中，受到日舰炮火轰击，几乎全军覆没。"阿芙乐尔"号脱离俄国舰队，掉头穿过对马海峡，到达菲律宾时被扣留，战后归还俄国。归国途中，受革命感染的水兵偷偷购置武器，准备回国后进行武装斗争。俄国沙皇政府发觉"阿芙乐尔"号水兵不可靠，便将其改为教练舰。

第一次世界大战中，"阿芙乐尔"号在芬兰湾执行巡逻任务。1916年底，因作战受伤，被拖回彼得堡的俄法工厂大修。布尔什维克在彼得堡一带宣传革命道理，他们想争取这艘俄国海军中著名巡洋舰加入革命队伍，既能支持即将到来的武装行动，也有利影响策动其他军舰。1917年二月革命时，舰上水兵发动起义，参加推翻沙皇的斗争。5月12日，列宁到"阿芙乐尔"号上发表演说，水兵们受到教育，纷纷加入布尔什维克党。7月4日，"阿芙乐尔"号宣布，只服从波罗的海舰队布尔什维克委员会的领导。

1917年11月6日（俄历10月24日），"阿芙乐尔"号执行革命军事委员会命令，将军舰开到涅瓦河口的尼古拉耶夫桥下，未遇到敌人阻击。当时，军事革命委员会将部队集中起来，开到冬宫门外，与在宫中开会的临时政府的部长们对峙。晚上6时30分，军事革命委员会派出"阿穆尔"号布雷舰水兵多罗戈夫向冬宫送去最后通牒，敦促对方在20分钟之内投降，解除冬宫守卫者的武器，否则就要进击冬宫。临时政府并没有接受这个最后通牒，继续组织人员守卫。

布尔什维克人用舰上电台广播了列宁签署的《告俄国公民书》。当晚9时45分，"阿芙乐尔"号巡洋舰率先向当时的临时政府所在地冬宫开炮，发出进攻

▲ "阿芙乐尔"号巡洋舰打响了十月革命的第一炮

信号，揭开了"十月革命"的序幕。"阿芙乐尔号巡洋舰的炮声"成为十月革命的象征。1923 年起，阿芙乐尔号被编为训练舰。

1941 年 6 月 22 日，德国入侵苏联。在前苏联卫国战争中，"阿芙乐尔"号拆下 9 门火炮，组成"波罗的海舰队独立特种炮兵连"，部署在列宁格勒（圣彼得堡）城郊抵抗德军的进攻。面对德军的轰炸，舰上水兵们顽强反击，用留下的一门主炮积极作战。后因情况危急，军舰自沉于港湾中。1944 年，该舰被打捞出来并进行了修复，由政府移交给纳希莫夫海军学校。1948 年，根据列宁格勒市苏维埃执委会的决定，它被作为军舰博物馆，永久地固定在涅瓦河上。该博物馆除了军舰本身外，还陈列有 500 余件与该舰光荣历史有关的文件和物品。

美国南北战争中的"班长"号

美国的南北战争是其历史上最血腥的冲突，死的人比美国其他战争中死亡的总和还要多。南北战争爆发于林肯当选总统不久，当时南部 7 个州宣布脱离联邦，组成美利坚联邦。为了维护中央政府，也为了解放奴隶，北方军队讨伐南方。北方海军集结舰艇对南方实行封锁。

在南北对抗初期，为了打破北方海军的封锁，南部联邦的海军部长马洛里设法生产装甲战舰。南方的种植园经济显然没有多少造舰能力，改装现有的舰只是它们的一条捷径。于是，他们想起了沉在诺福克海军码头的旧船"梅里麦克"。

> ### 最大的巡洋舰——乌沙柯夫级
>
> 1999 年，俄海军将 3 艘前"基洛夫"级（现"乌沙柯夫"级）核动力导弹巡洋舰进行现代化改造。这 3 艘核动力导弹巡洋舰分别是："乌沙柯夫海军上将"号（前"基洛夫"号）、"拉扎列夫海军上将"号（前"伏龙芝"号）和"纳希莫夫海军上将"号（前"加里宁"号）。这 3 艘导弹巡洋舰目前已投入战场，这说明俄海军的攻击能力，特别是在太平洋的攻击能力将会有大幅度的提高。

他们将这艘旧船打捞上来，清除烧坏的结构，修理了动力装置，并将其加装装甲。南方只有一家轧钢厂只能生产出 5 毫米厚的侧装甲板。由于无处获得炼钢原料，工厂不得不用旧铁轨作原料。几个月后，这艘装甲舰改装出来了，命名为"弗吉尼亚"。改进后炮塔内装有 7 门口径 15.2 毫米至 22.9 毫米的火炮，其中 4 门是线膛炮。炮塔的顶部是厚厚的铁格栅，以用于通风。该舰长 54.3 米，装有 2 层铁甲，舰首装有坚硬的长铁角，用来撞击木质战舰。

南军改装装甲舰的消息传到北方，海军部长韦尔斯召开装甲舰审查委员会议，审查了 100 多项装甲舰提案，提出了建造 3 艘装甲巡洋舰的意见。美国著名的造船工程师和发明家约翰·埃里克森承担了"班长"号的设计建造任务。

埃里克森领受建造"班长"号的任务后，凭着才能、干劲及奉献精神每天去督促建造。该舰根本没有什么完整的综合设计书和比例模型，只是在建造过程中，埃里克森根据需要，亲自绘制了 100 幅样图。这艘舰仅用 101 个工作日就下水了。

"班长"号及其后继舰上设计安装的装甲比配置大口径火炮的小型炮台的装甲要厚一些，该舰的储备浮力和干舷高度很小，可有可无的上层设施统统被去掉，敌方唯一能攻击到的部位是炮塔。

"班长"号舰体长 37.8 米，舰体上铆接有 52.4 米×12.7 米的甲板。其侧壁装有11.4 毫米厚的铁甲，铁甲后衬有橡木。平面有 2.5 毫米的装甲防护以抵御俯射。炮塔高 2.7 米、直径 6.1 米，被装置于甲板上的铜圈里，周围有 8 层 2.5 毫米厚的铁板制成圆筒形叠层侧壁。炮塔顶塔是铁轨制成的格栅，用于透气。140 号重的炮塔置于转轴上，这根轴向下延伸到龙骨。该轴装有齿轮，与蒸汽车辅机相连，能使炮塔作 360度旋转。

炮塔内有 2 门 27.9 毫米的"达尔格伦"滑膛炮。埃里克森的意见是在发射之前的瞬间才将炮塔转向敌舰，这样，炮手就可尽量缩短暴露的时间。

"班长"号的发动机是普通双筒形，每个铸件内装有 91.4 毫米的汽缸。舰上装有2 台回焰式箱式锅炉。

1862 年 2 月 25 日，"班长"号开始编入现役，经过短期试航后，受命进驻汉普敦锚地。

"班长"号由一艘拖船拖带着从纽约出发，沿着海岸航行。对船员来说，这是一次艰难的航行。3 月 8 日下午，"班长"号战胜风浪，驶抵汉普敦锚地。

战斗打响之后，"班长"号在近距离对"弗吉尼亚"号连续炮击。不料"弗吉尼亚"的炮弹将"班长"号的驾驶室打得裂了一道窄缝，使舰长沃登上尉受伤双眼暂时失明。正在射击的副舰长塞缪尔·格林上尉接替舰长的指挥，率舰继续战斗，向"弗吉尼亚"号开炮。

"弗吉尼亚"号的舰体被打出几道裂缝，海水渗了进来。该舰只好撤退。

"班长"号乘胜追击，向"弗吉尼亚"号发射了两三发炮弹，在北军的打击下，南军节节败退。加上"弗吉尼亚"号由于发动机可靠性差和适航能力低，所以用其到远海作战的企图成为空想。遗憾的是，南军炸毁了这艘历史上有名的战舰。而经不起风浪的"班长"号，同年底也在卡罗来纳甲不远处沉没。

经过实战检验，"班长"号显示了机动灵活、火力较强、装甲坚固的优点，同时也暴露出适航力差的弱点。北方凭借其优越的工业基础，改进了"班长"号，并大量建造。"班长"号上的多项技术革新对巡洋舰的发展起到了积极影响。

功勋卓著的"贝尔法斯特号"巡洋舰

功勋卓著的"贝尔法斯特号"巡洋舰是经历过二战中血与火的洗礼，在大西洋、北冰洋打击德国海军，杀出威风的一艘光荣的英国战舰。

"贝尔法斯特号"于 1936 年 12 月开始建造，1938 年 8 月完工。它的排水量为10000 吨，舰长 186.86 米，舰宽 19.3 米，吃水 5.26 米，舰速 32.5 节。它装备 152 毫米炮三联装 4 座，共 12 门；102 毫米高平两用地双联装 6 座，共 12 门；40 毫米炮 8

▲"贝尔法斯特号"巡洋舰

联装2座，共16门；12.7毫米机枪8挺；鱼雷发射管6具，深水炸弹投射器15具以及2架水陆两用双翼机。

该舰主要部位装甲钢板厚达114.3毫米，防水隔壁厚88.9毫米，弹药库甲板厚76.2毫米，机舱甲板厚50.4毫米。装甲所占重量1790吨，实际巡洋舰的吨位超过11000吨。

1942年12月10日，"贝尔法斯特"号驶离斯卡帕湾，成了英国本土舰队第10巡洋舰分舰队的旗舰。从此，该舰就在北极水域担负为往返俄国的运输船队护航。"贝尔法斯特"号巡洋舰于1943年12月20日从冰岛出发，参加了苏联开往英国的运输船队的护航舰队，它跟战列舰"约克公爵"号的舰队一起，想要趁机诱歼德国战列舰"沙恩霍斯特"号。

12月26日早晨，"贝尔法斯特"号的雷达发现相距17海里处出现了一艘德舰。9时24分，当时天还很黑，海上黑乎乎什么也看不清，天气又很冷。"贝尔法斯特"号发射一发照明弹，发现德舰是"沙恩霍斯特"号。英舰队立即用大炮向"沙恩霍斯特"号齐射，强大的火力压住了"沙恩霍斯特"号，"沙恩霍斯特"号主桅被炮弹击中，雷达被炸坏了，赶紧掉头高速逃离。12时5分，"贝尔法斯特"号巡洋舰的雷达再次发现德舰，目标特征跟"沙恩霍斯特"号一样，英舰队立即追上去，发起猛烈炮击，双方交战20分钟，英舰队两艘轻巡洋舰受伤，上层建筑起火，"沙恩霍斯特"号又被命中数弹，冒着浓烟烈火逃离。"贝尔法斯特"号紧紧跟踪追击，不断把情况通报舰队。最后"约克公爵"号战列舰及另一支舰队赶到，形成了对"沙恩霍斯特"号的包围。16时17分，天依然很黑，"贝尔法斯特"号发射照明弹，刚好打在德战列巡洋舰上空，把它全身照得通亮。英两支舰队瞄准"沙恩霍斯特"号猛烈攻击。"约克公爵"号356毫米主炮发射的炮弹一发发打中德舰，其他驱逐舰一起发射了鱼雷，命中敌舰数枚，顿时烈火冲天。"沙恩霍斯特"号终于失去了抵抗能力，19时45分沉入海底。

在这场海战中，"贝尔法斯特"号打得英勇顽强，152毫米主炮打了16发，102毫米炮弹发射77发。它两次发射的照明弹都起了关键作用，立下不朽战功。

1944年4月30日，"贝尔法斯特"号又参加了对德国战列舰"提尔皮茨"号的攻击。后来它又参加了著名的诺曼底登陆战，向德军岸上阵地发射了近2000发炮弹。

1944年8月至1945年4月，"贝尔法斯特"号进行改装，其目的是要去太平洋对日作战。可是它真正来到远东时，日本已经战败投降，它未能参战。

"贝尔法斯特"号巡洋舰1952年回到英国后，成了预备役军舰被封存。1955年它又启封进行现代化改装，成为远东地区的主力舰。1963年它又回国被封存。1971年该舰被正式定为纪念舰，开往伦敦塔桥附近的西蒙斯码头，开始对公众展览。

战列舰的故事

战列舰是以大口径舰炮为主要武器、具有很强的装甲防护和较强的突击能力，能在远洋作战的大型水面军舰。战列舰在历史上曾作为舰队的主力舰，在海战中有过出众的表现，对战争的结果有着重大影响。

"胜利"号一战扬名

英国"胜利"号战列舰是一艘木质风帆战列舰。船长 57 米，载重量 2162 吨，于 1765 年下水，属当时的一级主力舰。

在"胜利"号战列舰 3 层甲板两舷分别排列着 100 门"粉碎者"加农炮。这种炮炮身长、射程远，该炮有一个后坐力滑板，炮口能升高，也可以大弧度调转，很灵活，使用的是圆形实心炮弹，用于平射海上目标。

该战舰属于 3 桅帆船，矗着 3 根桅杆，分别叫前桅、主桅、后桅，一根主桅的直径一米多，高 30 多米。四五层横帆由绳索穿起，每当升帆时，十几个强壮的水兵用力扯动绳索，一点一点地将风帆升到桅杆顶。白色的风帆被强劲的海风鼓荡起来，推动着战舰在海洋上驰骋。

"胜利"号战列舰下水后，一直充任英国地中海舰队的旗舰。凯佩尔、霍特汉姆、杰维斯等地中海舰队司令官曾在"胜利"号上指挥舰队参加了乌尚特、圣文森特角、尼罗河等战役。自从 1803 年 5 月 18 日，纳尔逊在朴茨茅斯港登上"胜利"号，就任地中海舰队司令以后，"胜利"号战列舰更增虎威。

1803 年 5 月，拿破仑在土伦大造战舰，集结重兵，准备攻打英伦三岛。英国政府获悉情报后，便命令海军上将纳尔逊率领地中海舰队前去封锁土伦，以阻止法国和西班牙联合舰队进攻英吉利海峡。这时，45 岁的纳尔逊身体非常虚弱，在百余次海战中，他失去一只眼、一条臂，伤痕遍体，积劳成疾。但是，他又一次欣然受命，在礼炮和欢呼声中登上"胜利"号。他坚定地表示："在法国舰队还没有被彻底歼灭之前，我决不能倒下去。"

纳尔逊率领舰队在海上伺伏、追踪敌舰队达两年之久。

1805 年 9 月 29 日，适逢纳尔逊生日。他把所有舰长们召集到"胜利"号华丽的军

▲ 风帆战列舰

官舱中，在喝酒的气氛浓烈际，他向部下公布了酝酿已久的对付法、西舰队的新战术。

纳尔逊的新战术是：把全部舰队分成两队，一队插入敌人舰队的中央前卫之间，攻击敌人中央，吸引敌人大部分火力；另一支舰队则狠狠给敌人后卫以歼灭性的打击。这个新战术非常冒险，因为穿插纵队中每一艘军舰切入敌阵时都会受到被包围歼灭的威胁，所以成功的关键在于发扬勇猛攻击精神。新战术用纵列穿插打破了双方排成横列互相用一侧舷炮射击的旧传统，充分发挥了单舰使用两舷火炮同时射击的优越性，等于伸出两个拳头击敌。

战机终于抓住了。法、西舰队司令维尔纳夫上将因作战不利，遭到拿破仑的撤换。在新任司令未到任之前，他于 1805 年 10 月 15 日贸然率领有 33 艘战列舰的舰队出台，想以战斗的胜利证明自己的才能。纳尔逊率 27 艘战列舰迎敌。英国舰队分成两支，分别由副司令柯林伍德和纳尔逊指挥，顶风接近敌人。柯林伍德分队一马当先冲入敌阵后卫，交战 25 分钟后，纳尔逊乘"胜利"号，率 3 舰插入敌阵。"胜利"号用左舷炮射击法国最大的"三叉戟"号战列舰。在激战中，"胜利"号一名观测兵发现"三叉戟"后面的双层甲板的"布森陶尔"号上面挂着总司令维尔纳夫的旗帜。"胜利"号冒着纷飞的炮弹冲到"布森陶尔"的后方，用 30.8 千克的"粉碎者"炮弹猛射它的舷窗。英舰"海王星"号、"征服者"号也前来围攻法军旗舰。纳尔逊见"布森陶尔"号已被包围，令"胜利"号右转舵，去攻击法舰"敬畏"号。两舰互相逼近，双方投钩手立刻把对方的战舰钩住，两国水兵都准备跳帮，进行古老的接舷战。英军用步枪射击，法军伤亡很大。在激战中，纳尔逊不幸中弹倒在甲板上。

10 月 21 日下午 4 时 30 分，法、西舰队终于招架不住，纷纷挂起降旗。震耳的炮声静默了。悲壮的特拉法尔加大海战降下了帷幕。

纳尔逊在得到胜利的捷报后，坦然离开了这个世界。特拉法尔加海战确立了英国海上霸主地位。为了纪念纳尔逊的功勋，在伦敦修建了特拉法尔加广场，在广场高大圆柱的顶端，耸立着纳尔逊铸像。他的旗舰"胜利"号停放在朴茨茅斯，供人民景仰。

短暂悲壮的"狮"号战列舰

"狮"号战列巡洋舰属英国"无畏"级战列巡洋舰之一，1912 年 5 月建成服役。该舰长 121.3 米，宽 30 米，吃水 8.8 米，标准排水量 2.627 万吨，满载排水量 2.968 万吨。主机功率 5.43 万千瓦，航速 27 节。主要武器有 343 毫米主炮 8 门，101.6 毫米火炮 16 门。

"狮"号战列巡洋舰具有战列舰的攻击力，又可作为巡洋舰使用。它与以往的战列舰相比，其航速快，但装甲薄。

"狮"号一建成就成了皇家海军有史以来最强大的战舰之一。1913 年，当贝蒂将军在舰上升起分舰队司令舰旗时，这艘战舰更加引人瞩目了。1914 年 8 月 28 日，第一次世界大战爆发不久，贝蒂坐镇"狮"号，率领主力舰队战列巡洋舰分舰队在赫尔戈兰角一举击沉了德国 3 艘轻巡洋舰和 1 艘驱逐舰，充分显示了英国新式战列巡洋舰的速度与火力的德国新舰艇殊死拼杀，立下显赫战功。

1915 年 1 月 24 日，贝蒂率英海军战列巡洋舰编队与德国的战列巡洋舰编队在多格尔沙洲东北海域首次对垒激战。

炮战打到激烈时，"狮"号中了两颗重型炮弹，其中一颗炸穿舰体，海水汹涌而入，使左舷主机被迫停机，全舰电力中断，失掉无线电和灯光信号联系，舰体左倾 10 度以上。贝蒂下令"新西兰"号的穆尔海军少将率领未受伤的战列巡洋舰和赶来支援的巡洋舰、驱逐舰继续追击敌舰队。但由于悬挂信号旗的吊杆被打断一大截，发出的信号使穆尔难以辨认。结果，穆尔仍率各舰集中火力猛轰已受重创的"布吕歇尔"号，直至将其击沉。这时，德国舰队趁机进入了赫尔戈兰湾雷区，并处在岸炮射程之内。同时，德国公海舰队主力亦出动。贝蒂只得率舰队返航。

此战，德国海军"布吕歇尔"号被击沉，"塞德利茨"号受重创，伤亡 1034 人。英海军只有"狮"号受重创，死 15 人、伤 80 人。此战表明，德国人重视装甲防护的设计思想是对的。就连被击沉的"布吕歇尔"号也比"狮"号强。前者挨了 70 余发大口径炮弹和 7 枚鱼雷后，仍然吸引英舰大部火力达两个多小时才告沉没。贝蒂对此战不甚满意，然而，英国朝野仍视此战为辉煌胜利。当"狮"号在驱逐舰只的簇拥下，由"不挠"号拖带回港时，相思港内欢声四起。

一年之后，规模空前的日德兰大海战拉开了战幕。贝蒂率第一、二战列舰队在第五战列舰分队支援下，于 5 月 30 日出战，由约翰·杰利科海军上将统帅的主力舰队也出击。

激战中，"狮"号被德国"吕佐夫"号击中，前甲板和两座主炮中弹。一会儿，另一艘德舰打来一发穿甲弹，在"狮"号一座主炮炮塔内爆炸，熊熊大火顺势向弹药舱烧去。在这千钧一发之际，双腿被打断的炮长哈维海军少校用双手支撑着爬向传话筒，下达了向弹药舱注水的命令。海水汹涌而入，扑灭了大火，"狮"号才转危为安，否则后果不堪设想。

激战中，尽管"狮"号的两艘姊妹舰相继沉没，但贝蒂还是站在舰桥上镇定指挥。他深信拥有 4 艘新型战列舰的第五战列舰分队会赶来接应。

舍尔率第五战列舰分队终于出现了，贝蒂立即下令投入攻击。"狮"号经过艰难的抢修，恢复了航行，继续担任旗舰。

日德兰海战前哨战结束了。英军被击沉两艘战列巡洋舰和两艘驱逐舰，德军却只损失了两艘驱逐舰。英舰防护装甲薄弱的缺欠得到充分暴露。

贝蒂初战失利仍苦战不竭，将德国海军全部主力拖入"陷阱"，使主力舰队差一点围歼敌人，其功不可没。

日德兰海战后，"狮"号作为旗舰重新编入战列巡洋舰分队。1917 年，贝蒂接任主力舰队司令，才依依惜别了他心爱的"狮"号旗舰。

1924 年，"狮"号被送进船厂解体，从而结束了它那短暂而壮烈的生涯。

驱逐舰的故事

驱逐舰能适应复杂海况下的作战，有较强的抗打击能力，并配有较为完善的三防能力，现代驱逐舰能执行防空、反潜、反舰、对地攻击、护航、侦察、巡逻、警戒、布雷、火力支援以及攻击岸上目标等作战任务，有"海上多面手"称号。在历史上，驱逐舰曾演绎过一幕幕不朽的传奇。

"不沉"的"拉菲"号

"拉菲"号是美国第二次世界大战中的驱逐舰，它参加了大西洋、太平洋两个战场上的海战，功勋卓著，曾击落敌机 20 多架，被誉为"不沉舰"，曾获美国 7 枚战役铜星纪念章，成了美国海军博物馆里的历史名舰。

▲ "拉菲"号驱逐舰模型

"拉菲号"驱逐舰是属第二次世界大战中美国建造的第二批驱逐舰，称为"萨姆纳"级。"萨姆纳"级共建 58 艘，拉菲号就是其中一艘。它 1943 年 6 月建造，年底就出厂服役。它的标准排水量 2200 吨，满载排水量 3300 吨，舰长 114.8 米，舰宽 12.4 米，航速 33 节，15 节航速下续航力 6000 海里。该舰编制人员 350 人。它的主要武器装备有：3 座 6 门双联装 127 毫米主炮，可高平两用；12 门 40 毫米高射炮；多门 20 毫米高射炮；5 个鱼雷发射管；多座深水炸弹发射装置。

它后来经过多次改装，二战后配有 2 架无人操纵的反潜直升机。

从这些装备可以看出，它是以防空反潜为主的多用途驱逐舰。

1944 年 5 月，"拉菲"号来到英国，很快投入诺曼底登陆战的准备，开始该舰护送一些小型舰船到登陆集结点。6 月 8 日以后，它就冲到前沿阵地，用火炮猛烈向德军阵地射击，支援部队登陆。6 月 12 日那天，德国一群鱼雷快艇疯狂地向"拉菲"号和另一艘驱逐舰发射鱼雷。"拉菲"号成功地躲过德鱼雷艇 4 条鱼雷的攻击。"拉菲"号舰长集中所有炮火，向鱼雷艇队攻击，用弹墙雨幕阻挡住鱼雷艇的前进，并冲散了敌方队形，把鱼雷艇驱逐出战场，首战立下了头功。

1944 年 8 月，"拉菲"号通过巴拿马运河，9 月 18 日回到珍珠港并编入第 38 特混编队的掩护部队，从此，它参加了太平洋战争。它曾一度为舰队担任警戒护航，曾一度用炮火支援登陆部队，还曾为前沿运送登陆作战物资，最后它还参加了冲绳大血战。

1945 年 4 月 14 日,"拉菲"号奉命前往冲绳岛以北 30 海里充当雷达前哨舰,这是敌机攻击的首当其冲舰。16 日日军共派出 165 架飞机,其中很多是神风特攻队的自杀飞机,分成三批向美舰队攻击。

8 时 27 分,"拉菲"号上空出现 50 架日机,美国巡逻舰载战斗机迎空冲杀,一架架日机被击落。"拉菲"号无法向空中射击,怕打中自己的飞机,只能观战。突然间,两架自杀飞机不顾一切地向"拉菲"号直撞而来,"拉菲"号舰长下令集中炮火射击,所有火炮对准这两架日机,6 秒钟之后就把两架自杀机击落坠海。"拉菲"号刚松了一口气,3 秒钟之后又有 20 架自杀飞机从四面八方朝"拉菲"号冲来。舰上又响起猛烈炮火,左舷 2 架敌机被击落,舰尾又击落一架。8 点 45 分时,一架自杀机呼啸而来,像支黑箭,垂直地从空中而下,正好撞在"拉菲"号上层建筑一座 20 毫米的高射炮上。轰隆一声巨响,飞机把高炮炸得飞上天去。接着又有一架自杀飞机贴着海面朝舰尾冲来,撞在 127 毫米的炮塔上,飞机上的炸弹引起了炮塔内弹药库的爆炸,一个火球腾空而起,高达 60 米。炮塔内的所有炮手都被炸得血肉横飞,有的在一瞬间被烧成炭。紧接着,又有一架自杀飞机呼啸而来,轰隆一声撞在右舰 3 号炮塔上,飞机的燃油和碎片变成千万个小火球撒落在甲板上,顿时燃起熊熊大火,浓烟笼罩着全舰。许多舰身上着火,纷纷跳进海里。舰长下令立即灭火,可是火势太大,难以隔断,大火又引起一些弹药箱爆炸。

"拉菲"号的官兵在这危难时刻,沉着冷静,用炮火不停地还击,又有几架敌机被击落。一架日机冲进弹网,投下两枚炸弹,不偏不歪命中一座 20 毫米火炮的弹药库,剧烈的爆炸把军舰的舵机炸坏,"拉菲"号顿时不能动弹。敌机更加疯狂,又有 2 架自杀飞机撞到"拉菲"号,这时火势更凶猛,尾部火炮全部毁坏。这时,"拉菲"号全舰只剩下舰首 4 座 20 毫米的高炮还在吐着火舌,拼死战斗。

战斗前后进行 80 分钟,"拉菲"号遭 22 架自杀机的围攻,其中 5 架撞中舰身引起爆炸,同时被 4 颗炸弹命中。"拉菲"号也击落 9 架自杀机。"拉菲"号损伤严重,舰屋进水下沉,舰员伤 71 人,亡 32 人。

经过修复,"拉菲"号 1945 年 10 月 5 日又正式服役。

1946 年 2 月 21 日,"拉菲"号参加了比基尼岛的原子弹爆炸试验,负责收集试验中的科学数据。1947 年 6 月退出现役,成了太平洋后备役军舰。

1981 年该舰被拖至南卡罗来纳州帕特里奥茨角,作为美国海军反法西斯作出重大贡献的历史名舰正式展出。"拉菲"号前后的海上生涯 31 年,饱经沧桑,不愧是一艘"不沉舰"。

日本神风特攻队自杀飞机

神风特别攻击队是在第二次世界大战末期日本为了抵御美国军队强大的优势,挽救其战败的局面,利用日本人的武士道精神,按照"一人、一机、一弹换一舰"的要求,对美国舰艇编队、登陆部队及固定的集群目标实施的自杀式袭击的特别攻击队。

这些特攻队自杀飞机上装有大量烈性炸药，放在飞行员座舱之前。飞行员一旦发现目标，就连人带机撞下去，其机头触及坚硬之物立即发生剧烈爆炸。

"查特林"号驱逐舰 VS 德国潜艇

1914年6月4日，西非佛得角群岛附近海面碧波荡漾，晴空万里。由美海军上校加勒里指挥的美国航空母舰护航战斗群正在此处航行。深知德国潜艇狡诈厉害的加勒里清楚，越是宁静往往越是多事之秋，于是他命令编队：严密搜索潜艇！很快，一张严密的猎潜网张开了。

"发现水下目标！""查特林"号驱逐舰声呐兵的报告声刚落，海军上校就发出了战斗警报。当确认这一水下目标是一艘德国潜艇后，两架"复仇者"式舰载机就从航母上紧急起飞，对准水下目标的方位投下一串深水炸弹。"轰隆隆……"一声声爆炸声震耳欲聋，一根根水柱冲天而起。十几分钟后，随着海面翻起巨大的白色浪花，一艘鲨鱼般的德国潜艇浮出了海面。

驱逐舰上早做好准备的美国士兵一见潜艇浮出，便迅速跳上德国潜艇的甲板。手握冲锋枪从潜艇指挥舱口冲进去，大喊"不准动！""怎么一个个艇员都长时间纹丝不动？"上前仔细一检查，原来大多数艇员都被深水炸弹的巨大轰隆声震昏了。

美国士兵冲进艇长室，用枪顶住艇长的胸口，厉声喝道："所有人员都举起手来！"为了避免潜艇被俘，德国潜艇艇长已发出了将潜艇炸沉的命令。见状，两个美国士兵一步闯过去，三下五除二就切断了炸药引信，并迅速关闭了适海阀门，堵住了底舱进水，然后将所有艇员都押上了甲板。就这样，这艘编号为"u-505"号的德国潜艇成了美国"查特林"号驱逐舰的猎获物。

导弹艇的故事

　　导弹艇是海军中的一种小型战斗舰艇，别看它体型不大，战斗作用可不小。这是因为它装有导弹武器，使它具有巨大战斗威力，成为"海洋轻骑兵"，在现代海战中发挥重要作用。导弹艇自20世纪50年代末诞生以来，在局部战争中得到了广泛运用，战果显赫。

小导弹艇击沉大驱逐舰

　　1967年10月21日，以色列海军最大的一艘战舰——"埃拉特"号驱逐舰正在埃及塞得港外15海里处款款而行，担负着例行巡逻任务。塞得港是埃及第二大港口和重要的海军基地。以色列人之所以敢在埃及人的鼻子底下转悠，是因为"埃拉特"号上的以色列水兵根本不把埃军放在眼里。除了少数官兵在舰上战位值勤外，大部分舰员在前甲板上哼着犹太歌曲，嬉戏休息。

　　突然，"埃拉特"号上的一名观测兵看到塞得港方向闪现一道亮光。"情况不好!"他一边嘟囔着，一边急忙跑去拉响警报。他已准确判断出这是埃及军方的一枚"冥河"导弹拖出的尾焰。

　　"冥河"反舰导弹于20世纪60年代初开始装备苏联海军，主要安装在"黄蜂"级和"蚊子"级导弹快艇上。"冥河"导弹最先采用制导技术，在无电子干扰情况下，命中率较高。

　　"埃拉特"号上唯一能用于对付"冥河"反艇导弹的武器是6门博福斯40毫米速射炮。于是，炮手们手忙脚乱地将炮口转向导弹来袭的方向实施射击。

　　"冥河"导弹以0.9马赫的速度贴着海面飞来。当接近"埃拉特"号时，它突然跃升拉起。此时，弹头上的主动寻的雷达迅速照准了"埃拉特"号，由自由驾驶仪操纵的"冥河"导弹灵敏地拐了一个弯，便向"埃拉特"号一头扎了下来。"埃拉特"号舰长下令将舰速增至30节，以力图规避导弹，但已无济于事。这枚"冥河"导弹毫不留情地击中它的腹部。"轰"的一声巨响，装有500千克常规炸药的聚能爆破型战斗部，把舰上的蒸汽轮机机舱炸得稀烂，全舰立刻陷于瘫痪；舰体随着冲天水柱震荡得上下颠簸。

▲ "冥河"反舰导弹

　　舰上的官兵还没从惊恐中解脱出来，几

分钟后，第二枚"冥河"导弹又不偏不斜地击中该舰的同一位置，使舰上损失进一步加大，并燃起熊熊大火。"埃拉特"号随即失去了动力，通信系统也遭破坏，像条死鱼似的在地中海的海面上随波漂浮。以色列水兵怕涨潮的海水会把受损的战舰涌推到埃及海岸，便连忙抛锚，进行紧急抢救。"埃拉特"号的大火居然被扑灭了。以色列官兵暗自庆幸，舰体毁坏的只是上层建筑和内舱，要是导弹击中水线以下部位，其后果将不堪设想。

然而，以色列士兵高兴得太早。两小时后，第三枚"冥河"导弹又飞袭而来，这次它打中舰的尾部，"埃拉特"号再也无法挽救了。以色列水兵纷纷争先恐后跳入海中。他们在波涛中时浮时沉，眼看着"埃拉特"号翻身渐渐沉入海底。不多一会儿，第四枚导弹又在密集凫水的水兵群中爆炸，以色列官兵当场死伤近百人。一时间，血染海水，惨不忍睹。

击沉以色列驱逐舰的导弹是从埃及军舰上发射的。这种发射导弹的小型军舰就是导弹艇。导弹艇只有100多吨，却击沉了2500多吨的驱逐舰。这是世界上第一次海上导弹战，在海战史上创造了奇迹，并震动了世界各国海军。从此，导弹快艇就为人们所重视了。

导弹艇之间的决战

"埃拉特"号驱逐舰被苏联制造的小型导弹艇击沉，终于引起了西方各国对苏联导弹艇威胁的严重关注。西方海军强国惊呼："导弹艇是一支不可忽视的力量！"

以色列海军不甘心自己的失败，他们在美国的帮助下，发展本国的反舰导弹。法国诺曼底造船厂按"斗士Ⅱ"级艇的图纸为以色列建造了12艘艇体，由以色列自行加装导弹和火炮，命名为"萨尔"级。与此同时，以色列飞机公司接受了反舰导弹"伽伯列"的研制任务。"伽伯列"反舰导弹吸收了西方的导弹技术，并以苏制导弹艇为主要打击对象而设计，全弹仅重400千克，不到"冥河"的1/5。其射程为22千米。

▲ "埃拉特"号驱逐舰起火冒烟

"萨尔"级满载排水量250吨，航速40节，装备6枚"伽伯列"导弹，配有电子战设备，还装有一座双联装40毫米炮。接着，以色列又在"萨尔"级导弹艇的基础上，自行发展了一型"萨尔4"（火花）级艇，满载排水量450吨，航速32节，装6枚"伽伯列"导弹。艇上设有作战指挥中心，并装有意大利电子公司制造的较先进的电子战设备。这样一来，以色列导弹艇达到了当时的先进水平。

1973年10月，第四次中东战争爆发，

埃以双方海军又在海上狭路相逢。这时，以色列海军已经拥有两级新导弹艇，而埃方却仍停留在原来的水平，还是"蚊子"、"黄蜂"和老式"冥河"导弹艇。

10月6日晚10时，夜幕漆黑，伸手不见五指。以色列海军"火花"号导弹艇以及"米兹纳克"号、"加什"号、"哈尼特"号和"米夫塔奇"号导弹艇共5艘，悄然驶出基地，向叙利亚海岸逼近。艇上的雷达不停地搜索着海面和近岸水域，忽然，荧光屏上一个亮点在闪烁，经判断，是一艘叙利亚海军的T43型高速鱼雷艇，正处于艇队左舷20千米。

到口的肥肉决不能放过，以色列导弹艇指挥官下令：用火炮轰击！此时，这艘叙利亚鱼雷艇还毫无觉察，继续沿原航向前进。"哐哐哐……"雨点般炮弹泻在叙利亚鱼雷艇上，刹那间艇体百孔千疮，没等它反应过来，便一头沉入海中。随后，以色列导弹艇群又驶向叙利亚拉塔基亚港。此时，叙利亚海军发现了以色列的舰队。"嗖、嗖"两道尾焰划破夜空，两枚叙利亚的"冥河"导弹向以色列导弹艇呼啸而来，谁知这回"冥河"导弹飞着飞着竟然偏离了方向，没有射向以色列导弹艇，却径直掉入海里。而以色列的导弹艇使用"伽伯列"导弹打了一次反齐射，当场击沉叙利亚两艘"蚊子"级和一艘"黄蜂"级导弹艇。以色列海军从雷达屏幕上发现叙利亚导弹艇消失了，对自己的"伽伯列"导弹十分满意，便更加果敢地出击，到处寻敌。午夜时分，以色列导弹艇又打了一次齐射，击毁了叙利亚T43型和K123型鱼雷艇各一艘。叙利亚海军损失惨重，恼怒万端，急忙再发射一枚"冥河"导弹。由于以色列海军对它的性能了如指掌，用艇上的12.7毫米高射机枪把它击毁了。10月7日，另一支以色列"萨尔"级导弹艇队也在塞得港外寻衅挑事，埃及海军自恃有战胜以色列"埃拉特"号驱逐舰的经验，对以色列导弹艇根本不放在眼里，也派出一支导弹艇队与之抗衡。双方激战得难解难分，结果各自都称击沉了对方3艘导弹艇。

隔了一天，6艘以色列导弹艇又趁黑夜出发了。它们在塞得港以西的杜姆亚特和巴勒提姆之间，分三拨并进，在海岸附近寻求战机。

当夜11时许，埃及"黄蜂"艇的雷达首先发现以色列的导弹艇，可惜相距太远，还在"冥河"导弹的射程之外，埃军只好隐蔽待机。当以色列导弹进入"冥河"导弹最大射程时，埃海军等不及就急忙发射了所有的"冥河"导弹，但却一发未中。"黄蜂"艇一看情况不妙，掉转船头，高速西逃。以色列"萨尔"艇哪容它溜掉，利用航速优势衔尾紧追。0时50分，以色列"萨尔"艇与埃及"黄蜂"艇之间的距离仅十几千米，以色列导弹艇就像猎人追赶一群惊弓之鸟，频频发射"伽伯列"导弹。数秒钟之后，导弹第一级脱落坠海，第二级在海平面上掠海飞驰，到飞行末段，导弹立即拉高自动寻找目标，然后一个俯冲加速，击沉了两艘埃及导弹艇。另外两艘埃及导弹艇见状立即调头西撤，以色列导弹艇加速追击，随着又齐射一组"伽伯列"导弹。又有一艘埃及导弹艇被击沉，仅剩一艘埃及导弹艇侥幸逃脱。

两栖战舰艇

　　两栖战舰艇的诞生与发展不仅与两栖战出现有关，也与两栖战的主体——海军陆战队的诞生与发展有密切的关系。两栖战是由海军陆战队实施的，没有海军陆战队的参加，就不会有两栖战。两栖战舰艇又是海军陆战队的运载工具，没有两栖战舰艇，海军陆战队就难以实施两栖作战。

海军陆战队的诞生与发展

　　海军陆战队是指担负登陆作战的一个海军兵种，他们在登陆作战中担负先头部队，夺取和巩固登陆战场，为后续部队和空军建立前进基地。最早的海军陆战队出现于公元前480年波希战争期间，在这期间的萨拉米海战中，希腊海军处于劣势地位，为了扭转这种局面，希腊海军组织了舰艇上的陆军士兵参加战斗，击败了波斯人。以后，人们把这次海战中的陆战士兵当作了海军陆战队的雏形。可是，真正的海军陆战队出现时间要晚得多，直到中世纪，在一些欧洲国家中才有海军陆战队的身影。

　　中世纪欧洲的航海术发达，促使一些航海家进行航海探险，这对促进世界贸易的发展产生重大影响。同时海外市场的发展也引起了一些国家为了争夺海外市场、掠夺海外殖民地而发动了无数次殖民主义战争。为此，一些殖民主义国家相继建立起海军陆战队，作为掠夺殖民地人民财富的侵略工具。

　　世界上最早建立起海军陆战队的国家是老牌殖民主义国家葡萄牙。15世纪的葡萄牙已成为殖民主义强国，在非洲、亚洲、美洲拥有大量殖民地，疯狂地掠夺殖民地人民的财富，这都得"归功"于他们的海军陆战队。

　　在中世纪的欧洲，继葡萄牙之后，意大利、西班牙、荷兰、法国和英国都相继建立起海军陆战队，这些国家的陆战队为其本国殖民主义的利益，东征西战，屠杀无数殖民地人民，抢掠了大量殖民地人民的财富。

　　我国也是深受这些殖民主义国家海军陆战队之害的国家，16世纪，荷兰的海军陆战队侵入我国台湾，对台湾实行殖民主义统治达38年。1840年，英国殖民主义者挑起了鸦片战争，英国的海军陆战队，侵我领土，夺我财富，迫使清政府签订了不平等的《南京条约》，从此，中国沦为半殖民地国家。此后，入侵我国的殖民主义战争不断，其中最为著名的是1900年八国联军侵略我国。在这些侵华战争中，他们的海军陆战队充当了急先锋。

　　可以说，海军陆战队的诞生与欧洲的殖民主义密切相关，他们为新老殖民主义国家瓜分世界殖民地、掠夺殖民地人民的财富立下了汗马"功劳"。

　　在第二次世界大战中，一些国家为保卫本国领土，重新建立起海军陆战队，并与法西斯进行了殊死搏斗，为战胜法西斯，夺取二战的胜利，建立了卓越的功勋。其中较为著名的是英国、美国、苏联的海军陆战队。

经过了二战的洗礼，各国的海军陆战队都有不同程度的加强与发展，其中以美国的陆战队规模最大，装备最好，实力最强。

现代海军陆战队已不再是掠夺海外殖民地、实行对外扩张的工具，海军陆战队的基本任务是进行登陆作战，保卫本国港口和基地，使沿海地区免受外来的侵犯，是海军的一个兵种。世界上除发达国家外，不少发展中国家，如伊朗、印度尼西亚、泰国、阿根廷等都建立了海军陆战队，并建立了两栖战舰队。

▲训练中的美国海军陆战队士兵

现代海军陆战队主要由陆战部队、航空部队和后勤支援部队组成，主要装备有自动武器、两栖坦克、直升机和固定翼飞机，还配备有两栖战舰艇、气垫登陆艇等。用于载运登陆人员和装备物资进行登陆作战，并以舰上火力、航空火力对岸进行支援。

现代海军陆战队被誉为各国武装部队的精华，他们的人员训练和武器装备代表了一个国家的军事技术综合发展水平。各国海军愈来愈重视海军陆战队的地位、作用与发展。

两栖战舰艇的诞生与发展

两栖战舰艇是用来进行两栖登陆作战的舰艇。二战后，美国人把各类登陆舰、登陆艇和登陆作战用的特殊舰艇概括起来统称两栖战舰艇。两栖战舰艇是随两栖登陆战出现而产生的，但是由于人们过去把海战完全寄托在大型战舰上，轻视两栖战舰艇的作用，因此，用于两栖战需要的真正的两栖战舰艇出现得很晚，它不仅晚于两栖战的出现，也晚于两栖战的主体—海军陆战队的诞生。

世界上最早的两栖战出现于公元前15世纪，最早的海军陆战队出现于公元前5世纪，而世界上最早的两栖战舰艇的出现却是在20世纪第一次世界大战期间。

1915年英国人建造的"比特尔"型登陆艇是世界上第一艘专门用于登陆作战的登陆艇，它比两栖战海军陆战队的出现晚2000年到3000年。尽管两栖战舰艇出现很晚，历史不长，但是发展很快，尤其在二战期间两栖战舰艇技术得到了较大的发展，各国建造的各型两栖战舰艇如雨后春笋，在战争期间发挥了重要作用。

两栖战舰艇自出现之时起，大致经历了三个发展阶段。

（一）第二次世界大战前的两栖战舰艇

第一次世界大战期间，英国海军为了打击德国的同盟者土耳其，迫使土耳其脱离与德国的联盟，于1915年4月，在达达尼尔海峡的加利波利半岛上发起了登陆战。在这次登陆战中，英国海军首次使用本国设计建造的"比特尔"型登陆艇。该艇设置有轻型装甲保护、艇艏设有登陆跳板，采用柴油机动力装置，航速 5 节，可载运登陆士兵 500 人，这是海军史上首艘专门用于登陆的舰艇。尽管由于土耳其人早有准备，在这次登陆战中英国人遭到失败，但是，他们建造的"比特尔"型登陆艇给世人留下了深刻印象。

1929 年，日本人为了入侵中国，根据达达尼尔海峡登陆战的经验，设计建造了名为"大发"型的登陆艇，该艇长 14 米，钢质艇体，采用柴油机动力装置，功率 60 马力，航速可达 12 节以上，艇上装有 2 座 127 毫米炮和若干门小口径炮，可运载登陆士兵 480 人，或载运 4 辆坦克和 260 吨物资装备。此后，他们又建造长 13 米的"中发"型登陆艇和长 10 米的"小发"型登陆艇，这些登陆艇成为日本侵略中国的急先锋。二战前，除英、日两国建造一些登陆艇外，大多数国家海军建造专门用于登陆作战的两栖战舰艇发展很慢。

（二）第二次世界大战期间的两栖战舰艇

1939 年 9 月，爆发了第二次世界大战，德国人以迅雷不及掩耳之势，席卷了欧洲大陆，法国不战而降，英国人孤居英伦三岛，无法越雷池一步。1937 年，日本人入侵中国之后，与德国结成法西斯同盟，1941 年 12 月 8 日，日本人偷袭珍珠港，美国的太平洋舰队损失过半。此后，日本人乘机南下，入侵菲律宾，太平洋美属岛屿大部分被日本人侵占。面对这种被动的战略态势，迫使美、英等国集中精力，力图通过发起两栖作战扭转战略上被动局面，掌握战场上的主动权。

为了进行两栖作战，美、英等国着手对两栖战舰艇进行研究与开发，他们对日本二战前使用的"大发"型登陆艇进行了研究，并于 1942 年开始大批生产各型登陆艇，并在登陆北非、西西里、诺曼底等两栖战役中大量投入使用，在太平洋逐岛争夺战中也使用这些两栖舰艇。因此，二战期间，两栖战舰艇有了重大发展，出现了各种不同型号和不同功能的两栖战舰艇。

（三）二战后两栖舰艇的发展

▲ 现代两栖舰艇

二战期间美英等国两栖战舰艇的发展，对数百次两栖作战的成功，对战胜法西斯夺取二战最后的胜利发挥了重要作用，两栖战舰艇的地位也因此得到较大的提高。战后许多国家海军都较重视两栖战舰艇的发展，尤其 20 世纪 70 年代以来，舰载直升机用于两栖战舰艇，使两栖战舰艇发生了质的飞跃，出现了新的两栖战舰艇。

跨世纪的两栖战舰艇

20 世纪 80 年代末，前苏联解体，以两极对抗为标志的冷战从此结束了，世界上呈现多极化发展。但是，世界并不太平，地区冲突、局部战争仍此起彼伏，为了应对这种新的形势，世界上一些国家的战略相应地进行了调整，其中以美国最为明显。

为了适应美国国家军事战略的调整，美国的海军战略也进行了调整。1992 年 10 月美国海军提出"由海到陆"的新的海军战略，1994 年 11 月补充为"前沿存在，由海到陆"，1996 年进一步明确为"前沿作战，从海到陆"。

美国海军战略调整思想的重点是"前沿"二字。前沿存在、前沿展开、前沿作战。以"前沿"为基点，美国海军更加重视海上投送、海上预置、强调海上支援陆、空军联合作战。海军为陆军、空军开辟进入前沿战区的通道，建立滩头前沿基地，支援后续部队进入纵深作战。

在这一战略思想指导下，美国海军和海军陆战队已成为前沿作战的重要力量，两栖战舰艇成为实现前沿作战的重要保障。为此，美国海军提出要建立 12 支两栖舰戒备大队，每支戒备大队每次能投送人数为 2200 名的远征部队，以应对区域危机，并进行登陆作战。

美国海军两栖戒备大队将由 3 艘舰艇组成，即 1 艘"黄蜂"级或"塔拉瓦"级两栖攻击舰、1 艘"惠德贝岛"级船坞登陆舰和 1 艘新型船坞运输船组成，新组成的两栖戒备大队将具有进行超地平线两栖登陆作战能力。美国海军于 20 世纪 70 年代后期，建造了 5 艘"塔拉瓦"级两栖攻击舰，满载排水量接近 40000 吨；90 年代又着手建造 7 艘"黄蜂"级两栖攻击舰，满载排水量超过 40000 吨；两项加起共 12 艘。80 年代到 90 年代，美国又建造 8 艘"惠德贝岛"级及 4

▲美国"黄蜂"级两栖攻击舰

艘改进型"哈泊斯费里"级，每艘满载排水量为 16000 吨，总数也是 12 艘，这两型将成为美海军两栖战舰艇主力。

西欧其他一些国家海军也重视两栖战舰艇的发展，也都制订出 21 世纪两栖战舰艇发展计划，以增强其两栖战舰艇作战力量。

总之，自冷战结束后，以美国为首的西方国家海军将海上作战转向沿海作战，海军主要使命是区域性防务，应对区域冲突，因此，海军及其海军陆战队要发挥远征队的作用，两栖战舰艇理所当然地受到这些国家海军重视。两栖战舰艇由此得到较大的发展。

历史上著名的两栖战

两栖战作为海战的一个部分，起源很早，公元前 15 世纪古埃及人就曾划着木船在叙利亚沿海进行登陆作战，这是海战史上最早的两栖战。以后世界上发生不少次两栖战，但规模都不大，没有专门的登陆工具，仅是其他作战形式（如陆战/海战）的补充。

真正的两栖战发生于 20 世纪第一次世界大战期间，这就是 1915 年的加利波利的两栖战。英法两国海军为了打击德国的同盟国土耳其，并迫使土耳其退出与德国的同盟，于 1915 年 4 月 25 日在达达尼尔海峡的加利波利岛的南端赫利斯角、加巴泰佩等地区实施登陆作战，这次长达一年的登陆战，英法两国以失败而告终。这是海军史上首次真正的两栖战，其投入人员之多，规模之大、时间之长是空前的。英法两国登陆作战失败的根本原因是准备时间太长，保密不好，土耳其一方对抗登陆早有准备。这次两栖战对于后人实施两栖战无疑是一个宝贵的经验。

二战期间，两栖战有了空前发展，据不完全统计有数百次之多，大规模的两栖战有数十次。二战后，世界上也发生多次两栖战，其中规模最大的有 1982 年的马岛登陆战、1983 年的格林纳达登陆战，以及 1991 年的海湾登陆战。

诺曼底登陆战

诺曼底登陆战发生在二战后期，该战役既是世界海战史上规模最大的一次登陆战，也是美、英等盟国军队对法西斯德国带有战略性的进攻战役，它对加速法西斯德国的崩溃，决定欧洲的战后形势起着重要作用。

1941 年 9 月 3 日，苏军统帅斯大林根据苏德战争爆发后欧洲的战场形势，致函英国首相丘吉尔，提出开辟第二战场，以求得盟国间的战略密切配合和有效的军事合作，改善东线战场战略形势，造成对德国东、西夹击的战略态势。美、英、苏三国分别于 1942 年 6 月发表美英、美苏会谈公报，明确提出 1942 年在欧洲开辟第二战场。之后，由于美英发起北非登陆战和西西里岛登陆战，把开辟第二战场之事推迟至 1943 年。1943 年 3 月为实施诺曼底登陆战，英国人成立了以摩根中将为首的作战计划参谋部，把此项登陆战命名为"霸王"作战计划，把其中海上作战称为"海王"计划。1943 年 5 月，英、美在华盛顿会议上决定，诺曼底的登陆时间定为 1944 年 5 月初，1943 年 8 月魁北克会议批准了"霸王"作战计划。1943 年 11 月 28 日至 12 月 1 日，美、英、苏三国首脑德黑兰会议确定 1944 年 5 月初发动"霸王"战役，后因登陆工具不足，登陆时间推迟到 6 月初。该战役目的，就是横渡英吉利海峡，在法国北部沿岸夺取一个具有战略性登陆场，从欧洲西部展开进攻，配合苏德战场，为最后击败法西斯德国创造条件。

登陆地区选择在法国北部从奥恩河口到科坦半岛南端的诺曼底地区。该地区距英国空军基地较近，海滩、内陆条件好。德军防御也较薄弱，登陆易于成功。

盟军诺曼底战役指挥者为总司令艾森豪威尔，副总司令为英国空军上将泰德。为实施此项战役，盟军集结 37 个师，其中包括 23 个步兵师、10 个装甲师、4 个空降师、共计 287.6 万人，参战海军舰船 4000 余艘，运输船 5000 艘，飞机 13700 架，其中作战飞机 11000 余架。

为输送登陆兵力及其装备物资实施登陆作战，盟国海军组成东、西两个特混舰队。西部特混舰队主要由美国海军组成，辖有各型舰船 2100 多艘，其中两栖战舰艇 1700 艘；

▲诺曼底登陆

东部特混舰队主要由英国海军组成，辖有各型舰船近 2800 艘，其中两栖战舰艇 2400 条艘。此外还有近 40 艘战斗舰艇组成 5 个对陆火力支援群。

为了防范盟国军队在欧洲登陆，1941 年德军统帅希特勒下令以最快的速度从挪威到西班牙的太平洋沿岸构筑大西洋壁垒，但此项工程 1944 年还未建成。德国在欧洲西部组成龙德施泰特将军指挥的西线司令部。辖有 B、G 两个集团军群共 58 个师。B 集团军群由隆美尔指挥，G 集团军群由布拉斯科茨指挥。由于德国始终未弄清盟军登陆地区，在诺曼底地区兵力很薄弱，只有 6 个师，用于抗登陆作战只有 600 艘舰艇，其中最大的舰艇只是 5 艘驱逐舰。

1944 年 6 月 6 日凌晨，美英三个空降师共 1.7 万人首先在科坦丁半岛南端空降登陆成功，为登陆部队上陆作战创造了有利条件。6 日上午 7 时，盟军登陆部队分别在 5 个登陆地段突击上陆，除奥马哈地段遭遇猛烈抵抗外，其他各地段登陆顺利，至第二天，上陆部队达到 25 万人，各种车辆 2 万辆。经过三天战斗，6 月 11 日已在上陆地段建立了长达 145 千米的滩头阵地。经过一个多月登陆作战，7 月 18 日盟军在登陆区建立了长 150 米千米、纵深 13 千米至 35 千米的前进基地，诺曼底登陆战胜利结束。

冲绳岛登陆战

冲绳岛登陆战是二战时期太平洋作战中最后一仗，这一次登陆战的胜利使盟军打开了日本本土西南面的海上门户，彻底切断了日本通向南方的海上交通线，为盟军直接登陆日本本土、最终打败日本帝国主义创造了有利条件。

1945 年初，世界反法西斯阵线的大反攻形势进展迅猛，在西欧，美英盟军已于 1944 年 6 月 6 日在诺曼底开辟了第二战场，一举击垮希特勒苦心经营的大西洋壁垒，并以乘胜之师由西向东逼近德国本土。在苏德战场上，苏军顺利地进行了一系列大规模进攻战役，歼灭了大量德军，由东向西逼近德国东部。与日本结成"轴心"的德军正处于东西两线夹击之中，败局已定。在亚洲，入侵中国的日本陆军早就身陷困境，美国 B29 重型轰炸机已于 1944 年 6 月 16 日起从中国成都机场起飞轰炸日本本土，给日本军民心理产生巨大的压力和恐惧。

在太平洋战场上，美英盟军已于 1943 年 1 月起开始战略进攻，经历了北太平洋之战、库拉湾海战、卑斯麦海海战等一系列逐岛登陆作战，取得数十次登陆作战的胜利。1945 年初，盟军发起了硫磺岛登陆战，经历了 36 天，于 3 月 26 日，取得了硫磺岛登陆作战的胜利，为最后一仗登陆冲绳岛的作战创造了极为有利的条件。

美国为在兵力上占有绝对压倒的优势，几乎把太平洋战区所属的海军和陆军的主要作战部队全部投入了冲绳岛登陆战，总计投入兵力 18 万人，其中包括海军陆战队第 3 军、陆军第 24 军。这两个军编入第 10 集团军，由巴克纳陆军中将指挥。还有一个师担任佯攻登陆，3 个陆军师担任预备队。负责载运和掩护登陆部队渡海的舰只达 1200 艘，舰种达 40 余种。为登陆编队提供远程支援的是两支航空母舰编队，一支是美国海军快速航母编队，一支是英国 57 特混编队。

日本在冲绳岛有牛岛满中将指挥的陆军第 32 军（4 个师团 5 个旅团）部署在该地区，原定作战方针是"把敌人同其运输船队一并消灭在海上"。后来，因盟军开始进攻菲律宾，日军大本营将精锐的第 9 师团调往台湾，牛岛满因此将作战方针改为依托岛上坚固工事实施陆上决战。美军登陆前，冲绳岛上日军总兵力约 10 万人。

美军定于 1945 年 4 月 1 日发起登陆冲绳岛战役，为确保登陆作战胜利，在此之前，预先做了战略部署，对日军进行了打击。美军首先以航母编队对冲绳地区实施全面封锁，切断日本本土日军对冲绳岛的支援，并以舰载机对冲绳岛进行空中打击。1945 年 4 月 1 日凌晨，美军登陆部队抵达冲绳岛附近，陆军第二师首先在冲绳岛南部登陆实施佯攻，将日军守军从主要登陆地段引开，为主力部队登陆创造条件。晨 8 时许，美军主力部队自北向南，以约 9 千米宽的正面战线，依次上陆作战。当天就有 5 万余人的登陆部队及武器装备登上冲绳岛。4 月 4 日美军占领该岛中部地区，将日军拦腰切断，原计划 15 天的登陆作战，仅用 4 天就顺利完成了。

美军占领冲绳岛中部地区后，即将登陆部队分为南、北两部，第 3 军向北推进，仅仅遭遇到零星战斗，于 4 月 18 日将北部日军残部全部歼灭；4 月 21 日，冲绳中、北部全部被美军占领。美军第 24 军向南推进，遭遇到牛岛满指挥日军的顽强抵抗，作战较为残酷。经过 2 个多月的艰苦作战，于 6 月 23 日凌晨全歼日本守军，日军残余部队至 6 月底全部被歼，冲绳岛登陆战胜利结束。

冲绳岛登陆战是美军在太平洋战争中的最后一仗，自美军航母编队于 1945 年 3 月 18 日袭击日本九州开始，至 6 月 23 日冲绳岛岛上战斗基本结束，历时 96 天，日军除 7000 人被俘外，守岛部队全部被歼；另有 16 艘水面舰艇和 8 艘潜艇被击沉，损失飞机 3400 余架。美军为冲绳岛登陆战的胜利也付出极大代价，30 余艘舰艇被击沉，370 余艘舰艇被击伤，损失飞机 760 余架，13000 人战死，36000 人受伤。

马岛登陆战

马尔维纳斯群岛（简称马岛）位于南太平洋，它是大西洋和太平洋的交通要道，又是开发南极的前进基地，兼有丰富石油蕴藏，具有重要战略地位和经济地位。英阿两国关于主权之争由来已久，持续了一个半世纪。1965 年联合国 20 届大会，明确马岛问题是殖民地问题，呼吁两国立即谈判有关马岛主权问题，尽快和平解决争端。自那时起，谈判时断时续，争端始终未得到解决。终于在 1982 年 4 月爆发了一场为争夺马岛主权的战争。

1982 年 3 月，阿根廷渔业工人到南乔治亚岛利恩港拆除一个鲸鱼加工厂时，升起了阿根廷国旗，英国政府对此不满并采取强硬外交行动，阿政府对此也寸步不让，并借机以武力收回马岛。

阿军收回马岛后，英国政府反应极其强烈，并成立战时内阁，决心以武力夺回马岛，英阿马岛战争终于爆发。

英国为夺回马岛组织了一个特混舰队远征马岛。该舰队包含有作战舰艇 78 艘（含航空母舰 2 艘），飞机 98 架，海军陆战队及陆军官兵 8000 余人。同时还将"火神"战略轰炸机和"猎迷"岸基巡逻机基地由本土转移到阿森松岛作为空中支援。

英特混舰队于 4 月 5 日起陆续启航，22日先头部队到达战区，一举占领南乔治亚岛，4 月 28 日进入马岛水域，并进行三层海空封锁。外层由核动力潜艇和海上巡逻机组成，负责将阿海军限制在其领海线以内；中层由

▲英军在马岛登陆

航空母舰舰载机和雷达哨舰组成，负责搜索拦截进入其规定"禁区"内的阿方舰船；内层由驱护舰艇编队，在舰载机的配合下，负责对马岛的近岸封锁。英阿双方经过数次海上作战后，英军终于掌握了马岛周围的制海、制空权，为登陆马岛作战创造有利条件。

英军选定马岛的圣卡洛斯为登陆点，登陆日期为 5 月 21 日。5 月 19 日，英军两栖突击队乘船由南乔治亚岛进入马岛东北 200 海里水域待战。21 日晨两栖部队换乘登陆艇实施登陆作战，并迅速占领圣卡洛斯港，至 6 月 14 日，英军重新占领马岛，历时 20余日，马岛登陆战结束。

英阿马岛战争是二战后首次大规模海战，此次战争历时 70 余天，以英军重新占领马岛而告终。

水下杀手——潜艇

　　潜艇是一种能潜入水下活动和作战的舰艇，也称潜水艇，是海军的主要舰种之一。潜艇在战斗中的主要作用是：对陆上战略目标实施核袭击，摧毁敌方军事、政治、经济中心；消灭运输舰船、破坏敌方海上交通线；攻击大中型水面舰艇和潜艇；执行布雷、侦察、救援和遣送特种人员登陆等。

　　在人类的战争史上，总有一些外形、性能、任务、命运特殊的潜艇，闪现在海战场的惊涛骇浪里，留在人们的记忆深处。

恐怖的水下杀手——U 型潜艇

　　1906 年，德国的日耳曼尼亚造船厂为德国海军建造的第一艘潜艇"U1"号，成为大西洋上最令人恐惧的水下杀手。

　　1914 年 9 月 5 日，德国"U21"号潜艇用一枚鱼雷击沉英国军舰"开路者"号，250 名官兵葬身海底。1914 年 9 月 22 日，德国 U9 号潜艇在比利时海外，用不到 90 分钟的时间就击沉 3 艘 12000 吨级的英国装甲巡洋舰，舰上 1500 人死亡。到 1915 年末，德国潜艇共击沉 600 余艘协约国商船；在 1916 年和 1917 年，被德国潜艇击沉的商船总数已分别达 1100 艘和 2600 艘。仅 1 艘 U35 号德国潜艇就独自击沉了 226 艘舰船，总计达 50 多万吨。第一次世界大战中，德国潜艇击沉的商船总数达 5906 艘，总吨位超过 1320 万吨。据统计，整个第一次世界大战中用潜艇击沉的各种战斗舰艇共达 192 艘，其中有战列舰 12 艘，巡洋舰 23 艘，驱逐舰 39 艘，潜艇 30 艘。战争中各参战国共建造了 640 余艘潜艇，德国建造的潜艇就有 300 多艘，其中 U 型潜艇以其卓越的水下机动性和作战能力在海上占了尽了风头。

▲ 二战中德国"U"型潜艇

　　二战中，德国依仗性能先进的 U 型潜艇，在大西洋海域有效地攻击了盟军的商船队和护航船队。指挥德国潜艇的海军上将卡尔·邓尼兹发明了"狼群"战术，用 6 到 12 艘潜艇组成水下舰队，白天尾随护航队，黄昏时进入攻击阵位，夜晚钻入护航队中用直航鱼雷实施近程攻击。1940 年 10 月，一个由 12 艘潜艇组成的"狼群"就击沉了 32 艘舰船，而自己安危无恙。到 1941 年，德国用潜艇击沉盟军舰船的总数已达 1150 艘；到 1942 年上升到 1600 艘。1943 年以后，盟军在舰艇、飞机上加装了反潜雷达，使舰船沉没数量降低了65％，到1944年只有200艘舰船被德国潜艇击沉。

整个第二次世界大战中，德国共建造潜艇1131艘，加上战前造的57艘，共1188艘。这些潜艇击沉了3500艘舰船，造成45000人死亡，但德国潜艇的损失也不小到战争结束时，德国有781艘潜艇被盟军击沉。

日本绿十字船"阿波丸号"的沉没

1943年，交战国美国和日本为"阿波丸"号船达成了一项协议：国际红十字会援助被日本扣押的美英等盟国战俘和16.5万侨民的救济物资，由"阿波丸"号负责运送。

"阿波丸"原是一艘日本客货运输船，全长154米，航速18节，总载重为11249吨，是1943年新建造下水的军用船。

交战期间，所有的敌国船只在公海上是必遭袭击的。但美国向日本及全世界承诺，美国将在日本至中国东北、上海、台湾航线及东南亚航线上，保证"阿波丸"号的航行安全。日本也向世人承诺，阿波丸只用来承运战俘和侨民所需的生活物资。

在日美交涉阿波丸行船事项时，日本提出多用几条船为战俘和侨民运送物资，而美国答应只许"阿波丸"号一船承担此任，并要求日本必须在阿波丸两舷及烟囱上用油漆大写绿十字，夜间航行，必须两舷打开灯火。

▲ "阿波丸"号运输船

这就是"绿十字"船的来历。"绿十字"成了战火中安全航行的"特别通行证"，为盟国战俘和侨民多次运送物资，从没遭到过袭击。

1945年3月，这是"阿波丸"号最后一次航行。当时美国海军完全控制了太平洋，切断了一切舰船与日本本岛的来往，日本制海制空权全部丢尽，在东南亚的日军已惊慌不安，他们都希望乘坐阿波丸号回到日本。

"阿波丸"号的到来，对于居住在新加坡、雅加达一带的日本人来说，好比落水人在绝望中发现了木板，他们争着要搭船回国。几天来，为了能搞到一张乘船证，日本上层人物之间展开了紧张的角逐，在运输司令部的接待室内外门庭若市，从港口飞往日本东京的密码电报像雪片一样多。同时，每天深夜，在全副武装的日本兵监护下，"阿波丸"神秘地装着货物，二十几辆运输车，来往于新加坡银行地下金库，把大批贴有封条的箱子运上"阿波丸"号船上。

据战后有关资料透露，搭船者为2009人，多数是日本军政要员、高级商人和外交官。船上装有近万吨橡胶块和锡锭，还有大量的黄金和钻石。

"阿波丸"号驶入公海后，突然两架美国飞机飞临，顿时，船上的人被吓得抱头鼠窜。下午，又有两架飞机跟踪"阿波丸"船，可并没有开枪投弹。一天傍晚，船上有人发现在船的右前方有条大鲸鱼游来。众人正看热闹，突然有人惊叫："是潜水艇！"船上顿时混乱……

但这三次都有惊无险，船上人开始相信绿十字的作用。4月1日夜，"阿波丸"行驶到中国福建平潭县牛山洋面。船长突然接到报告，"发现一艘敌船尾随我左右多时！"船长说："不理它！保持原速。"但是这一次，绿十字失去了效用。跟踪"阿波丸"的美国"皇后鱼"号潜艇属于"鲨鱼级"，是一种大型远洋作战潜艇，排水量在水面1526吨，在水下是2424吨，艇长59米，水下航速9节，水上最大航速25节。艇上装有鱼雷发射管10具：首部6具，尾部4具。有76毫米炮1门，20毫米炮3门，编制人员23人。他们长期担任封锁台湾海峡的任务，遇到日本舰船，就将它击沉。"皇后鱼"号早就盯上"阿波丸"船了，眼下三次发出停航检查的信号，对方却置之不理，艇长拉福林恼火了，他下令做好鱼雷攻击准备。他再次测定目标运动要素，用三管鱼雷瞄准阿波丸船。阿波丸船还是朝前行驶，但速度更快。拉福林艇长拳头一举喊着："预备——放"！发射了三颗鱼雷，仅40秒钟，"阿波丸"一阵轰响，火光冲天，不到5分钟便沉入了海底。"皇后鱼"号赶到现场，只救起全船唯一一个昏迷不醒的活人。

这天是1945年4月1日夜23时30分。活下来的这个人是三等厨师田勘太郎。当时正在甲板上散步的他，被鱼雷爆炸的巨大气浪抛进大海，这才被"皇后鱼"号救起，后几经周折才回日本。他成了"阿波丸"号被袭击的唯一证人。

日本政府向美国提出抗议，他们认为美国无故进攻"阿波丸"船，是战争史上没有前例最无信誉的行为，要求美国负全部责任。美国政府拒绝日本抗议，声称艇长已交军事法庭，而且认定日本把军政要员装上"阿波丸"船，所以美方对日方使用此船正当性存在疑问，同时美方潜艇一再命令阿波丸停船受检，为什么不服从，不理睬？日方虽然再次抗议，但也自知理亏。拖了4年，日本自动放弃要求美国赔偿，更使"阿波丸"号事件蒙上了一层神秘面纱。因此，"阿波丸"被击沉，被世人称为"太平洋战争之谜"。

恐怖的日本小型偷袭潜艇

1945年2月15日夜，日本使用12艘由一名士兵驾驶、装载250千克高爆炸药的"震洋"艇，在菲律宾科雷吉多要塞附近海面上，将美军LSM-12巡洋舰击沉。后来美舰吸取教训，在舰上临时配备陆军小型直瞄火炮，这种火炮可在一千米以上距离射击，有效避免自杀艇的靠近。

在二战时期，日本海军还制造了一些仅由两名军人操控的小型潜艇，专门用来偷袭盟军的舰艇。在1942年二战高峰期，日军为破坏美国和澳大利亚的航运，派出了3艘这种潜艇越过海底的防护网，深入悉尼港进行突击，击沉了一艘澳大利亚军舰，造成19名水手和两名英国人死亡。在袭击行动中，两艘日本潜艇受损，艇上的士兵把潜艇凿沉自杀。第三艘逃脱，但无人知其行踪，成为历史之谜。

60多年后，一些业余的潜水者在悉尼港距离岸边50千米的海底，发现了这艘日本潜艇的残骸。2007年5月22日，澳大利亚海军组织精英潜水人员抵达潜艇残骸遗址，对这艘外部布满贝类生物的潜艇残骸进行了探测，证实日本海军中尉阪胜久和下士足羽士的骸骨仍在潜艇里面。潜水员在潜艇外部发现了一部梯子，是供艇员用来逃生的。

澳大利亚政府随即宣布这艘潜艇沉没的地点为历史遗址，并布置了声呐报警器和水底照相机，防止好奇的潜水者接近，违者将会受到百万澳元罚款及5年监禁的处罚。由于费用高昂、技术难度大，澳大利亚当局没有打捞潜艇和死者遗骸。当局在潜艇残骸附近海底收集了一瓶沙粒，交给这两名日本军人的家属。

"库尔斯克"号沉没记

俄罗斯"库尔斯克"号为多用途战役导弹核潜艇，是俄海军最新的战略核潜艇之一，也是当今世界最大的核潜艇之一。该舰造价10亿美元，1994年5月下水，次年1月在俄北方舰队第41巡航导弹核潜艇大队服役，舰号K141。

"库尔斯克"号有两座核反应堆，潜艇长150米，有6层楼高，体积达到了大型喷气式客机的两倍以上。续航能力为120天，最大下潜深度为300米，编制艇员107人，其中包括48名军官，最多可载员135人。

"库尔斯克"号上载有俄最机密的新型武器军备，配备了24枚最新型的巡航反舰导弹，导弹可携带高爆弹头或者核弹头。每个弹头的威力相当于两枚投掷落日本广岛的原子弹。并拥有独特的双壳艇身和9个防水隔舱，即使被鱼雷直接击中也不会沉没。

▲ "库尔斯克"号核潜艇

2000年8月13日，"库尔斯克"不幸沉没在150米深的巴伦支海海底，118人全部遇难。

普京总统为打捞计划拨出了1.3亿美元专款，2001年10月，沉没14个月"库尔斯克"号从海底捞起，运送到科拉半岛的一个秘密军港。经专家分析，事故的原因是有缺损的焊接导致该艇前舱的训练鱼雷爆炸，爆炸压力波沿通风管冲进指挥中心，将管路炸得粉碎，火焰和浓烟引入到舱内，舱内人员还来不及按动警报装置，就被火和烟熏倒，没有人能够幸存。大火随后引发5枚到7枚鱼雷同时爆炸，导致"库尔斯克"号沉入海底。

2001年10月26日，俄罗斯从7号舱指挥员、海军中尉科列斯尼科夫身上，找到了一张详细描述事发经过的便条。便条显示，潜艇爆炸后，至少有 23 人仍然活着。便条写道："15 时 45 分，这里面很黑，但我尝试摸着写。（逃生的）机会似乎没有了，因为只有 10% 到 20% 的希望。我们希望能有人看到我写的这张字条。这里有位于第 9 号隔舱人员的名单，他们将尝试着逃出去。向大家问好，请不要为此绝望。"

德国 U—9 号潜艇击沉三艘巡洋舰

1914 年 9 月 22 日清晨，在比利时奥斯坦德西北海面上，轻风荡着微波，一派祥和的景象。德国海军 U—9 潜艇奉海军总部的命令，来这里设伏，以切断英国的海上运输线。

U—9 号潜艇的艇长名叫韦迪根，是一位早在大战之前就被公认为优秀潜艇艇长的德国人。他此刻正和副艇长斯皮斯一同伫立在舰桥上，双眼圆睁着远方的海面。

突然，韦迪根和斯皮斯几乎同时发现西方水天线上跃出一个黑点，只见两人悄悄耳语了几句，又聚精会神地看着这个黑点。

二战潜艇数量及战果

第二次世界大战爆发后，潜艇成为主要的水下战舰。战前，各参战国共有潜艇 496 艘，战争中又建造了 1669 艘，潜艇总数达 2100 余艘。战争期间，潜艇击沉的作战舰艇达 395 艘。其中，战列舰 3 艘，航空母舰 17 艘，巡洋舰 32 艘，驱逐舰 122 艘。击沉运输舰船 5000 余艘，吨位达 2000 余万吨。

果不出韦迪根所料，当黑点渐渐靠近时，他们终于看出这是一艘正在喷吐浓烟的军舰。

"下潜至潜望镜深度！"随着韦迪根一声令下，U—9 巨大的艇体没进了海水，只露出人头般大小的潜望镜镜头。

目标越来越近。韦迪根根据以往的经验转移着艇身，以便占据最佳进攻阵位。

又一件令韦迪根兴奋得要跳起来的奇迹发生了，随着目标的越来越近，黑点逐渐分开，变成了 3 艘庞大的英国巡洋舰。

3 艘庞大的英国巡洋舰分别是："阿布基尔"号、"霍格"号和"克雷西"号，其排水量均为 1.2 万吨。3 艘军舰按计划以 10 节航速间距 2 海里巡逻。

U—9 潜艇在韦迪根的指挥下悄无声息地逼近了 3 艘巡洋舰。韦迪根压抑着极度的兴奋，恶狠狠地命令道："准备鱼雷，做好速潜准备！"

斯皮斯不断向艇首鱼雷舱和轮机长转达命令，并一手操纵潜望镜升降机，一手按着鱼雷发射按钮。

"预备——放！"随着韦迪根一声令下，一枚鱼雷"嘶嘶"地冲出发射管，鱼雷直向"阿布尔基"号巡洋舰"游"去。

大约半分钟，艇员们听到了鱼雷撞击"阿布基尔"的响声，随即传来一声震天的爆炸声。

中了鱼雷的"阿布基尔"号正急速下沉，根据各方面的报告，军舰已无法浮在海面。无可奈何之际，舰长德拉蒙德决定弃舰，下令向"霍格"号和"克雷西"号发出求援信号。

"霍格"舰舰长尼科尔森上校及全体舰员以为"阿布基尔"号是碰上水雷而炸沉的，尼科尔森上校当即命令"霍格"舰以最大航速前往救援。

U—9艇艇长韦迪根命令潜艇升至潜望镜深度，升起潜望镜。他看到"霍格"号巡洋舰正进入U—9潜艇的鱼雷射程。韦迪根随即命令做好发射鱼雷的准备，他准备再接再厉，再打沉一艘巡洋舰。

随着韦迪根一声令下，2枚鱼雷冲出发射管。不到半分钟，"轰"、"轰"两声剧烈爆炸声将U—9潜艇震得左摇右晃，"霍格"号一下被炸得稀烂，舰体比"阿布基尔"号沉得更快。

三艘巡洋舰中最后一艘巡洋舰"克雷西"号的舰长约翰逊上校下达了戒备命令。他命令所有反潜兵器作好攻潜准备，一旦捕捉到潜艇的踪迹，将毫不留情地击沉它。

然而，周围的惨景又一次使约翰逊改变了主意，两舰即将沉没，1000多名官兵正在海上拼命挣扎，海面上到处漂浮着亟待救援的救生筏和小艇。他决定放弃追击敌潜艇，而前往救助落水的同胞。

当韦迪根从潜望镜中看到"克雷西"前往救助遇难的同胞时，他立刻高兴起来。

"机不可失，时不再来！艇艏鱼雷管准备射击！"韦迪根再次恶狠狠地下达着命令。

很快，2颗鱼雷击中了"克雷西"的中部。U—9潜艇上的最后一枚鱼雷装进了发射管。随着"预备——放"的口令声，这条鱼雷拖着一条泛起白色浪花的航迹，直奔"克雷西"号。

尽管"克雷西"号的舰炮猛烈地向U—9发射着炮弹，然而，第一枚鱼雷早已将它的动力装置系统炸坏了，失去动力的"克雷西"号只有像一个固定靶子等待着U—9发射来的鱼雷。随着"轰"的一声巨响，"克雷西"被重重地举了起来，随即又狠狠地扎入海中，几乎从腰部一折两半，不一会就翻沉在海水中。

前后整整1个小时，U—9潜艇连击中三舰。3艘巡洋舰上的2200人中，仅741人获救，其余1459人全部遇难。

一个小时击沉3艘巡洋舰的消息传开后，世界海军界为之震惊。德国人以最隆重的仪式欢迎这些创造了奇迹的人们，德皇亲自授予艇长韦迪根1枚一级铁十字勋章，并授予全体艇员每人1枚二级铁十字勋章。这次水下伏击战后被人们誉为最利索的水下伏击战。

两次世界大战中的潜艇糗事

两次世界大战都是陆海空三维战场的较量，凭借武器装备和技战术的不断创新发展，潜艇在海战中大显身手。产生了许多经典战例和名噪一时的潜艇。但与此同时，潜艇也产生了不少糗事，不仅导致了艇沉人亡的战争悲剧，而且其啼笑皆非的表现也一度成为后人茶余饭后的谈资。

命运多舛的英国 K 级潜艇

K 级潜艇为英国在第一次世界大战期间设计并生产，主要用于辅导水面舰艇作战的一艘重要潜艇。

为保证在舰队编组内与水面舰艇同步，该艇采用 10500 马力的汽轮机作主动力装置，最高航速达 25 节，是当时世界上水面速度最快的潜艇。由于速度太快、艇体太长、密封性太差等先天不足，以致 K 级潜艇自从问世以来便祸事连连，总数不到 20 艘的 K 级潜艇，居然发生了 18 起事故，而且其中有 7 起是沉艇。

1918 年 1 月 31 日，K 级潜艇遭遇了潜艇史上最大的一次灾难。当时正值第一次世界大战的最后阶段，英国本土舰队的主力部队"大舰队"受命东进北海，与科克沃尔舰队会合，进而袭击德国舰队。

为了防止德国潜艇的袭击，"大舰队"决定在夜间出航。由轻型巡洋舰打头，4 艘 K 级潜艇和"伊兹尤里利"号巡洋舰居中，另有战列巡洋舰、轻型巡洋舰和 5 艘 K 级潜艇组成的混合分舰队断后，组成单纵队出海。3 个编队之间的航行间距为 5 海里，航速 21 节，并实行了严格的灯火管制。

当先头纵队通过外围障碍栅时，位于舰队中部的 K - 22 潜艇突然向右驶出单纵队，旋转航行。与尾随的 K - 17 潜艇擦肩而过，一头撞在后续的 K - 14 潜艇的右舷上，两艘

▲英国 K 级潜艇

潜艇舫舱被海水淹没，致使 7 人死亡。劫后余生水兵不顾灯火管制命令，在破损的潜艇上燃起航行灯，以避免再次发生相撞事件。

水兵们的用心固然不错，但这一举动显然太过业余——他们忘记用无线电或信号灯通报其他舰艇。战列巡洋舰分舰队的首舰"不屈"号发现前面有灯火，误以为途中出现了拖网渔船队，决定直接从"拖网渔船"的尾后通过。K 级潜艇艇尾比拖网渔船

足足长两倍，等"不屈"发现失误时已回天无力，K－22 的尾部被截断。掉了尾巴的 K－22 潜艇仍没有沉没，与 K－14 艇一起随海流向舰队航线的右方漂去。

位于"伊兹尤里利"号巡洋潜艇区舰队司令发现 2 艘潜艇不见了，连忙命令剩下的 3 艘潜艇跟随己舰返回寻找。黑暗中，"伊兹尤里利"号巡洋舰将第处于断后分舰队中的一艘战列巡洋舰错当作成整个舰队的尾舰，便率寻人的潜艇左转向加入舰队成为"尾部"，速度和警觉性同步下降，浑然不知身后还有其他舰艇。

20 点 32 分，"无畏"号轻型巡洋舰的舰首骑到 K－17 潜艇身上，将该艇耐压指挥室以前部分砍成两半，只有 8 名幸运的艇员被救起。"无畏"号舰舷也严重受损。后面的潜艇发觉不妙，急忙驶出单纵队队形：两艘潜艇右转，另两艘左转。结果忙中出错，有两艘潜艇再次相撞。其中一艘受伤，另一艘连同 55 名艇员沉入海底。

在一个晚上，英军"大舰队"未遇敌情，却自乱阵脚，8 艘 K 级潜艇中，两艘沉没，两艘受损，共有 115 名官兵死亡，另有 2 艘大型水面舰艇受损。

一战结束后，K 级潜艇又先后发生突然沉没、撞击防波堤、与 H 级潜艇相撞等事故。K 级潜艇的频繁失事，使英国海军部而深感不安，终于在 20 年代中期作出决定，将余下 K 级潜艇全部从海军中除名。

自残灭亡的轴心国潜艇

二战中，日本"吕－34"号潜艇，堪称是胆子最小的潜艇，居然被美军的土豆吓沉了。

1943 年初，为配合美军在西南太平洋诸岛上的反击行动，美国海军在海上实施封锁，切断日军对新几内亚群岛的增援和补给。

4 月初，美国"奥邦农"号驱逐舰在奉命对所罗门群岛附近海域进行战斗巡逻时，突然发现一艘日本潜艇从己方军舰旁边破水而出。美军舰员惊讶之余，立即摇动火炮对准潜艇实施攻击。但由于潜艇距离军舰太近，已经进入火炮的射击死角内，火炮无法发挥作用。正在慌忙之际，美军水兵抓起军舰甲板上的土豆扔向潜艇。

潜艇上浮本身就很让人担心，又突遇美军水兵攻击，日本潜艇的惊慌可想而知。艇长根本没看清美军水兵投掷的究竟是什么武器，就急忙下令速潜。由于下潜速度过猛，潜艇一头栽到水底礁石上，遭受严重损伤，失去了机动能力。美军驱逐舰抓住这一战机，迅速在潜艇下潜的地方，投下数枚深水炸弹，将"吕－34"号击沉。

这可真是——一个美国土豆击沉一艘日本潜艇！

1941 年 8 月，德国潜艇"U－570"号奉命到北大西洋海域，完成攻击英国护航运输队任务。27 日 11 时，潜艇在冰岛南 80 海里处上浮时，被英国"赫德逊"式飞机发现，飞机直向潜艇飞来，艇长急令速潜。飞行员汤普逊空军少校对准潜艇下潜的旋涡，投下了 4 枚重 250 磅的深水炸弹。炸弹击中了潜艇，发生猛烈的爆炸。

潜艇虽然没有下沉，但艇壳多处破裂，艇室进入海水，电器设备震坏，连舱室灯光都熄灭了。更糟糕的是潜艇电力舱的电池电解液溢出，散发着浓烈的有毒气体。艇长拉姆洛海军少校多次组织艇员堵漏抢修，但都无济于事。艇上情况继续恶化，浓烈的氯气随时都有引起火灾和爆炸的可能。

拉姆洛下令向基地发出求救信号，销毁密码和文件，然后浮出水面，全体艇员列队甲板，穿上救生衣，等待救援。可让拉姆洛万万没有想到的是，英国飞机这么长的时间竟然没有离开。飞机见到浮起的潜艇，立即用机关炮进行扫射，打得艇员无处躲藏。拉姆洛眼看求救无望，不得不举起白旗投降。

汤普逊少校则一面监视投降德国潜艇，一面向英军基地发报。基地派来几架飞机，轮班围着潜艇不断盘旋示威。同时，附近海域的英国渔船和驱逐舰也高速向潜艇驶来。最终，这艘倒霉的潜艇被一艘英国渔船拖到英军设在冰岛的海军基地。

英国首相丘吉尔得知"U–570"号潜艇被捕获的消息后，十分高兴，他指示将潜艇拖往英国。潜艇经过修理、改装后，编入英国潜艇部队，改名为"格拉夫"号潜艇。

另一般德国U型潜艇同样与英军飞机短兵相接，所不同的是，这艘潜艇虽击落了飞机，但最终却葬身于自己的得意忘形。1943年7月24日，德国"U–459"潜艇与一架英军"威灵顿"式轰炸机在北大西洋上遭遇，双方用高射机枪和炸弹互相攻击。飞机被潜艇的高射机枪击中要害，一头栽到潜艇前部，飞行员当即身亡，机头、机翼和机尾入水，部分机身落在了潜艇后部甲板上。

▲德国U型潜艇

艇员在清除飞机残骸，发现2枚没有爆炸的深水炸弹，于是将这一情况报告给艇长默伦多夫。可这位艇长大概是被胜利冲晕了头脑，下令艇员将未拆除引信的深水炸弹直接从艇尾扔到海里。深水炸弹立即发生了爆炸，不仅炸毁了潜艇的尾舵，冲击波还将潜艇抛离水面，导致柴油机和电机舱严重受损。失去动力的潜艇只能漂浮水面，等待救援。不久，英军一架"哈利法克斯"式飞机赶到，用深水炸弹和机枪猛烈攻击潜艇。潜艇艇壳破裂，舱室不断进水，艇长默伦多夫命令手下弃艇，自己则与"U–459"潜艇一同沉入了海底。

未来的常规潜艇

　　常规潜艇指的是不用核动力而用常规动力驱使的潜艇。常规核潜艇虽然不用核动力，没有核潜艇的诸多优点，但它依然是潜艇家族中不可或缺的一部分。在新技术的应用下，常规潜艇也在更新换代，逐步发展出许多更加有战斗特性的种类。

　　未来的常规潜艇有以下特点：

　　（1）更快。未来潜艇具有优良的快速性。设计时，其尺度比、储备浮力和艇型都以提高水下航行性能为优先。根据相关资格，未来潜艇计划长宽比压缩在 10 以内，高宽比基本上为 1；储备浮力控制在 20% 以内，有的甚至只有 8% 左右；采用鲸型圆钝型舰首配以回转体尖尾的艇型。配以大功率推进电机，使水下最大航速超过 20 节，个别舰艇将达到 25 节。

　　（2）更深。未来潜艇将能下潜得更深。由于采用单壳体为主的船体结构，横向隔壁少，因此可以适当增加耐压船体的重量。未来潜艇的下潜深度大部分将达到 300 米以上，而且具有较高的抗险救沉能力和自救能力，具有较强的生命力。

▲德国 U212 级潜艇是目前世界上最先进的潜艇之一

　　（3）更好的隐蔽性。未来潜艇具有更好的隐蔽性。这些潜艇除了前述采取的有效的减振降噪措施，大大降低了被敌人发现的概率外，还将采用"隐身技术"。如在艇体和升降装置上涂有涂层，使其具有反射和吸收敌声呐和雷达波的能力；有的装备新式天线，较好地解决了隐蔽测定本艇舰位和隐蔽通信问题。

　　（4）威力更猛。未来潜艇打击目标的威力将更猛。这一点首先建立在综合性的武器系统上，它包括通用性强、发射深度大的发射装置。未来潜艇的武器系统将摆脱发射装置加指挥仪的简单模式，而是由新型通用发射装置、多种探测系统和各自的传感器、情

▲以色列海豚级潜艇是目前世界上最先进的潜艇之一

报数据处理设备和指挥系统等组成的复杂系统。

（5）功率更强大。未来潜艇的推进装置功率将更强大。这一代潜艇的动力装置都将采用单轴电力推进，即由高速柴油机带动发电机发电，高容量蓄电池储存电能，大功率低转速直流推进电机带动大直径的低噪声螺旋桨。强大的推进功率使未来潜艇具有较高的水下航速和较大的水下续航力。

（6）前行更远。未来潜艇具有跑得更远、打得更远的能力。由于未来潜艇将具备强大功率的推进装置，使其无论在水上还是水下，都具有跑得更远、巡逻游弋的海区更广的能力。同时，未来潜艇将装备先进的武器系统，使其不仅能跟踪、打击多个目标，而且能打击数十千米至百余千米之外的水面或岸上目标。

▲澳大利亚科林斯级潜艇的安静性和自动化程度世界一流

（7）更"安静"。未来潜艇由于采取了多种有效的减振降噪措施，使潜艇变得十分"安静"，大大提高了隐蔽性。这一代潜艇在降低辐射噪声、声呐平台噪声和艇内空气噪声方面都有明显成效。良好的艇型和表面的阻尼处理，使潜艇的水动力噪声大为减小。

（8）容量更大。未来潜艇趋于大型化，即具有较大的排水量。新一代潜艇的排水量将达到2000吨以上，这主要是为了装置大型的声呐基阵、先进的武器系统、强大的动力装置和追求宽敞舒适的工作、生活环境。

▲瑞典"哥特兰"号的下水，标志着常规动力潜艇技术取得了具有历史意义的突破性进展

（9）自动化。未来潜艇的操作、作战、动力的操纵高度自动化、遥控化。未来潜艇大都装设了单人操纵的、多功能的自动驾驶仪，不仅可以控制舵装置，还能控制均衡系统，实现航向、深度、纵倾和平衡的自动控制，能对推进电机进行遥控。

大国地位的象征——航母

航空母舰简称"航母"、"空母",苏联称之为"载机巡洋舰",是一种可以提供军用飞机起飞和降落的军舰。中文"航空母舰"一词来自日文汉字。

航空母舰是一种以舰载机为主要作战武器的大型水面舰艇。现代航空母舰及舰载机已成为高技术密集的军事系统工程。航空母舰一般总是一支航空母舰舰队中的核心舰船,有时还作为航母舰队的旗舰。舰队中的其他船只为它提供保护和供给。依靠航空母舰,一个国家可以在远离其国土的地方、不依靠当地的机场情况对目标国施加军事压力和进行作战。

航母简史

1910 年 11 月至 1911 年 1 月,美国海军先后在两艘临时铺设有木质跑道的巡洋舰上进行飞机起飞、降落试验,获得成功。1917 年,英国海军将"暴怒"号巡洋舰改装成航空母舰。1922 年,日本海军将新建的"凤翔"号航空母舰编入现役。至 20 世纪 30 年代,英、美、日、法等国建成了第一批航空母舰,其中大部分是由战列舰、巡洋舰和商船改装的,满载排水量 1.2 万吨到 4 万吨,航速 15 节到 34 节,可载飞机 30 架到 90 架。这些国家在取得第一批航空母舰建造和使用经验的基础上,进入了专门设计和建造航空母舰的阶段。到第二次世界大战前,美、英各有航空母舰 7 艘,日本 10 艘,法国 2 艘。但当时各国海军仍墨守过去形成的概念,把巨舰大炮视为海战制胜的手段,而把航空母舰视为辅助兵力。

第二次世界大战期间,英、美、日等国建造了大量的航空母舰,并在海战中广泛使用航空母舰编队。例如,太平洋战区的袭击珍珠港、珊瑚海海战、中途岛海战、菲律宾海战以及大西洋战区的多次海战,都是以航空母舰编队或航空母舰编队群为舰队主力进行的。它在海战中显示出来的巨大作用,引起了许多参战国海军对"巨舰大炮制胜"传统观念的改变,竞相发展航空母舰,大批新型航空母舰相继建成服役。当时,美国的攻击航空母舰主要是"埃塞克斯"级中型航空母舰,满载排水量 3.08 万吨,最大航速 33 节,续航力 1.69 万海里,可载飞机 80 架。美国建造的 30 多艘护航航空母舰,标准排水量 0.7 万吨到 1.1 万吨,最大航速 16 节到 19 节,载飞机 20 架到 34 架。英国的

▲埃塞克斯号航母

"巨人"级航空母舰,满载排水量 1.85 万吨,最大航速 23.5 节,载飞机 35 架到 50 架。

第二次世界大战后,航空母舰进入了现代化阶段。原有的航空母舰多数退役,少数加以现代化改装,如装载了喷气式飞机和核武器,采用了斜角飞行甲板、蒸汽弹射器、新型助降装置和阻拦装置等。20 世纪 50 年代中期至 60 年代,建成了一批大型多用途航空母舰,较有代表性的是美国的"福莱斯特"级航空母舰和"小鹰"级航空母舰,满载排水量 8 万吨左右,最大航速 35 节,续航力 8000 海里,载飞机 80 架至 105 架,能担负攻击、反潜、护航等多种战斗任务。

20 世纪 60 年代以来,出现了核动力航空母舰,吨位进一步增大,机动性能和现代化程度大力提高。美国建造的核动力航空母舰"企业"号和"尼米兹"级,满载排水量 9 万吨左右,最大航速 35 节,续航力 40 万海里至 70 万海里,载飞机 90 余架。

20 世纪 50 年代中期起,航空母舰装备了导弹,指挥、操纵和武器控制系统的自动化程度不断提高。

20 世纪 70 年代中期,这种航空母舰装载了新出现的垂直/短距起落飞机。苏联的"基辅"级航空母舰,具有较强的反潜作战能力,满载排水量 3 万余吨,航速 32 节,载直升机 30 架和"雅克-36"垂直/短距起落飞机 16 架,装备有舰舰、舰潜、舰空导弹和其他反潜武器。英国于 1978 年建造的"无敌"级航空母舰),标准排水量 1.95 万吨,最大航速 28 节,载直升机 10 架和垂直/短距起落飞机 5 架。

多标准分类

航空母舰按其所担负的任务分类,有攻击航空母舰、反潜航空母舰、护航航空母

▲美国"企业"号航空母舰

舰和多用途航空母舰;航空母舰按其舰载机性能又分为固定翼飞机航空母舰和直升机航空母舰,前者可以搭乘和起降包括传统起降方式的固定翼飞机和直升机在内的各种飞机,而后者则只能起降直升机或是可以垂直起降的定翼飞机。按吨位分类,有大型航空母舰(满载排水量 6 至 9 万吨以上)、中型航空母舰(满载排水量 3 至 6 万吨)和小型航空母舰(满载排水量 3 万吨以下);按动力分类,有常规动力航空母舰和核动力航空母舰。

某些国家的海军还有一种外观类似的舰船,称作"两栖攻击舰",也能搭乘和起降军用直升机或是可垂直起降的定翼机。

最强悍的武备

一般来说,除少量自卫武器外,航空母舰的武器就是它所运载的各种军用飞机。航空母舰的战斗逻辑是用飞机直接把敌人消灭在距离航母数百千米之外的领域,没有

一种舰载雷达的扫描范围能超过预警机，没有一种舰载反舰导弹的射程能超过飞机的航程，没有任何一种舰载反潜设备的反潜能力能超过反潜飞机或直升机，飞机就是最好的进攻和防御武器，整个航空母舰战斗群可以在航母的整体控制指挥下，对数百千米外的敌对目标实施搜索，追踪，锁定，攻击，可以说是拒敌于千里之外！所以无须再安装其他进攻性武器。但是苏联的航母同时装备有远程舰对舰导弹，从这一点来说苏联的航母是航母与巡洋舰的混合体。

航空母舰从来不单独行动，它总是在其他舰艇陪同下行动，航空母舰和这些舰艇合称为航母舰队，又称为航空母舰战斗群。这些陪同舰艇包括巡洋舰、驱逐舰、护卫舰等，它们为航空母舰提供对空和对其他舰只以及潜艇的保护。此外舰队中还有潜艇负责侦察和反潜任务。舰队中的供给舰只和油轮扩大整个舰队的活动范围。此外这些舰艇本身也可以携带进攻武器，比如巡航导弹。

飞机是航母舰队中的重要角色。

飞机在航母上降落十分危险，飞行员在降落前要放下起飞机落架、襟翼与空气减速板，将捕捉钩伸出，维持一定的速度和下滑速率。与此同时，航舰上的指挥、保障人员，以语音、灯光、手势等各种方法提醒飞行员，调整飞机状态。

在着陆时飞机必须紧贴甲板，以保证能够钩住拦截索。同时将发动机保持在相当转速，如果没有挂上拦截索，飞机可以离开甲板，重新回到降落航线。飞机降落后，飞机依照甲板上地勤人员的指示，滑行离开降落区。如果飞机的挂钩损坏，拦截索无法发挥作用，地勤人员要拉起拦截网，协助飞机迫降。

飞机从航母起飞的方式一般有三种。

一种是蒸汽弹射起飞。蒸汽驱动的弹射装置带动飞机在两秒钟内达到起飞速度。蒸汽弹射又分为拖索式弹射和前轮式弹射。拖索式弹射由 8 ~ 10 人为飞机张挂钢质拖索，利用拖索牵引飞机加速起飞，这种弹射方式比较老旧，目前只有法国的"克莱蒙梭"级航母使用。前轮弹射由美国海军于 1964 年试验成功，弹射时由滑块直接拉动飞机前轮起飞。弹射时间减短，飞机安全性好。美国现役航母都采用这种方式。

另一种是滑跳式起飞。在其甲板前端有一个坡状的高台，以加大离舰飞机与海面的高度，帮助飞机起飞。这种起飞方式不需要复杂的弹射装置，但是飞机起飞时的重量以及起飞的效率不如弹射。英国、意大利、印度和俄罗斯的一些航空母舰采用这种技术。

第三种是垂直起降。主要适用于直升机起降，也可用于装有矢量喷管、可以垂直起降的战斗机。英国、美国、俄罗斯的一些航空母舰采用这种技术。

▲歼 15 舰载机采用滑跳式在中国"辽宁号"航母上起飞

另外，一些大国还在研制电磁弹射起飞

技术，与传统的蒸汽式弹射器相比，电磁弹射具有效率高、辅助系统要求低、运维简单等优势。

曾出尽风头的航母

核动力航母之王——"尼米兹"号

"尼米兹"号核动力航母是跨世纪的航母，是世界上最先进的航母，具有强大的作战能力。如果跟二次世界大战中的航母相比，它一艘就抵过当年 10 艘航母加在一起的作战能力，因此成为当代"航母之王"。

▲美国"尼米兹"级航空母舰

"尼米兹"号航母是个庞然大物，满载排水量 9 万余吨，舰长 332 米，宽 40 多米，飞行甲板有三个足球场那么大，由 6000 人操作，载机达 90 架。从桅杆顶到舰底，约 76 米高，相当于 20 层楼的高度，在海上航行，像是一座移动的钢铁摩天大楼。舰上有 6410 个床位，54.4 张办公桌，813 个衣柜，929 个书架，543 个文件柜，5803 把椅子和凳子，有 29814 个固定照明灯。

舰上五花八门的行业应有尽有。有邮政所，日夜不停地寄送和分发信件、包裹及电报。百货商店有各种日用品，还有金银首饰。全舰有几百台电视机，可以收到几个频道的电视节目，还有广播站、录音站、电影厅。舰上还有医院、理发室、裁缝铺，服装店。光厨师就有上百人，每天要提供 17000 多份饭菜。尼米兹号的航速可达 35 节，光是螺旋桨直径就 6.4 米，重量 11 吨，两个舵重量各为 45.5 吨，两个铁锚更是惊人，重量 30 吨。锚链每环重量 163 千克，这铁锚可以说也是世界之最了。一次核料可用 13 年，航程可达 80 万海里至 100 万海里。

▲ "尼米兹"号航母

"尼米兹"号看起来是个庞然大物，因为它要载 90 架飞机，因此实际上它是个相当拥挤的飞机展馆。它集美国海军最先进的各类舰载机为一体。

"尼米兹"号航母甲板科学地分为三个区域，舰桥的前方左侧是飞行甲板，左前方到右后方是斜角飞行甲板，是专门供飞机降落时使用的，在飞行甲板和斜角甲板相交地带有个三角区，是飞机临时停放调度区。起飞甲板前半部和斜角飞行甲板的前半部，各安置两部飞机弹射器。

现代喷气战斗机依靠自己滑行，不能加速到起飞的速度，因此需要弹射器帮助加速。舰载机运送到飞行甲板上后，停在舰桥左侧及前后的停机甲板上，装上武器、弹药、导弹，然后运到起飞弹射器上，蒸汽弹射器像一把强大的弹弓把飞机送上天去。

"尼米兹"号表面看是个"魔天铁楼"，实际上内部拥挤不堪，因此训练和战斗都需要科学、紧张而有秩序的安排，对飞行员的技术要求格外高，起飞和着舰都充满难度和风险，一旦出了一点差错，后果相当严重。

1981 年 5 月 26 日 23 时 50 分，有关人员都已经休息睡觉，有 1/3 的人员继续在甲板上进行夜间飞行攻击训练。一架 EA—6B 电子战飞机对着降落甲板中心线飞行准备着舰，地面指挥员发现这架飞机偏离中心线，通知飞行员再拉起调整角度，可是不知是何故，这个飞行员没有听到，还是对着甲板冲了下来，结果偏离甲板，冲撞到几架 F—14 雄猫战斗机上。EA—6B 电子战飞机爆炸又引起"雄猫"战斗机爆炸，机上装满了麻雀导弹，大火又引爆了导弹，导弹震动又使飞机上几挺机枪"自动"射击，使 14 人死亡，42 人受伤，11 架飞机损毁。这时空中飞机正在返航，却无法着舰，幸好离陆地机场近，这些舰载机到陆上降落，才避免了更大的损失。

20 世纪 80 年代中期，助降系统进一步得到了改进，不但采用雷达引导，而且有了电视录像监控，这样舰载机着舰就安全多了。

"尼米兹"号有良好的适航性，能在 6 级海情下执行战斗任务，在 12 级台风中能安全航行。1979 年伊朗危机时，它迅速从地中海驶往阿拉伯海，以长时间全速航行绕过好望角，进入印度洋，创造了海上连续航行 110 天的纪录。

"尼米兹"号参加的著名战斗只有两次：一次是 1983 年袭击利比亚，在空战中用 F—14 雄猫击落两架利比亚米格—23 战斗机。海湾战争结束后，它参加了海湾封锁巡逻。

"罗斯福"号航母

"罗斯福"号航母是"尼米兹"核动力航母的第 4 艘，是为了纪念美国第 26 任总统罗斯福而命名的。

"罗斯福"号航母是所有云集海湾舰船中的"块头"最足、吨位最大的战舰。它始建于 1981 年 10 月，1984 年 10 月下水，1986 年 9 月加入现役，其标准排水量 81600 吨、满载排水量 96836 吨；舰长 332.9 米、舰宽 40.8 米；吃水 11.71 米；全舰从龙骨到桅杆共 24 层。不仅如此，该舰还创下了美海军史上不少第一。

（1）第一个采用新式 F/A—18 "大黄蜂"式战斗/攻击机。

（2）首次比其他航母多搭载一架 E—2C "鹰眼"式预警机和 EA—6B 电子战飞机，因而其预警能力和电子干扰能力自然要胜其他航母一筹。更使美军感到鼓舞的是，由于 S—3B 反潜机具有再加油能力和 A—6 飞机的机载伙伴油箱，因此"罗斯福"号取消了 KA—6 空中加油机。

（3）最先对"尼米兹"级进行较大的改装。"罗斯福"号吸取了"尼米兹"级前 3 艘（"尼米兹"号、"艾森豪威尔"号和"卡尔·文森"号）的经验教训，进行了多项重大改装：保护设施越来越重要可靠，电子设备越来越先进复杂。

▲美国"罗斯福"号航空母舰

1991年1月，海湾战争爆发后，"罗斯福"号进入波斯湾，与其他美国海军兵力一起，对伊拉克进行海上封锁，并空袭伊拉克军事目标。同年1月24日，从"罗斯福"号起飞的舰载机用机载导弹，击沉了一艘伊拉克布雷舰，并击伤了另一艘伊军布雷舰。

虽然本身的防护能力已经超强，但为了保证万无一失，每次航母出航，其前后左右总是被各型舰艇前呼后拥。海湾战争中，"罗斯福"号和"美国"号航母的特混编队最为庞大，一共有17艘航船，包括4艘巡洋舰、3艘驱逐舰、3艘护卫舰，以及5艘后勤舰船。

"中途岛"号航母

"中途岛"号航母堪称是美国航母中资格最老、吨位最小、载机最少的"三朝元老"。自1945年服役以来，它经历了半个世纪的风风雨雨，参与了数百次的海上行动。

▲刚刚服役的"中途岛"号航母

"中途岛"号航母是1942年8月开始建造的，历时3年完成。在经历过大大小小的数百次行动后，于1955年10月至1957年9月，进行了第一次现代化改装，从而使舰体延长3米，舰宽达63米，满载排水量增至6.3万吨。10年后，"中途岛"号再次"脱胎换骨"，完成了一系列的改装。此时，该航母的飞行甲板最大宽度达77米，满载排水量增加到64700吨。第三次现代化改装是于1986年协作完成的，改装后，舰体水线部位的甲板宽度又增加了6米，排水量又增加了3000至5000吨。

1992年，"中途岛"号航母退出舰队序列，1997年正式退役。2004年，这艘航母停在美国圣地亚哥，开放成为博物馆。

"皇家方舟"号航母

"皇家方舟"号航母是英国于20世纪80年代初建造的一艘小巧玲珑的小型航母。海湾战争开始不久，英国海军就派出了"皇家方舟"号。

从外观上看，这艘小型航母貌似巡洋舰，标准排水量16000吨、满载排水量19500吨，仍然采用传统的直通式飞行甲板，也没有装蒸汽弹射器，但是该航母却有相当多的优点。

一是飞机滑跑距离短。之前的"无敌"号和"卓越"号航母上翘角均为7°，而"皇家方舟"号上翘角为12°。经过这一改进，"海鹞"垂直/短距起落飞机用同样的滑跑距离，其起飞重量可增加1135千克；或在同样的起飞重量条件下，起飞滑跑距离可缩短50%—60%。

▲ "皇家方舟"号航母

二是增加了防潜、防空能力。"皇家方舟"号航母上不仅搭载有"海鹞"式战斗机、而且还载有反潜直升机。它们可与编队内的其他反潜直升机、反潜水面舰艇和潜艇配合，实施反潜作战。在马岛海战之后，英国对"皇家方舟"号航母进行了部分改装，在舰首和舰尾加装了两座6管20毫米"密集阵"近程武器系统和2座GAM—B01型火炮，目的在于提高其防御和反导弹能力。为了解决没有空中预警机的矛盾，英国海军还改装了部分"海王"直升机，加装了下视雷达，以担任空中预警。从而提高了航母编队的生存能力。

"皇家方舟"号航母由于只搭载有9架"海王"直升机和5架"海鹞"垂直/短距起降飞机，因此与大、中型航母相比，战斗力自然显得非常单薄。但是，对于只执行区域防御任务的英国海军来说，"皇家方舟"号航母还是具有作战灵活、能取得一定的制空、制海能力和造价低廉等特点，因此深受英国及其他中小国家所青睐。

2011年，"皇家方舟"号航母退役。

未来的航母

许多人都认为，在未来的战争中，航空母舰由于其庞大而笨重的躯体及自身抗打击的薄弱性，已经逐渐成为海上的活靶子，难以承受突如其来的空中及水下的打击。但是这种担心随着航母的完善已经变得不重要了。在现代科技的发展中，新型的航空母舰将以其高度的机动性，灵敏的远洋搜索能力、高度的集中突击力以及全面的防御能力继续占据着"海上霸主"的地位。在未来的战争中，世界各国的科学家与军事家设计出了很多新型航母。

水下航空母舰

它的主要作用是对敌方军舰或飞机实施快速隐蔽性攻击。在战斗中，它将与核潜艇组成攻击编队，以水下航空母舰上所载侦察机作为海战的先导而实施侦察，尔后以核武器或攻击型飞机对敌目标实施攻击。

日本在二战中建造的潜水航母

潜水母舰是二战期间建造的一种超大型远洋潜艇，它可以携载水上攻击机，让它在水下抵达敌方海岸，利用潜水母舰上的舰载攻击机去对敌方大城市进行轰炸，使其瘫痪。

日本在二战期间建造的"伊—400"特型潜艇就是所谓的潜水母舰。"伊—400"特型潜艇艇长122米，艇宽12米，吃水7米，排水量5220吨。该型潜艇采用双层壳结构，有一个很大的艇体甲板，甲板上设有一个机库，可装载3架水上攻击机。

▲即将服役的美国福特级航母，是未来航母中的代表

超级航空母舰

由于某些超级大国经济力量雄厚，为了凭其巨大的攻击能力以实现主宰海上的梦想，必将建造不可一世的超级航空母舰。其排水量约50万吨，长400米，宽85米。最大特点是战斗威力大、续航能力强、威慑力大。

袖珍航空母舰

为经济弱小国家拥有，排水量仅为5000吨左右，

航速达 26 节，可载侦察或作战飞机。其体积小，机动性好，造价低廉，必将为中小国家所重视。

气垫式航空母舰

由于气垫艇具有两栖作战的性能，专家们设想，如果能成功制造一种能产生巨大升力以举起航空母舰的气垫船，那么未来的航空母舰将会成为一种不受地域、海域限制，不受水雷等水中兵器威胁，能够无限制进行迁移的航空兵基地。未来气垫航空母舰的速度可达 100 节以上，从而满足不需要弹射、拦阻装置的高性能飞机垂直起降的效果。

双体式航空母舰

双体船是将两个船体连在一起，共用一个主甲板，因此具有甲板面积大、船体稳定性好等特点。如果将航空母舰也设计成为双体船型，那么双体式航空母舰也将具有载机数量多、航速高、稳定性好等特点。不过，由于目前双体船的船体易遭波浪拍击而折断，所以双体航空母舰还需要一段时间才能面世。随着金属材料质量和船舶设计水平的日益提高，双体航空母舰在不远的将来必然航行在大海中，成为现代海战的主力舰种。

▲ 想象中的一种未来航母

航空母舰在夺取制空、海权方面，必将会向更加现代化的水平发展，成为名副其实的"海上霸主"。

海面下的较量——水中兵器

　　水中兵器亦称水中武器，指鱼雷、水雷、深水炸弹、反鱼雷和反水雷等武器以及水中爆破器材的统称。水中兵器由舰艇、飞机携载与使用，有的水中武器也可由岸台发射或布放，用以攻击、阻挠，对抗和毁伤水中或水面目标。早在12世纪，我国就出现名为"水老鸦"的水中攻击兵器。

水雷：最古老的水中兵器

　　水雷是最古老的水中兵器，最早是由中国人发明。1558年明朝人唐顺之编纂的《武编》一书中，详细记载了一种"水底雷"的构造和布设方法，用于打击侵扰中国沿海的倭寇。这是最早的人工控制、机械击发的锚雷。1590年，中国又发明了最早的漂雷——以燃香为定时引信的"水底龙王炮"。香的长短可根据敌船的远近而定。1599年，发明以绳索为碰线的"水底鸣雷"，1621年又改进为触线漂雷，这是世界上最早的触发漂雷。

　　欧美18世纪开始在实战中使用水雷。1769年的俄土战争期间，俄国工兵初次尝试使用漂雷，炸毁了土耳其通向杜那依的浮桥。此后，各型水雷不断地被研制和改进，并广泛使用。北美独立战争中，北美人为攻击停泊在费城特拉瓦河口的英国军舰，于1778年1月7日，将火药和机械引信装在小啤酒桶里制成水雷，顺流漂下，水雷虽然没有碰上军舰，但在被英军水兵捞起时突然爆炸，炸死伤了一些人，史称"小桶战争"。19世纪中期，俄国人发明了电解液触发锚雷。在1854至1856年的克里米亚战争中，沙皇俄国曾将这种触发锚雷应用于港湾防御战中。炸药发明者、大科学家诺贝尔的父亲伊曼纽尔·诺贝尔，曾于1840至1859年间，在俄国圣彼得堡从事大规模水雷生产，这些水雷及其他武器也被用于克里米亚战争。

　　第一次世界大战中，交战双方共布设各型水雷31万枚，共击沉水面舰艇148艘，击沉潜艇54艘，击沉商船586艘。第二次世界大战中，水雷的使用达到高峰，各国通过水面舰艇、潜艇和飞机布设80万枚各种触发和非触发水雷，共毁沉舰船3000余艘。越南战争、中东战争、海湾战争中，水雷都得到充分的应用，发挥了巨大的威力。尤其是海湾战争中，伊拉克海军舰艇基本上无所建树，

▲ "火龙出水"火箭模型

布设下的 1200 余枚水雷，却损伤了多国部队 9 艘舰艇，其中仅美国就有 4 艘战舰被毁伤。因此，水雷被誉为"穷国的武器"。

第二次世界大战期间，水雷是由水面舰艇（舰布水雷）、潜艇（潜布水雷）和飞机（航空水雷）布设的。二战末期，开始用潜艇鱼雷发射管在水下布设水雷。战后，研制出了一种布设在港口和海军基地进出口附近的所谓"自航"水雷。这种水雷朝选定方向发射，沉坐在海底后，进入战斗状态。20 世纪 40 年代末 50 年代初，美国和英国试验过一种 2 万吨梯恩梯当量的核水雷。这种水雷能在 700 米以内炸沉大型军舰（巡洋舰、航空母舰等），在 1400 米以内击伤各种舰艇，大大降低其战斗力。

20 世纪 70 年代初，一些国家的海军制造了一种"自导水雷"——电动自导鱼雷。这种鱼雷式水雷用锚固定在海底，当舰艇驶近时，在其物理场作用下，水雷即脱离雷锚，从水底上浮，自动导向目标。70 年代中期，各发达国家的海军仍在继续改进水雷，尤其对飞机和潜艇布设的非触发沉底雷的改进非常重视，还研制出了非触发引信的锚雷。

鱼雷：自动跟踪自动毁敌

鱼雷指能在水中自航、自控和自导，在水中爆炸，从而毁伤目标的水中武器。它和鱼雷发射装置、鱼雷射击指挥控制系统、探测设备等构成鱼雷武器系统，装备于舰艇、飞机或岸基发射台，用以攻击潜艇、水面舰船及其他水中目标。现代鱼雷具有速度快、航程远、隐蔽性好、命中率高和破坏威力大等特点。

按携载平台和攻击对象不同，鱼雷可分为反舰鱼雷和反潜鱼雷。按直径，鱼雷可分为大型鱼雷、中型鱼雷和小型鱼雷。按动力，鱼雷可分为热动力（燃气、喷气）、电动力和火箭助飞鱼雷。按装药，鱼雷还可分为常规装药和核装药鱼雷。

1866 年，英国工程师 R. 怀特黑德制成第一个鱼雷，雷体直径 356 毫米，长 3.53 米，重 136 千克，装药 15 千克至 18 千克，航速 6 节，航程 640 米。在 1877 年至 1878 年俄土战争中，俄国海军第一次用鱼雷击沉了土耳其军舰。1904 年，美国市里斯公司的工程师 F. M. 莱维特发明了燃烧室，随即发明了热动力鱼雷，使鱼雷的航速增至 35 节，航程达 2740 米。第一次世界大战期间，鱼雷航程达到 6500 米，装药量达到 150 千克。但热动力鱼雷在航行中排出气体形成航迹，易被目标发现，1938 年，德国在潜艇上装备了无航迹的电动鱼雷；1943 年，又制成了单平面被动式声自导鱼雷。这种鱼雷由其头部的声自导装置接收目标噪声导向，提高了命中率，

> **现代水雷分类**
>
> 水雷按在水中所处的位置不同，可分为漂雷、锚雷、沉底水雷。按照水雷的发火方式，可分为触发水雷、非触发水雷和控制水雷。触发水雷大多属于锚雷和漂雷；非触发水雷又可分为音响沉底雷、磁性沉底雷、水压沉底雷、音响锚雷、磁性锚雷、光和雷达作引信的漂雷，以及各种联合引信的沉底雷等。水雷若按布雷工具不同，可分为舰布水雷、空投水雷和潜布水雷。

火箭助飞鱼雷

火箭助飞鱼雷又称反潜导弹，是舰艇在水中或水面发射，由火箭运载飞行到达预定点入水，自动搜索、跟踪和攻击潜艇的鱼雷。攻击程序是：探测设备发现目标并测得目标运动要素后，射击指挥控制系统将射击诸元自动输给发射装置和待发的火箭助飞鱼雷；发射后，以时间程序控制、惯性制导或无线电指令制导等方式飞向目标区；到达预定点时，声自导鱼雷脱离火箭飞行器，打开减速伞，入水时解脱减速伞，入水后按预定程序进行搜索，发现目标后自动跟踪、攻击，直至命中。

但其自导的作用距离有限，只能攻击水面航行舰船，且易被干扰。第二次世界大战末期，德国研制了线导鱼雷，其尾部有导线与发射舰艇相连，发射后，由发射舰艇通过导线制导，不易被干扰。20 世纪 50 年代至 60 年代，出现了双平面主动式声自导鱼雷，由原先只能在水平方向搜索、攻击水面航行的舰船，发展到能在水中三维空间搜索、攻击潜航的潜艇，接着又出现了火箭助飞鱼雷。火箭助飞鱼雷在空中飞行阶段由火箭推进，到达目标附近入水后自行搜索攻击。1964 年，美国海军装备了核装药的"Mk45"鱼雷。70 年代至 80 年代，鱼雷采用了微型计算机和微处理机，提高了自导装置的功能，增强了抗干扰和识别目标的能力。

百余年来，鱼雷的发展从无控制到有控制，从程序控制到声自导、线导和复合制导，从压缩空气动力到热动力（燃气、喷气）和电动力，从常规装药到核装药，航速从 6 节到 50 节至 60 节，航程从 640 米到 4.6 万米，经历了一个快速发展的道路。

深水炸弹：深海中的爆炸

在现代海战过程中，舰队常常会遇到突如其来的潜艇攻击，这种新趋势不仅打破了原来水面舰艇一统海洋的局面，而且越来越构成对水面舰艇的巨大威胁，严重毁伤海军大型舰艇的作战能力。因此，在二次大战后期，人们设计生产了种类繁多的深水炸弹武器，这些深弹武器曾受到各国海军的普遍重视。

在武器发展史上，深水炸弹的性能是逐步提高的。多年来，深弹由比较简单的兵器发展成一个包括探测设备等在内的、自动化程度和效能更高的武器系统。

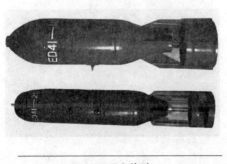

▲深水炸弹

初期的深弹，结构较为简单。一个形状不规则的弹壳体，装满烈性炸药，再安放一个能够在水中一定深度起爆的引信就构成了一枚深水炸弹。随着科学技术的发展和现代战争的需求，在潜艇的水下航速、水下续航力、深潜能力、远距离隐蔽观察力和攻击能力等方面都获得大幅度增长的形势面前，初期的深弹及其战斗使用方法已不能满足要求，于是出现了射击距离较远（从数百米到数千米）、一次齐射弹数较多（从数枚到数十枚）的多管式深弹或多联火箭式深弹。同时，为了进一步提高深弹武器的反潜作战效果，水面舰艇还配备了搜索距离更远和效率更高的声呐作为对潜艇的探测器材，配备了指挥仪，将声呐传来的潜艇目标距离和方位、气象信息（风速、风向、温度）、发射舰航行状态信息（航向、航速）及深弹的弹道参数进行综合计算，求解出为命中潜艇发射深弹所需的高低角和方向角；配备好了精度高的深弹发射装置，以固定或赋予深弹初始射角；装备了电子瞄准随动系统，接收指挥仪求出的深弹射击诸元，并带动发射装置实时瞄准潜艇；装备了输弹装置，以保障舰上能高效能地完成重达数十千克或百余千克的深弹的储存和装填。这样的深弹武器系统较之初期的深弹武器已有了飞跃的进步。

深弹的使用可分为两类：一是水面舰艇使用的深弹；另一种是航空兵使用的深弹。在现代作战条件下，反潜战的任务已不能单纯依靠一种兵器完成，必须依靠航空器、水下舰艇、潜艇等各种装备，力求使用各种兵器从空中、水面和水下攻击潜艇才能取得更好效果。

二战末期，航空兵在反潜战斗中已开始显示其重要作用。深弹在整个反潜战中下降到次要地位，但在近海反潜仍有一定的经济性和有效性，对付 30 米以内的潜艇效费比极高。挪威、瑞典曾为驱逐不明国籍入侵潜艇使用的就是深弹，其效果颇佳。1991 年俄罗斯已装备了 S3V 航空自导深弹；美国及西欧国家正在积极研制具有短航程的小型自导深弹。除反潜外，深弹还用于突破雷阵，开辟航道，扫清登陆滩头等。

英国 MKII 深弹

英国的 MKII 深弹属于一种航空深弹，是一种能从空中投放的反潜武器，适用于浅水作战，用来对付位于水面或潜望深度上的潜艇。该弹装有一个现代化的引信和起爆器，能够承受巨大的振动和冲击，并保证在设定深度上精确地起爆。它可从各种反潜直升机上和固定翼海上巡逻机上进行投放。

第十三章　燃烧武器

　　燃烧武器也叫火焰武器或纵火武器，它是利用燃烧剂燃烧时产生的高温火焰，来达到杀伤敌人和毁坏敌方的武器装备及各种设施的目的。燃烧武器的种类很多，形形色色，五花八门。不同的燃烧武器，它们的形状、战斗状态和使用方法都不相同。从武器的发展历史来看，燃烧武器是一种古老的兵器。

燃烧武器的发展

在古代战争中，人们常常把火作为一种进攻性武器，在围攻和突击要塞、城镇的时候，往往使用抛射器具向敌方阵地投掷内装树脂和硫磺的"燃烧筒"，或者发射带有燃烧着麻线的箭，以便造成火灾，趁火对敌人发起进攻。这是人类利用燃烧武器的开始。

火成为武器

在"火烧赤壁"的故事，诸葛亮巧借东风，使得曹操所率领的号称 80 万人的大军，被大火烧得落花流水，曹操本人带领残兵败将落荒而逃，总算保住了一条性命！这只是古代作战采用火攻的一个战例。实际上，早在公元前 500 多年的时候，我国卓越的军事家孙武，在他所著的《孙子兵法》中就有一个《火攻篇》，专门总结了火攻的经验。

自从我国发明了火药之后，使用纵火器具的人就越来越多。公元 969 年，宋朝的冯义升和岳义方二人发明了火药箭。这比以前的火箭已经大大地前进了一步。以前的火箭，只是在箭头附近扎一些容易燃烧的草叶、油类和松香等引火物，打仗时点着引线射向敌人。而冯、岳二人发明的火药箭，是用慢性燃烧的火药缚在箭头上，用弓发射。那些被火药箭射中的地方，就会立即着火燃烧起来，并且火力猛，燃烧快，不容易扑灭。

到了近代，随着科学技术的发展，一种能喷射火焰的喷火器诞生了。

第一次世界大战开始后的第二年，当时英军与德军在伊普雷斯互相对峙着，双方部队各自隐蔽在相距很近的堑壕里，连续许多天没有进行激战。7 月 30 日的早晨，从德军的堑壕里突然飞出无数条"火龙"，带着"滋滋"和"呼呼"的响声，向着英军的阵地猛扑过去。英军被这种突如其来的袭击惊呆了！在一片恐慌和混乱之中，他们扔下手中的武器，仓皇逃命。这是火焰喷射器，即喷火器第一次在战场上使用。

后来，人们为了提高喷火器的机动性能，又把喷火器装到坦克上，于是出现了"喷火坦克"。这种坦克能携带几百升油料，机动性能和越野性能都很好，又有装甲防护，因此成为一种比较有效的喷火武器。在 20 世纪

▲喷火坦克

30年代，在阿比西尼亚的战争中，意大利使用了喷火坦克；在第二次世界大战中，德军在1940年6月与法军作战，以及德军在1941年的侵苏战争中，都曾经使用了喷火喷克。

美国人发明的凝固汽油弹，在第二次世界大战中得到广泛使用。美国航空兵在二次大战中所投下的凝固汽油弹大约有14000吨，其中在菲律宾的吕宋岛上对日军的战役中，所投掷的凝固汽油弹就达3000吨。

到了第二次世界大战后期，航空燃烧弹得到了大量使用，仅在1943年至1944年的两年时间里，英、美空军投在柏林区的燃烧炸弹就达20928吨。在1945年3月9日到10日的两天中，美军航空兵向日本东京投了1665吨燃烧炸弹，随后又对日本其他城市进行了同等规模的轰炸。

在现代战争中，燃烧武器是一种具有特殊杀伤效果的战术武器，它的作用是其他武器所不能代替的。近几年来，各国的燃烧武器主要沿着两个方向发展：一是尽可能提高各种燃烧剂的热能，并延长燃烧时间，以发挥更大的效力；二是燃烧武器的品种越来越多，并且发射（运送）的手段越来越先进。

常用军事燃烧剂

常用的军事燃烧剂包括铝热剂、凝固汽油和黄磷两种。

1. 铝热剂

铝是一种银白色而有光泽的金属，不仅可以用它来制造飞机，制作电线及许多日常生活用品，而且在军事上，还可以用它来制作"燃烧剂"。

铝热剂是用铝粉和氧化铁的粉末按一定的比例混合而成的。氧化铁是一种红色的物质，它是由铁和氧发生化学反应生成的新物质。铝热剂的最大特点是，它不需要空气中的氧气就能燃烧。

为什么铝热剂的燃烧可以不依靠氧气呢？因为铝在高温下会夺取氧化铁中的氧，不过，纯粹的铝热剂要在很高的温度下才能点燃，而且在点燃以后火焰也不大，不符合对燃烧剂的要求，所以一般不用。实际使用的铝热剂中一般都加入了两种物质：一种是能供给氧气的物质——硝酸钡；另一种是比较容易燃烧的物质——镁。加入了这两种物质以后，铝热剂就比较容易燃烧了。

加入了硝酸钡和镁的铝热剂，作为燃烧剂，在燃烧时烟量不大，而所产生的高温可以达到2800℃至

▲铝热剂燃烧

3000℃。在这样高的温度下，钢铁可以熔化，混凝土工事也会被烧裂。但是铝热剂的燃烧时间短，因此它的效果难以得到充分发挥；并且铝粉和镁粉都比较昂贵，不能大

量使用。

2. 凝固汽油

第一次世界大战末期，英美两国共同研制成功一种"凝油粉"，把它按一定比例掺入汽油里，经过搅拌以后，就会生成一种有黏性的胶状油料，这就是凝固汽油。掺入的凝油粉越多，则所生成的凝固汽油的黏度也越高。

比起一般的液体油料燃烧剂来，凝固汽油有许多优点。首先是它比较经烧，就是说燃烧的时间长；其次是在燃烧起来以后蔓延得快，在这方面它比金属燃烧剂及液体油料燃烧剂都强；第三是把它装在喷射器里进行喷射时，可以喷射得较远。

凝固汽油这种燃烧剂也有缺点，主要是它的稳定性比较差，容易受到外界条件变化的影响。因此在调制、保管、运输的过程中都要特别注意。储存凝固汽油的容器要干净，并且要保持密封；平时还要注意防热、防潮、防暴晒。

此外，凝固汽油本身不能自燃，而必须由点火装置来点燃。这样就使燃烧武器的构造变得更为复杂。

3. 黄磷

自然界存在一种叫"磷"的物质，把它放在空气中它就会被空气中的氧气氧化，而自动地燃烧起来。平时必须把它保存在水中或二硫化碳溶液里，使它与空气隔离开来，以防止自动燃烧。

▲黄磷

在军事上，黄磷是一种常用的燃烧剂，而这种燃烧剂是不需要点火装置的。黄磷能够溶解于二硫化碳溶液，军事上常把这种溶有黄磷的二硫化碳液体作为燃烧武器的装药。黄磷燃烧能产生800℃到900℃的高温，它不但可以点燃易着火的目标，伤害人畜，而且还可以作为其他燃烧剂。目前，黄磷在轻武器弹药、手榴弹、炮弹、火箭、炸弹、地雷等武器弹药中得到广泛应用，它具有发烟、燃烧和杀伤等多方面的作用。

除了上面所介绍的军事上常用的三种燃烧剂之外，还有金属燃烧剂和遇水就燃烧的无机物燃烧剂。

形形色色的燃烧武器

第一次世界大战期间，喷火器和燃烧弹相继问世，并被双方大量使用。第二次世界大战期间，出现了形形色色的燃烧武器，战后，燃烧武器的威力引起有关方面的更大关注，燃烧武器的队伍更加庞大。

地面火龙——喷火器

喷火器之所以比喻为"火龙"，这是因为，当它喷火时，从喷枪口"吐"出的火焰就像一条火龙一样，因而喷火器获得了"地面火龙"的美称。不过，这种"火龙"本身的躯体粗大而松散，加之在前进中由于受到空气阻力的影响，因而作用距离比较近，它一般只能喷射 30 米到 100 米。

喷火器的种类很多，包括轻型喷火器、重型喷火器和坦克喷火器等，但目前使用最多的还是轻型喷火器。

轻型喷火器也叫背囊式喷火器，它由油瓶组、喷火枪以及输油管（连接油瓶组和喷火枪）组成，是由单兵背负使用的一种小型喷火器。

轻型喷火器的喷火油料不是装在喷火枪上，而是装在油瓶组内。

我国部队、苏联军队及东欧各国军队都曾使用过"火药气体式"喷火器，而美国部队、日本军队及西欧各国使用的则是"压缩气体式"喷火器。

▲喷火器

火药气体式喷火器的油瓶顶部有一个火药室，里面装着火药。喷射时，扣动扳机，使电路接通，电阻丝的温度迅速升高，将周围的引火药点燃，由引火药再引燃火药，火药燃烧后在火药室内形成的压力大约等于 30 个大气压。这一高压气体沿着火药室的底部进入油瓶，从下部把油料往上压，使油料沿着输火管进入喷火枪，再通过喷嘴向外喷出。火药气体式喷火器的全重为 15 千克至 22 千克，它的有效喷射距离为 30 米至 50 米；每一个油瓶只能喷射一次，如果油瓶组包含了三个油瓶，那么就可以喷射三次。

压缩气体式喷火器的全重一般达到 23 千克至 36 千克，有效喷射距离为 20 米至 40 米；油瓶一次装油后可以进行 3 次到 10 次短促喷射，或者进行一次较长时间的连续喷射。

重型喷火器的构造和作用原理与轻型喷火器没有多大差别，只是它的储油量多，威力大，喷射距离远（可达 100 米左右）。它的喷射压力相当于轻型喷火器的 1.5 倍至 2 倍；它的全重可达 60 千克至 110 千克，一般是装在两轮车上，也可用汽车、装甲车载运。

坦克喷火器也叫"喷火坦克"。就是在经过改装的轻型、中型或重型坦克上装上重型喷火器。例如，苏联把喷火器安装在炮塔上来代替火炮；英国的带拖车的"鳄鱼式"喷火坦克，它的拖车可贮备大量的喷火油料，一次装油后可以喷射几百次。美国的一种喷火坦克，是把喷火器装在坦克车体的前部，以代替机枪，而火炮仍然保留着。

地下火神——燃烧地雷

燃烧地雷被掩埋在地下，平时看不见，十分隐蔽，但只要一旦需要，它就会突然从地下冒出熊熊烈火来，犹如从地下钻出来的火神，所以人们送给它一个美称，叫作"地下火神"。

燃烧地雷就是凝固汽油地雷。

在第二次世界大战中，1940 年英军为了防止德军登陆，当时在靠近海岸的某些地段的水下，装设了一些管子，管子里充满着油料，以便在必要时把这些油料放出来，让它浮在水面上燃烧，以作为阻止德军前进的障碍。

在 1973 年的第四次中东战争爆发前，在苏伊士运河沿岸的阵地上，以色列军队在沙土中建造了一些"凝固汽油池"，并在沿河一带铺设了管道网，以便在必要时把凝固汽油通过管道网喷射到水面上进行燃烧，以阻挡埃及军队的进攻。

在现代战争中，燃烧地雷主要用于海岸、河岸或滩头，用它来制造"水上火障"，以阻止对方抢滩、登陆。

空中火雨——燃烧炸弹

燃烧炸弹是从飞机上投放下来的燃烧武器。在第二次世界大战中，空投的燃烧炸弹数量非常之多，常常是飞机一到，千万颗燃烧炸弹就像着了火的雨点一样从天而降，蔚为壮观，故有"空中火雨"之称。

燃烧炸弹的种类很多，其中最常见的有两种：一种是弹体内装着压缩铝热剂的燃烧弹；另一种是弹体内装着凝固汽油的凝固汽油弹，它的形状与普通炸弹很相像。这两种燃烧炸弹一般都用黄磷来作"引燃剂"。

铝热剂燃烧弹的弹体一般都比较小，重量只有 1 千克至 10 千克。飞机投放这种燃烧弹时，常常是几十个甚至几百个像雨点般地同时倾泻而下；有时把许多枚铝热剂燃烧弹绑在一起，成为一个大型的燃烧炸弹，当它下落到一定高度时，就自动地炸开，散布在地上造成许多小火源，然后很快地蔓延开来，形成熊熊大火。

铝热剂燃烧弹燃烧时火苗小，温度高，燃烧时间短，燃烧时发出耀眼的白光。有时在这种炸弹的装料里加入一些比较稠的油料，这样它在燃烧时的火苗就变得大一些了。这种炸弹叫"混合燃烧炸弹"，它的重量大约是 10 千克至 15 千克。

凝固汽油弹内装的是凝固汽油，或者是石油、汽油的混合物，它燃烧时比铝热剂的燃烧温度约低一半。由于凝固汽油原料来源充足，原油价格便宜，因此它是大量制造航空燃烧炸弹的理想燃烧剂。

▲燃烧炸弹

飞行火种——燃烧射弹

燃烧射弹包括燃烧炮弹、枪弹、导弹、火箭弹、枪榴弹等，是用枪、炮和火箭等武器来发射的。

燃烧射弹飞得快，飞得远，主要用它来点燃敌人设在远处的木质建筑物、燃料库、弹药库和其他军事目标，有时也用它来袭击敌人的集结部队。

燃烧炮弹的型号很多，其中最常用的是带有定时引信的铝热剂碎块燃烧炮弹。这种炮弹从外形上看跟普通炮弹差不多，不过在弹丸里面装有点火药、抛射药和纵火块（纵火块有几个到几十个）。纵火块里面装着铝热剂，外面包着金属外壳。

燃烧炮弹爆炸时，首先由定时引信发出火焰，使点火药燃烧起来，再由点火药将纵火块及抛射药点燃。抛射药爆炸时，将纵火块点燃并抛撒出去，形成许多火种，达到引燃敌方目标的效果。

除了靠枪、炮、火箭等发射的燃烧弹以外，近些年来，又有一些国家研制出一种新型轻便发射器。如德国研制的一种新型燃烧武器，就是一种能发射燃烧榴弹的小型手持发射筒。其发射的燃烧榴弹，是由燃烧手榴弹（弹内含有红磷和铝粉的混合物）演变而来的。德国还有一种便携式火焰弹发射器，它的构造很简单，在铝制的发射筒内装有 3 发火焰弹，筒的一端有握把，并且有点火及发射装置，由一个人操纵。这种火焰就是掉在水里，捞上来照样可以使用。

雪茄烟式的燃烧武器

雪茄烟式的燃烧武器是间谍人员经常使用的燃烧武器，这个燃烧武器是由德国人最先设计制造的，它的外壳是铅皮，内部有一"隔片"，隔片的一边装的是硫酸，另一边装着氯酸钾与糖粉的混合物。由于硫酸具有很强的腐蚀作用，它能对隔片进行腐蚀。在隔片被蚀穿以后，硫酸便与氯酸钾及糖粉相遇而立即发生爆炸、燃烧。

第十四章 航空、航天兵器

航空、航天技术从一开始就和军事结下了不解之缘。在所有的航空、航天器中，直接为军事目的服务的约占70%。航空、航天技术早已成为大国军事系统中不可缺少的重要组成部分，各种军用航空、航天器已经成为影响地面、海上和空中军事行动的重要因素之一。

军用飞机发展历程

　　自从美国的莱特兄弟使飞机飞上了蓝天，将飞机投入战争便成为世界军事专家们的梦想。随着飞机制造技术的逐步完善，这一梦想终于变成了现实。经过近百年的曲折发展，如今，军用飞机已经成为一个国家必备的综合防卫能力的重要方面。

军用飞机的出现

　　1903 年 12 月 17 日，美国人莱特兄弟驾驶着自己设计、制造的动力飞机在空中持续飞行成功。6 年后的 1909 年，美国陆军便装备了世界上第一架军用飞机，准备用它来参与战场侦察。这架飞机上装有一台 22 千瓦的发动机，最大速度可以达到 68 千米/时。同年美国陆军又制造了一架双座"莱特"A 型飞机，用来训练飞行员。没过多久，这种没有装备武器的侦察机便受到了一些国家的重视。

　　1911 年，在墨西哥革命战争中，革命军雇用的一名美国民间飞行员埃文兰勃，驾驶着一架"寇蒂斯"式飞机与政府军的一架侦察机在空中用手枪互相射击。这便是人类历史上的首次空战。

　　此后，人们开始把机枪安装在飞机上，用于空中战斗和对地扫射。在第一次世界大战中，这种战斗机开始出现在硝烟弥漫的战场上，使地面部队首次遭到来自空中火力的攻击。稍后，人们又在飞机上装上炸药飞临战场，然后由投弹手点燃引信后扔下去。于是，专门用于打击地面目标的轰炸机出现了。英国在 1918 年 8 月的索姆河反攻中，美国在 1918 年 9 月的圣米耶尔进攻中，都使用了强击机对地面部队进行支援。但此时飞机的速度较慢，有的 1 小时只能飞几十千米，最快的也只能飞 200 千米左右。尽管如此，在第一次世界大战中，还是出现了用于空战的战斗机、用于打击地面目标的轰炸机、用于支援地面部队作战的强击机，以及专门用于侦察的侦察机等各种军用飞机。

机载武器的发展

　　1914 年 9 月 8 日，俄国的飞行员聂斯切洛夫驾驶飞机在空中与一架奥地利侦察机相遇。俄国飞行员拔出手枪向奥地利飞行员打了两枪。有一枪打在侦察机的机身上，但不影响飞机的操纵。俄国飞行员还想射击，手枪却卡了壳。他驾机朝奥地利飞行员冲了过去，机轮撞在了奥地利侦察机的螺旋桨上。奥地利侦察机顿时朝地面坠落下去。

　　不久，法国飞行员在自己的飞机上安装了一挺火力很强的"霍奇斯基"机枪。机枪固定在座舱前的机身上，沿飞行方向射击，并由螺旋桨根部的挡铁拨开射出的子弹，以避免子弹打断自己飞机的桨叶。不久，法国人的飞机被德国的防空火力击伤，德国人从迫降的飞机上拆下了机枪装置，并着手仿制。为了让子弹避开旋转的螺旋桨叶片。3 名荷兰籍工程师为飞机制造了一种机枪射速协调装置，它依靠凸轮来控制机枪的射击，当桨叶与枪管成一线，桨叶片挡住枪管时，机枪便停止射击。德国人把这种武器安装在福克飞机公司生产的每小时可飞130千米、最高可达300千米的单翼机上。这种装有机枪射速协调装置的福克E型飞机，在空战中击落了多架法国和英国飞机。飞机开始真正进入了空战的时代。

1916年，法国首先在飞机上安装了航炮。德国航空部也于40年代初作出规定，20毫米是空战火炮的最小口径。从此，各国的战斗机开始装备20毫米或30毫米口径的航空机炮。这些航炮在第二次世界大战后才成为对地实施扫射和空中格斗的主要武器。

现代航炮主要有单管转膛炮、双管转膛炮和多管旋转炮等。转膛炮射击过程中炮管不转，几个弹膛依次旋转到对准炮管的发射位置进行发射。转管炮射击时，弹膛不动而炮管连续不断地旋转。现代航炮口径一般在20毫米至30毫米左右，射速每管可达400发/分至1200发/分，有效射程2000米左右。现代航炮一般是雷达、指挥仪和火炮三位一体的紧凑型配置，自动化程度高。航炮可选用穿甲燃烧弹、穿甲弹和爆破弹等，有的航炮炮弹能穿透40毫米至70毫米厚的装甲，有的航炮还装有近炸引信和预制破片，从而使杀伤威力提高。

歼击机的发展

歼击机也称战斗机，旧称驱逐机，是指主要用于歼灭空中敌机和飞航式空袭兵器的飞机，其特点是机动性好，速度快，空战火力强，此外，歼击机还可用于对地攻击任务。是航空兵进行空战的主要机种。

第一次世界大战初期，法国首先在飞机上安装机枪用于空战。随后出现了专门的歼击机。大战期间的歼击机，多是双翼木质结构，以活塞式发动机为动力，装有向前射击并与螺旋桨的转动相协调（以免击中桨叶）的机枪。第二次世界大战前，歼击机发展成为单翼全金属结构，飞行中，起落架可以收起以减小阻力，机上最多可装有机枪8挺或航炮4门，机内装有无线电通信设备，供空空或空地之间进行通信联络和作战指挥之用。

第二次世界大战中、后期，有的歼击机的速度达750千米/小时，升限达12000米左右，接近活塞式飞机的性能极限。当时较著名的歼击机有美国的P—51，英国的"喷火"式，苏联的拉—7、德国的Me—109和日本的"零"式等。

第二次世界大战将结束时，德国开始装配Me—262喷气式歼击机，速度大大超过活塞式歼击机。到20世纪50年代初，喷气式歼击机已基本上取代了活塞式歼击机。20世纪60年代，多数喷气式歼击机的最大速度达到M2.0

▲英国的"喷火"式歼击机

（2 倍音速）左右，升高接近 20000 米，开始装备空空导弹，机载设备日趋完善。这一时期较著名的歼击机有美国的 F—104、F—4，苏联的米格—21、米格—23 和法国的"幻影"Ⅲ等，直到 20 世纪 80 年代初，这些飞机在许多国家仍作为第一线主力作战飞机使用。20 世纪 70 年代以来，根据多次局部战争的经验，机动性好、格斗能力强的新一代歼击机被研制出来，如美国的 F—15B、F—16 和法国的"幻影"2000 等。

我国从 20 世纪 50 年代中期开始，先后成批生产歼击 5 型、6 型和 7 型歼击机。20 世纪 60 年代，又研制出新型高空高速歼击机。

20 世纪 50 年代至 60 年代，有些国家把装有雷达，适于全天候作战，主要用于拦截敌机的歼击机称为截击机。当时的截击机比一般歼击机上升快，增速性能好，作战半径大，但格斗能力差。20 世纪 60 年代，美国的 F—106 和苏联的图—28 等都是典型的截击机。由于现代歼击机基本上都装有雷达和完善的领航设备，并具有较强的格斗能力，从 20 世纪 70 年代开始，各国已不再研制专用的截击机。

轰炸机的发展

轰炸机指专门用于对地面、水面目标实施轰炸的飞机，具有突击力强、航程远等特点，是航空兵实施空中突击的主要机种。

轰炸机按载弹量分为重型轰炸机（10 吨以上）、中型轰炸机（5 吨至 10 吨）和轻型轰炸机（3 吨至 5 吨）三种，按航程分为远程轰炸机（8000 千米以上）、中程轰炸机（3000~8000 千米）和近程轰炸机（3000 千米以下）三种。按执行任务的范围分为战略轰炸机和战术轰炸机两种。从 20 世纪 50 年代中期起，各国已不再研制战术轰炸机，以歼击轰炸机取代战术轰炸机的地位。

轰炸机起源于第一次世界大战以前，飞机开始投入战争时，除了用机枪对地面目标扫射外，还从飞机上往下投掷手榴弹，这是轰炸机的雏形。1911 年 11 月 1 日，意大利航空队少尉吉利奥·加沃蒂，从他驾驶的飞机上，向敌方部队扔下 4 枚各重 2000 克的炸弹。当时这 2000 克炸弹放在飞行员的驾驶舱中，是飞行员用手从飞机上往下扔的。1914 年 8 月 3 日，德国派飞机轰炸了法国的一座城市，这是世界上第一次用飞机对城市进行轰炸。

1914 年，俄国研制成一种装有 4 台发动机的轰炸机，机上装有挂弹架和自卫武器。专用炸弹挂在特制的机外挂弹架上，不用靠手往下扔了。很快，英国、法国、德国、意大利都生产出了自己的轰炸机。

到 1918 年，轰炸机技术已经比较成熟了。最快的轰炸机每小时可飞 180 千米，飞行高度达 6000 米，最大的轰炸机可载炸弹 2 吨。已有了轻型轰炸机和重型轰炸机之分。一些国家开始组建轰炸航空兵部队。

1921 年，美国部队专门组织了一次轰炸机轰炸试验。美国人将一艘第一次世界大战中缴获的德国战舰停在一处海湾中，作为靶舰，8 架轰炸机在米切尔将军的指挥下，分两批对停泊在海中的那艘德国战舰进行轰炸。这 8 架轰炸机的投弹高度在 700 米左右，每架轰炸机携带 8 枚炸弹。尽管只有 5 枚炸弹命中战舰两侧甲板，这艘战舰还是在 25 分钟后沉入海底。这次试验使人们认识到了轰炸机的威力，大批轰炸机开始用于战场轰炸和对海面舰船的袭击。

第二次世界大战期间，英、美、苏、德等国研制出了一些新型轰炸机，较著名的有美国的 B－29、英国的"兰加斯特"等。大战末期，轰炸机的载弹量达 9000 千克，航程达 7500 千米，速度达 600 千米/小时。有的轰炸机还装有雷达轰炸瞄准具。战争结束前，德国研制出 Ar234B－2 喷气式轰炸机。战后，美、苏、英等国也相继研制出喷气式轰炸机。轰炸机的飞行速度也不断加快，拥有亚音速的轰炸机有美国的 B－52、苏联的米亚－4、英国的"火神"等；拥有超音速的轰炸机有美国的 B－58、苏联的图－12、法国的"幻影"Ⅳ等。20 世纪 60 年代末，出现了可变后掠翼超音速轰炸机，其中有代表性的是美国的 FB－111、B－1 和苏联的图－22M 等。

现代新型轰炸机主要用于战略轰炸，其特点是：①具有低空高速突防能力；②装有先进的火力控制系统，可保障全天候精确地实施轰炸；③能携带巡航导弹或其他空地、空舰导弹，可在敌防空火力圈外实施突击。我国航空兵部队于 20 世纪 60 年代初开始装备国产喷气式轰炸机。

未来的轰炸机的发展方向有：①改进电子对抗设备，广泛采用"隐身"技术，并装备空空导弹，以提高突防能力和生存能力；②改

▲美国 B－29 重型轰炸机

进人力控制系统，提高轰炸精度；③更广泛地作为巡航导弹的载机。

强击机的发展

强击机亦称攻击机，旧称冲击机，指主要用于从低空、超低空突击敌战役纵深内的小型目标，直接支援地面部队作战的飞机，具有良好的低空操纵性和安定性。为提高生存力，一般在其要害部位有装甲防护。

第一次世界大战中，德国研制并使用了强击机。第二次世界大战前夕，苏联研制出伊尔—2 强击机，在二战期间曾广泛使用，发挥了较突出的作用。伊尔－2 的前机身用特种钢板焊接而成，座舱、发动机、油箱等都包在钢板内，所以，枪弹和口径较小的炮弹不易将其击穿。机上装有航炮、机枪、火箭，能携带 600 千克炸弹。1944 年末，苏联又生产出其改型机伊尔－10。第二次世界大战后期，德国在容克－87 飞机上加设装甲，并装有 37 毫米口径加农炮，成为容克－87G 强击机，专门用于低空反坦克作战。20 世纪 50 年代中期，苏联取消了强击机，代之以歼击轰炸机。美军在 20 世纪 60 年代末装备 A－7 强击机。20 世纪 80 年代初，苏联开始装备了苏－25 飞机，主要用于反坦克。

我国空军于 1950 年开始装备强击机。从 20 世纪 60 年代起，逐步换装自行研制的

强击 5 型飞机。它是一种双发动机、单座、中单翼喷气式飞机，最大飞行速度超过音速，装有 2 门航炮，可挂载多种对地攻击武器。

现代强击机的特点有：①生存力较强，如 A－10 的装甲重量占飞机总重量的 10% 以上，能承受 1~2 发 23 毫米高射炮弹的攻击；②低空作战半径约 500 千米，还可在目标上空活动 1 小时至 2 小时；③正常挂弹量达 3 吨。

强击机用来突击地面目标的武器有：航炮、普通炸弹、制导航空炸弹、反坦克集束炸弹和空地导弹。多数强击机可挂战术核弹。有的强击机还装有红外观察仪或微光电视等光电搜索瞄准设备和激光测距器。有的强击机具有垂直/短距起落性能。

第二次世界大战后多次局部战争的实践表明，强击机在复杂气象或暗夜条件下搜索小型目标的能力，有待进一步加强，武器的性能还需提高，自卫能力包括装甲和电子干扰设备等也需不断加强和改进。

强击机与歼击轰炸机的区别

两者的区别在于突防手段和空战能力不同。强击机的突防，主要靠低空飞行和装甲保护，歼击轰炸机则主要靠低空高速飞行；强击机一般不宜用于空战，而歼击轰炸机具有空战能力；强击机用于突击地面小型或活动目标，比使用歼击轰炸机更有效。此外，强击机可在野战机场起降，而歼击轰炸机一般需用永备机场。

截击机的发展

1940 年，英国的"波菲特"夜间战斗机，开始使用了装备有 A·I—IV 型雷达瞄准具（有效距离 180~6500 米）后，于同年 11 月 19 日，击落了一架德国轰炸机。这是世界上最早出现的截击机。

美国北美公司设计制造，1954 年使用的 F—100 超级佩刀式歼击机，是世界上第一种超音速歼击机。它是由 F—96 发展而来的一种高级歼击机。它的机翼后掠45°，载油量多，装有一台推力为15000 磅的带加力的发动机和 4 门新型的 20 毫米航炮。F—100 的时速能达到 800 英里，还增加了翼下外挂军械自动驾驶仪（自动拉起投掷核弹）和空中加油装置。F—100 共生产了 2200 多架，它们的多用途性能使之在越南战场上出色地完成对地攻击和空中掩护任务。目前有几百架 F—100 在其他国家空军服役，主要是北约国家。

侦察机的发展

侦察机指专门用于从空中获取情报的军用飞机，是现代战争中的主要侦察工具之一。按遂行任务范围，可将侦察机分为战略侦察机和战术侦察机。战略侦察机一般具有航程远和高空、高速飞行性能，用以获取战略情报，多是根据需要量身打造的。战术侦察机具有低空、高速飞行性能，用以获取战役战术情报，通常由歼击机改装而成。

侦察机通常装有航空照相机、雷达和红外侦察设备，有的还装有实时情报处理设备和传递装置。这些侦察设备装在机舱内或外挂在吊舱内。侦察机可进行目视侦察、成相侦察和电子侦察。成相侦察是侦察机实施侦察的重要方法，它包括可见光照像、红外照像与感像、雷达成像、微波成像、电视成像等。

飞机在军事上的最初应用就是进行侦察。第一次世界大战中，飞机就被用来执行战术侦察任务，当时的飞机上装有航空照相机和烟火发光器材。第二次世界大战中，交战各国使用侦察机执行了大量的战略侦察和战术侦察任务。有些侦察机装有高穿航空照相机，可进行垂直用相和倾斜照相，有的还装有雷达侦察设备。大战末期出现了电子侦察机。

▲改造后的美国 u2 侦察机

20 世纪 50 年代，侦察机的飞行性能显著提高，飞行速度超过音速，机载侦察设备也有很大改进。拍摄目标后几十秒钟就能印出照片，并可用无线电传真传送到地面。还研制了一些专门的侦察机。

20 世纪 60 年代，研制出 3 倍音速的战略侦察机，如美国的 SR—71 和苏联的米格—25P 等。SR—71 的最大飞行速度超过 3 倍音速，照相侦察 1 小时的拍摄范围可达 15 万平方千米。这一时期的战术侦察机性能也有很大提高，有的侦察机装有分辨力较高的侧视雷达，从飞机一侧侦察的地带宽度达数十千米。

▲美国的 SR—71"黑鸟"超音速侦察机

20 世纪 80 年代初，有的国家着手研制飞行速度为 5 倍音速左右、升限超过 3 万米的高空高速侦察机。机载电子设备以及实时情报传输系统和处理系统的性能也得到进一步提高和改进。

军用运输机的发展

军用运输机指用于运送军事人员、武器装备和其他军用物资的军用飞机。军用飞机能实施空运、空降、空投，保障地面部队从空中实施快速机动，有较完善的通信、领航设备，能在昼夜复杂气象条件下飞行。有些军用运输机还装有自卫武器。

按运输能力的不同，军用运输机可分为战略运输机和战术运输机。战略运输机航程远，载重量大，主要用来载运部队和各种重型装备，实施全球快速机动。战术运输机用于在战役战术范围内执行空运任务。

军用运输机是在第一次世界大战后，在轰炸机、民用运输机的基础上逐步发展起来。1919 年，德国制成世界上第一架专门设计的全金属运输机 J—13。20 年代后期和30 年代，较著名的军用运输机有德国的容克—52、苏联的 AHT—9 等。第二次世界大

▲美国 C—5A 战略运输机

▲安—124 战略运输机

战期间，一些国家又专门研制出一些军用运输机，如德国的 Me－323 和容克—352，美国的 C－46 等。

上述飞机采用的活塞式发动机，功率达 1200 马力以上，最大航程达 6000 多千米。50 年代末 60 年代初，军用运输机开始采用涡轮喷气发动机，如美国的 C—141；有的采用涡轮螺旋桨发动机，如美国的 C—130、C—133 和苏联的安－22 等。60 年代中期，开始采用噪音小、耗油率低的涡轮风扇发动机。

由于动力装置不断改进，现代军用运输机的性能已有大幅度提高。美国的战略运输机 C—5A，装有 4 台涡轮风扇发动机，巡航速度 871 千米/小时，最大载重航程达 4745 千米，最大有效载重达 120 吨，可装载 2 辆 48 吨主战坦克，或载 16 辆重汽车，或 345 名全副武装的士兵；苏联的战略运输机安—124，最大巡航速度约 850 千米/小时，最大载重航程约 4500 千米，最大有效载重约 150 吨。

傲视蓝天的战鹰——战斗机

战斗机也叫歼击机，第二次世界大战前曾被广泛称为驱逐机。其主要任务是与敌方歼击机进行空战，夺取空中优势。其次是拦截敌方轰炸机、强击机和巡航导弹。战斗机还可携带一定数量的对地攻击武器，执行对地攻击任务。如今，随着相关各项技术的不断提高和成熟，战斗机有了新的发展。

第 I - VI 代战斗机

现代战斗机已经发展成为一种喷气式超声速全天候导弹载机，其特点是：①采用推力大、重量轻的加力涡轮风扇发动机；②采用带前缘边条的后掠式或三角形薄机翼；③采用数字式电传操纵的飞机操纵系统及主动控制技术，突出中、低空跨声速机动性；④使用大口径机炮、高性能导弹、集束式火箭弹和制导炸弹等。

现代战斗机是第四代战斗机，在此之前已发展了三代战斗机。

第二次世界大战后至60年代初是第一代战斗机的时代，其主要技术特征是亚声速，最大飞行马赫数为0.9—1.3左右，开始采用后掠机翼和涡喷发动机，武器配备以机关炮和火箭弹为主，并开始装备第一代空空导弹、光学瞄准器和第一代雷达。第一代战斗机的代表型有美国的F-80、F-89、F-86、F-100，苏联的米格-15、米格-19。目前第一代战斗机已全部退役。

20世纪60年代初至80年代初，第二代战斗机开始大量装备部队，主要技术特征是超声速，最大飞行马赫数为2.0—2.5，采用小展弦比机翼和可变后掠翼。武器配备开始装备第二代空空导弹、具有拦射能力的火控系统和第二代雷达。第二代战斗机的代表型有美国的F-4、F-104、F-111，苏联的米格-21、米格-23和法国的"幻影"Ⅲ、"幻影"F-1等。目前第二代战斗机仍在大量服役。

20世纪80年代初，第三代战斗机开始大量装备使用，虽然机动性、最大速度仍保持在第二代水平，但采用了翼身融合、隐身等高技术，并开始采用第三代中距拦截导弹、近距格斗导弹，还装备了全向、全高度、全天候火力控制系统。其代表型有美国的F-14、F-15、F-16、F-18、F-117A，苏联的米格-29、米格-31、苏-27，法国的"幻影"2000和欧洲诸国合研的"狂风"等。

▲美国F-4战机

三代半战斗机是 20 世纪 90 年代以后装备部队的新一代战斗机，其典型型号有俄罗斯的苏－37、法国的"阵风"和 EF2000、瑞典的 JAS.39 等。这些战斗机采用几十种新技术，主要有目标定位和攻击技术、隐身技术、短距起落技术、防核生化袭击技术等，同时这些战斗机将具有超声速巡航能力和高机动飞行能力，并具有较大的航程，起飞滑跑距离可缩短至 425～600 米。

第四代战斗机已完成设计的有 F－22 和 F－42 两种。

未来第五代战斗机将采用 X 翼、斜翼、前掠翼及组合式机翼等新概念，并向全隐身方向发展；并将采用陶瓷、金属黏结剂等复合材料；此外，还将广泛采用短距起落技术，进一步改进飞机的机动性能，大量改进电子设备，提高自动控制能力。

"飞行猛禽"——F－16

F－16 是美国 20 世纪 70 年代装备的第三代高空高速战斗机，取名为"战隼"。

▲F－16 高速战机

隼，是一种猛禽，外形像鹰，但比鹰更敏捷、更凶猛。F－16 战斗机以其出色的性能、强大的火力，证明自己配得上这个名字。

F—16 装备一台大功率发动机，最大飞行速度为 2.5 马赫，从地面跃升到两万米高空只需 3 分钟，可见其性能之先进。

F—16 载弹量为 3 吨，最多可挂 6 枚空对空导弹，左翼上装备一门"火神"6 管机关炮，最高射速每分钟 6000 发，备弹 580 发。

F—16 装备了最先进的火控雷达，可以同时跟踪 24 个目标，并同时制导 6 枚导弹攻击其中 6 个目标。

F—16 外形优美、灵巧，深受各国官兵喜爱。在以色列和叙利亚的贝卡谷大战中，以色列使用的就是 F—16 战斗机，创下 60 比 0 的空战神话，可以看出 F—16 的"凶猛"。在多次局部战争和 1990 年的海湾战争中，F—16 都表现出色，立下卓著的战功。

"隐身侠客"——F－117

1989 年 12 月 20 日凌晨，美国空军突然轰炸了巴拿马首都西南方的里奥哈托军营。按说当时美巴关系紧张，巴拿马的防空雷达早已处于高度戒备状态，可为什么没有发现美军轰炸机呢？

因为美军在这次袭击中使用了 F—117 战斗轰炸机。F—117 采用翼身融合设计，也就是机身与机翼一体，机翼前缘以机头顶点为起点，像两条射线一样向后延伸，机身像被人用刀精心切成的多棱形，可使雷达波散射，同时，机身涂有专门吸收雷达波的涂层。F—117 的另一项隐身措施是在发动机尾喷口装有降温装置，降低发动机热辐射，以减少被雷达发现的概率。有了这些措施，F—117犹如穿上一件"隐形衣"，成了"隐身侠客"。

F—117除了在轰炸巴拿马军营中露脸之外，1990年的海湾战争中，F—117也大显身手，屡立奇功，在战争刚开始便成功突破伊军防护网，以一枚激光制导炸弹击毁伊拉克首都巴格达的电子通信大楼，使伊军的指挥通信系统全部瘫痪。但在1999年美军轰炸科索沃时，F—117却被南斯拉夫防空军击落一架，大丢脸面，可见F—117也并非美军吹嘘的那么神。

▲F—117战斗轰炸机

"空中幽灵"——侦察机"黑鸟"SR－71

在两万米的高空中，大气稀薄，几乎任何一种生物都难以生存，可是有一个"空中幽灵"，能以3倍音速飞翔在这穹宇苍空中，穿越茫茫大地执行侦察任务，这就是大名鼎鼎的美国SR—71"黑鸟"战略侦察机。这只"鸟"机身细长，装有两台火箭发动机，最高时速为3.6倍音速，是目前飞得最快的侦察机。因其飞行速度太高，所以机身的93%是耐热的钛合金，据说由于座舱外相当热，所以飞行员在飞行中如果需要进食，只需将携带的方便食品贴在座舱玻璃上，食物就可以被烤熟。

"黑鸟"的飞行员身穿一套价值10万美元的抗压力服，仿佛是个太空人。"黑鸟"携带各种传感器、电子设备、高速摄影机，拍摄的照片十分清晰。

"黑鸟"自从1966年1月诞生以来，几十年中，其"魔影"遍布世界各地，鬼鬼祟祟，臭名昭著，人们对它恨之入骨却又无可奈何，多年中，它曾被几百枚地空导弹攻击，可却毫毛未损，安然无恙。

"黑鸟"SR—71——目前世界上飞得最高、最快的侦察机，仍将像"幽灵"一样，在世界各地游荡。

傲空雄鹰——F－22

F—22战斗机是第四代战斗机，属于21世纪主力战斗机。

第四代战斗机是目前正在研制的最先进的战斗机，它的技术战术指标是根据现代高技术局部战争的实战经验提出的。现代战争已经由过去的单一兵器的对抗转变为海、陆、空军三位一体全方位的较量，而其中最重要的则是制空权的争夺。正是这一实战经验，对第四代战机提出了很多要求。

由于通信手段和电子雷达、预警设备的发展使现代战争的战场空前扩大，为了适应这一变化，飞机的作战半径也应该相应增加，为此对第四代战斗机提出了超音速巡航的要求；而为了应对敌方强大的电子雷达系统和防空导弹的威胁，飞机具有隐身能力也是必不可少的；隐身无疑提高了飞机的生存率，为了保证生存下来的飞机的出勤率，于是对飞机又提出了短距起落和可靠性的要求。

目前问世的第四代先进多功能战斗机兼有战斗和突防能力，使它的进攻范围空前扩大，能打击战争中全纵深的目标，其典型型号有美国的 F－22、法国的"阵风"、欧

洲的"新旋风战斗机"、瑞典的 JAS－39 和俄罗斯的苏－37。但是，只有 F－22 真正具备全部第四代战机的先进性能。

F－22 继承美国主力战斗机为重型战机这一特点，最大作战起飞重量达 28 吨。它将近年航空领域的许多高新技术融于一体，是名副其实的第四代战斗机的典范，称得上是当今世界上最先进的战斗机。

F－22 的先进性首先体现在它的隐身性上。它采用了多种措施，以降低飞机的雷达、

▲F－22 战斗机

红外、声波和目视等探测特征。为减小雷达发射面积，它可以将所有携带的导弹等武器收入在机身内的三个导弹舱中，这样对方就难以发现和跟踪它，飞机的生存能力和实施攻击的突然性大大提高。

同时，F－22 具有超强的机动性能。它安装了最先进的涡轮风扇发动机，使战斗机第一次具有超音速巡航的能力。以往的战斗机一般都是以亚音速进行巡航，只有在空中格斗时才实施超音速飞行。而 F－22 以正常的耗油量就能实现超音速飞行，既解决了第三代战斗机以超音速巡航耗油量大的难题，同时又不容易遭敌方红外制导导弹的攻击，可以极大地提高其作战效能。

F－22 不仅不易被发现，不易被摧毁，而且由于其装备了先进的机载雷达，具备了先敌发现和先敌发射的能力。它能携带多达 10 枚的各型先进导弹，火力猛烈，不愧为"猛禽"的称号。

俄罗斯雄鹰——苏－37

俄罗斯也是世界航空强国，在美国加紧发展第四代战斗机的同时，俄罗斯也在紧锣密鼓地发展自己的新一代战斗机。由于资金等方面的种种原因，由俄罗斯米高扬设计局研究开发的俄第四代战斗机米格 1.44 迟迟不能"起飞"。正当人们猜想议论之际，1996 年的英国范堡罗国际航展上，由俄苏霍伊飞机设计局研制的苏－37 以其出色的飞行表演，轰动了整个展览会，向人们充分展示了俄新一代战斗机的优越性能，被誉为"俄罗斯雄鹰"。

苏—37 是俄著名的苏－27 系列战机的最新型号，是一种单座、双发、全天候、多用途的空中优势战斗机。它在苏—35 的基础上，加装了可转向的推力矢量喷管，其最

大特点是具有无与伦比的飞行机动性能。这
一技术被称为推力矢量技术，就是发动机尾
喷口可以上下转到 15 度角，这一技术的应用
可以使苏—37 做很多其他战斗机根本做不了
的高难动作。如苏—37 可以用最小的半径旋
转 360°，这使它在近距离空中格斗中占尽优
势，可以将攻击敌机"甩"到本机前方，占
据有利位置将其击落。这也使它成为世界上
第一种将推力矢量技术实用化的战斗机。

▲苏 – 37 战机

　　苏—37 不仅飞行性能优越，它还具备十
分突出的攻击能力。它在机头位置装有先进
的相控阵远距离前视雷达，其作用距离可达 140 千米至 160 千米；在作用距离 30 千米
至 50 千米范围内，它能同时跟踪 14 个空中目标，同时攻击 8 个目标。它可以携带 14
枚导弹，这些导弹包括 R—77 中距空对空导弹（作战效能高于美国的 AIM—130 导
弹）、KS—172 高速导弹（速度为 5 倍音速）以及 KH—65S 隐身导弹。让人惊讶的是
它在机身的尾锥内装有后视护尾雷达，可以及时发现身后的目标情况。更让人佩服的
是在它携带的各类型导弹中，有的可以向后发射，这样使得任何对手都难以轻易对它
发起攻击。

飞行的"死神"——"阵风"战斗机

　　"阵风"战机是法国继幻影 2000 之后研制的新一代高性能制空战机。法国在发
展新型 21 世纪主力战斗机之初，原计划与英、德、意、西班牙共同开发 EFA 欧洲战
斗机，但由于设计思想、飞机重量、技术领导权等存在分歧，法国人决定退出合作研
制计划，单独开发符合本国需要的新一代战斗机。经过十多年的努力，由法国达索公
司研制的该型飞机终于获得成功。该型飞机造价约 5000 万美元，销售价约 8500 万美
元。它就像一道"阵风"吹过世界航空领域，给人们一种全新的感觉。

　　"阵风"虽然没有突显超音速巡航及隐身技术，但它却根据法军自身的情况，采
取了许多新的技术，使它的总体技术水平达到了一个新的境界，从而跻身世界最先进
战斗机行列。

　　"阵风"装有两台 M88—2 涡扇发动机，最大起飞重量在 20 吨左右，陆上最大起
飞重量 24.5 吨，航母上为 20.5 吨，属于中型战斗机。它最大的特点是兼顾了空军和
海军的需要，既可成为空军主力制空战斗机，同样其海军型也是航空母舰上的舰载机，
空对空和对地对海攻击能力都十分突出。特别是它的短距起落能力更是无与伦比，最
小起落距离不到 400 米，这在当今常规超音速战斗机中算是最短的。它的飞行速度达
到 2120 千米/小时。

　　该机采用了先进的通信、导航和座舱显示设备。它的火控雷达可同时跟踪 8 个目

▲ "法国"阵风"战斗机"

标和同时攻击 4 个目标，并能根据威胁程度确定优先攻击目标顺序。除 1 门机炮外，它还有 14 个外挂点，它的最大外挂重量为 9 吨，它同时可挂载 10 枚马特拉"米卡"空空导弹进行制空作战，也能装上各型炸弹和"飞鱼"导弹实施对地和对舰攻击。另外，"阵风"战斗机配有头盔瞄准具，它可以与导弹交联，达到"看哪里即打哪里"的水平，同时，头盔瞄准器可以使飞行员在作战紧要关头不必再去看座舱内的显示器。"阵风"战斗机真是名副其实的"飞行死神"。

"欧洲新旋风"——"台风"战斗机

西欧国家在大型武器系统研制过程中经常采用联合开发研制的方法，以充分利用各国先进的技术并节约研制费用。20 世纪 70 年代，英国、德国和意大利等国曾联合研制了一种二代战斗机，即"旋风"式战斗机，并成为上述国家空军的主战装备。今天，英、德、意和西班牙再度联手，共同开发出一种 21 世纪的欧洲战斗机——"台风"，成为继"旋风"之后的一道"欧洲新旋风"。

▲ "台风"战斗机

"台风"是一种以夺取空中优势为主要任务的制空战斗机，也具备了相当的对地攻击能力，它主要是以苏 27 和米格－29 这类第三代飞机为主要作战对手。在西欧国家先进的航空技术基础上，加上各国的精雕细琢，该机的作战性能已经明显超越了它的预想对手，成为当今世界上最为先进的战斗机之一。该机空重不到 10 吨，如果加足内部燃料，挂上所有的作战武器系统，最大起飞重量为 21 吨。它采用的是三角翼鸭式布局，装有两台发动机，单座，属于中型战斗机。

"台风"的电子设备十分先进，装有高性能的多模态脉冲多普勒雷达，最小作用距离不小于 93 千米。此外，它还配备了一套十分先进的综合防御防备子系统，这套系统就像"眼睛"和"耳朵"一样，能自动观察和侦听敌方的攻击信号，随后计算机可以自动选择并实施对抗措施进行干扰，大大减少了飞行员的负担。

"台风"不仅强调高速度，也十分注意突出高机动性和加速性，最大作战时速大于 2000 千米/小时，作战半径为 460 千米至 560 千米。除在机身右侧内装有一门 27 毫米的"毛瑟"机关炮外，全机共有 13 个外挂点，其中机身下有一个半埋式弹槽，可携带多种进攻性武器。

JAS39 "鹰狮" 式战斗机

瑞典虽然只是一个北欧小国，但军事科研能力极强，它研制生产的 S 型主战坦克、CV90 步兵战车等一大批武器都享誉全球。瑞典空军战斗机以其独特的气动外形、先进的多用途设计思想而闻名。JAS39 "鹰狮" 式战斗机以其 "基本飞行平台" 的设计思想再次成为当今世界先进战斗机之一。

JAS39 的个头不算太大，正常起飞重量为 8 吨，属于中型战斗机，但作战能力却很强。它的最大外挂重量达 7 吨之多，最大飞行速度可达 2100 千米/小时，该机除装备有

▲ "鹰狮" 战斗机

1 门 27 毫米航炮外，机体和机翼下还有 7 个外挂点，可挂 "响尾蛇"、"天空闪光" 等先进空空导弹及其他攻击性武器。

JAS39 的气动外形是当今战斗机中最为流行的三角形中单翼近耦鸭式布局。所谓鸭式翼，就是指机身前面进气口上方的那一对可动三解翼，它可以完全张开，其中主翼是三角形的。所谓 "耦"，就是指鸭式前翼与三解翼两者相互作用，相互影响，使 "鹰狮" 具有极强的空中机动能力。

由于采用了可以编程序的数字计算机，"鹰狮" 可根据执行不同任务的需要，在短时间内改换计算机程序并换上不同的武器外挂，以执行完全不同的截击、攻击或侦察任务。这样，一架 "鹰狮" 就可以承担起多种飞机的任务，具有极高的灵活性。

世界军用飞机之最

1909 年，美国陆军装备了第一架军用飞机，机上装有 1 台 30 马力的发动机，最大速度 68 千米/小时。同年，美国陆军制成 1 架双座莱特 A 型飞机，用于训练飞行员。从此以后，人类战争的舞台，从陆地、海面、水下，拓展到了广阔的空间。在漫长而又执着的探索中，人们创造了各种军用飞机，使充满惊险与刺激的航空发展史更加摇曳多姿，丰富多彩。

世界最早空战的飞机

第一次世界大战初期的 1914 年 10 月 5 日，法国飞行员约瑟夫·弗朗茨和路易·凯诺驾驶瓦赞式双翼飞机从前线侦察归来，途中遭遇德国"阿维亚蒂克"双座侦察机，法机上安有哈奇开斯机枪，而德机上只有一支来复步枪。于是，凯诺用机枪击中德机，德机起火坠落。这是首次飞机与飞机之间的空战，所使用的机上枪械也不是专为空战而设计安装的，所以还不能称为是战斗机。

世界上最早的专用于空战的歼击机由法国人雷蒙·桑尼埃研制，该机是在"莫拉纳·桑尼埃" L 型单翼机上加装固定式机枪而成。开始机枪从螺旋桨半径外射击，后在螺旋桨上面包上金属蒙皮，使得机关枪的子弹不能击穿螺旋桨。在以后的空战中，法国人使用"莫拉纳—桑尼埃"飞机占了大便宜。法国一位叫做罗朗·加罗斯的法国飞行员，驾驶这种飞机，18 天内击落 3 架、迫降 2 架德机，从而第一个获得"王牌"飞行员的称号。从此，各国就把击落 5 架飞机定为王牌飞行员的标准。

最早从军舰上起飞的飞机

1910 年 11 月 14 日，美国飞行员尤金·伊利接受了一项试飞任务，他将驾驶一架"金鸟"号柯蒂斯双翼机，从停泊在美国东海岸汉普顿的锚地的"伯明翰"号巡洋舰上起飞，为此，"伯明翰"号舰首甲板上铺设着 26 米的木制飞行跑道。

试验时，现场刮起了大风，为了完成试飞任务，驾驶员伊利决定强行起飞。飞机顺利滑出，由于跑道距离太短，它未能达到应有的起飞速度。刚一离开飞行甲板，"金鸟"号便因升力不足而越飞越低，几乎径直向海面冲去。伊利沉着操纵着飞机的尾水平舵，终于在飞机扎进大海前的一刹那将它拉起。然后，"金鸟"号又在海面上飞行了几千米，最后在海滩附近的一个广场上安全着陆，观看的人群中爆发出了热烈的欢呼。

这是人类首次驾驶飞机从一艘军舰上起飞，这次壮举为航空母舰和海军航空兵的发展迈出了艰难的第一步。

水上飞机最早的战斗行动

世界上第一架水上飞机是由法国人弗勃于 1910 年研制成功的。到 1913 年时，英、德、俄、美、法等国都开始积极地发展海军航空兵，其中包括水上巡逻机和布雷机等。

1914 年 8 月 22 日，一架德国空军侦察机侵入协约国北海岸，协约国立即起飞一架装有机枪的水上飞机追击敌机。当水上飞机上升到 1060 米高度时，无法再升高了，只得看着德国飞机在高空中侦察而束手无策。这次水上飞机的出动虽无战果，但却是水上飞机的第一次空战行动。1915 年 3 月 15 日，俄国在进攻土耳其的战斗中，首次使用了水上飞机运输舰。载有 1 架水上飞机的"金刚石"号辅助巡洋舰和载有 5 架水上飞机的"尼古拉一世"号运输巡洋舰会同其他舰只驶近博斯普鲁斯海峡（今称伊斯坦布尔海峡）。在进行了侦察后，6 架水上飞机编队轰炸了土耳其炮台和岸防工事，重创土军。这是水上飞机最早取得战果的战斗行动。

第一颗投放原子弹的飞机

美军的 B—29 轰炸机是波音公司在第二次世界大战期间研制的一种轰炸机，被称作"超级飞行堡垒"。它装有 4 台发动机。载油量达 37277 升，载弹量为 9000 千克，航程近 6000 千克，可以在 1 万米以上的高空飞行。它还装有 4 个炮塔，每个炮塔各装两挺机枪，由射击员对这些机枪进行操控。它的尾部装有一门 20 毫米航炮。1945 年 8 月 6 日和 9 日，美国用 B—29 向日本空投了两颗原子弹，使 B—29 声名大振。美军在广岛投下的原子弹代号为"小男孩"，在长崎投下的原子弹代号为"胖子"。为了携带"胖子"，B—29 加大了弹舱，投弹装置也进行了改装。"胖子"在离开弹舱一分钟后爆炸。巨大的气浪使脱离爆炸区的 B—29 飞机受到冲击，剧烈的抖动把舱内忘系安全带的乘员掀出了座椅。

B—29 在当时是最先进的飞机了，它的发展型号 B—52 重型轰炸机，被美国空军装备并一直使用至今。B—52 重型轰炸机可挂弹 30 多吨，进行地毯式轰炸，具有强大的攻击能力。

高超音速飞机的试验飞行

1954 年，美国宇航局和空海军计划联合研制一架可以适应未来太空飞行条件的飞机，进行试飞。北美航空公司花了不到四年时间制造了三架 X－15。X－15 飞机宽不足 7 米，加上机翼也才 15 米，飞行时速可达 6400 千米，飞行高度可达 80 千米。X－15 可以接近太空作短暂飞行，目的是探索载人航天。

X－15 飞机表面使用镍铬合金，舱内装

▲美国"X－15"飞机

备液态氮系统，以提高飞机和飞行员耐受高温、抗击地球引力挤压的能力。飞行时，它先由 B－52 挟带到约 1.5 万米高空，X－15 安全脱离后，它的飞行员启动火箭发动机，以强大的动力向高空飞去。这种飞机对飞行员的身体和技术提出了极高的要求，他们要在 6 倍地球引力的过载下，准确完成一系列繁琐动作。共有 12 名军用和民用飞机试飞员飞过 X－15，其中有几个人后来成为了宇航员。

X－15 创下的飞行高度和飞行速度纪录比预计的更理想，3 号飞机飞行高度超过了 107 千米，2 号飞机飞行速度达到了每小时 7232 千米，即 7 倍以上的音速。X－15 系美国在载人航天技术方面的第一笔大投资。从 X－15 的飞行中，美国人得到了大量的数据，从而加速了太空计划的发展。

▲苏－27 战斗机

X－15 计划持续了约 10 年之久，大约作了 200 次飞行。1967 年，飞行员迈克尔·亚当斯第 7 次飞 X－15 时，飞机在 80 千米高度、5 倍以上音速速度飞行时，突然偏离航线，高速俯冲地面，机毁人亡。

1968 年，X－15 作了最后一次飞行，当时美国宇航局需要将经费用于其他项目，决定停止 X－15 计划。

特技飞行冠军——苏 27

苏 27 是苏联苏霍伊设计局研制的单座双发全天候空中优势重型战斗机。1989 年 6 月，巴黎国际航空展览期间，苏 27 首次在公众面前表演了"普加切夫眼镜蛇"机动动作。

所谓"普加切夫眼镜蛇"动作是飞机在低空以 400 千米至 450 千米/小时的速度飞行一段时间，突然拉起机头，上仰超过垂直位置，并继续增大迎角至 110 度至 120 度飞行，相当于机尾先行。当速度急剧减小后，机头平稳下俯恢复正常飞行状态并很快增速。这个机动动作，不仅要求飞行员有高超的驾驶技术，而且要求飞机有出色的气动性能，发动机有极好的加速性，平尾有良好的操纵性等。

事实证明，苏 27 是当今世界各国现役战斗机中第一种能在低空进行失速机动飞行的飞机，而且具有吨位大、航程远、机动能力强、速度范围大等特点。

苏 27 采用翼身融合体，大边条气动布局，这对高速飞行十分有利。机翼的平面形状为梯形，前缘后掠角 42°。机身基本上呈圆截面的半硬壳结构，飞机的双垂尾安装在发动机外侧的缘条上。飞机座舱为泡式，视界良好。该机装备有极先进的电子设备——边跟踪边扫描的相干脉冲多普勒雷达，搜索距离 240 千米，跟踪距离为 185 千米；红外搜索及跟踪传感器安装在风挡前透明壳体内。

苏27的武器装备系统也相当完善：在飞机右侧翼根前缘边条处装了一门30毫米口径单管炮，备弹200发；飞机共有10个武器外挂点，可悬挂空空导弹、航空炸弹和航空火箭弹，最大载弹量6000千克。

相关资料表明，自苏27战斗机问世以来，先后创造了27项世界纪录。其中1986年10月27日和11月15日，苏联试飞员普加切夫创造了25.373秒爬高3000米和37.05秒爬高6000米的世界纪录，打破了美国飞行员史密特1975年1月15日驾驶F—15创造27.5秒爬高3000米的纪录和麦克法林39.33秒爬高6000米的纪录。

世界最大的运输机

安225飞机是目前世界上最大的战略运输机，其体积和载重量雄居全球之首。该机翼展88.40米，机长84.00米，机高18.20米，机翼面积905.0平方米。最大载重量可达250吨，飞行距离4500千米。人们给它取了一个好听的名字——梦幻。

安225飞机1985年中期开始设计，1988年12月21日原型机首次飞行，1989年5月13日，被作为"暴风雪"号航天飞机的母机使用。

安225采用6台扎波罗什"进步"机器制造设计局的D－18T涡扇发动机，单台推力为229.5千牛，并装有反推力装置。其机组包括6名空勤人员，包括正副飞行员、飞行工程师两名及领航员和通信员。

安－225的货舱可装入16个集装箱，它能够运输大型航空航天器部件，以及天然气、石油、采矿、能源等行业的大型成套设备，既能保证这些设备的安全性，又可缩短运输周期。

安225飞机至今仅生产了1架，更多的时候，它和同系列的安－124飞机一起，承揽运输租赁业务。不过，租用这样的庞然大物，费用也是很高的了。

▲停机坪上的"安－225"巨型运输机

两次规模空前的空战

空战是利用飞行器在空中进行战斗，以击落对方，夺取制空权为目的一种战争形式。事实多次证明，谁的战斗机更先进，谁将更有把握掌握战争的制空权。历史上，在蓝蓝的天空上，这些"战鹰"曾进行过来来往往、你死我活的殊死搏斗。

大不列颠大空战

1940 年 8 月 1 日，纳粹德国元首希特勒命令"德国空军要使用其拥有的所有兵力尽快打垮英国空军"，于是德国空军开始准备对英国本土进行战略轰炸。德国拥有的作战飞机约 2400 架，英国防空力量为战斗机 700 架，轰炸机 500 架，处于劣势。

8 月 6 日，德国空军总司令戈林向部队发出 8 月 10 日开始全面出击的"不列颠战役"命令。8 月 13 日，德军开始实施轰炸，突袭目标是英国南部的航空基地、雷达站，并寻机与英国战机进行空战，以消灭英空军主力。

8 月 13 日及 8 月 14 日夜，德军共出动飞机 1485 架，8 月 15 日夜至 16 日晨共出动飞机 1786 架，8 月 16 日至 23 日又连续出动飞机，进行了 5 次大规模轰炸，英国空军基地有 12 个被破坏，7 个飞机工厂和一些雷达站、油库、弹药库被炸坏。

从 8 月 24 日至 9 月 3 日，德机对英国共进行了 35 次大规模空袭，每天出动 1000 多架次。

9 月 15 日，德国对伦敦的空袭达到高潮。这一天，英国共击落德机 185 架。后来，英国就把 9 月 15 日定为"大不列颠空战节"，以示纪念。

从 9 月 20 日起，德军开始使用 Me109 飞机改装的战斗机对伦敦狂轰滥炸。在英国战机和高炮联合抗击下，德军飞机损失很大，遂由白天大规模轰炸改为夜间轰炸。到 10 月 31 日德国损失飞机 433 架，英国损失 242 架，德国原来计划在摧毁英国空军主力以后，于 9 月 21 日从海上入侵，由于英军的英勇抵

▲Me109 飞机

抗，使登陆计划破产。

据法国历史学家统计，从 1940 年 7 月 10 日至 11 月中旬，德国飞机共计被击落 1813 架，英国损失飞机 995 架。

日机轰炸珍珠港

1941 年 9 月，日本海军联合舰队司令山本五十六提出了代号为"Z"的作战计划，准备使用海军舰载飞机，突袭美国夏威夷珍珠港海军基地，摧毁美国的太平洋舰队，消除其对日本的威胁，保障日军顺利攻占菲律宾、马来亚、荷属东印度等地。

参与此项作战计划的日本海军联合作战舰队由"赤城"号、"加贺"号、"苍龙"号、"飞龙"号、"翔鹤"号、"瑞鹤"号 6 艘航空母舰及 2 艘战列舰、2 艘重巡洋舰、1 艘轻巡洋舰、9 艘驱逐舰、3 艘大型潜艇、8 艘油船组成，共 31 艘舰艇，舰载机 432 架。从 9 月开始，日本海军航空兵部队在与作战地区地形近似的鹿儿岛进行了紧张的轰炸和低空投放鱼雷训练，并针对珍珠港水深仅 12 米的情况，研制了专门的浅水鱼雷。

11 月 5 日，山本五十六向舰队宣布日本将于 12 月上旬向英、美、荷开战。南云率领 6 艘航空母舰组成突击队，三川率领 2 艘战列舰、2 艘重巡洋舰组成支援队。11 月 22 日，突击队集结于千岛群岛择捉岛的单冠湾。11 月 25 日，山本下令突击队沿偏僻的北航线向夏威夷进发。经过 12 天，航行 6667 千米，中途 4 次加油，采取严格的无线电静默，12 月 7 日晨 4 时 30 分，顺利到达珍珠港以北 370 千米的预定海域。5 时 30 分，突击队派出 2 架水上飞机进行战前侦察。6 时整，突击舰队航空兵指挥官渊田美智雄中校率第一波 183 架飞机由母舰起飞，向珍珠港所在地瓦胡岛飞去。机群包括水平轰炸机 49 架、鱼雷轰炸机 40 架、俯冲轰炸机 51 架、"零"式战斗机 43 架。

岛上美军雷达站发现北方有大编队飞机临近，立即向警报中心报告。值班军官泰勒少尉误认为是由加利福尼亚州转场来的 B - 17 机群，答复说不必担心。

7 时 49 分，日突击队第一波开始攻击。俯冲轰炸机由 4000 米俯冲至 1500 米攻击美机场和航空站；鱼雷轰炸机分两批在 15 米至 30 米高度低空攻击美舰；随后水平轰炸机由 4000 米高空单机跟进，再次突击美军舰，战斗机也投入攻击美地面目标。攻击至 8 时 40 分结束。在日机强大的攻势中，美军瓦胡岛的福特机场、希卡姆机场、惠勒机场的一架架重型轰炸机和歼击机几乎全部被炸毁。

第二波 170 架飞机由岛崎中校率领，有水平轰炸机 54 架、俯冲轰炸机 80 架、"零"式战斗机 36 架，7 时 15 分起飞，8 时 54 分开始攻击。鱼雷机和高空轰炸机对美"加利福尼亚"号、"亚利桑那"号、"田纳西"号等战舰进行袭击。

"亚利桑那"号被 5 颗炸弹命中，其中一颗炸弹穿过前甲板钻进了燃料储藏舱，引起大火。后舱储存的 1600 磅黑色炸药发生

▲日军偷袭珍珠港

爆炸，并且引燃了前舱的几百吨无烟火药。"亚利桑那"号犹如火山爆发，几乎蹦离水面，裂成两半。只过了9分钟，这艘3.26万吨的巨型军舰就葬身海底，舰上1500多名官兵无一生还。"内华达"号左舷中了一枚鱼雷，后甲板上中了一颗炸弹，船首马上下沉。舰上的官兵纷纷弃舰跳海逃生，大多数惨死在火海中。

9时45分攻击结束。日战机先后返回母舰。由于对日军偷袭毫无戒备，美军机场和港口只有少数人员作例行的战斗值班，高射炮阵地的弹药都锁进了中心弹药仓库。珍珠港内各舰上780挺高射机枪有3/4无人值班，陆军的31门高射炮只有4门在阵地上。空袭开始时，美军舰船不能开动，飞机不能起飞，通信指挥中断，一片混乱。岛上高射炮在空袭开始5分钟后才匆忙射击，20分钟后才有30余架美机升空迎战，但因仓促上阵，不是被击毁，就是被自己的高射炮击落，几乎全部殉难。美军3艘航空母舰在外海未归而没有损失。

9时45分，渊田在飞机上绕珍珠港一圈，拍下已经斜沉的战列舰和3艘已负重伤的巡洋舰惨况，同时摄下全部被炸毁的美军飞机和机场。然后，向山本五十六发出电报："我奇袭成功"。前后不过2小时，日本海军便夺得西太平洋的主动权，使美太平洋舰队近半年不能作战。下午1时30分日舰队沿原航线返航，12月24日返回日本。

日本参加突击的共353架飞机，另有35架在舰队上空掩护，40架作为预备队。空袭前后历时1小时50分，共投鱼雷50枚、炸弹556颗。

美军在港8艘战列舰4沉4伤，4艘巡洋舰1沉3伤，3艘驱逐舰2沉1伤，辅助舰被毁8艘。驻岛飞机370架中被毁188架、伤63架，占70%。人员死亡2403人、伤1178人。日机共损失29架，亡25人；2架水平轰炸机迷航坠海。日军还被击沉大型潜艇1艘、小型潜艇4艘，另1艘小型潜艇触礁被俘。

▲美国夏威夷的珍珠港事件纪念馆

空中猎手——飞艇

飞艇由巨大的流线型艇体、位于艇体下面的吊舱、起稳定控制作用的尾面和推进装置组成。艇体的气囊内充以密度比空气小的浮升气体（氢气或氦气），借以产生浮力使飞艇升空。吊舱供人员乘坐和装载货物。尾面用来控制和保持航向、俯仰的稳定。

在第一次世界大战时，各交战国在飞艇上安装了机关枪和投掷炸弹的装置，进行军事侦察和轰炸。德国就曾利用飞艇多次飞过多佛海峡，去轰炸英国的伦敦。

战争的宠儿

在战争爆发后，德国陆军和海军都建立起了自己的飞艇舰队，用于执行轰炸英国的任务，以图从空中摧毁英国的工业基地，打击英国的士气。1914年8月5日夜，飞艇成功地轰炸了比利时的列日要塞，8月26日，德国飞艇对安特卫普实施了一周的轰炸，8月30日空袭了巴黎。1915年5月31日，德国陆军LZ-38号飞艇首次空袭了伦敦，炸死7人，炸伤31人。

飞艇是德国的战争宠儿，人们狂热地崇拜这些巨大的机器，每次对英国的空袭总能赢得德意志帝国的一片欢呼鼓噪之声。德国军方认为，飞艇是他们手中的一门终极武器，飞艇一出，无往不胜。因为，当时的飞机比较简陋，遇到飞艇常常束手无策，用枪将其打破，它们也能勉强飞回。英国人则是对这些打不到、够不着的东西恨之入骨，以至当一艘德国飞艇因机械故障坠毁在海中的时候，附近的一艘英国拖船无视"救助遇难者"的通则，坐视德国艇员们被海水淹死。

飞机与飞艇的较量

1916年夏天，英国人研制了高爆子弹和燃烧弹，很快扭转了飞艇无往不胜的局势。英国人先用高爆子弹打穿飞艇的氢气气囊，让跑冒出来的高纯度氢气与空气充分混合，然后再由燃烧弹将这一大团混合气体引爆，这种混装子弹成了对付德国飞艇最有效的武器。

1916年9月2日晚，德国海军12艘飞艇和4艘陆军飞艇，携带32吨炸弹，从泰晤士河口上空进入英国。到达伦敦东区船坞上空后，投下了炸弹，然后调头向东北飞去。在

▲德国的 L30 飞艇

途中，他们遇到了皇家空军少尉威廉·罗宾逊驾驶的一架驱逐机，但是飞艇很快就钻进了云层里。

轰炸伦敦近郊圣奥尔本地区的一般陆军飞艇，被安装在芬斯伯里和维多利亚公园的探照灯"抓住"。飞艇摆脱探照灯向北逃脱，遇到了罗宾逊少尉。罗宾逊从后面接近这艘灰色飞艇，向它发射了两个混合子弹夹，但是没有看到丝毫击中目标的迹象。罗宾逊调头再次接近，瞄准飞艇侧面发射。飞艇内部起火，引燃了飞艇外面的蒙布。几秒钟之内，飞艇熊熊燃烧，缓缓坠落。

熊熊火焰像一个巨大的照明灯，让依靠夜幕掩护的其他飞艇无法藏身。盘旋在飞艇附近的英国飞行员信心大增，快速围攻其他飞艇。德国飞艇开足马力，扔下全部炸弹往北逃跑，在英国飞行员到达之前跑出了火光的照耀范围。

这场飞机斗飞艇的战争，双方损失悬殊。德国飞艇轰炸，给英国造成了 2.1 万英镑的损失。而德国却死亡了 16 名艇员，损失了一艘价值 9.3 万英镑的飞艇，德国另有 17 吨优质高爆炸弹掉到英格兰乡下的软土中，没有爆炸，从而成为英国的战利品。

▲二战飞艇生产工厂

从飞艇残骸中"抢救"出密码本

1916 年 9 月 23 日下午，12 艘德国海军飞艇从德国的库克斯港基地起飞再次攻击英国，其中一艇被地面发射的一发炮弹打穿艇身。这艇飞艇清空了压载的沙包和水袋，以每分钟 800 英尺的速度急速上升到飞机爬升不到的高度，并放出了烟幕，准备返回德国。不幸遇到了一架英国战斗机，又挨了几梭子混合燃烧弹。吓破了胆的指挥官下令立即着陆，抵达地面后，他们引爆了飞艇，然后向英国人投降。

另一艘飞艇引擎发生故障，修复之前一直在空中来回兜圈子。当排除故障飞至泰晤士河上空时，被英国飞行员发现。伦敦东区地面探照灯集中到它的身上，向飞行员指示这个大靶子的位置。英军飞行员索维利少尉驾驶着双翼战斗机，在飞艇附近飞了四个来回，射光了整整三个弹夹，直到看见火光破过织物蒙皮喷射出来为止。随后，索维利发射了一枚红色信号弹，降落在一个农场的草地上。英国皇家海军的情报人员不顾氢气爆炸燃烧的火焰和高温，从坠落在地的飞艇中抢救出了一本德国海军密码本。德国人这一违反保密规定，在投降前没有毁灭密码本的行为，无疑让英国密码破译人员如获至宝。

江河日下的德国飞艇

接连的飞艇坠毁严重打击了德军的士气，两天之后的另外一次空袭，德军一名上尉在出发前，勇气丧失殆尽，于是被留在了地面，送回水面舰艇部队服役。另一艘德国飞艇小心翼翼地靠近了海滨城市克雷默，把炸弹全部扔进了海里，然后调头返航。

10 月 1 日的第三波攻击中，共有 11 艘飞艇从德国出发，但只有两艘获准轰炸伦敦。其中一般从东北方向抵达伦敦上空，关闭了发动机，以免英军探照灯操作员听见声响。凌晨 0 点 30 分，该艇重新开启发动机，马上被下面的探照灯笼罩，四架英国战斗机飞过来。英军空军邓普斯特少尉驾驶着飞机近距离将一梭子混合燃烧弹射向飞艇，耀眼的火光再次出现在夜空，飞艇坠毁在波特斯巴尔。

1917 至 1918 年，德国将一种名为"Height - climber"的新式轻型飞艇投入战场，这种飞艇升限比英国飞机高得多，但是有效载荷和续航力有限，而且高空投弹的精确性极低，已经无法有效完成轰炸任务。此后，德军海军飞艇部队逐渐移交给海军舰队作为侦察手段，或作为政府的宣传工具。1918 年 8 月 5 日，德国飞艇部队的指挥官彼得·施特拉塞亲自率领飞艇最后一次空袭伦敦，结果被击中坠毁而亡。

自 1915 年 1 月 19 日至 1918 年 8 月 5 日，德国出动飞艇 208 艘次、飞机 435 架次对英国实施空袭，其中飞机空袭 52 次，飞艇空袭 51 次，投弹约 300 吨，造成约 1300 人死亡，3000 人负伤。约有德国 80 艘飞艇毁于协约国的炮火和风暴。

▲德国飞艇坠毁时的情景

自动力推进导弹

导弹是"导向性飞弹"的简称，是一种依靠制导系统来控制飞行轨迹的，可以指定攻击目标的无人驾驶武器。导弹属于航空武器的一种。导弹的使用，使战争的突然性和破坏性增大，规模和范围扩大，进程加快，从而改变了过去常规战争的时空观念，给现代战争的战略战术带来巨大而深远的影响。

发展与分类

导弹指依靠自身动力装置推进，由制导系统导引、控制其飞行路线并导向目标的武器。

导弹只有 50 多年的历史，比火箭晚千年，比火炮晚六七百年。这是因为科学技术发展到 20 世纪 30 年代末期，才提供了研制导弹的技术基础，同时在军事上也提出了研制这种武器的需求。

最早研制出导弹的国家是德国。在第二次世界大战后期，它为挽回败局，使用了所谓"复仇武器"1 号和 2 号。前者称 V—1，是一种飞行距离为 300 多千米的巡航导弹；后者称 V－2，是一种射程约 320 千米的弹道导弹。这两种导弹的弹头都是普通装药。此外，德国还研制了用来对付英、美轰炸机群，比高射炮更有效的地空导弹，如"龙胆草"和"莱茵女儿"导弹，以及反坦克、反舰导弹等。这些导弹后来都成为其他国家发展导弹的借鉴和参考。

▲德国 V—1 飞弹

第一代导弹出现于 20 世纪 40 年代末至 50 年代，主要是战略导弹和防空导弹。如美国的"宇宙神""大力神"，苏联的 SS－6 洲际导弹等。第一代导弹存在的主要问题是：在地面存放和发射，易被来袭导弹击毁；使用液体推进剂，只能在发射前临时加注，发射速度太慢；命中精度低。另外这一阶段还出现了远程、高空防空导弹，如美国的"奈基"、"奈基"Ⅱ和苏联的"萨姆"Ⅰ防空导弹。这些导弹已开始采用固体燃料。第一代目视瞄准、手控有线制导的反坦克导弹也出现在这一时期。

第二代导弹出现于 20 世纪 50 年代末至 60 年代中期。这一代导弹将陆基导弹由地面发射改为地下井发射；潜射导弹由水面发射改为水下发射。美国在此期间研发了陆基洲际导弹"民兵"Ⅱ，水下发射的潜地导弹"北极星"A2。苏联在此期间研发了SS－9、SS－11、SS－13陆基洲际导弹和SS－N－4、SS－N－5潜地导弹。与此同时，这些国家还发展了对付中低空目标的防空导弹。第二代反坦克导弹也提高了命中精度，同时研发了车载、机载反坦克导弹。

第三代导弹出现在20世纪60年代至70年代。在这一时期，美苏等国研发了集束式和分导式多弹头。采用了激光、毫米波等制导系统，由导弹自己追踪目标。

第四代导弹是在20世纪70年代初研制的，机动发射的陆基战略弹道导弹。如美国的"潘兴"Ⅱ导弹、苏联的SS－20导弹等，都是采用车载机动发射。此外，美苏等国还加紧机动式多弹头研究。

目前，战略导弹已经成为世界各国用于战争威胁和最后解决事端的打击武器。战术导弹也已成为战场各种武器中射程最远、命中精度最高、杀伤力最大、最难进行有效防御的一种武器。

▲德国V－2导弹

导弹按发射点和目标位置不同，通常分为：从地面发射攻击地面目标的地地导弹；从地（水）面发射攻击空中目标的地（舰）空导弹；从空中发射攻击空中目标的空空导弹；从空中发射攻击地（水）面目标的空地（舰）导弹；从水下用潜艇发射攻击地面目标的潜地导弹；从水面舰艇上发射攻击水面舰船的舰舰导弹；从岸上发射攻击水面舰船的岸舰导弹；用于拦截敌方远程弹道导弹的反弹道导弹；用于击毁敌方坦克等装甲目标的反坦克导弹；用于摧毁敌方雷达的反雷达导弹等。

除此之外，导弹也可按照飞行方式分为：在大气层内以巡航状态飞行的巡航导弹；穿出稠密大气层按自由抛物体弹道飞行的弹道导弹。还可按作战使用分为战略导弹和战术导弹。

巡航导弹

巡航导弹旧称飞航式导弹，指依靠空气喷气发动机的推力和弹翼的气动升力，主要以巡航状态在大气层内飞行的导弹。巡航导弹可从地面、空中、水面或水下发射，攻击固定目标或活动目标，既可作为战术武器，也可作为战略武器。

第二次世界大战末期，德国首先研制成功V－1巡航导弹，用于袭击英国、荷兰和比利时。战后，美国和苏联等国家都发展了巡航导弹。美国首先研制了"斗牛士"、"鲨蛇"等地地巡航导弹，随后又研制"天狮星"舰载巡航导弹、"大猎犬"机载巡航导弹等十几种型号的导弹。这些巡航导弹体积大，飞行速度慢，机动性差，易被对方拦截，多数在20世纪50年代末被淘汰。前苏联在初期主要研制机载和舰载战术巡航导弹。继美、苏两国之后，中、法、英、意等国也都研制了巡航导弹。20世纪70年代，美国研制新一代的巡航导弹，采用惯性制导加地形匹配的复合制导装置、效率高的小型涡轮风扇发动机、比威力大的小型核弹头和微型电子计算机等新技术成果，先后研制成功 AGM - 86B 机载巡航导弹和 BGM - 109 "战斧" 舰载巡航导弹。苏联也研制了 SS - N - 12 舰载巡航导弹和 AS - 6 机载巡航导弹，还研制了新型 SS - NX - 21 潜射巡航导弹、SSC - X - 4 陆基巡航导弹等，并对现役型号的导弹进行了技术改进。

巡航导弹在 20 世纪 70 年代得到广泛的发展。不少国家已将战术巡航导弹装备部队，用于实战。1967 年 10 月 21 日，埃及使用苏制舰载 SS - N - 2 巡航导弹，击沉以色列 "埃拉特" 号驱逐舰，开创了用巡航导弹击沉军舰的先例。在 1982 年马尔维纳斯群岛（英国称福克兰群岛）战争中，阿根廷使用法国研制的 "飞鱼" 机载巡航导弹，击沉英国的 "谢菲尔德" 号导弹驱逐舰。

弹道导弹

弹道导弹指发射后其整个弹道分为主动段和被动段，主动段在火箭发动机推力和制导系统作用下按预定弹道飞行，被动段按照在主动段终点获得的给定速度和弹道倾角作惯性飞行的导弹。

弹道导弹按其射程分为洲际导弹、远程导弹、中程导弹和近程导弹。

▲ "战斧" 巡航导弹

二战期间，1944 年 9 月 8 日傍晚，伦敦遭到了猛烈的空袭，德国使用了威力强大的 V - 2 导弹。这是世界上投入战争的第一枚弹道式导弹。V - 2 导弹是德国在第二次世界大战期间研制和使用的单级液体导弹，是世界上首次出现的弹道导弹。这种导弹采用液体火箭发动机的 V - 2 导弹，重 13 吨，载有重约 1 吨普通炸药的弹头，长 14 米，最大直径 1.65 米，最大飞行速度达每秒 1.7 千米，射程 320 千米，弹道高度 80 千米至 100 千米。

在半年之内，德军在战争中发射 V - 2 导弹共 4320 枚，其中对英国发射了 1402 枚，落到伦敦市区的有 517 枚，带来难以估量的灾难。

V - 2 导弹的研制，开始于 1929 年末，当时德军制订了研制大型火箭的计划。瓦尔特·多恩伯格是德国陆军研究火箭的发起人之一。1932 年 10 月，他把冯·布劳恩请到自己的研究所，要他领导对军用火箭的研究工作。布劳恩最初着手研究的是使用液体燃料的 A - 1 火箭，并在柏林郊区库姆梅斯多夫的试验台上进行过地面试验。1934 年，在北海的博尔库姆进行了 A - 2 火箭的飞行试验。接着，1937 年 12 月又在波罗的海进行了 A - 3 火箭的发射试验。1939 年，完成了 V - 2 导弹的前身 A4 火箭的基础试验。1942 年 10 月 3 日，从佩内明德向波罗的海首次发射了 V - 2 导弹并获得成功。

1957 年 8 月苏联首次试射成功第一枚 SS－6 洲际弹道导弹，1959 年美国研制出第一枚洲际弹道导弹"宇宙神"。为了突破反导系统的拦截，20 世纪 70 年代初期和中期，美苏又分别研制成功带分导式多弹头的洲际弹道导弹，并大量装备军队，不仅增强了突防能力，还可打击多个目标。

地地导弹

地地导弹是指从陆地发射打击陆地目标的导弹。地地导弹由弹体、弹头或战斗部、动力装置和制导系统等组成。与导弹地面指挥控制，探测跟踪、发时系统等构成地地导弹武器系统。

地地导弹按飞行方式不同，可分为巡航式和弹道式两类。最早的地地导弹，是德国在第二次世界大战末使用的 V－1 巡航导弹和 V－2 弹道导弹。战后，一些国家在此基础上，研制了各种地地战术导弹，以及中程、远程和洲际地地战略导弹。

地地战略导弹可以携带单个或多个核弹头，具有射程远、威力大、精度高等特点。

近些年来地地导弹发展迅速，种类繁多，装备数量也大，已成为战略核武器的组成部分。

▲我国东风 11 地地导弹

潜地导弹

潜地导弹是指由潜艇在水下发射攻击地面固定目标的导弹。它同艇上的导航系统和导弹指挥控制、检测、发射系统等构成潜地导弹武器系统。潜地导弹机动性大，隐蔽性好，生存能力强，便于实施核突击，是战略核武器的重要组成部分。

潜地导弹分为弹道式和巡航式两类。潜地弹道导弹多用固体火箭发动机作动力装置，可携带核弹头，爆炸威力为数万吨至百万吨梯恩梯当量，射程为 1000 千米至 10000 余千米。该导弹装在潜艇中部的垂直发射筒内，每艘潜艇一般有 12 具至 14 具发射筒，每具装一枚导弹。潜艇在水下机动时，导航系统能为导弹发射连续提供有关艇位、航向、航速和纵横倾角等数据，通过射击指挥系统随时计算出每枚导弹的射击诸元，并将其输入到导弹制导计算机内，迅速完成导弹发射准备。发射时，导弹靠燃气蒸汽或压缩空气弹出艇外，导弹出筒后，在水中上升，出水前或出水后导弹发动机点火，按预定弹道射向目标。

第二次世界大战后，美、苏两国先研制陆基战略导弹，随后发展潜地战略导弹。苏联于 1955 年 9 月首次用潜艇在水面发射了一枚由陆基战术导弹改装的弹道导弹，1958 年，苏联正式装备了水面发射的 SS－N－4 弹道导弹。1963 年，苏联开始装备水下发射的SS－N－5潜地弹道导弹，射程1000余千米。随后相继装备了几种潜地导弹，射程提高到2000余千米至近万千米。

美国于1955年将"天狮星"1巡航导弹装备潜艇。1960年7月，从"乔治·华盛顿"号核潜艇上首次水下发射"北极星"AI潜地弹道导弹，射程2200千米。1970年，研制成第二代潜地弹道导弹"海神"，射程4600千米，携带分导式多弹头，能攻击彼此相距100千米左右的不同目标。1971年，开始研制第三代潜地弹道导弹"三叉戟"，采用三级固体火箭发动机，射程7400千米，携带8个分导式弹头。其后，技术更先进，射程达12000千米的"三叉戟"Ⅱ潜地弹道导弹被研制出来。70年代后期，美国研制成潜艇发射的战略巡航导弹"战斧"，最大射程2500千米。

继美、苏两国之后，法国和英国也装备了潜地弹道导弹。1982年10月，我国用潜艇在水下向预定海域发射运载火箭获得成功。

地空导弹

地空导弹也称防空导弹，指从地（水）面发射攻击空中目标的导弹。地空导弹与地面（舰上）的目标搜索与指示、制导、发射系统和技术保障设备等构成地空导弹武器系统。

最早的地空导弹是德国在第二次世界大战后期研制的"龙胆草""莱茵女儿""蝴蝶"和"瀑布"等导弹，但均未使用。战后，美、苏、英等国在上述研制成果的基础上，有计划地开始了地空导弹的发展工作。20世纪50年代，美、苏、英和瑞士等国先后研制成功各自的地空导弹武器系统，相继装备部队。这些武器系统多属中、高空，中、远程。

我国军队于20世纪50年代开始装备地空导弹，并于1959年10月7日在华北地区击落美制RB－57D高空侦察机，开创了世界防空史上首次用地空导弹击落飞机的战例。

20世纪60年代后，越南抗美战争、中东战争使用地空导弹的实践，促进了低空突防和电子对抗的发展。许多国家在提高中、高空地空导弹武器系统反电子干扰能力和改进低空作战性能的同时，大力发展了机动能力强的低空近程地空导弹武器系统。至20世纪70年代，一些国家的地空导弹武器系统已构成远、中、近程，高、中、低空的火力配系，成为地面防空火力的主要组成部分。

目前，许多国家正竞相探索、研制和完善各种多功能、多用途的地空导弹武器系统，以及地空导弹与其他防空武器相结合的综合武器系统和专用的反弹道导弹系统。

空空导弹

空空导弹是指从飞行器发射攻击空中目标的导弹。空空导弹是歼击机的主要空战武器，也用作歼击轰炸机、强击机的空战武器。空空导弹由制导装置、战斗部、引信、弹体、动力装置等组成。它与机载火力控制、发射装置和测试设备等构成空空导弹武器系统。

空空导弹可分为近距格斗导弹、中距拦射导弹和远距拦射导弹。

1944年4月，德国首先研制了X-4有线制导空空导弹，但未使用。20世纪50年代中期，美、苏等国研制的空空导弹陆续装备部队。20世纪50年代末，我国开始研制空空导弹，并陆续装备部队。20世纪60年代初，美国装备了半主动雷达制导的"麻雀"AIM-7D。

在越南战争、中东战争中，交战双方都使用了空空导弹，取得了一定战果，但也暴露出当时的空空导弹不适宜攻击大速度或高度机动的目标等弱点。为克服这一弱点，后来发展了近距格斗导弹，并研制出远距拦射导弹。1982年，英国、阿根廷在马尔维纳斯群岛（英国称福克兰群岛）之战中，使用了"响尾蛇"AIM-9L近距格斗导弹。

实战证明，空空导弹是现代飞机进行空战的主要武器。

反坦克导弹

反坦克导弹是指用于击毁坦克和其他装甲目标的导弹。反坦克导弹射程远，精度高，威力大，重量轻，能从地面或空中发射，是一种有效的反坦克武器。反坦克导弹与发射装置、制导设备等组成反坦克导弹武器系统。

反坦克导弹由弹体、战斗部、动力装置、弹上制导系统等组成。弹体一般用轻合金或复合材料制成。反坦克导弹按重量或射程不同，可分为轻型和重型两类；按机动方式不同，可分为步兵便携式、车载式和机载式三类，其制导方式可分为有线手控制导、有线半自动制导和自动寻的制导三类。

反坦克导弹是德国在第二次世界大战末期最先研制成功的，代号为X-7，俗称"小红帽"。战后，一些国家继续研制反坦克导弹。1953年前后，法国研制成有线手控制导的反坦克导弹。60年代初，同类型的反坦克导弹在原联邦德国、瑞典、美国、苏联和意大利等国相继问世。为减轻射手负担，提高命中率，70年代前后各国都研制成了有线半自动制导的反坦克导弹，如美国的"陶"、法国和原联邦德国联合研制的"米兰"和"霍特"等。随后又发展了一些新产品，如美国的"狱火"、法国的"阿克拉"、英国和

▲发射反坦克导弹

比利时联合研制的"阿特拉斯"等。这些导弹采用激光驾束制导、激光半主动寻的制导、红外成像制导或光纤制导，进一步提高了导弹的飞行速度和命中精度。

我国于20世纪50年代末开始研制反坦克导弹，并大量装备部队。

1956年，法国在同阿尔及利亚的战争中，首先使用了反坦克导弹。1972年，美国在侵略越南的战争中，大量使用了"陶"式反坦克导弹。在1973年的中东战争中，阿拉伯和以色列双方都大量使用了反坦克导弹，显示了反坦克导弹的作战效能。

反潜导弹

▲欧洲"米拉斯"反潜导弹

反潜导弹指用于攻击潜艇的导弹。反潜导弹与水面舰艇、潜艇或飞机上的指挥控制、探测跟踪、发射系统等构成反潜导弹武器系统。可由水面舰艇、潜艇、飞机携带、发射，其射程一般为数千米至数十千米，也可达上百千米，具有速度快、射程远等优点，是现代主要反潜武器之一。

第二次世界大战后，美国开始发展反潜导弹，1961年美国装备了由水面舰艇发射的"阿斯罗克"反潜导弹，射程10多千米；1964年装备了由潜艇发射的"萨布罗克"反潜导弹，射程55千米；20世纪80年代初，美国开始研制新型远程反潜导弹。

苏联从20世纪70年代起，相继装备了SS－N－14、SS－N－15、SS－N－16反潜导弹。

其他国家也发展了反潜导弹，如法国的"马拉丰"、澳大利亚的"依卡拉"和日本的R－109等。

反雷达导弹

反雷达导弹也称反辐射导弹，是指利用敌方雷达的电磁辐射进行导引，摧毁敌方雷达及其载体的导弹。反雷达导弹与机载或舰载探测跟踪、制导、发射系统等构成反雷达导弹武器系统。通常有空地、舰舰反雷达导弹等类型。

反雷达导弹由弹体与弹翼、战斗部、动力装置、制导装置等组成。战斗部装有普通装药，由触发或非触发引信起爆。动力装置一般采用固体火箭发动机。制导方式多采用被动式雷达寻的制导或复合制导。多数反雷达导弹的发射重量为数百千克，射程在100千米以内。

空地反雷达导弹通常用于攻击预先选定的目标。发射前，须对目标进行侦察，测定其坐标和辐射参数，并用载机上的侦察和目标指示设备进一步测定目标的准确坐标，当目标处于导弹有效发射区时即可发射。发射后，弹上自动导引装置的控制信号，传给执行机构，使导弹自动导向目标。在攻击过程中，如被攻击的雷达关机，导弹的记忆等装置能继续控制导弹飞向目标。

美国1964年装备的"百舌鸟"导弹是最早的反雷达导弹。随后，美国于20世纪60年代末装备了"标准反辐射导弹"；80年代初又装备了"高速反雷达导弹"。苏、法、英等国也研制和装备了反雷达导弹。

60年代中至80年代初，反雷达导弹曾在越南、中东等局部战争中使用，主要用于攻击敌方地空导弹制导雷达和高射炮炮瞄雷达，取得了一定成果。

非典型飞机

　　随着航空技术不断不进步，人们赋予飞机越来越多的任务，飞机的类型也变得五花八门。从起降场地看，既有传统的陆地起降的飞机，也有在水面起降的飞机；从动力提供方式，既起降方式看，既有滑跑式，也有垂直起降式的飞机；从担负任务看，既有直接用于作战的，也有完成战场侦察以及心理战、电子战任务的飞机；从操纵样式看，既有有人驾驶，也有遥控指挥无人驾驶的无人飞机。

水上飞机

　　水上飞机是能在水面上起飞、降落和停泊的飞机。水上飞机主要用于海上巡逻、反潜、救援和体育运动。第一架从水上起飞的飞机，是由法国著名的早期飞行家和飞机设计师瓦赞兄弟制造的。这是一架箱形风筝式滑翔机。机身下装有浮筒。1905 年 6 月 6 日，这架滑翔机由汽艇在塞纳河上拖引着飞入空中。

　　水上飞机分为船身式和浮筒式两种。船身式水上飞机有按水面滑行要求设计的特殊形状的机身，浮筒式水上飞机是把陆上飞机的起落架换成浮筒。两栖飞机则在船身或浮筒上装可收放的起落架，在水上起降时收上，在陆上起降时放下。

▲中国水轰五（SH－5）水上飞机

　　水机在军事上用于侦察，反潜和救援活动；在民用方面可用于运输，森林消防等。水机的主要优点是可在水域辽阔的河、湖、江、海水面上使用，安全性好，地面辅助设施较经济，飞机吨位不受限制；主要缺点是受船体形状限制不适于高速飞机，机身结构重量大，抗浪性要求高，维修不便和制造成本高。

　　水上飞机在水上，是靠拖船拖带，或者利用发动机、空气舵和水舵来进行机动的。水上飞机的发动机装在上部，距水面有一定的距离，以防水进入进气口和溅到螺旋桨上，并可防止起降滑跑时螺旋桨等受到损伤。由于水上飞机结构独特，其飞行技术性能比普通飞机略差，水上飞机的机组配有水上救生器材，如充气背心、橡皮艇、橡皮筏等。

　　在固定的水上机场起降的水上飞机停放在有混凝土上下坡道的岸边场地上，而船式水上飞机的下水和上岸，是利用可卸的轮式托架进行的。

　　世界上第一架能够依靠自身的动力实现水上起飞和降落的真正的水上飞机，是由法国人亨利·法布尔发明制造的。法布尔出身于船舶世家。在年轻时对工程学发生兴趣，并继承了家族对大海的特殊感情。飞机诞生后，他决心追随莱特兄弟研究飞机，并设想制造能在海上起降的飞机。1907 年至 1909 年间，他在水上和陆上进行了大量的基础性研究工作。1909 年，法布尔开始运用他的理论成果制造飞机。第一架样机装有 3 个浮筒和 3 台安扎尼发动机，但它从未能飞起来。同年下半年，法布尔制造了第二架样机，第一次试飞时，飞机以 55 千米/小时的速度在水面上滑行，却未能飞起来。第二次试飞中，飞机终于飞离了水面，直线飞行约 500 米。随后法布尔又驾机试飞了两次，并作了小坡度转弯飞行。第二天，飞行距离达到 6 千米。世界上第一架浮筒式水上飞机自此诞生了。

1911 年 2 月，美国的著名飞机设计师柯蒂斯驾驶着他的装有船身形大浮筒的双翼机在水面上起飞和降落成功，成为世界上第一架船身式水上飞机。

俄国第一架浮筒式水上飞机是设计师加克尔于 1911 年研制成功的。这架飞机在 1911 年国际航空展览会上获得银质奖章。1913 年至 1915 年，俄造出了 M－1 型、M－4 型、M－5 型和 M－9 型船式水上飞机，1922 年又造出了 M－24 型船式水上飞机。1927 年至 1936 年，俄海军飞机制造部门的专门设计局设计出 POM－1 型和 POM－2 型船式水上飞机，这是一架开阔海面侦察机；另外，A. H. 图波列夫的设计局设计出 MпP－2 型双引擎船式水上飞机（远程海上侦察机）、MK－1 型六引擎双船身水上飞机（海上巡航飞机）、MTB－2 型四引擎船式水上飞机（重型海上轰炸机）。

美国联合公 20 世纪 30 年代研制的 PBY－5 "卡塔林娜" 两栖飞机在二次大战中广泛用作海上巡逻机，生产量达 4000 架，战后改作森林消防飞机。

早期，水上飞机和陆上飞机是同时发展的。20 世纪 30 年代，水上飞机发展十分迅速，远程和洲际飞行几乎为水上飞机所垄断，还开辟了横越大西洋和太平洋的定期客运航班。二战后水上飞机发展速度放慢，主要代表机种有苏联的别—10 和日本的 PS－1 水上飞机，后者由于采用了附面层吹除襟翼和喷溅抑制槽技术，具有较高的抗浪能力。

A－40 "信天翁"

A－40 "信天翁" 是 1989 年在苏联航空节上亮相的一种全新的纯喷气式大型水上飞机。

A－40 有旅客运输型、客货两用型、搜索救援型和反潜巡逻型等型号。它的机翼安置在机身上部，2 台发动机则安装在机翼后上方，这种布局可以十分有效地防止飞机在水面上快速滑行时引起强力水流打入发动机，从而保证了发动机的正常工作，也减轻了海水对发动机的腐蚀。"信天翁" 机身下部的船体是相当精细的，机身前面设置了不很长但相当宽的挡水板，这不仅能尽量缩小高速飞行带来的不利影响，而且对控制水流喷溅起到一定的作用。

武装直升机

1939 年 9 月，美籍俄国人西科斯基研制的 VS－300 试飞成功，这是世界上第一架接近实用的直升机。1942 年，德国在 Fa－223 运输直升机加装了一挺机枪，这可算最早的武装直升机。50 年代，美、苏、法等国都在直升机上加装武器，开始主要用于自卫，后来也用来执行轰炸、扫射等任务。60 年代初，美国在越南战争中大量使用直升机用于运输。战争中，美军直升机损失惨重，因而决定研制专用武装直升机。第一种专门设计的武装直升机是美国的 AH-IG，1967 年开始装备部队，并用于越南战场。

目前，武装直升机可分为专用型和多用型两大类。专用型机身窄长，作战能力较强；多用型除可用来执行攻击任务外，还可用于运输、机降等任务。美国的 AH-1 属于专用型，而原苏联的米-24 属于多用型。现世界上最大的直升飞机是苏联的米-12，别名"信鸽"。它的最大起飞重量为 105 吨，货舱长 28 米，高和宽均为 4.4 米可载重 40 吨，可以运送中型坦克、火炮，以及一连全副武装的士兵。

▲美国"阿帕奇"武装直升机

预警机

预警机指用于搜索、监视空中或海上目标，并可指挥引导己方飞行遂行作战任务的飞机。预警机具有良好的探测低空、超低空目标的性能和便于机动等特点，战时可迅速飞往作战地区，执行警戒和指挥引导任务。平时可沿边界或公海巡逻，侦察敌方动态，防备突然袭击。

预警机通常由大型运输机改装而成。机身上装有带罩的雷达天线，机舱内装有预警雷达，以及敌我识别、情报处理、指挥控制、通信、领航和电子对抗等设备。预警机可在数百千米距离内发现、识别、跟踪数十至数百批目标，向地面或海上指挥系统提供情报，为地面防空武器系统指示目标，并引导己方飞机执行作战任务。舰载预警机可随航空母舰进入远洋活动，扩大预警范围。

在第二次世界大战后期，美国海军为了及时发现利用舰载雷达盲区接近舰队的敌机，将警戒雷达装在飞机上，这是最早的预警机。早期的预警机，如 20 世纪 40~50 年代美国的 AD-3W、EC-121C，英国的"塘鹅"等，雷达的功能单一，下视能力差，只能用于海上预警。20 世纪 70 年代，脉冲多普勒技术和机载动目标显示技术的应用，使预警机在陆地和海洋上空具备了良好的下视能力。三坐标雷达（可同时测量目标方位、距离和高度）和电子计算机的应用，使预警机的功能由警戒发展到可同时对多批目标实施指挥引导。美国空军于 20 世纪 70 年代中期开始装备的、由波音 707 飞机改装的 E-3A 预警机，亦称空中警戒与控制系统，机身上方装有直径约 9 米的旋转天线罩，在 9000 米高度时，对低空目标的探测距离约 370 千米，可同时跟踪约 600 批目标，引导截击约 100 批目标，并具有搜索水面舰艇的能力。

预警机在现代战争中具有重要作用。1982 年 4 月，英国与阿根廷在马尔维纳斯群岛（英国称福克兰群岛）战争中，英国舰队由于未装备预警机，不能及时发现低空目标，以致遭受重创。在同年 6 月的叙利亚与以色列冲突中，以色列空军使用 E－2C 预警机引导己方飞机，袭击贝卡谷地的防空导弹阵地，并进行空战，使叙方受到很大损失。

今后，预警机发现、跟踪超低空目标和小型目标的能力将进一步提高，抗干扰能力和对付导弹攻击的自卫能力也将增强。

反潜巡逻机

反潜巡逻机指用于搜索和攻击潜艇的海军飞机，主要用于对潜警戒，协同其他兵力构成反潜警戒线；在己方舰船航行的海区遂行反潜巡逻任务；引导其他反潜兵力或自行对敌方潜艇实施攻击。机上可携带反潜鱼雷、深水炸弹、核深水炸弹、空舰导弹、火箭、炸弹等武器。

反潜巡逻机在第二次世界大战中曾被普遍使用。装备声呐浮标后，能发现水下的潜艇，成为反潜战的主要机种。20 世纪 80 年代初，反潜巡逻机的最大速度已达 900 千米/小时，最大航程 9000 千米，续航时间 13 小时至 22 小时，具有良好的低空性能，装有反潜搜索雷达、红外探测仪、激光探测仪、磁力探测仪、微光探测仪、水质分析器、气体分析器和电子监听器等设备，能对潜艇进行全天候搜索、跟踪和攻击。美国的 P－3C 反潜巡逻机最大作战半径约 3800 千米，机上装有多种探测设备，能发现在深海中的核潜艇，并装有电子数字计算机，实现了导航、搜潜和攻潜的全自动化。

由于潜艇的大量使用，反潜巡逻机在未来海战中将具有重要作用。

反潜直升机

反潜直升机是用于搜索和攻击敌方潜艇的海军直升机。分岸基和舰载两种。主要用于岸基近距离反潜和海上编队外围反潜。其飞行速度多为 200 千米/小时至 300 千米/小时，作战半径 100 千米至 250 千米，起飞重量 4 吨至 13 吨，多数装有两台航空发动机，能携带航空反潜鱼雷、深水炸弹等武器，有的能携带空舰导弹。装有雷达、吊放式声呐或声呐浮标、磁力探测仪等设备，能在短时间内搜索较大面积的海域，准确测定潜艇位置。搜索潜艇的效率和灵活性，均优于舰艇。但其续航时间短，受气象条件的影响较大。舰载反潜直升机的旋翼和尾梁大多可折叠，便于在舰载机库内停放。

反潜直升机是在第二次世界大战后出现的。许多国家的大、中型军舰和一部分小型军舰上以及岸基反潜部队中，已装备反潜直升机。1982 年，在马尔维纳斯群岛（英国称福克兰群岛）之战中，英国海军的"山猫"

▲美国 P－3C 反潜巡逻机

反潜直升机攻击阿根廷海军的潜艇，是海战中使用反潜直升机的首次战例。

▲英国海军现役"山猫"反潜直升机

垂直/短距起落飞机

垂直/短距起落飞机指能垂直起飞、降落和起飞、着陆距离均在 300 米以内的固定翼飞机的总称。前者称垂直起落飞机，后者称短距起落飞机。大多数垂直起落飞机兼有短距起落能力。垂直/短距起落飞机可减少或基本摆脱对机场的依赖，便于出击、疏散、隐蔽和转移。垂直起落的歼击机或强击机可装载在航空母舰、巡洋舰、驱逐舰或两栖攻击舰等大、中型水面舰艇上，以提高舰艇的防空能力和突击能力。

垂直/短距起落技术已受到普遍重视。垂直起落技术主要有：①起落时，偏转发动机喷口、螺旋桨或其他推力源，使之产生向上的推力（拉力）；②机翼与装在它上面的发动机一起偏转方向；③飞机上装有升力发动机和推力发动机两种动力装置。

短距起落技术主要有：①减小飞机的翼载荷和提高飞机的推重比；②采用先进的气动布局和改变机翼平面形状；③改变机翼剖面形状，增大弯度；④控制附面层；⑤采用喷气襟翼和动力增升装置。

垂直/短距起落飞机的出现是有原因的。喷气式飞机出现后，飞机的起飞和着陆速度增大，滑跑距离增长，这样不仅需要延长跑道，而且不利于飞机的作战使用及其在地面的生存。为解决这一问题，一些国家在第二次世界大战结束后，相继着手研究垂直/短距起落飞机。

20 世纪 50 年代，第一代垂直起落研究机被研制出来，如美国的 XFY－1 和英国的 SC－1 等。20 世纪 60 年代，出现了 10 多种垂直/短距起落试验飞机，如原联邦德国的 VJ－101、DO－31 和法国的"幻影"Ⅲ－V 等。

英国"鹞"式飞机于 1957 年开始研制，1969 年装备部队，主要用来执行对地攻击任务，并有一定的空战能力。这种飞机装有喷管可转向的涡轮风扇发动机，以提供升力和平飞推力；最大平飞速度 1186 千米/小时，转场航程 3300 千米，最大外挂重量 2270 千克。为增大航程和载弹量，一般采用短距或斜板起飞，垂直降落。1982 年 4 月，英国、阿根廷马尔维纳斯群岛（英国称福克兰群岛）战争中，

▲英国"鹞"式飞机

"鹞"式和舰载型"海鹞"式飞机首次参加实战。

20世纪70年代，苏联开始装备雅克－36。这种飞机采用升力发动机，只能垂直起落，最大平飞速度1250千米/小时，最大载弹量约1000千克，活动半径240千米，航程560千米。

垂直/短距起落飞机是今后军用飞机发展的一个重要方向。美、苏等国除研制超音速垂直/短距起落歼击机外，还重视发展垂直/短距起落运输机和其他垂直/短距起降飞机。

无人机

无人机是一种由无线电遥控设备或自身程序控制装置操纵的无人驾驶飞行器。它最早出现于20世纪20年代，当时作为训练靶机使用。无人机分为侦察机和靶机。侦察机用于完成战场侦察和监视、定位校射、毁伤评估、电子战等；侦察机也可民用，如边境巡逻、核辐射探测、航空摄影、航空探矿、灾情监视、交通巡逻、治安监控等；靶机可作为火炮、导弹的靶标。

英国于1917年首先研制成无人机。20世纪30年代，英国和苏联开始将无人机作为靶机使用。20世纪40年代，特别是第二次世界大战后，由于无线电遥控技术的发展，美、英、苏等国都研制了低亚音速、低高度的小型活塞式靶机。20世纪50年代，重点研制高亚音速和超音速靶机，并开始研制无人侦察机、无人研究机。20世纪60年代，研制重点转向无人侦察机。20世纪70年代，出现了新型实时遥控无人机，由操纵人员在地面或空中通过电视摄像机、数据传输装置和其他电子设备，进行实时遥控。

▲美国"全球鹰"无人机

我国在20世纪60年代用喷气式歼击机改装成无人机，20世纪70年代，又相继研制出高亚音速的靶机和无人侦察机。

20世纪80年代初，美国和西欧一些国家，正在探索骚扰机、对地攻击机、目标照射机、遥控直升机等无人机的研制。

诺斯罗普·格鲁曼公司的RQ－4A"全球鹰"是美国空军乃至全世界最先进的无人机。

2001年4月22日，"全球鹰"完成了从美国到澳大利亚的越洋飞行创举。即便是有人驾驶的飞机，也只有少数能够跨越太平洋，如大型民航客机。这是无人机首次完成这样的壮举。

"全球鹰"可以逗留在某个目标的上空长达42个小时，以便连续不断地进行监视。"全球鹰"的地面站和支援舱可使用一架C－5或两架C－17运送，"全球鹰"本身则不需要空运，因为其转场航程达25002千米，续航时间38小时，能飞到任何需要的目的地。

"全球鹰"可同时携带光电、红外传感系统和合成孔径雷达。光电传感器在0.4微米至0.8微米波段工作，红外传感器在3.6微米至5微米波段工作。光电系统包括第三代红外传感器和一个柯达（KO－DAK）数字式电耦合器件（CCD）。合成孔径雷达具有一个X波段、600MHz、3.5千瓦峰值的活动目标指示器。该雷达获取的条幅式侦察照片可精确到1米，定点侦察照片可精确到0.30米。对以20到200千米/小时速度行驶的地面移动目标，可精确到7千米。

"全球鹰"既可进行大范围雷达搜索，又可提供7.4万平方千米范围内的光电/红外图像，目标定位的圆误差概率最小可达20米。装有1.2米直径天线的合成孔径雷达能穿透云雨等障碍，能连续地监视运动的目标。

"全球鹰"更先进的性能是，它能与现有的联合部署智能支援系统（JDISS）和全球指挥控制系统（GCCS）联结，侦察图像能直接而实时地传给指挥官，用于指示目标、预警、快速攻击与再攻击、战斗评估。RQ－4A还可以适应陆海空军不同的通信控制系统。既可进行宽带卫星通信，又可进行视距数据传输通信。宽带通信系统可达到274MB/秒的传输速率，但目前尚未得到支持。Ku波段的卫星通信系统则可达到50MB/秒。

无人机用途广泛，成本低，效费比好；无人员伤亡风险；生存能力强，机动性能好，使用方便，在现代战争中有极其重要的作用，在民用领域更有广阔的前景。

攻击无人机是无人机的一个重要发展方向。由于无人机能预先靠前部署，可以在距离所防卫目标较远的距离上摧毁来袭的导弹，从而能够有效地克服"爱国者"或C－300等反导导弹反应时间长、拦截距离近、拦截成功后的残骸对防卫目标仍有损害的缺点。如德国的"达尔"攻击型无人机，能够有效地对付多种地空导弹，为己方攻击机开辟空中通道。以色列的"哈比"反辐射无人机，具有自动搜索、全天候攻击和同时攻击多个目标的能力。

美军认为，21世纪的空中侦察系统主要由无人机组成。美军计划用预警无人机取代E－3和E－8有人驾驶预警机，使其成为21世纪航空侦察的主力。

"隐身"飞机

"隐身"飞机指利用各种技术减弱雷达反应波、红外辐射等特征信息，使敌方探测系统不易发现的飞机。"隐身"仅是一种借喻，并非指飞机在肉眼视距内不能被看到。军用飞机采用"隐身"技术，是专门对付敌方雷达和红外传感器的，使它们对飞机探测的距离减小到二分之一左右，甚至更小一些。

"隐身"飞机减小雷达有效探测距离的主要方法是：机身和机翼之间圆滑过渡（身翼融合），合理选择进气口的外形和位置，使机体表面各部分的连接处，尽可能避免直角相交；机体尽量采用非金属材料，飞机表面的金属部位涂以能吸收电磁波的材料。

减小红外传感器探测距离的主要方法是：发动机采用二元喷管，喷口四周加隔热层或红外挡板，改变喷口方向；用冷空气降低喷气温度，以改变红外辐射峰值频率。

20 世纪 60 年代初，美国开始研究"隐身"技术，有的已用在 U－2 和 SR－71 高空侦察机上，但效果并不明显。20 世纪 70 年代，美国的 B－1 轰炸机、F－16 歼击机和法国"幻影"2000 歼击机都采用了"隐身"技术。80 年代研制的作战飞机，在设计阶段即充分考虑到"隐身"问题。

隐形飞机从最早的美国 20 世纪 60 年代的 TR－1 型飞机，发展到 20 世纪 90 年代的 F－117"夜鹰"隐形战斗机、F－22 型先进战术战斗机和 A－12"复仇者"海军舰载隐形攻击机等，隐身性能不断增强。

隐形和反隐形的不断较量，将使未来飞机的结构设计和性能进一步优化。

空中加油机

空中加油机指给飞行中的飞机补加燃料的飞机，多由大型运输机或战略轰炸机改装而成。

现代空中加油机的加油设备大都装在机身尾部，少数装在机翼下面的吊舱内，由飞行员或加油员操纵。加油设备主要有插头锥套式和伸缩管式两种。插头锥套式加油设备，也称软管加油系统，主要由输油软管卷盘装置、压力供油机构和电控指示装置组成。软管长度视机型而定，一般为 16 米至 30 米。管的末端有锥套，其外形呈伞状，内有加油接头。进行空中加油时，加油机在受油机前上方飞行，由飞行员或加油员打开输油软管卷盘的锁定机构，伸出锥套，锥套受气流作用而展开，将输油软管拖出。与此同时，受油机飞行员调整飞行速度、航向和高度，待受油管插进锥套后，油路自动接通，开始加油。

空中加油机的历史并不长，空中加油技术出现于 1923 年，当时加油过程全由人力操纵，必须让加油机高于受油机，靠高度差加油。20 世纪 40 年代中期，英国研制出插头锥套式加油设备。40 年代后期，美国研制出伸缩管式加油设备。80 年代初，美国研制了新型 KC－10A 空中加油机，伸缩管主管长 8 米多，套管长 6 米多，套管伸出后，伸缩管的最大长度为 14 米多；总载油量 161000 千克，飞行半径 3540 千米，可输油 90700 千克。

在 60 年代至 80 年代的几次局部战争中，美、英等国空军都使用过空中加油机。

心理战飞机

在常规传统的战场上，两军对垒，鸡犬之声相闻，心理战宣传十分方便。最开始是用纸糊的传声筒进行心理战宣传，开展战场喊话。后来改用铁皮传声筒，再以后是高音喇叭、宣传车进行心理战宣传。心理战的撒传单方式，开始用人工撒，以后用大炮发射宣传弹散发，再后来用气球空飘，用水漂器材水漂等。

在高技术战争中，多是非线式战场，兵力配置非常分散。传统的中低技术心理战手段就很难发挥作用了，必须采用一些高技术手段。比如说撒传单，就可用智能的无人驾驶飞机进行。这种智能无人驾驶飞机可以由地面遥控，也可自行控制。根据需要和地面情况自动调整飞行高度和速度，自行躲避地面敌炮火。过去用无人驾驶飞机进行空中心理战宣传，多是把事先录好的录音带在飞机上放出。现在则可以随时转播地面采访到的情况，时效性更强，而且具有现场感、参与感，心理战宣传效果更好。

▲KC—10A 空中加油机

海湾战争中，美军的心理战花样翻新，其中高技术的手段令人耳目一新。海湾战争期间的一个傍晚，美军两架喷气式飞机高速飞到科威特沙漠伊拉克军队阵地上空，利用夜幕，两架飞机凭借机尾喷出的彩色尾气和高超的飞行技巧，迅速在伊军头顶上的天幕"画"了一面巨大的伊拉克国旗。用喷出的白色尾气在刚画好的伊拉克国旗上打了一个很大的叉。看到这一情景，伊军大惊失色，一股不祥之兆笼罩在伊军官兵心头，士气一落千丈。而同时看到这一景象的多国部队官兵，则欢呼雀跃，士气大振。

专用电子战飞机

专用电子战飞机是指专门执行电子战任务、不带或少带其他攻击武器的特种飞机。根据主要任务的不同，专用电子战飞机可分为电子侦察飞机、电子干扰飞机和携带反辐射导弹的飞机（反雷达飞机）。

电子侦察飞机装有多频段、多功能、多用途电子侦察和监视设备，主要用于飞临敌国边境附近或内陆上空，对敌电磁辐射源进行监视、截获、识别、分析、定位和记录，获取有关敌方雷达、通信、武器等的信息，以及电力线和汽车行驶时发出的电磁辐射等情报，供事后分析或实时将数据传送给己方指挥中心和作战部队，为实施电子对抗和其他作战行动提供依据。

电子干扰飞机装备多频段、大功率雷达和通信噪声干扰机、雷达告警系统、欺骗式干扰和箔条/红外无源干扰物投放器等，主要用于遂行电子战支援干扰，压制敌防空系统，以掩护攻击机群实施突防和攻击。

反雷达飞机是一种压制敌防空火力的"硬杀伤"电子战飞机，如美国的"野鼬鼠"反雷达飞机，机上载有雷达告警接收机/电子战支援系统和"哈姆"高速反辐射导弹、集束炸弹和空空导弹，还有自卫用的有源干扰吊舱和无源干扰物投放器。这种飞机的主要任务是用反辐射导弹直接摧毁敌地面雷达和杀伤操作人员。

专用电子战飞机的主要发展方向是，提高机载电子战系统的性能和综合化程度，研制新型隐身电子战飞机、大功率通信干扰飞机，发展侦察干扰、反辐射等电子战无人机。

大气层外的争斗

　　地球大气层以外亦有人类科技的影子，例如各种绕地飞行的航天器，包括人造地球卫星、卫星式载人飞船、航天站和航天飞机；例如环绕月球和在行星际空间运行的航天器，包括月球探测器、月球载人飞船和行星际探测器。

　　军用航天器绝大部分是人造地球卫星，按用途可分为侦察卫星、通信卫星、导航卫星、测地卫星、气象卫星等。载人飞船、航天站和航天飞机，截至20世纪80年代中期仍是军民合用，尚未发展成专门的军用载人航天器。

军用卫星的历史沿革

　　自1957年10月4日苏联发射世界上第一颗人造地球卫星以来，军用航天器经过试验阶段后，在20世纪60年代中期先后投入使用。从70年代起，进入提高阶段。侦察卫星提高了分辨率，通信卫星扩大了通信容量和提高了抗干扰能力，气象卫星扩大了辐射探测波段和提高了分辨率，导航卫星提高了定位精度，并向全天候、全天时导航方向发展。军用航天器有的还实现了"一星多用"，例如照相侦察卫星兼有电子侦察和海洋监视的功能，导弹预警卫星兼有核爆炸探测的功能等。

　　在20世纪60年代，出现了载人航天器，包括卫星式载人飞船和月球载人飞船。1961年4月12日，苏联发射了世界上第一艘载人航天飞船"东方"号。1969年7月20日，美国航天员首次登上月球。1971年、1973年，苏联和美国先后发射各自的第一个航天站。此后，苏联进行了大规模卫星式载人飞船和航天站的试验活动。美国则集中力量研制航天飞机。1981年4月12日，美国发射了世界上第一架航天飞机"哥伦比亚"号。

▲世界上第一艘载人航天飞船"东方"号

　　我国于1970年4月24日发射第一颗人造地球卫星，而且我国是世界上能回收卫星和发射地球同步卫星的少数几个国家之一。

　　总体上看，军用航天器的发展趋势是提高生存能力和抗干扰能力，实现全天时、全天候覆盖地球和实时传输信息，延长工作寿命，扩大军事用途和提高经济效益。

侦察卫星

　　侦察卫星也叫间谍卫星，指用于获取军事情报的人造地球卫星。它利用光电遥感器或无线电接收机等侦察设备，从轨道上对目标实施侦察、监视或跟踪，以搜集地面、海洋或空中目标的情报。侦察设备搜集到的目标辐射、反射或发射出的电磁波信息，用胶卷、磁带等记录贮存于返回舱内，在地面回收；或通过无线电实时或延时传输到地面接收站，再经光学设备和电子计算机等进行处理，从中提取有价值的情报。其优点是：侦察的面积大、范围广、速度快、效果好，可定期或连续监视一个地区，不受国界和地理条件的限制，能获取通过其他手段难以获取的情报，在军事、政治、经济和外交等方面均有重要作用。

人类历史上的第一颗间谍卫星是美国于 1959 年 2 月份发射的"发现者 1 号"。1960 年 10 月，第二颗间谍卫星"萨摩斯"升上了蓝天。它在太空运行中可以进行大量的录音和录像，比如它在苏联上空轨道上飞行一圈所收集到的情报比一个最老练、最有见识的间谍花费一年时间所收集的情报还要多上几十倍。苏联也于 1962 年发了"宇宙号"间谍卫星，对美国和加拿大进行高空间谍侦察。

间谍卫星日日夜夜监视着地球的任何一个角落。现代的技术侦察主要是空间侦察，而空间侦察则又是利用各种间谍卫星来实施的。

1973 年 10 月中东战争期间，美国间谍卫星"大鸟"拍摄下了埃及二、三军团的接合部没有军队设防的照片，并将此情报迅速通报给以色列，以军装甲部队便偷渡过苏伊士运河，一下子切断了埃军的后勤补给线，转劣势为优势。1982 年英、阿马岛之战期间，苏、美频繁地发射间谍卫星，对南大西洋海面的战局进行密切的监视，并分别向英国和阿根廷两国提供敌方军事情况的卫星照片。

通信卫星

通信卫星指作为无线电通信中继站的人造地球卫星，其功用是转发或反射无线电信号，实现地球站之间或地球站与航天器之间的通信。卫星通信具有通信距离远、容量大、质量好、可靠性高、灵活机动等优点。

1958 年 12 月，美国发射世界上第一颗试验通信卫星"斯科尔"号，开始了卫星通信的实验阶段。1965 年发射地球轨道通信卫星"国际通信卫星"1 号，卫星通信进入实用阶段。20 世纪 70 年代，通信卫星进一步向专业化方向发展，出现了各种专用通信卫星。

按服务区域和用途的不同，通信卫星可分为国际通信卫星、国内通信卫星、区域通信卫星、军用通信卫星、海洋通信卫星、电视广播卫星和数据中继卫星等。数据中继卫星兼有对低轨道航天器跟踪测轨的能力。

军用通信卫星又分为战略通信卫星和战术通信卫星。前者提供远程直至全球范围的战略通信勤务；后者提供战术通信和舰艇、军用飞机的机动通信勤务。军用通信卫星具有保密性和抗干扰性好、灵活性大、生存能力强等特点。20 世纪 80 年代军用通信卫星组网后，其战略、战术的区别已不是很明显。

目前，美国和俄罗斯以及我国的军用通信卫星技术走在世界前列。

导航卫星

导航卫星是指为地面、海洋、空中和空间用户导航定位的人造地球卫星。卫星导航定位，具有高精度，全天候、能覆盖全球和用户设备简便等优点，在军事上有极重要的价值。

美国于1960年4月发射了世界上第一颗导航卫星"子午仪"号，并于1964年7月组成导航卫星网，正式投入使用，主要是为核潜艇提供全天候导航定位。苏联在"宇宙"号卫星系列中，混编有类似"子午仪"这类导航卫星。20世纪70年代，美国陆海空三军联合研制了新一代卫星定位系统GPS，主要目的是为陆海空三大领域提供实时、全天候和全球性的导航服务，并用于情报收集、核爆监测和应急通信等一些军事目的，经过20余年的研究实验，耗资300亿美元，到1994年，全球覆盖率高达98%的24颗GPS卫星星座已布设完成。在美国研发GPS之前，苏联就开始研制全球导航卫星系统，但由于受苏联解体的影响，组网的时间要晚于美国的GPS系统。组网后的GLONASS卫星系统可为全球海陆空以及近地空间的各种军、民用户全天候、连续地提供高精度的三维位置、三维速度和时间信息。

另外，较为影响的导航卫星还有欧洲的伽利略卫星导航系统和我国的"北斗"导航系统。

反卫星卫星

反卫星卫星也叫拦截卫星，是指能对敌方有威胁的卫星实施摧毁或使其失效的人造地球卫星。反卫星卫星和空间观测网、地面发射—监控系统组成反卫星武器系统。

▲ "北斗星"导航系统应用示意图

从1957年苏联发射第一颗人造地球卫星以来，通信、侦察、导航、海洋监视、导弹预警等军用卫星充斥空间，外层空间已在军事上具有战略地位。因此，研制反卫星卫星已成为一项重要战略措施。

1975年，苏联进行了一次损坏或摧毁太空运行卫星的武器试验，期望有朝一日，能将太空对手消灭掉。几个星期后，苏联又进行了另一次试验。一颗卫星从苏联哈萨克斯坦的丘拉坦基地发射，进入轨道后就追赶另一个在太空运行着的苏联卫星。经过一阵追逐之后，后发射的卫星靠近并"停"下来观察它的"猎物"，然后，离开一定距离，自身爆炸，两颗卫星同归于尽。20世纪70年代以来，国外对反卫星卫星已做过多次试验，80年代初反卫星武器系统仍处于试验阶段。

随着科学技术的发展，反卫星卫星将具有拦截多个目标的能力，并拥有使用激光武器或高能粒子束武器摧毁目标卫星的能力。

第十五章　原子生化武器

原子弹主要由引爆控制系统、高能炸药、反射层、由核装料组成的核部件、中子源和弹壳等部件组成。原子弹的威力通常为几百至几万吨级梯恩梯当量，有巨大的杀伤破坏力。它可由不同的运载工具携载而成为核导弹、核航空炸弹、核地雷或核炮弹等，或用作氢弹中的初级（或称扳机），为点燃轻核引起热核聚变反应提供必需的能量。

化学武器是指利用化学物质的毒性以杀伤有生力量为目的的各种武器和器材的总称。生物武器过去也称细菌武器，它是指以生物战剂杀伤有生力量的武器。生化武器的施放装置包括炮弹、航空炸弹、火箭弹、导弹弹头和航空布撒器、喷雾器等。

原子和生化武器是人类科技进步的产物，却可能成为人类文明发展的灾难。这些先进武器自发明之后，就不断演变为野心家和战争狂人的杀人工具。

纳粹德国的救命稻草

　　早在 1942 年，德国就拥有了世界上最先进的核技术，但希特勒开始并不相信能造出原子弹。直到 1943 年末，前线德军的不断败退让希特勒开始将赌注押在新式武器上。他下令增加对核武器项目的拨款，想以此扭转战局。然而，希特勒没有等到梦想中的那一天，他和他的"千年帝国"在奥尔德鲁夫原子弹试验的 2 个月后就灭亡了。

成功阻遏纳粹德国制造原子弹的脚步

　　1942 年年 6 月，美国罗斯福总统与英国丘吉尔首相会晤，全面衡量了德美双方研制原子弹工作进展情况。他们从情报中获悉，德国占领挪威后，便命令挪威一家生产重水的工厂每年向德国提供 5 吨重水。重水是使原子反应堆中的中子得以减速的缓冲材料，有了重水就能控制反应堆，制造原子弹就有了可能。为了阻止德国制造成原子弹，必须炸毁挪威的重水工厂，切断德国的重水来源。

　　1943 年 2 月 17 日，盟国派出的突击队经过一次失败后，终于潜入了挪威重水工厂。他们把炸药贴在重水罐的桶板上，点燃了导火索，随着"轰"的一声爆炸，所有罐中的重水流入了下水道。

　　这次爆破的胜利，使这个重水工厂至少一年之内无法再生产出一滴重水。纳粹德国制造原子弹的工作受到了阻碍。

德三次引爆含钚炸弹

　　1945 年 3 月 3 日 21 时 20 分，德国奥尔德鲁夫发出巨响，一股巨大的烟柱腾空而起，黑夜突然变成了白昼，人们甚至可以在窗口看清报纸上的小字。烟柱迅速膨胀，很快就变得像一棵枝繁叶茂的大树。

　　爆炸过后，党卫队在靶场上焚烧了几百具被严重灼伤的尸体。此后，奥尔德鲁夫市发生了许多怪事：有人连续头痛了两个星期，有人的鼻子则经常出血，这些都是人体遭受核辐射后的症状。居民们还在附近的林子里发现了大片齐刷刷倒下的树木，树木表面已经烧焦。

　　这是德国纳粹科学家在奥尔德鲁夫进行秘密核试验的一个场景。他们引爆了一枚含有 5 千克钚的炸弹，试验品是 700 名苏联战俘。

　　纳粹的科学家至少试爆过三颗原子弹，其中有两颗在奥尔德鲁夫试爆。其第一次核试验时间为 1944 年秋天，在德国北部的吕根岛上进行。按照时间推算，最早进行核爆炸试验的国家是德国，它比美国试爆第一颗原子弹早了 4 个月。

破碎的德国法西斯核梦想

纳粹科学家们没有让希特勒失望，他们在短短的时间内造出了原子弹，但由于设计上的缺陷，这个炸弹威力并不太大。大部分核物理专家认为，按照现在的标准看，纳粹科学家们造出的更可能是"脏弹"，而不是货真价实的原子弹。这种核炸弹可以杀掉方圆500米内的所有人，在附近的土地上造成放射性污染，但威力远远赶不上4个月后美国在新墨西哥州试爆的原子弹。

然而，希特勒对这个武器寄予厚望，他打算用以轰炸伦敦、巴黎，并进攻进入柏林的苏联红军。企图以此作最后一搏，甚至扭转乾坤。

在柏林被包围的时候，纳粹核科学家们依然保持了良好情绪，他们告诉沮丧的德国工人，党卫队的保险柜里有两颗可以帮助德国赢得战争的神奇武器。纳粹装备部长施佩尔也对手下说，德国已经有了一种新型炸弹，只需一个火柴盒大小，即可将纽约夷为平地。认为只要再坚持一年，就能赢得战争。

纳粹领导人在投降前三个星期，认真讨论了与盟国进行小型核战争的方案，包括派自杀飞行员驾机携带"神奇武器"轰炸伦敦和巴黎。在东线战场，党卫队则希望能够利用这种核弹打击已对柏林形成包围态势的苏联红军，企图拖延苏联对柏林的进攻。但此时一切都晚了，纳粹科学家已没有时间收集足够的核原料来制造原子弹。

对美国人来说，打败德国意义是多重的。仅军事技术领域，就足以令他们眼睛为之一亮。有人猜测那颗著名的"小男孩"原子弹，其加装的铀产自德国。德国投降时，德国海军的 U－234 潜艇正在运送各种新武器技术及铀原料前往日本。在接到德国无条件

▲ "小男孩"原子弹

投降的消息后，U－234 上德国官兵连同艇上物资向美军投降，两名随舰的日本军官则在艇上自杀。据闻，舰上的铀原料后来被美国用在"曼哈顿计划"当中。

"胖子"和"小男孩"

德国在"二战"期间为了获得最终胜利，加紧了对原子弹的研究。对于德国的行为，美国感到忧心忡忡。1939 年 8 月，美国总统罗斯福收到著名科学家爱因斯坦一封来信，信中建议美国赶在德国之前造出第一批原子弹。他采纳了爱因斯坦的建议，启动原子弹研制计划。这个举措意义非凡，它不仅使美军对日本实施核打击成为可能，而且为日后美国推行霸权主义、强权政治增加了筹码。

绝密的"曼哈顿"计划

1939 年 8 月的一天，一封由著名科学家爱因斯坦签名的信，放在了美国白宫椭圆形办公室罗斯福总统的办公桌上。爱因斯坦在信中指出，元素铀在最近的将来，将成为一种新的重要的能源。在不远的将来，有可能制造出一种威力极大的新型炸弹。目前德国已停止出售它侵占的捷克铀矿的矿石。如果注意到德国外交部次长的儿子在柏林威廉皇家研究所工作，该所目前正在进行和美国相同的对铀的研究，就不难理解德国何以会有此举了。

罗斯福总统默默地读完了爱因斯坦的信，他有些犹疑不定。这件事非同小可，这种谁也没见过的原子弹能否制造出来？人员、经费、保密问题如何解决？假如制造中不慎爆炸怎么办？科学顾问萨克斯提醒他，当年拿破仑就是因为没有采用富尔顿创造蒸汽船的建议，最终没能渡过英吉利海峡征服英国。如今，德国正在疯狂扩军备战，一旦他们得逞，美国就会处于危险被动的境地。

经过一周的思考和研究，10 月 19 日，罗斯福决定对爱因斯坦的信作肯定的回答。按照罗斯福的指令，一个代号为"S - 11"的特别委员会很快成立起来，开始了核试验研究。

1941 年 12 月 6 日，美国正式制定了代号为"曼哈顿"的绝密计划，试验利用核裂变反应来研制原子弹。罗斯福总统赋予这一计划以"高于一切行动的特别优先权"。"曼哈顿"计划规模大得惊人。由于当时还不知道分裂铀 235 的三种方法哪种最好，只得用三种方法同时进行裂变工作。这项复杂的工程成了美国科学的熔炉，在"曼哈顿"工程管理区内，汇集了以奥本海默为首的一大批来自世界各国的科学家。科学家人数之多简直难以想象，在某些部门，带博士头衔的人甚至比一般工作人员还要多，而且其中不乏诺贝尔奖得主。"曼哈顿"工程在顶峰时期曾经起用了 53.9 万人，总耗资高达 25 亿美元。这是在此之前任何一次武器实验所无法比拟的。

负责人 L. R. 格罗夫斯和 R. 奥本海默应用了系统工程的思路和方法，大大缩短了工程所耗时间。于 1945 年 7 月 16 日成功地进行了世界上第一次核爆炸，并按计划制造出两颗实用的原子弹。整个工程取得圆满成功。

这项全称"曼哈顿工程管理区"的计划，一直处于高度保密状态，就连时任美国副总统的杜鲁门对此都毫不知情，直到 1945 年 4 月他接任总统时才知道了这件事情。

杜鲁门语：小男孩要出动了

1945 年夏天，美国人成功研制出 3 颗原子弹，他们给这些原子起了非常可爱的名字："瘦子"、"胖子"和"小男孩"。

这年 7 月 16 日 5 时 30 分，"瘦子"在新墨西哥州爆炸。闪电划破黎明的长空，巨大的火球升上 8000 米高空，强大的冲击力使大地微微颤抖，巨大声响传遍美国西部，闪耀的强光照亮天地，以致很多人以为太阳提前升起。

"小男孩"为枪式起爆的铀弹，长 3 米，宽 71 厘米，重 4400 千克，梯恩梯当量为 1.3 万吨。

"胖子"是一颗内爆式钚弹，长约 3.6 米，直径 1.5 米，重约 4.9 吨，梯恩梯当量为 2.2 万吨，爆高 503 米。它由气压、定时、雷达和冲击 4 个不同引信组成。

"瘦子"爆炸成功时，美国总统杜鲁门正在参加波茨坦会议，他兴奋异常，暗藏玄机地对斯大林和丘吉尔说，"小男孩"要出动了。这两位巨头听得莫名其妙。杜鲁门认为，原子弹不仅是一种可以对付日本的军事武器，也是一种可以抑制苏联、提高美国国际地位的外交武器。他在 8 月 2 日的归途中，决定立即对日本使用原子弹。

▲波茨坦会议"三巨头"：斯大林、杜鲁门、丘吉尔

伤害力爆棚的核打击

美国陆军航空部为了这次行动，秘密组织了一支以飞行员保罗·蒂贝茨上校为大队长、番号 509 混合大队的轰炸机部队。

1945 年 8 月 6 日，509 大队的三架 B - 29 型飞机按照指示，分别对日本的广岛、小仓和长崎上空的气象作最后侦察。混合大队决定以广岛为首选目标，如果气象有变，就攻击另外两个城市中气象条件较好的一个。

飞机飞到广岛之后，原本密集的云海现出一个缺口，地面的草地都能看清。气象观测机将这一情况报告给蒂贝茨，蒂贝茨非常高兴，他认为这是上天提供的绝好机会。

7 时 50 分，蒂贝茨机组驾驶装载着"小男孩"的 B - 29 轰炸机起飞，不一会儿就到达了广岛，飞机保持 3000 米高度。在投弹计数前，蒂贝茨要求大家戴好护目镜。8 时 15 分 17 秒，舱门打开，"小男孩"尾部朝下滑了出去，在空中翻了几个跟头之后，笔直地朝着广岛落了下去。在 550 米高度，重达 4400 千克的"小男孩"自动引爆。

不一会儿，冲击波出现了，它恶魔般地向城中的各种建筑物扑去，原有七万六千座建筑物的广岛市，只有六千多座残留。约 7 万人直接死于"小男孩"的攻击，还有 7 万人受伤。据统计，截止到 1999 年，死于"小男孩"原子弹的人数已上升至 20 万。

8 月 9 日凌晨 3 时 50 分，两架 B－29 重型轰炸机从提尼安岛起飞，美军以长崎为目标，对日本实施了第二次核打击。原子弹轰炸造成长崎市 23 万人口中的 10 万余人当日伤亡和失踪，城市 60% 的建筑物被毁。

2007 年 11 月 1 日，蒂贝茨在俄亥俄州首府哥伦布的家中逝世，享年 92 岁。蒂贝茨生前要求亲友不举办葬礼，不立墓碑，以防止批评者们借机搅局。他希望死后火化，骨灰撒入英吉利海峡，因为那是他二战时最喜欢飞过的地方。他的一个孙子继承祖父职业，成为一名美军 B－2 轰炸机飞行员，在欧洲服役。虽饱受争议，但蒂贝茨一生从未后悔当年向日本投下原子弹，他坚信那是"为尽快结束杀戮"所采取的正确行动。

原子弹为什么有这么大的威力呢？大家知道，物质是由许许多多的分子组成，分子由原子组成，原子由原子核和核外电子组成，原子核里又有质子和中子。所有这些都必须在高倍电子显微镜下才能看到。20 世纪初，伟大的科学家爱因斯坦提出了一个著名公式：$E = mc^2$。E 代表能量，m 代表质量，c 表示光速。他认为，原子核中有巨大的能量，这个能量等于物质的质量乘以光的速度的平方（光速为 30 万千米/秒）。这个公式是原子弹的理论基础。在引爆原子弹时，首先开动起爆装置，起爆装置引爆炸药，在炸药的作用下，中子源中无数个中子开始轰击铀 235（一种放射性元素）的原子核，铀原子核裂变，放出巨大的能量。所有这些反应是在百万分之一秒内完成的，它能产生几百到几千万度的高温，释放出无比强大的能量。这就是一颗小小的原子弹为什么能毁灭一个城市的原因。

战略核武器和战术核武器

长期以来人们将核武器等同于"毁灭"，事实上也确实是这样。人类历史上的二次实战用核，虽然从正义性方面来看都不容怀疑。但它又确确实实给人类带来的巨大的伤害。

战略核武器

战略核武器指用于攻击战略目标的核武器，主要有陆基战略导弹，潜艇、战略轰炸机携带的潜地、空地战略导弹和核航弹以及反弹道导弹等。战略核武器作用距离可远至上万千米，突击性强，核爆炸威力通常为数十万吨、数百万吨乃至上千万吨梯恩梯当量。可用以攻击军事基地，工业基地，交通枢纽，政治、经济中心和军事指挥中心等。

1945 年美国首先研制成功原子弹，同年 6 月 6 日和 9 日，用轰炸机携载，先后袭击了日本的广岛和长崎。20 世纪 50 年代初期，又出现威力更大的氢弹，但当时的运载工具只有轰炸机。美苏两国为使核武器的运载手段多样化，着手研制携带核弹头的战略导弹。50 年代中期，有的国家开始装备中程核导弹和携载核航弹的新型战略轰炸机。50 年代后期，苏联、美国两国先后试验成功洲际弹道导弹，苏联还将战略导弹装备在常规动力潜艇上。20 世纪 60 年代初期，美国核动力弹道导弹潜艇开始服役。这些新的运载工具的出现，使战略核武器的数量显著增加。到 60 年代中期，由于核弹头小型化和威力的提高，主要核国家给部分战略弹道导弹安装了集束式多弹头。

我国于 1964 年 10 月 16 日，成功地爆炸了第一颗原子弹；1966 年 10 月 27 日，进行了导弹核武器试验；1966 年 12 月 28 日第一颗氢弹试验成功。

20 世纪 60 年代末期，掌握战略核武器的国家已有美、苏、英、法和中国，其中美、苏两国的战略核武器数量最多，形成相互威慑的局面。美、苏双方都研制并部署了反弹道导弹防御系统。

20 世纪 70 年代，主要核国家发展战略核武器的做法是：发展核装药的分导式多弹头和机动式多弹头，提高核导弹的突防能力和命中精度，增强核打击能力；加固导弹发射井，研

►核武器的运载工具——战略轰炸机◄

战略轰炸机一般是指用来执行战略任务的中、远程轰炸机。它是战略核力量的重要组成部分，是大当量核武器的主要运载工具之一。它既能带核弹，也能带常规炸弹；既可以近距离投放核炸弹，又可远距离发射巡航导弹，既可做战略进攻武器使用，在必要时也可执行战术轰炸任务，支援陆、海军作战。根据执行任务的不同，战略轰炸机可分为核突防轰炸机、巡航导弹载机和常规轰炸机三类。

制陆基机动发射的战略导弹，提高战略导弹武器系统的生存能力；发展大型核动力导弹潜艇和远程潜地导弹，扩大导弹核潜艇的作战海域；研制新型战略轰炸机和战略巡航导弹，确保多种打击手段。

80 年代初期，美苏两国开始装备战略巡航导弹和大型战略导弹核潜艇等新的战略核武器。

几十年来，战略核武器得到迅速发展，美苏两国制造和储备了大量战略核武器，给世界带来了安全隐患。

战术核武器

战术核武器指用于打击战役战术纵深内重要目标的核武器，主要有战术核导弹、核航弹、核炮弹、核深水炸弹、核地雷、核水雷和核鱼雷等。其特点是体积小、重量轻、机动性能好、命中精度高。爆炸威力有百吨、千吨、万吨和十万吨级梯恩梯当量，少数地地战术导弹的核弹头达百万吨级。战术核武器少数固定配置在陆地和水域进行固定发射，多数采用车载、机载、舰载进行机动投射。战术核武器主要用于打击对军事行动有直接影响的重要目标。

美国从 1946 年开始研制战术核武器，1951 年试验了千吨和百吨级的核装置，1953 年 5 月在内华达试验场，美国用 280 毫米加农炮发射了第一发核炮弹，同年 10 月将这种核炮弹部署在欧洲地区；1954 年开始装备战术核导弹。

苏联于 20 世纪 50 年代中期将首批战术核武器装备地面部队，60 年代装备空军和海军。

法国于 20 世纪 60 年代初期着手研制战术核武器，70 年代初装备部队。

英国在 20 世纪 60 年代也装备了战术核武器。

20 世纪 80 年代初期，战术核武器的战术技术性能都已达到相当高的水平，种类和数量也大大超过战略核武器。

目前，世界上拥有核武器的国家有美国、俄国、英国、法国、中国、印度等，共拥有核弹头 5 万多个，其中 90% 以上掌握于美国和俄国两国手中。

美国是世界上研制核武器最早，核武器数量最多的国家。它在 1945 年 7 月 16 日核试验成功，制出了世界上最早的原子弹。接着，美国又造出了氢弹、中子弹。美国拥有 3 万个左右的核弹头，加上俄罗斯的核弹头，足以让地球毁灭十几次。美国用它们来装备轰炸机、战斗机、火炮、舰艇，以实现自己独霸天下的野心。在此基础上美国正在进行研究冲击波弹，感生辐射弹，电磁脉冲弹等更先进的核武器。

苏联于 1949 年 8 月 29 日和 1953 年 8 月 12 日分别研制成功原子弹和氢弹之后，几十年来一直与美国进行核竞赛，拼命发展核武器。共研制了核弹头 20 多种，2 万多个，总 TNT 当量约 100 亿吨。苏联武器库中，有装备了 1 万多个核弹头的 1396 枚陆基洲际弹道导弹、983 枚潜射弹道导弹和 160 余架远程战略轰炸机。其余的核弹头装备中程和近程轰炸机、战术攻击机、核火炮，以及舰艇携带的武器系统。

英国也是发展核武器较早的国家。自 1952 年和 1957 年分别研制成功原子弹和氢弹后，目前已有近 700 个核弹头，总 TNT 当量 1.3 亿吨。其中潜射弹道导弹装备了 160 余个，其余则装备中程轰炸机、近程攻击机等。

法国是长期坚持发展一支独立核威慑力量的中等核国家，自 1960 年、1968 年和 20 世纪 80 年代初首次研制成功原子弹、氢弹和中子弹以来，已建成了以潜地核导弹为主体的核威慑力量。目前，法国拥有核弹头 500 多个，总 TNT 当量 1.6 亿吨。

中国在 20 世纪 60 年代相继独立研制出了原子弹和氢弹，成为世界上少数几个拥有核武器的国家，从而打破了资本主义国家的核垄断，避免了其核讹诈。中国拥有核武器的目的在于自卫和维护世界和平，并承诺在任何情况下不会首先对非核国家使用核武器。

核威慑力量的绝佳工具——氢弹

氢弹也称亦称聚变弹或热核弹，是指利用氢的同位素氘、氚等轻原子核的聚变反应瞬时释放出巨大能量的核武器。氢弹的杀伤破坏因素与原子弹相同，但威力比原子弹大得多。原子弹的威力通常为几百至几万吨梯恩梯当量，氢弹的威力则可大至几千万吨。还可通过设计增强或减弱其某些杀伤破坏因素，其战术技术性能比原子弹更好。

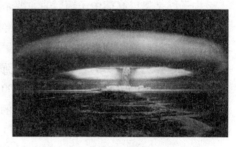

▲氢弹爆炸瞬间

1942 年，美国科学家在研制原子弹的过程中，推断原子弹爆炸提供的能量有可能点燃轻核，引起聚变反应，并想以此来制造一种威力比原子弹更大的超级弹。1952 年 11 月 1 日，美国进行了世界上首次氢弹原理试验，代号是"迈克"（Mike），试验装置以液态氘作热核装料，爆炸威力达 1000 万吨以上。但该装置连同液氘冷却系统重约 65 吨，不能作为武器使用。直到以氘化锂 6 为装料的热核装置试验成功后，氢弹的实际应用才成为可能。从 20 世纪 50 年代初至 60 年代后期，美国、苏联、英国、中国和法国都相继研制成功氢弹，并装备部队。

氢弹的运载工具一般是导弹或飞机。为使武器系统具有良好的作战性能，要求氢弹自身体积小、重量轻、威力大。

当基本结构相同时，氢弹的比威力随其重

我国的氢弹试验

我国于 1966 年 12 月 28 日成功地进行了氢弹原理试验。1967 年 6 月 17 日由飞机空投的 300 万吨级氢弹试验获得圆满成功。从爆炸第一颗原子弹到爆炸第一颗氢弹，我国只用了 2 年零 2 个月的时间，其速度是世界上最快的。

量的增加而增加。20世纪60年代中期，大型氢弹的比威力已达到了很高的水平。小型氢弹经过60年代和70年代的发展，比威力也有较大幅度的提高。但一般认为，无论大型氢弹还是小型氢弹，比威力似乎都已接近极限。从美国20世纪70年代初装备的"民兵"Ⅲ导弹的子弹头，可以看出氢弹在小型化和威力方面的大致水平。这种子弹头长1813毫米，底部直径543毫米，重约180千克，威力近35万吨梯恩梯当量，其威力约每千克2000吨梯恩梯当量。由于热核装料没有临界质量的限制，氢弹的威力原则上可做得很大。美、苏为了显示核威慑力量，在20世纪50年代至60年代初，曾研制过一些威力高达几千万吨的热核武器。1981年苏联试验了一个威力为5300万吨梯恩梯当量的热核装置，这是迄今当量最大的一次核爆炸。

特殊场合方显"英雄"本色

在某些战争场合，需要使用具有特殊性能的武器。至20世纪80年代初，已研制出一些能增强或减弱某种杀伤破坏因素的特殊氢弹，如中子弹、三相弹、减少剩余放射性武器等。

中子弹是指以高能中子辐射为主要杀伤因素的低当量小型氢弹。中子弹是核武器，核武器都具有核辐射、冲击波和光辐射等杀伤因素，例如，一枚1000吨梯恩梯当量的中子弹，在距爆心800米处的核辐射剂量，为同当量纯裂变武器的20倍左右。从这个角度讲中子弹更为确切的名称应是"增强辐射武器"。虽然1000吨梯恩梯当量的中子弹核辐射对人员的瞬时杀伤半径可达800米，但冲击波对建筑物的破坏半径只有300米至400米。适当增加爆高，在核辐射的杀伤半径基本不变的情况下，对建筑物的破坏半径还可以显著减小。在地面上使用的中子弹只能是低当量（约1000吨梯恩梯当量）的。因为随着武器当量的提高，尽管核辐射和冲击波、光辐射的杀伤半径都增大，但核辐射在空气中衰减得很快，其杀伤半径随当量的增大比冲击波，光辐射慢得多。当武器的当量增大到一定程度时，冲击波、光辐射的破坏半径必定大于核辐射的杀伤半径。因此，对付集群装甲目标，中子弹不失为一种有效的武器。它能有效地杀伤敌方战斗人员，对附近建筑物或设施的破坏作用却很小。但因其当量较小，杀伤半径有限，一般作为战术核武器使用。

1977年夏天，在拉斯维加斯以北的内华达荒漠上，随着爆响声，在坦克群上方亮起了耀眼的闪光——W79型中子弹试验成功了。事后的实测表明，这样一颗中子弹可以使800米以内的人员在5分钟之内失去活动能力，在1小时至2小时内死亡，但它对周围物体的破坏半径仅有200米。

作为核武器，中子弹和原子弹、氢弹同

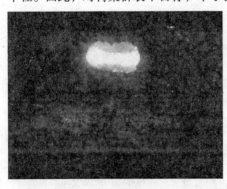

▲中子弹爆炸瞬间

属于一个大家庭，但它们发生反应和作用的方式并不完全相同。原子弹是依靠核裂变反应爆炸的，氢弹则以核聚变反应来释放出巨大能量。中子弹兼有这两种反应的综合作用，即先是核裂变反应，产生高温引起核聚变反应，并释放出大量的高速中子，在局部地区形成密集的"中子雨"，起到杀伤作用。

正因为这样，人们把中子弹称为继原子弹、氢弹之后的第三代核武器。

三相弹也称"氢铀弹"，是以天然铀作外壳，其放能过程为裂变—聚变—裂变三阶段的氢弹。三相弹爆炸时会释放出更多的能量，爆炸威力十分巨大。

三相弹是目前装备得最多的一种氢弹，它的特点是威力较大。在其三相弹的总威力中，裂变当量所占的份额相当高。一枚威力为几百万吨梯恩梯当量的三相弹，裂变份额一般在50%左右。同时，这种爆炸产生的铀-238碎片很多，于地面形成的放射性污染也很严重，由此也被称为"脏弹"。

▲三相弹爆炸瞬间

减少剩余放射性武器也称RRR弹，其特点是放射性沉降少。一枚威力为万吨级的RRR弹，剩余放射性沉降可比相同当量的纯裂变弹减少一个数量级以上。由于它的杀伤破坏因素主要是冲击波，因而是一种较好的战术武器。

灭绝人性的生化武器

生化武器虽是科技进步的产物，但其发展历程充满了野蛮和血腥，成为人类文明史上的污渍。

化学武器的发展历程

在人类历史上，化学武器和生物武器在战争中的使用由来已久。远在几千年前，人们就懂得，通过燃烧潮汐的柴草产生的浓烟可用来攻击野兽，用这种方法把野兽从洞里赶出来，以便进行捕猎，后来人们又把这种烟攻击野兽的办法用在两军交战之中。史书记载，公元前4世纪，斯巴达人在伯罗奔尼撒战争中用沥青和硫磺的混合物挫败了用烟熏法进攻的敌人；公元1710年，俄国军队在围攻瑞典雷瓦尔城时，向该城扔抛因瘟疫而死的尸体。

我国古代也有过不少这样的战例。宋朝的时候，有个名叫唐福的人制造过一种"毒药烟球"，球内装着砒霜、巴豆之类的毒物，燃烧时烟雾弥漫，在战斗中能使敌人中毒，削弱敌人的战斗力。这大概就是最早的化学武器。

当然，古代的化学武器是很原始的，它的使用方法简单，杀伤作用不大。到了近代，由于科学技术的发展，出现了威力很大的化学武器，于是这种武器才逐渐引起了人们的重视。

在第一次世界大战中，1915年4月22日，当时德国军队与英、法联军在比利时的伊伯尔地区打仗。下午6时5分，沿着德军的战壕突然升起了一道不透明的黄白色气浪。这道气浪有6千米宽，大约有一人高，它随着微风慢慢地向英、法联军的阵地移动。不一会儿，"云团"移到了英、法联军的阵地上，官兵们只觉得有一股使人难以忍受的刺激性怪味扑面而来，马上就有人开始打喷嚏、咳嗽、流泪不止，其中有的人窒息倒地。于是，整个阵地上变得一片混乱，许多人丢下枪支、火炮，纷纷逃命。英、法联军的正面阵地，很快就被德军突破了5～8千米。

这是在近代战争史上第一次大规模使用化学毒剂。在这次战斗中，德国人使用了1600只大号的"吹放钢瓶"和4130只小号的"吹放钢瓶"，总共施放了180吨氯气，使英、法联军的中毒人数达到15000，其中5000人死亡，5000人被俘。

从这以后，英、法、美等国的军队也相继在战场上使用了各种化学武器。交战双方使用化学毒剂的规模变得越来越大，毒剂的品种也越来越多，使用方法也得到不断改进。例如，1917年7月，德军在伊泊尔地区又率先使用了一种叫"芥子气"的新毒剂。这种毒气比氯气厉害得多，人即使戴了防护口罩也不管用，于是使得因中毒而死亡的人数成倍地增加。

在这次化学毒剂战中，对毒剂的使用方法也得到不断改进，德军在这次施放芥子气的过程中，没有再使用笨重的"吹放钢瓶"，而是把毒剂装在炮弹里发射出去。这样一来，即使没有风也能施放毒气。更何况，单靠刮风来施放毒气，也相当危险，因为如果风向不对，弄得不好，毒气还会掉转头来扑向自己这一方的阵地，毒害到自己。

根据统计资料，在第一次世界大战期间，各参战国使用的化学毒剂多达45种，总量达到12.5万吨，受害者达到130万人以上。

化学武器因在第一次世界大战中的大量使用，受到全世界舆论的强烈谴责，但发展从未停止，随着炮兵、空军技术兵器、毒剂及其分散技术的改进，相继出现了定距空爆的各种化学炮弹，着发和定距空爆的化学航空炸弹，以及飞机布洒器、布毒车等。1936年~1944年，德国先后研制出几种神经性毒剂，其毒性较原有的毒剂大几十倍。还有一些国家继续加强毒剂及其使用技术的研究，着重发展远程火炮、多管火箭炮、飞机等投射的大面积杀伤化学武器。20世纪50年代以来，先后出现了神经性毒剂化学火箭弹、导弹和二元化学武器。装有多枚至上百枚小弹的子母弹、集束弹、成为大口径化学弹药的重要构型。毒剂及其投射工具的发展，确立了化学武器在现代军事技术中的重要地位。现代化学武器与常规投射兵器的广泛结合，使火力密度、机动范围和同重量毒剂的覆盖面积，都达到了更高的水平。此外，有些国家的军队还将植物杀伤剂用于军事目的。

▲化学武器炮弹弹壳

在第二次世界大战期间，法西斯德国储备了大量的毒剂，并且还装备了新型的"神经性毒剂"。他们当时用这些化学毒剂杀死了数十万战俘，但在战场上并没有进行大规模使用，因为这时同盟国方面的美、苏等国已经具备了大规模的化学攻击力量和相当完善的防护装备，从而遏制了法西斯德国的化学战。

在使用化学武器方面，美国也留下了不光彩的纪录。在20世纪60年代的越战中，美军在越南撒下的一种特殊剂，使一段交通线变成了一片泥浆地。在美国使用的毁坏丛林的化学药物中，后果最严重的要算橙色剂了。它使植物因疯狂般迅速生长而自我毁灭。杂草长成了灌木，累累的"硕果"压弯了树枝，在臭气熏天的丛林中腐烂。在喷洒最频繁的时期，西贡儿童医院的医生发现，患脊柱裂和腭裂的婴儿增加了两倍。到喷洒活动停止时，美国估计已在越南喷洒了240磅的二恶英，要知道，在饮用水中只需加入几盎司的二恶英就足以使纽约的全部居民中毒。然而，喷洒的药物并不仅仅是对越南人发生了作用。越战后，不断有前越战美军死于橙色剂造成的疾病。那些即使看来似乎没有受伤的幸存者，也声称深受其害，由于他们曾暴露于落叶剂中，他们的孩子中有4万多个有严重的先天性缺陷。

长期以来，化学武器一直被人们看作是一种野蛮而又残酷的武器。国际上将它与核武器、生物武器一起列为大规模毁灭性武器。早在 1899 年和 1907 年的两次海牙国际会议上，就已批准通过了禁止使用有毒气体作战的文件。这些文件虽然可以说是以后《日内瓦议定书》、《化学武器公约》的基础，但却只是某种空洞的条款。它们对于其后的两次世界大战及历次战争的交战者，几乎没有起到任何实际的约束作用。1925 年 6 月 17 日由 38 个国家在日内瓦签署了举世闻名的《禁止在战争中使用窒息性、有毒性或其他气体和细菌作战方法的议定书》，简称《日内瓦议定书》。1993 年 1 月 13 日，《禁止化学武器公约》在巴黎诞生。按照公约第 21 条规定，签约国家要交付批准书，自第 65 份批准书递交联合国之日后 180 天起生效。1996 年 10 月 29 日，匈牙利政府向联合国递交了批准书，成为第 65 个正式批准《化武公约》的国家。这就意味着这个具有历史意义的条约已于 1997 年 4 月 29 日正式生效。人们翘首企盼的全面禁止化学武器的时刻已经到来。

生物武器的发展历程

生物武器是生物战剂及其施放工具的总称，是指能使人、畜致病，农作物受害的特种武器。

第一次世界大战期间，德国曾首先研制和使用生物武器（当时称为细菌武器）。日军在侵华战争中，曾研制和使用过细菌武器。第二次世界大战后，一些国家违反国际公约，漠视舆论谴责，仍继续研究和生产新的生物武器。

生物战剂分为：①细菌类。主要有炭疽杆菌、鼠疫杆菌、霍乱弧菌、野兔热杆菌、布氏杆菌等。②病毒类。主要有黄热病病毒、委内瑞拉马脑炎病毒、天花病毒、马尔堡病毒等。③立克次体类。主要有流行性斑疹伤寒立克次体、Q 热立克次体等。④衣原体类。主要有鸟疫衣原体。⑤毒素类。主要有肉毒杆菌毒素、葡萄球菌肠毒素等。⑥真菌类。主要有球孢子菌、组织包浆菌等。

现代战争中的生物战，一般都是把生物战剂做成干粉或液体，喷撒在空气中，形成一种对人体（及其他动、植物）有害的气雾云团，人们把它叫"生物战剂气溶胶"。

施放这种生物战剂气溶胶的生物武器，目前主要有以下三种类型。

第一类是"爆炸式生物弹"。就是把干粉生物战剂装在生物弹内，生物弹爆炸时所产生的力量，可以把干粉生物战剂分散开来，生成气溶胶。

第二类是"机械发生器"。就是把生物战剂干粉或液体装在能被压缩空气推动的"发生器"内，施放的时候，利用由于压缩空气的膨胀所形成的压力，将发生器内的生物战剂喷射成气溶胶。

第三类是"喷撒箱"。这种喷撒箱的工作原理和我们日常生活中所用的喷雾器基本相同，就是把生物战剂的干粉或液体装在喷撒箱内，用压力把它喷撒到空气中，以形成"生物战剂气溶胶"。

生物战剂有极强的致病性和传染性，能造成大批人畜受染发病，并且多数可以互相传染。生物战剂受染面积广，大量使用时可达几百或几千平方千米。生物战剂危害作用持久，炭疽杆菌芽孢在适应条件下能存活数十年之久。带菌昆虫、动物在存活期间，均能使人、畜受染发病，对人、畜造成长期危害。有一种叫"热毒素"的奇特剧毒物质，只需 20 克就足以使全球 50 多亿人口死于一旦。有人还统计过，花 5000 万美元建立一个基因武器库，比花 50 亿美元建立核武库具有更大的效用。如将一种超级出血热基因武器投入对方水系，可使整个流域的居民尽数丧失生活能力和生殖能力。这比核弹杀伤力还要大得多，因而有人称其为"世界末日武器"。虽然，生物战剂威力巨大，但在使用上受到限制。日光、风雨、气温均可影响其存活时间和效力。采取周密的防护措施，也能大大减少它的作用。

3000 年前的生物武器

公元前 1320 年至 1318 年的安纳托利亚战争期间，古代阿扎瓦人和赫提人都曾在双方交战中将感染患病的动物用作武器。这些动物都曾是土拉弗朗西斯菌的携带者。

土拉菌病又称兔热菌，其病原体就是土拉弗朗西斯菌，即便是在今天，如果不使用抗生素及时治疗也极易致命。赫提王国（今天土耳其、北叙利亚一带）曾在攻打了西米亚市后，在战利品和囚犯的传播下感染了土拉菌病，几年内两位国王相继死于该病。赫提王国为此大受重挫，于是来自西安纳托利亚的阿扎瓦人乘虚而入，因此公元前 1320 年至 1318 年，力量薄弱的赫提人用感染土拉菌病的驴和羊作为武器，将其赶上阿扎瓦的公路，以便将土拉菌病传播给敌人。阿扎瓦人看穿赫提人的用计后，立即以牙还牙，也将染病的公羊赶上了敌军的公路。当时人们对传染病菌有所认识，实行过染病区人员隔离制度，并且注意不接触使用病人的私人物品。

后来，战争使这种病传播到了安纳托利亚中部和西部。最后，随着曾在西安纳托利亚作战的爱琴海士返回家园，传染病得到进一步传播扩散。这场瘟疫持续了 35 年至 40 年，土拉弗朗西斯菌通过诸如驴等啮齿类动物，感染了人类和动物，并导致他们发烧、残疾和死亡。

"闪电杀手"——沙林

沙林，学名甲氟膦酸异丙酯，国外代号为 GB。它也是无色、易流动的液体，有微弱的水果香味。由于它的沸点低，挥发度高，极易造成战场杀伤浓度，但持续时间短，属于暂时性毒剂。沙林主要通过呼吸道中毒，在浓度为 0.2 微克/升至 2 微克/升染毒空气中，暴露 5 分钟即可引起轻度中毒，产生瞳孔缩小、呼吸困难、出汗、流涎等症状，可丧失战斗力 4 天至 5 天。作用 15 分钟以上即

▲沙林毒气

可致死。当浓度达到 5 微克/升至 10 微克/升，暴露 5 分钟即可引起中毒以至死亡。

沙林是由德国施拉德博士发现的。1939 年，施拉德博士在德国军方为他提供的当时最先进的实验室里，开始研究含有一个碳磷键（C－p）的含氟化合物，结果发现了比塔崩（合成的一种杀虫剂，被德军用作化学武器）毒性更高的甲氟膦酸异丙酯。施拉德博士给它命名为"沙林"（Sarin），这是以参加这种毒剂研制的 4 个关键人物名字的开头大写字母组合而成的。施拉德博士认为这一化合物作为军用毒剂的潜力非常之大，于是立即把它送往军械部化学战局进行鉴定，并很快开始了发展工作。但在组织这一毒剂的生产中遇到很大困难。原因是合成毒剂的最后一步总是避不开使用氢氟酸进行氟化，而进行氟化处理就必须解决腐蚀问题。因而在工厂都使用了石英和银一类的耐腐蚀材料。后来终于研究出了一个比较满意的过程，并于 1943 年 9 月在法尔肯哈根开始建立一座大规模生产厂。但在苏军向德国本土大举进攻时，该厂尚未建成投产。故到二战结束时，实际上只生产了少量的沙林。

最好的中等挥发性毒剂——梭曼

1944 年，德国诺贝尔奖金获得者理查德·库恩博士合成了类似于沙林的毒剂——梭曼。

梭曼，学名甲基氟膦酸特己酯，代号 GD。它是一种无色无味的液体，具有中等挥发度。沸点为 167.7℃，凝固点为－80℃，因此，在夏季和冬季都能使用。其毒性比沙林约高两倍，中毒症状与沙林相同，但又有其独特性能，一是在战场上使用时，它既能以气雾状造成空气染毒，通过呼吸道及皮肤吸收，又能以液滴状渗透皮肤或造成地面染毒；二是易为服装所吸附，吸附满梭曼蒸气的衣服慢慢释放的毒气足以使人员中毒；三是梭曼中毒后难以治疗，一些治疗神经性毒剂如沙林中毒比较特效的药物，对梭曼基本无效。

德国人在第二次世界大战期间，因合成梭曼所必需的一种叫吡呐醇的物质缺乏而未能生产梭曼。战后苏联对梭曼"情有独钟"，在其化学武器库中一种代号为 BP—55 的毒剂就是梭曼的一种胶粘配方。连美国的一些化学战专家也不得不承认，梭曼是苏联在化学武器方面所做的非常明智的选择。20 世纪 70 年代以来，美国曾花了很大的力量去寻找所谓的中等挥发性毒剂。但无数实验结果表明，最好的中等挥发性毒剂还是梭曼。希特勒所说的新武器其实就是塔崩、沙林和梭曼这三种神经性毒剂。

神经性毒剂的出现，为毒魔家族增添了一支新的生力军，它以无与伦比的剧毒性和速杀性，毫无争议地取代了芥子气而荣登毒魔之王的宝座。同时其良好的理化性质，适用于各种战术场合和目的，很快成为了化学战的宠儿。

没安好心的"礼物"

公元 1763 年，英国殖民主义者企图占领加拿大，遇到了当地印第安人的强烈反

抗。一天，印第安人的两位首领，突然收到了英国人
送来的"礼物"——被子和手帕。很多印第安人在使
用了这些被子和手帕之后，不久就陆续地得病了。患
病者先是发高烧，皮肤上出现大量的丘疹，然后这些
丘疹转化为脓疱。当时由于得不到治疗，一些人相继
死去。结果使印第安人失去了战斗力，英国人达到了
不战而胜的目的。这是怎么回事呢？原来，英国人送
"礼物"，是黄鼠狼给鸡拜年——没安好心。他们所送
的被子和手帕，都是天花病人用过的，因而都沾染了
天花病人皮肤黏膜排出的病毒，于是使很多印第安人
感染了天花病。在那个时候，人们还不知道天花病发
生的真正原因和预防、治疗的方法，只知道天花病患
者用过的衣物能够传染天花病。

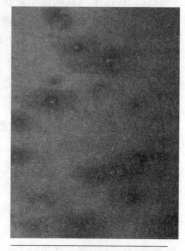
▲丘疹

　　在第一次世界大战期间，由英法等国组成的协约
国，当时从中东买进了 4500 头骡子，作为驮运武器的运输工具。不久，这些骡子成批
地病倒了。生了病的骡子鼻部都有脓肿溃烂，流脓汁，躯体发烧，不吃东西，很快地
消瘦下去，不能继续驮运武器，其中有一些死去了。直到事过之后，人们才逐渐搞清
楚骡子生病的原因，原来是德国间谍在这些骡子当中散布了一种"鼻疽菌"，使骡子
普遍得了一种称为"鼻疽"的传染病。

世界大战中的化学武器

　　1915 年 3 月，德军最高指挥部根据当时形势被迫召开了一个秘密会议，会上制订
了一项阻止英法联军的作战计划。此后，德军便开始
在国内紧急抢购氯气钢瓶。不到一个月的时间，近
6000 个大型氯气瓶堆放在德军设在柏林郊外的一个秘
密工厂里。在那里，他们把这些钢瓶改头换面，装饰
一新，像是刚出厂的啤酒桶。很快，这些"啤酒桶"
就被灌满了氯气，运到了伊普尔前线，埋设在前沿阵
地上。但是，老天偏偏与他们作对，暴雨连连下了几
天。"啤酒桶"全露出了地面。

　　在对面的阵地上，英法联军指挥官通过阵前观察
发现德军阵地上一下子出现了那么多"啤酒桶"，顿
时迷惑不解。他们把这个情况报告了上去。其实，英
法联军指挥部早就知道了德军往阵地上运去了大量的
"啤酒桶"，指挥部那些高级将领们个个都认为此举荒
唐可笑。一家伦敦报纸还在 4 月 9 日的报上报道了这

▲氯气

一消息，并在末尾讽刺德军是在"开玩笑"。这张报纸传到了伊普尔前线，官兵们看了，疑惑顿时解除了，戒备心理大减，有的还指着德军阵地上那些花花绿绿的"啤酒桶"哈哈大笑说："瞧，他们想得多周到，给我们准备了那么多上等啤酒！"而且，指挥官还如此激励士兵："只要攻下了德军阵地，大家就有啤酒喝了！"

4月22日上午，伊普尔前线阵地上，微微的东风吹动着小草来回摆动。几个德国士兵举着小红旗观察风向风力。到了下午3点，风向突然转东，而且越刮越大，把树叶、枯草直往英法联军阵地上抛去。时机终于到了，只见德军战壕里许多士兵跑到"啤酒桶"前，迅速拧开了桶盖。在几千米长的战线上，5730个"啤酒桶"全打开了，但冒出来的不是啤酒，而是浓浓黄烟。顿时，在德军阵地前沿宽6千米阵地上，出现了一人多高的黄绿色气浪。气浪紧紧地贴地而行，在风的推动下扑向英法联军阵地。

英法联军看到德军阵地上突然出现的黄绿色烟雾，惊讶"啤酒桶"里怎么会冒出了烟雾！当烟雾迎面扑来时，英法联军官兵个个都吓呆了，紧接着一种难以忍受的强烈刺激性怪味弄得英法官兵死去活来，先是打喷嚏、咳嗽，流泪不止，后来就觉得空气没有了，像是掉进了大闷罐中一样。不一会儿，一个个英法官兵窒息倒地。那些在第二线的部队见此情景，纷纷丢下武器，爬出战壕，争先恐后地往后跑了。

跟在黄色烟雾后面的德国步兵，没放一枪一炮就顺利突破了英法联军第一道阵地，把整个战线前推了4000米，夺回了失去的一些重要制高点。在这次毒气袭击中，英法联军有1.5万人中毒，至少有5000人死亡。

美英的炭疽炸弹

二战前中期，美英对生化武器非常重视，当时还没有核武器，生化武器是威力最大的非常规武器。

1944年，德国V型飞弹出现，英美担心德军利用V型导弹向英国发射生化武器。英国向美国紧急预定50万枚炭疽炸弹，英国首相丘吉尔将其作为战争的第一要务。由于当时美国的生产能力跟不上，50万枚炭疽炸弹最终没能达到英国人手中。如果丘吉尔得到这批武器，很有可能会像美国首先使用原子弹一样，首先使用炭疽炸弹重创德国。

1945年，美国用相当于研制原子弹五分之一的经费，用于生化武器的试验。当原子弹的巨大威力在日本得到了证明，美国人认为已经掌握了撒手锏，对生化武器的兴趣大减。而在当时，美国人已用了50万只动物做试验，试验了十几种病菌，炭疽炸弹也即将完成。从某种意义上看，是原子弹阻挡了生化武器的大规模使用扩散。

731部队在中国犯下的滔天罪行

二战期间，日本拥有一支代号731的专业细菌部队，负责人是臭名昭著的石井四郎。石井四郎在二战爆发前，曾到欧洲考察过各国生化武器研制情况，回国后便开始推动日本的生化武器研制，并将研究基地设在了中国境内。

"九·一八"以后，日本帝国主义者侵占了我国的东三省。1935年，日本侵略军在哈尔滨附近一个叫"平房"的地方，修建了一所大院。大院里除了有许多平房以外，还有高大的烟囱，人员行动诡秘，戒备森严。当时日本人放出"风"，说在这个大院里驻扎着"防疫给水部队"，代号叫做"七三一"部队。直到 1945 年 8 月 15 日日本无条件投降以后，有关这个大院的真实情况才逐渐水落石出，真相大白。原来，"七三一"部队并不是什么防疫给水部队，而是一座制造和试验生物武器的细菌工厂。那些平房是生产细菌武器的厂房和实验室，而那个高大的烟囱底下就是焚尸炉。

▲浙江义乌崇山村曾受日军细菌武器严重侵害

"七三一"部队的编制大约 3000 人，每月能生产 300 千克鼠疫菌，500 千克到 600 千克炭疽菌，1000 千克霍乱菌。此外他们还培养了大量的跳蚤和老鼠，其中跳蚤的产量是每月 200 千克（每千克跳蚤大约有 300 万只）。这座工厂还制造了两种用来施放细菌的生物弹，其中一种是"气雾弹"（瓷壳），另一种是"榴霰弹"（钢壳）。

在哈尔滨市西北边的安达县，设有"七三一"部队的一个野外试验场，并附设监狱，用它来关押中国的抗日爱国者。

这些法西斯分子灭绝人性，用中国人来充当细菌武器的试验对象。他们把细菌通过口服或注射的方法，输入受试验者的身体内；或者用钢壳榴霰弹炸伤受试验者，让细菌经伤口侵入人体，以检验生物武器的"效果"。在 1940 年至 1945 年间，在这个试验场里，惨遭杀害的中国人就达 1500 人以上。

在抗日战争期间，日本侵略军还在我国的广州、南京、湖南、浙江等地大肆进行生物战活动。1940 年 10 月 27 日，日本飞机在浙江省宁波市空投了混有许多跳蚤的麦粒子，在 34 天内有 103 人陆续地得了鼠疫病，其中 102 人死亡。此后日本侵略者还在浙江的衢县、金华以及湖南的常德等地，撒下了大量带菌的跳蚤。

直到 1945 年日本投降前夕，侵略者为了消灭罪证，才不得不放火烧毁这座细菌工厂。灭绝人性的"七三一"部队，从此结束了它那充满罪恶的历史。

直到现在，我国的土地上还有日军遗弃的生化武器几十万枚，分布在东北、浙江等地区，最大的遗弃点在吉林省。

二战结束后，美国为了获得日本生化武器的研究资料，与石井四郎作了一笔堪称人类历史上最肮脏的交易。1947 年 5 月，石井四郎第一次接受美国生化武器专家的审讯。石井四郎提出，以他掌握的人类试验资料为条件，要求美国撤除对他本人及其下属的战争罪起诉。美国与石井四郎的交易直接在远东国际法庭上体现出来，731 部队没有一个人受到起诉。而在德国，集中营里的医生都被判处绞刑。

美国的生物战

20 世纪 50 年代初，美国在侵朝战争期间，也多次动用过生物武器，在朝鲜和我国境内疯狂地进行生物战活动。

1952 年 1 月 28 日上午，一架美国飞机在朝鲜平康郡金谷里上空盘旋了一阵儿，事后，在这一带的雪地上发现了大量的苍蝇、跳蚤和蜘蛛。我国的防疫队员在现场采集到标本以后，发现苍蝇在那样寒冷的条件下，竟然很快就在玻璃管内产了卵。这就说明，这种苍蝇是由人工专门培养的一种耐寒昆虫。后来经过检验，发现苍蝇（黑蝇）带有霍乱弧菌，跳蚤带有鼠疫菌。

1952 年 4 月 5 日夜间，美国飞机在我国黑龙江省的甘南县境内投撒了大量的小田鼠，分布面很广，达到十多平方千米。通过检验，发现这些小田鼠身上带有大量的鼠疫杆菌。当时美军投撒昆虫和老鼠等物，所采用的大都是一种"四格弹"，它里面有四个格子，分别装有老鼠及各类昆虫，它的大小与 500 磅的炸弹差不多。弹里装着定时引信，空投时，在距离地面 30 米高处就会自动地裂成两半，将弹内的昆虫撒落在直径大约 100 米的范围内。当时美军还制备了一种用硬纸做成的纸筒，筒里装着昆虫等物。筒上带有小降落伞，以延缓它的降落速度，减少着地时昆虫受到的损伤。当纸筒靠近地面时，筒盖自动打开，放出里面的昆虫，然后纸筒自行烧毁，以消灭痕迹。

美军在越南战争中大量使用植物杀伤剂，毁灭森林和庄稼。美军仅在通往西贡的主要航线周围稠密的红树林地区就撒布落叶剂 350 吨，覆盖面积 104 平方千米。在所有毁坏森林的落叶剂中后果最严重的是橙色剂，它内含二恶英，毒性非常大。越南农民把橙色剂袭击过的地方称作死亡地带。

美国的化学武器给越南带来巨大后患。植被遭到大面积彻底毁灭，土壤养分易于流失，造成生态衰竭。在曾经覆盖着热带雨林的地方，现在只有齐腰高的"美国草"，这是一种干燥易碎的灌木丛，连家畜和野生动物都不吃。二恶英这种致癌物质已进入当地的生态系统，对环境造成严重污染。

▲受橙色剂毒害的儿童

越南当局 2000 年针对橙色剂和其他落叶剂对本国人民的影响进行了调查，估计全国有 60 万人由于接触了落叶剂中的二恶英残留物而患上了重病。

两伊战争中的化学武器

1982 年，两伊战争中，当伊朗军队像蚂蚁一样密密麻麻地涌向伊拉克军阵地时，伊拉克军立即施放了大量的塔林和沙林毒气，在阵地前筑起了一道无形的毒气"墙"。伊朗军队冲出毒雾之后，纷纷中毒倒地，痛苦万分。化学武器使伊朗军队整团整师的溃败，伊拉克军不仅抵挡住了伊朗军队的凌厉攻势，还令伊拉克军反败为胜。

那些伊朗军队的士兵虽然不怕死，但一说起化学武器就为之色变，他们宁愿战死而不愿中毒。因为中毒后，全身皮肤会变得青紫，随后化脓溃烂，求生不能，求死不得，痛苦不堪。周围那些中了毒的同伴的痛苦神情和一声声的呻吟声，使没中毒的士兵遇到化学武器攻击就溃逃，自然就不是伊拉克军队的对手了。

伊拉克军队在战场上尝到了化学武器中给他们带来的胜果后，便更加频繁地使用起化学武器来。在每一次重大战役或重大战斗的关键时刻，他们就搬出化学武器来，毫无顾忌地使用，给伊朗军队造成了重大的伤亡。

贫铀弹造成严重生态灾难

1999 年科索沃战争中，北约组织猛烈轰炸了南联盟（南斯拉夫联盟共和国）大批的炼油厂、化工厂、化肥厂、油库等，燃起冲天大火，导致大量有毒物质泄漏，造成严重的生态灾难。潘切沃炼油厂经过 7 次轰炸后，多瑙河上 20 多千米长的河面被石油覆盖，河里鱼类大量死亡。南联盟一些地区出现大气污染和植物落叶现象，土壤也受到污染，造成的环境危害将持续很长的时间。北约承认，对南联盟投放了 3 万多枚贫铀弹，贫铀弹有微弱的放射性，它在撞击后可形成流动的气雾，对人体和环境都有严重的危害。

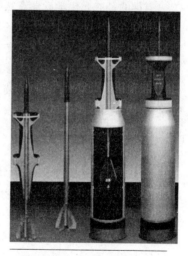
▲贫铀弹

战争中所使用的武器不仅直接破坏地球表面的土壤结构、污染河流，而且还有大量包括生化武器在内的武器遗留在陆地和水域中，形成持久而可怕的环境隐患。而战争造成的大量环境破坏，迫使居民逃到其他地区去寻找食物、住处和燃料，形成大量环境难民，在中美洲、非洲和中东都可见到这样的难民。

新型的化学武器——二元弹

二元弹是一种新型的化学武器，是近些年来在毒剂使用原理上一个新的突破，对化学武器的发展产生了重要影响。二元化学武器是美国发明的，因为美国大量使用神经性化学武器，而它们的毒性极大，所以生产、装填、储存、运输和使用都很危险，毒剂二元化是解决这些问题的一个很好的技术途径。

20 世纪 50 年代，美国开始制定二元化学武器发展计划。1962 年，美国拨款给海、空军研究二元化学武器，当时的任务是研制一种能在航空母舰上储存、运输、保管均较安全的"巨眼"二元化学航弹，这种航弹可以把毒剂布撒在 2.59 平方千米的面积内。1977 年，美陆军又拨出 270 万美元继续研究神经性毒剂的二元炮弹。美国不仅研

究已知的致死性毒剂和失能性毒剂的二元弹，还发展新毒剂和新失能剂的二元弹。美国已经研制的二元化学武器有沙林、维埃克斯和中等挥发度毒剂的炮弹、航空炸弹、火箭弹及导弹弹头等。仅二元神经性毒剂弹药有 10 多种，可用 103 毫米、155 毫米榴弹炮，127 毫米多管火箭炮，各类战术攻击机，遥控飞行器以及"长矛"导弹、"潘兴Ⅱ"中程导弹等投掷或发射。1992 年 9 月 16 日，国外媒体报道了"诺维乔克"事件，揭露俄罗斯已经研制出比维埃克斯威力高 10 倍的、被命名为"诺维乔克"（意为"新来者"）的新型二元化学战剂。

有人发现，在南美洲哥伦比亚有一种小甲虫，当它向"敌人"发动攻击或者自卫时，发射出一种液体。这种液体落在人的皮肤上会有灼痛感。科学家们对这种小甲虫进行了解剖分析，结果大吃一惊。原来在这个小甲虫的胃里，有三个小室。一个小室储有二元酚的水溶液，另一小室储有双氧水溶液。当两者沿着细小的导管流到第三个小室里，同一种能使化合物立即氧化的酶混合发生化学反应，就能喷射出温度高达 100℃的液体，并具有恶臭和刺激性。

有趣的是二元化学武器竟然同这种大自然的生物有着十分惊人的相似之处。它的前身，是第二次世界大战时的一种实验性航弹，其前室装有砷化镁，后室装有硫酸。当航弹击中地面时，撞针刺破二室的隔膜，使两种化合物起反应，生成一种血液毒——砷化三氢。现代二元化学武器的基本构造，也是将两种或两种以上能产生毒剂的无毒或低毒化学物质（也叫毒剂中间体或组分），可以是液体，也可以是固体，分别装填在隔开的容器内。弹药发射（投掷）后，隔膜破裂使中间体在弹体飞行的短暂时间内进行混合而起化学反应，在到达目标的瞬间生成毒剂杀伤人员。

新一代生物武器——遗传工程

遗传工程就是人工利用生物化学的方式，使个别基因重新组合，并将重组的基因引入某种细胞中，使细胞改变原来的遗传性状，表现出新的遗传性状来。世界上的一些军事科学家把遗传基因作为媒介，正用它来研制新一代的生物武器。

有些军事科学家利用遗传工程，将一些致病力很强的病毒或病菌的遗传基因移植到另一些容易培养、便于传播的微生物体内，制造出致病力更强的新的微生物来，作为生物战的战剂。一旦这种生物战剂制成，它不但会危害敌方，也可能搬起石头砸自己的脚，并给人类带来无法估量的灾难。

并未远去的生化武器威胁

第一次世界大战中化学战造成了严重后果，受到全世界公众舆论的强烈谴责。第二次世界大战中各国虽没有大规模使用，仅日本在侵华战争中使用了化学武器，但在这以后，已有 10 个国家在 20 余次局部战争或军事冲突中使用了化学武器。特别是进入 80 年代至 90 年代后，据美、俄、英等国的报道，世界上拥有化学武器的国家已超过 20 个，化学战不断发生。

1980年9月至1988年8月进行的两伊战争，双方多次使用了化学武器。战争初期，伊拉克就开始使用化学武器，在频频得手之后，使用次数不断增加，规模也越来越大。据伊朗向联合国裁军委员会提供的数字，伊拉克使用化学武器共241次，造成了44163人伤亡。联合国调查小组确认，伊拉克主要使用了糜烂性毒剂芥子气和神经性毒剂塔崩。伊朗在遭到重创后，于战争后期也使用化学武器进行了反击。

▲生化武器（沙林毒气榴弹）

1991年1月17日至2月28日，发生了举世瞩目的海湾战争。这场大规模、高度现代化的局部战争，始终笼罩在化学战阴影之下。战前，伊拉克先声夺人，多次公开扬言要使用化学武器对付以美国为首的多国部队，并加紧使用化学武器的实战准备。针对伊拉克的化学战威胁，美国等多国部队一方面宣称，将对伊拉克的任何化学袭击予以更大规模的报复；另一方面为防止伊拉克化学武器的伤害，大量购置防护器材，组织防护训练。战争中，美国为首的多国部队组织强大火力，先机摧毁了伊拉克的大部分化学武器生产工厂、储备仓库和发射化学武器的各类兵器，极大地削弱了伊拉克使用化学武器的能力，最终伊拉克未敢"轻举妄动"。尽管海湾战争中的化学战没有爆发，但是贯穿其间的化学战威胁，给人们留下了难以磨灭的印象。

1999年3月25日，以美国为首的北约集团对南联盟实施了78天的空袭作战。这场继海湾战争后发生的高技术局部战争，仍然伴随着化学战的威胁。南联盟总统米洛舍维奇曾召开高级军事将领会议宣布，将使用化学武器阻止北约可能发动的地面进攻。对此，美国当时的总统克林顿立即作出强烈反应，表示要用核武器给予"迅速和压倒性"的报复，并从空袭第三天开始，就全面地、有计划地、有重点地打击了南联盟近30个化工厂、炼油厂、油库，结果形成了一场特殊的化学战。

化学战的威胁和使用化学武器的严重后果，引发了越来越多人们的思考。当今世界，信息化战争已逐步登上战争舞台，但生化武器在战争中的特殊功能和作用并未改变。一些国家仍把开发生化武器，争夺生化优势，作为维护安全利益的重要战略手段。国际军控与裁军难以遏制生化领域的对抗、发展和扩散势头。民用生化技术发展带来的潜在危险与国际生化恐怖威胁日益凸显。全球生化武器的发展已进入隐性竞争与非战争对抗加剧的新阶段。

破坏军事装备的化学武器

新化学弹弹内装的不是普通炸药，也不是常说的沙林、芥子气等种种毒剂，而是专门破坏军事装备的特种化学药剂。相对那些"歹毒"的生化武器，这类化学武器无疑是人道的，但同样可以起到取胜的目的。

泡沫长城

这种泡沫物体是运用洗涤剂的部分原理而研制的一种特殊的高浓缩的黏性极强的混合物。它机动性非常强，筑起又十分迅速。如果人或机械、武器、装备碰到它，它会把你死死粘在一起，使你动弹不得。

不过，这种泡沫长城发生作用持续时间不长，只能保持 12 个小时，再晚一点时间就失去效力了。但是阻滞敌人 12 个小时就已经争取到了取胜的时间。需要时，还可再次筑起长城。因此，这种泡沫障碍的问世，将筑起一道道无形长城，将在未来的高科技战争中发挥重要作用。

特种乙炔弹

一辆辆坦克和装甲车行驶在公路上，突然，地面冒出了大量的气体，一会儿发出了震天的爆炸声。坦克和装甲车都瘫痪在公路上，不能行驶了。这就是特种乙炔弹的威力。

乙炔又称电石气，是一种无色可燃气体，在工业中广泛用作金属焊接和切割的燃料。纯乙炔可发生特别猛烈爆炸。

乙炔弹能在宽广的范围内喷出，灵活性和杀伤效果较好，很有发展前途。一枚 0.5 千克左右的乙炔弹就能破坏、阻滞一辆坦克前进，而对驾驶员和乘组人员一般不会产生危害。美国研制的这种弹药专门用来对付集群坦克，人们将它称作坦克"软"杀伤武器。

塑料球弹药

类似泡沫弹的另一种弹药可称其为塑料球弹药。弹内装满聚苯乙烯颗粒，当用此种弹药射击直升机，弹体内便施放出数量极大、重量极轻的塑料小球，无数小球迅速将直升机包围。直升机发动机一旦吸入或吸附了这些小球，会因此而产生"喘震"，从而导致飞机坠毁。

这种对付直升机的武器似乎比其他新化学弹看来更残酷。其他新化学弹攻击坦克或车辆，使其发动机熄火，坦克或车辆可以安然无恙地停在地上，乘组人员没有生命危险。因此有人认为塑料球弹药这种新化学弹武器不属非致死性武器范畴。但塑料球弹药研制者说，这种弹药无论如何也比炮弹、导弹人道，因为即使直升机发动机发生"喘震"，但离坠毁还有一段时间，乘组人员有时间弃机跳伞逃生，一般不会有生命危险。

高级腐蚀剂

这种腐蚀剂有两类：一类是比氢氟酸强几百倍的高级腐蚀剂，可破坏敌方铁桥、飞机、坦克等大型设施和装备，或者腐蚀光学仪器，使之不能使用；另一类专门腐蚀、溶化轮胎中的化学物质，使敌方汽车、飞机的轮胎迅速报废，无法执行战斗和运输任务，达到使敌方基础设备和军事装备瘫痪的目的。超级腐蚀剂可制成液体、粉末、凝胶或雾状，也可生产成二元化合物，以便安全使用。它可用飞机投放、用炮弹布撒或由士兵直接施放到地面，使人或机械不能接触。这种高级腐蚀剂与金属脆化剂结合使用，可对付各类目标。

液体金属脆化剂

这种金属脆化剂是利用对金属或合金的分子结构进行化学变化达到严重削弱和破坏金属材料装备的目的。这种脆化剂可用毛刷刷、喷雾器喷或者泼洒在金属材料装备上。它用于对抗飞机、舰船、车辆、铁轨、桥梁及建筑物的金属支架等时，根据需要，既能很快发生作用，又可缓慢地发生作用，这种优点特别有利于不同军事目的的需要。

改性燃烧剂

改性燃烧剂是一种化学添加剂，可污染燃料或改变燃料的黏滞性。它可由人员施放到燃料容器中，也可由空中投放到机场、战场、港口等上空，通过进气口进入敌方各种发动机，从而引起发动机失灵。

臭味弹

臭味弹自然"放出"的气味是奇臭无比，而且释放出的臭味剂既可像弹体那样射向集群目标，也可由喷洒装置直接将臭味剂喷向人群。实验已经证明没有人能抵挡住臭味弹的这种味道，一嗅到它，定会退避三舍。在战争中会使敌人闻味而逃，失去作战能力。

悬浮物

主要指悬浮雷、悬浮带及悬浮条、聚苯乙烯颗粒。将这些软杀伤物装填在火箭弹、炮弹、航弹的弹体内，发射到敌方战斗机、集群装甲车辆要通过的空间或地面，预定时间引信发火，杀伤物由弹体内抛出。因为它们很轻，所以在空中能形成悬浮的云团。把它发射到敌集群装甲车辆将要通过的前方地段形成云墙，软杀伤物以很高的速度进行，一旦被飞行中的战斗机和行进中的装甲车辆的发动机吸入，会迫使其发动机熄火，从而导致战斗机失控、坠落，装甲车辆受阻而失去战斗力。特别是聚苯乙烯颗粒抛撒在空中，悬浮在敌直升机编队的前方，被直升飞机发动机的压缩器（转子）叶片吸入后，将会迫使发动机产生"喘震"，从而导致直升飞机坠毁。

吸氧武器

科学家们设想，能否制造一种吸收局部空间氧气的武器，使这个空间的敌人在无声无息中死亡？这一设想已为军事科学家们所重视，一些国家很快制造出一系列的吸氧武器。吸氧武器主要是利用一些燃点极低、燃烧时需要大量氧气的燃料制成的。在未来战争中，一方如想置对方于死地以取得战斗的胜利，在查明前方敌驻军或开进、进攻之敌的所在位置后，只要有一颗吸氧武器发射出去，就能使敌阵地大量缺氧，从而导致敌军人员伤亡，达到不战而胜的目的。

窒息弹

又称油气弹、真空弹、气浪弹、云爆弹，学名叫"燃料空气炸弹"。

这种炸弹在原理上并不很复杂。人们在生活中也可能碰到类似的爆炸现象。例如，厨房里的液化石油气罐如果漏气，当逸散在空气中的液化气达到一定浓度后，遇到明火就会发生爆炸，它的破坏力也是相当大的。

这种炸弹里面装的不是普通的固体炸药，而是用低温、高压的办法将一些易挥发的化学物质变成液体而制成，爆炸时这些易燃气体在一定的区域中释放出来，通过燃烧消耗掉该区域内全部或大部分氧气，造成该区域暂时处于无氧或半无氧状态，令处于区域内的人员窒息而死。窒息弹的气态云雾相对密度比空气大，能向低洼处流动，因此它对杀伤隐蔽在堑壕、掩体和密闭不严的地下工事、坑道中的人员非常有效。窒息弹爆炸时消耗大量的氧气，不仅会使作用区域的人窒息而亡，而且即使是坦克、步兵战车，也会因"窒息"而导致发动机熄火。

当前，较大威力的燃料空气弹对舰艇的毁伤半径已达200余米，其威力已接近于最小的超小型核弹，所以又被人称作"穷人的原子弹"。

第十六章　未来新型武器

　　不言而喻，随着军事科技的快速发展，未来战场上必将出现新型的武器，而且一定是以智能型武器为主，它们集光电传感、高速处理、人工智能于一体，具有与人类似的记忆、分析、综合能力，一定程度上能够适应战场环境和目标变化情况，并迅速做出反应。虽然这些新型武器也是人类智能的凝结，但对于人类来讲却未必是好事。

动能武器

动能武器是能发射超高速飞行的具有较高动能的弹头，利用弹头的动能直接撞毁目标，可用于战略反导、反卫星和反航天器，也可用于战术防空、反坦克和战术反导作战。

电磁炮

电磁炮是一种利用电磁力沿导轨发射炮弹的武器。早在 19 世纪，科学家们就发现，在磁场中的电荷和电流会受到力的作用，他们把这种力叫"洛仑磁力"即电磁力。当第一次世界大战正席卷欧洲的时候，法国的科学家们提出了利用洛仑磁力发射炮弹的设想，并进行了开创性研究，但没能成功。到第二次世界大战时，德、日等国的科学家又进行了大量秘密的研究，企求利用新式武器取得战场上的胜利，但也以失败告终。战后，其他国家的科学家们，虽都对电磁发射技术表示了极大的兴趣，进行了一些研究，一直未能取得理想进展。直到 20 世纪 70 年代，澳大利亚国立大学的研究人员，终于利用建造的第一台电磁发射装置，将 3 克重的塑料块（炮弹）加速到 6000 米/秒的速度，成功地打出了世界上第一颗电磁炮弹，这才引起了世界科学界尤其是各国军界的关注。

电磁炮与普通火炮或其他常规动能武器相比，具有很多独特的优势。

▲ 电磁炮

一是射速快，动能大，射击精度高，射程远。电磁炮的发射速度突破了常规火炮发射速度的极限。弹头具有的动能可达同质量炮弹的几十倍甚至上百倍，一旦瞄准目标，命中概率大，摧毁的可能性高。由于电磁炮是靠其动能毁伤目标的，一些采用抗激光、粒子束防护的"装甲"和一般加固措施的导弹，虽能突破定向能武器的防御，但也难逃脱电磁炮的摧毁。

二是射击隐蔽性好。电磁炮射击时，既无炮口焰、雾，也无震耳欲聋的炮声，不产生有害气体。无论白天还是夜晚射击都很隐蔽，对方难以发现。

三是射程可调。我们知道，常规火炮的射程及射击范围是通过改变发射角和发射不同弹药来调整的，操纵复杂，变化范围有限。而电磁炮只需调节控制输入加速器的能量即可达到调整目的，简便易行，精确度高。

此外，随着电磁发射技术的发展，未来的电磁炮不仅能用来发射炮弹，还可用来发射无人飞机、载人飞机，发射导弹、卫星，甚至航天器等。

风驰电掣的粒子束武器

自然界有许多肉眼看不到的微观粒子，如电子、质子、各种离子等。这些极其微小的粒子也可作为"子弹"或"炮弹"去击毁目标，这种武器称为粒子束武器。

电子、质子、离子等粒子尽管很小，但当速度越来越大时，它们所具有的能量也就越来越大。当粒子的速度接近每秒30万千米的光速时，它们所具有的能量就足以穿过一切物体，这些高速运动的一个个微观粒子，就变成了一颗颗具有很大动能的"炮弹"。如果把这许许多多的粒子聚集成密集的束流，能量就更大了。把这样的粒子束流射向目标，几乎可以将一切坚硬的目标击毁。

粒子束武器按武器系统所在的位置不同，可分为陆基、舰载和空间粒子束武器。陆基粒子束武器主要设置在地面，用于拦截进入大气层的洲际弹道导弹等目标，担负保护战略导弹基地等重要目标的任务。舰载粒子束武器设置在大型舰艇上，主要用于保卫舰船免受反舰导弹的袭击。空间粒子束武器设置在空间飞行器上，主要用来拦截在大气层外飞行的导弹和其他空间飞行器。

粒子束武器的速度接近光速，所以具有激光武器的优点，可以随时射击目标，也能灵活调整射击方向，又可同时拦截多批多个目标。只要能源供应充足，能连续战斗。此外，粒子束武器不受气象条件的限制，战斗性能比激光武器还好。

反卫星动能拦截弹

反卫星动能拦截弹是一种靠弹头的动能，击毁敌方卫星的机载空对天导弹。反卫星动能拦截弹，基本上利用的是现成导弹技术。比如，苏联从1963年开始研制的这种武器，导弹长为4.2米，直径1.8米，用SS-9洲际导弹或其改进型运送入轨。它由推进系统、侦察瞄准制导系统和战斗部等组成。

苏联的这种反卫星拦截弹虽然比较笨重，只能拦截低轨道卫星，且反应时间长，生存能力与抗干扰能力较差，但它将成为未来世界上第一代具有实战能力的反卫星系统。

美国从20世纪60年代开始研究核能反卫星动能拦截弹，70年代转向发展非核杀伤的战斗部，1977年开始研制非核杀伤的反卫星拦截导弹。研制成功的反卫星导弹全长约5.4米，直径0.5米，重1220千克，有效拦截高度500千米。

该导弹由三级组成，一、二级为火箭发动机，采用近程攻击导弹火箭和"牵牛星Ⅲ"固体火箭。第三

▲反卫星动能拦截弹

级为战斗部，即弹头。上面装有动能撞击杀伤器、8 个红外望远镜、数据处理机、激光陀螺和 56 个操纵火箭，采用惯性加红外制导方式。

其拦截卫星的过程是：根据地面指挥中心指令，发射出去，脱离飞机后，靠弹上惯性制导，飞抵预定空间点；弹上红外传感器开始搜索目标，一旦捕捉到目标，即自动跟踪；当拦截弹达到最大速度时，战斗部与第二级火箭脱离；弹头依靠小型计算机控制，通过点火与熄灭自身火箭，进行弹道修正，直至战斗部以每秒 13.7 千米的高速度与目标相撞，将其摧毁。

反导弹动能拦截弹

反导弹动能拦截弹是一种利用弹头动能，摧毁来袭导弹弹头的导弹。与反卫星动能拦截弹一样，反导弹动能拦截弹大部分也是采用现成的导弹技术。例如，海湾战争中，美国使用的"爱国者"地空导弹就属于此类。

"爱国者"是美国陆军研制的第三代全天候、全空域武器系统，能在电子干扰条件下以强大的火力快速投入战斗，用以拦截低、中、高空进攻的多个地空导弹、巡航导弹和近程弹道导弹等。该导弹系统于 1965 年开始研制，1985 年开始装备部队。

"爱国者"武器系统由以下五部分组成：发射架/导弹发射厢、指挥控制车、雷达装置、天线/天线杆组合、电源车。每个"发射单位"由 8 辆至 16 辆发射车组成，每

▲ "美国"爱国者"地对空导弹"

个发射厢有 4 枚导弹。"爱国者"导弹弹长 5.3 米，弹径 0.41 米，翼展 0.87 米，弹重约 1000 千克。最大速度是音速的三倍，战斗部重 68 千克。采用破片效应摧毁目标，杀伤半径为 20 米。战斗部装有高能装药或核装药，杀伤概率为 90%，采用无线电近炸引信，具有良好的抗干扰能力，并装有反雷达导弹诱饵系统。它的作战半径为 3 里至 100 千米，作战高度300 米至 24 千米。由于采用能对相当大空域内分布的100 个目标实施搜索、监视的相控阵雷达 TVM 末段制导，大大提高了系统的制导精度和抗干扰能力，该雷达可同时以 9 枚导弹拦截不同方向、不同高度的目标。此外，该系统还可安装于舰船上，并能用大型运输机或直升机空运，具有很好的机动能力。

气象武器

气象武器是指运用现代科技手段，人为地制造地震、海啸、暴雨、山洪、雪崩、热高温、气雾等自然灾害，改造战场环境，以实现军事目的的一系列武器的总称。随着科学和气象科学的飞速发展，利用人造自然灾害的"地球物理环境"武器技术已经得到很大提高，必将在未来战争中发挥巨大的作用。变天气为武器，让"雷公"、"电母"下凡参战，已不是异想天开。

人造洪暴

人造洪暴就是用人工降水的方法增加降水量，形成大雨、暴雨，以影响敌人的机动能力，甚至造成洪水泛滥，消灭敌人的气象武器。这是目前气象武器中研制最早、范围最广、效果也最显著的项目之一。它始于20世纪的40年代，并已在局部战争中得到试验性应用。

要想造成洪暴，首先要使空中降水。所谓降水，是指空气中液态的或固态的水汽凝结物从云中降至地面的现象。如下雨、雪、霰、雹等都是降水现象。其中尤以暴雨的降水量最大。

降雨大体上需具备三个基本条件，即水汽、上升气流和凝结核。水汽是成云降雨的物质基础，上升气流是把水汽带到高空的运输工具，凝结核是使水汽得以凝结成水滴的核心。水蒸气从地面（水面）随着上升气流升入高空的过程中，温度不断降低。当气温降至0℃以下时，如果空中有适当的凝结核，水汽便凝结成云。云是降水的必要条件，但有云并非一定降水，只有当云中水汽达到一定程度并且有相应的动力条件——上升气流时，云才会变成雨水降下。

所以，要想达到人造洪暴，必须在上述三个基本条件上下功夫。第一，人工向空中增加水汽。这样做难度太大，单靠向空中增加水汽，既无可靠的水源也无使水汽成云的技术保障，因而行不通。第二，通过人工造成强大的上升气流，把水蒸气输送到空中，使其成云致雨。这样做也是非常困难的。第三，在凝结核上做文章。在某一空域已有云的条件下，通过飞机或其他工具向空中投放一些能够改变云的物理变化的物质，促使云内发生有利于降雨的动力状态，最后促成降雨或加大降雨效率。这就找到了人工造洪的可行途径。

试验中的人工造洪的实施方法通常是，用飞机、火箭及高射炮等将催化剂播撒到云中，或是用探空气球把装有火药和盐粉混合物的炸弹带到空中，令其在云底附近爆炸，产生的微小粒子随着上升气流进入云中，以促成降雨或加大降雨量。

在1966年至1972年的越南战争中，美军为了阻止越南北方"胡志明小道"的后勤运输，阻断越南北方部队的机动。从 1967 年 3 月—1972 年 7 月，美军利用东南亚地区西南季风季节多雨的有利气象条件，秘密地在老挝、越南、柬埔寨的毗邻地区进行了数百次的人工降雨，这是目前所知道的在战争中把气象武器运用于实战的第一次尝试。

胡志明小道

1959 年 5 月 5 日，根据抗美斗争的需要，越南中央军委决定正式开辟一条向南方运输的道路，这就是被美国人称之为"胡志明小道"的一条秘密补给线。越南南方称胡志明小道为"中央走廊"。胡志明小道是支援南方的"战略路"。胡志明小道的起点在横跨越南、老挝两国纵贯南北全境的崇山峻岭中。越南战争期间，北方及外界支援越南南方的军火、物资都通过这条小道，依靠人背、肩扛、牛车拉、自行车载等方式送到战火纷飞的南方。

在此期间，美军曾先后出动飞机 2602 架次，向云中撒放碘化银炸弹 47409 枚，耗资达 2160 万美元，约有 1400 多人参加了这项计划。结果表明，由于降水量的剧增，使局部地区洪水泛滥，桥断坝毁，道路泥泞难以通行。以"胡志明小道"为例，1971 年 4 月间每周约有 9000 辆运送物资的车辆通过，而到 6 月间美军实施人造洪暴的时候，每周仅能通过 900 辆汽车。另外，由于美军的气象武器作用，在越南北方造成的洪暴灾害中约有近 100 万平民死亡。

总之，无论美军在越南战争中的人造洪暴取得了多大的成果，但这一行动本身，就足以证明了气象武器已从设想开始走向了实战。今后随着这一领域的技术发展，人造洪暴必将在未来的战争中运用得越来越频繁，其破坏作用越来越大。

人工制造臭氧层"洞穴"

我们知道，在大气层中，有一种无色、透明并且有特殊臭味的气体层，那就是臭氧层。它约占大气层气体体积的十万分之六。绝大部分集中在离地面 25 千米至 30 千米的高度上。臭氧的最大作用就是吸收太阳光中紫外线等短波辐射。较长时间的紫外线照晒能烤焦皮肤，破坏细胞组织，导致皮肤癌等。因此，如果臭氧层遭到了破坏，紫外线就会直射地面，使无遮蔽的人员和生物遭到伤害。

人工制造臭氧层"洞穴"就是设想在某个空间上空人为地破坏部分臭氧层，使太阳光直射地面，达到杀伤敌人或生物的军事目的。有人设想，将氟利昂或氮的氧化物送到臭氧层中，使局部空间的臭氧浓度减小，就好像在臭氧层上打开了一个"洞穴"，紫外线就可以通过"洞穴"直射地面，对这一地区无遮蔽人员和生物起到杀伤作用。实验表明，当太阳直射头顶时，从臭氧"洞穴"中穿过的紫外线只要照射几分钟，就可使地面无遮蔽的生命全被烤焦，或使人和生物体的细胞组织破坏，皮肤灼伤，皮癌增多。甚至还可引起地面平均气温降低和湿度增加，影响农作物的生长，给当地经济造成损失。可见，气象武器的研究发展及在未来的使用，是人类应该重视的问题之一。

超导武器

超导是一种物质在低温下的特别现象，主要表现为在一定温度下电阻完全消失。超导技术的零电阻和高载流能力等特性，一旦运用到军事领域，不仅会使武器装备性能大大提高，还会催生更尖端的武器装备。

超导海军舰艇

经过几百年的时间，海军舰艇的动力从蒸汽机、柴油机、燃气轮机发展到核动力，但无论是蒸汽机，还是核动力，始终离不开笨重的螺旋桨推进部件，航速也无重大突破，使海上高速机动作战能力受到很大限制。为此，美、苏、英、日等国从 20 世纪 70 年代初开始，积极开展超导技术在海军舰艇方面的应用研究，并取得初步成效。英国研制出 650 马力的超导电磁力推进装置，美国试制出 7500 马力的超导驱动系统，日本制成了世界第一艘超导船。试验结果表明，大型驱逐舰在负荷、航速、续航力相同的条件下，采用超导电磁力推进系统可少装一台燃气轮机，可减少满载排水量，节省续航燃油，减少建造费用。如果采用新型常温超导材料，建造费用还可大量削减。

超导舰艇由于取消了传统的螺旋桨推动部件，因而具有构造简单、维修方便、推力大、航速高、无震动、无噪声、无污染、造价低等诸多优点。特别是潜艇应用超导推进系统后，能有效地消除噪音影响，降低红外辐射，更不易被敌方发现，从而大大地提高了自我生存能力和快速机动的突防能力。

超导激光武器

作为现代高技术武器，激光枪、激光炮的反应强度快，命中精度高，但是激光武器耗能大，它要求在瞬间提供数十亿到数百亿焦耳的能量，目前的储能装置很难满足这一要求，不但储存能量有限，而且体积笨重，不便携带。超导技术的发展，为激光武器提供了新的能源，解决了激光武器亟待解决的一大难题。采用超导材料做成的超导闭合线圈就是一种理想的储能装置。因为在超导线圈中的电流是一种持久的电流，只要将线圈保持超导状态，电所储存的电磁能无损耗地长期保存下去，并可随时把强大的能量提供给激光武器。激光武器有了超导储能器，就

▲未来激光武器

好像有了一个机动灵活而又威力无比的弹药库，可时刻保持高度的战备状态。

▲日本研制的磁悬浮飞机

超导发射装置

专家们的 个航天梦想是用超导技术发射航天飞机，过去因受技术的制约，可望而不可即。1990 年，日本工学所研制成功一种新型常温超导材料，据测定，每块新型超导物质具有的磁悬浮力约 3000 克，比现有的常温氧化超导物质大 300 倍。这是迄今世界上悬浮力最强的物质，它不但可以用来制造高速悬浮列车，还可用来发射航天飞机。

计划中的超导磁悬浮发射航天飞机的装置，由一条长 3500 米的水平台与终端 2000 米高的垂直导轨相连接，形成一个近 90 度的弧形陡坡，导轨由新型超导磁悬浮物质组成。发射时，庞大的航天飞机在磁悬浮力的作用下，沿水平方向前进，并逐步加速，当接近终端弧形轨道后，即以每小时 500 千米至 600 千米的速度飞离发射装置。这时，航天飞机的发动机开始点火工作，靠自身的动力飞升上天。

采用超导磁悬浮发射装置，能够取代火箭发射航天飞机的传统做法，减轻航天飞机自身的重量，增加有效载荷，并且推力大，耗能少，起飞速度快，安全系数高，可多次重复使用，能节约大量经费。此外，还可用超导材料制成超导电磁炮、超导发射火箭架、超导磁力仪、超导陀螺仪、超导雷达天线、超导接收机和超导卫星等等。可以预料，随着超导技术的迅速发展，各种超导武器和超导装备将陆续出现，并将在未来的战场上发挥着巨大作用。

超导"兵力倍增器"

现今，很多国家都在积极建立和完善 C31 系统。所谓 C31 系统，是指挥、控制、通信、情报的英文缩写，是现代军队必不可少的自动化指挥系统。它以通信手段将早期预警卫星、预警雷达、情报传输、导弹控制、航空管理和指挥设施连成一体，是一个国家防御和威慑力量的重要组成部分。

磁悬浮

利用磁力使物体处于无接触悬浮状态的设想是人类一个恒久的梦，但实现起来并不容易。因为磁悬浮技术是集电磁学、电子技术、控制工程、信号处理、机械学、动力学为一体的典型的机电一体化技术。随着电子技术、控制工程、信号处理元器件、电磁理论及新型电磁材料的发展和转子动力学的进展，这个梦想最终变成了现实。1922 年德国工程师赫尔曼·肯佩尔就提出了电磁悬浮原理，并于 1934 年申请了磁悬浮列车的专利。目前世界上有三种类型的磁悬浮：一是以德国为代表的常导电式磁悬浮；二是以日本为代表的超导电动磁悬浮，这两种磁悬浮都需要用电力来产生磁悬浮动力。第三种是我国的永磁悬浮，它利用特殊的永磁材料，不需要任何其他动力支持。

  C31 系统能将地面、海上、空中及宇宙空间收集到的各种情报及时进行分析、处理，送到指挥中心；它还能够计算出运动目标的位置，探测敌方兵力部署和物资状况，估算己方后勤保障能力和可调用的兵力；它可帮助指挥员在几分钟、甚至几秒钟内判明情况，定下决心，下达命令；它还能进行外语翻译，查找资料等。因而，它被兵家誉为"兵力倍增器"。

  在整个 C31 系统中，电子计算机是关键设备，起着"大脑"的作用。但是，目前用半导体元件制造的电子计算机，即使达到每秒 100 亿次浮点运算，也难以满足现代战争的需求。例如美国"星球大战"计划的指挥控制核心，至少需要一台每秒处理 500 亿个指令、信息贮存量为 107 比特和 1000 万行程序编码的电子计算机。为此，国外积极开展超导技术在电子计算机上的应用，并研制成了约瑟夫逊元件。若用这种元件制成超导计算机，不仅体积小，重量轻，使用方便，而且工作速度要比最先进的半导体计算机快 10 倍到 100 倍，每秒浮点运算可达 3000 亿次到 10000 亿次。科学家预言，C31"兵力倍增器"一旦得到超导技术的武装，将会显示出更大的神通。

定向能武器

　　定向能武器又叫"束能武器"，是利用各种束能产生的强大杀伤力的武器。具体来说，它是利用激光束、粒子束、微波束、等离子束、声波束的能量，产生高温、电离、辐射、声波等综合效应，采取束的形式向一定方向发射，用以摧毁或损伤目标的武器系统。定向能武器是新型武器的一种，随着研究的逐步深入，其发展和应用也必定更为广泛。

激光武器

　　所谓激光武器，就是利用激光束的辐射能量，在瞬间摧毁目标的定向能武器。它是依靠自身产生的强激光束，在目标表面上产生极高的功率密度，使其受热、燃烧、熔融、雾化或汽化，并产生爆震波，从而导致目标毁坏。

　　激光武器是一种完全不同于现代常规兵器的新型武器。它的出现和在未来的使用，被科学家们认为"具有使传统的武器系统发生革命性变化的潜力，并可能改变战争的概念和战术"。

　　激光武器最厉害的绝招有"三招"：即烧蚀、激波、辐射。我们知道，常规武器通常是用子弹或炮弹打击目标的，而激光武器却是用"光弹"来打击目标。当一束强激光照到目标上，部分光能量被目标吸收，化为热能，使目标表层迅速熔融而汽化，形成凹坑或穿孔。如果目标与激光脉冲搭配合适，目标还可能发生热爆炸，这就是"烧蚀"。

　　激光武器的第二个绝招是"激波"。当强大的激光束打到目标上，蒸气迅速向外喷射，并在极短时间内产生反冲作用，在固态材料中就形成一个激波。这个不寻常的激波能在目标背面产生强大的反射，这样，入射激光与激波就会对目标实行"前后夹击"，立即击断目标，造成层裂破坏。那四处飞溅的层裂碎片，也具有很大的杀伤能力，好似重型炸弹凌空爆炸一样，可以造成大面积杀伤效果。

　　激光武器的第三个绝招是"辐射"。当激光照射目标，能量达到一定高度时，目标上汽化的物质就会被电离而形成一层特殊的等离子体云，给入射激光形成一道天然屏障，好像乌云遮蔽太阳，给目标起着屏蔽和保护伞作用。但高温等离子体，能发射紫外辐射，甚至 X 辐射，引起辐射效应，造成目标结构及其内部电子、光学元件等损伤。其中，紫外或 X 辐射比激光直接辐射所引起的破坏更为有效。因此，紫外或 X 辐射对于目标的破坏起着推波助澜的作用，达到其他武器所不具备的特殊破坏效果。

　　激光武器的种类，按未来武器的作用不同，通常可分为战术激光武器与战略激光武器。

战术激光武器是以地面为基地的激光武器，其打击距离在几十千米的范围内，既可用于对付战术导弹、飞机、坦克等战术目标，也可用于地面防空、舰船防空与反导、大型轰炸机的自卫等，其主要作用是破坏人的眼睛、导弹的光学传感器、战斗车辆的观瞄光学系统、夜视器材、飞机油箱等等易受激光伤害的敏感部位，从而使目标丧失战斗能力。

战略激光武器是以外层空间为基地的激光武器，其打击距离从数百千米到数千千米不等。它的主要任务，一是破坏敌方在空间轨道上运行的卫星，二是反洲际弹道导弹。

除用激光直接摧毁目标、杀伤人员的武器外，还有一些用激光控制的武器，称之为激光制导武器。它是用激光导引炸弹、炮弹、导弹等飞向目标的武器系统。目前已经使用和正在研制的激光制导武器有：激光制导炸弹、激光制导炮弹及激光制导导弹等。激光制导武器与激光武器不同，它用于杀伤和摧毁目标的能量不是激光束，而是普通的炸弹、炮弹和导弹。激光束只起制导作用，就像给这些普通的炸弹、炮弹和导弹安上了一双"眼睛"，使它们能紧紧盯着目标，穷追不放，直至消灭。

粒子束武器

粒子束武器就是利用微观粒子构成的定向能量束去摧毁目标的武器。具体地说，就是通过特定的方法将质子、电子或离子加速到接近光束，聚集成密集的束流，用以破坏目标的一种定向能武器，也称为"束流武器"或"射束武器"。

粒子束武器是一种类似于激光武器但又比激光武器更厉害的武器。自从科学家们提出利用高能粒子束作武器的设想，就立即受到军界的高度重视。美国和苏联等对此作了巨大努力，并且取得了一些令人鼓舞的成效。他们认为："粒子束技术是第二次世界大战以来，在技术上的一项根本变革。"

▲粒子束武器

粒子束武器对目标的破坏主要是通过三种途径来实现的。

第一种途径是破坏结构。粒子束武器射击的粒子束流具有很大的动能和能量，当它射到目标上时，粒子和目标壳体的材料分子发生非弹性碰撞，把能量以热的形式传递并沉积在壳体材料上，使材料的温度迅速上升，直到局部被熔融成洞或由于热应力引起壳体材料破裂为止。

第二种途径是使引爆药早爆。常用的引爆炸药在密闭情况下要到500℃时才起爆，但粒子束武器发射的粒子束却能使引爆炸药在500℃以下就能起爆。

第三种途径是破坏电子设备或器件。一是低强度的照射，可造成目标电子线路的元件工作状态改变、漏电，使元件工作产生错误动作或失效；二是高强度的照射，除可直接烧熔电子元器件外，当带电粒子束穿透电子设备时，能在元器件中产生电子空穴，进而突然形成强烈的电流脉冲，放出大量热能，破坏电子元器件；三是带电粒子束在大气层运动时，可产生高能的 γ 射线和 X 射线，能破坏目标的瞄准、制导和控制等电路；四是带电粒子束的大电流短脉冲，还可激励出很强的电磁脉冲，达到干扰或

▲ 粒子束武器攻击想象图

破坏目标电子线路的电流短脉冲，还可激励出很强的电磁脉冲，达到干扰或破坏目标电子线路的目的。

根据粒子束武器作用的不同，可有如下的分类：按粒子束武器系统所在的位置，可分为陆基、舰载和天基粒子束武器。陆基粒子束武器是设置在地面上的粒子束武器，它主要用于拦截进入大气层的洲际弹道导弹等目标，担负保护战略导弹基地等重要战略设施的任务。舰载粒子束武器是安装在大型舰船上的粒子束武器。主要用于保护海上重要目标，使之免遭导弹等武器的攻击。天基粒子束武器是安装在卫星、航天器等上的粒子束武器。它主要用于外层空间，对付来袭的导弹、其他天基武器，或对正在空间轨道上运行的敌方卫星进行拦截，也可作为从天空直接攻击地面目标的武器。按粒子束流的带电性，可分为带电粒子束武器、中性粒子束武器。按粒子束武器的射程远近可分为近程、中程、远程和超远程粒子束武器。近程粒子束武器其射程约为 1 千米，在稠密大气层内使用，对瞄准跟踪系统要求低，对武器系统的要求是体积小、重量轻、反应速度快，主要任务是自卫防空。中程粒子束武器其射程约为 5 千米，要求粒子束聚焦好，并有较精密的瞄准和跟踪系统，主要是用于区域性防卫。远程粒子束武器其射程约为 10 千米，对这种武器的要求是束流强，具有更精确的瞄准和跟踪系统，其任务也是用于区域性防卫。超远程粒子束武器，其射程为几百千米以上，要求具有极其强大的功率和非常精密的瞄准与跟踪系统，其主要任务是在大气层外的空间作战，用于拦截来袭的弹道导弹、太空飞行器和敌方在太空轨道上运行的卫星等，是一种太空武器。

次声波武器

次声波武器是指一种能发射 20 赫兹以下低频声波，即次声波的大功率武器装置。在空中和海中，它能以每小时 1200 千米和 6000 千米速度传播，可穿透 1.5 米厚的混凝土。它虽然难闻其声，却能与人体生理系统产生共振而使人神经错乱或身体不适，进而失去战斗力。在波黑战争中美军就曾使用次声发生器发射次声波，几秒钟后使对方大批人员丧失了战斗力。次声波武器已被列为未来战争的重要武器之一。

次声波武器大体可分为两类，一类是神经型次声武器；一类是器官型次声武器。"神经型"次声武器的次声频率和人脑阿尔法节律（8 赫兹到 12 赫兹）相同，所以次声波作用于人体时便会损伤人的大脑，引起共振，对人的心理和意识产生严重影响。轻者感觉不适，注意力下降，情绪不安，导致头昏、恶心；严重时使人神经错乱，癫狂不止，休克昏厥，丧失思维能力，致人死亡。"器官型"次声武器的次声频率和人体内脏器官的固有频率（4 赫兹至 18 赫兹）相同，会引起人的五脏六腑产生强烈共振。轻者使人肌肉痉挛，全身颤抖，呼吸困难；重者血管破裂，内脏损伤，甚至迅速死亡。

次声波武器有着独特的优点：首先，突袭性和隐蔽性好。次声波在空气中的传播速度为每秒 300 多米，在水中传播更快，每秒可达 1500 米左右。次声波是常人听不到、看不见的，故除了传播迅速之外，次声波又具有良好的隐蔽性。

其次，作用距离远。根据物理学原理，声波的频率越低，传播时介质对它的吸收就越小，波的传播距离也越远。比如，炮弹产生的可闻声波，由于衰减快，在几千米外就听不到了，但它产生的次声波，可传到 80 千米以外；而氢弹产生的次声波可绕地球传播好几圈，行程十几万千米，高强度的次声武器具有洲际作战能力。

第三，穿透力强。传播介质对低频率的声波吸收较小，故次声波具有很强的穿透能力。一般的可闻声波，一堵墙即可将其挡住，而实验表明，次声波能穿透几十米厚的钢筋混凝土。因此，无论敌人是在掩体内躲藏，还是乘坐在坦克中，或躲藏在深海的潜艇里，都难以逃脱次声武器的袭击。

第四，次声波在杀伤敌人的同时，不会造成环境污染，不破坏对方的武器装备，可作为战利品，取而用之。

虽然次声波武器有着诸多的好处，但是由于次声武器发出的次声波的强度和方向性等因素尚待进一步研究，因此真正应用于战争的次声武器还不多见。第二次世界大战期间，德国人开始秘密研制次声武器，试图利用其摧毁整个城市，消灭敌军士兵或者使其丧失战斗力。譬如 1940 年，德军计划向英国人投掷有著名音乐家签名的留声机唱片，这些唱片将经过专门录制，加进次声，以引起听者出现慌乱、恐怖感及其他精神失常现象，从而造成骚乱。后来，由于种种原因，这一计划没有得到实现。但是，纳粹科学家却成功进行了可作用于物体的次声武器的试验。奥地利科学家齐珀梅耶制造出一种能制造旋风的"旋风加农炮"，它利用特殊的喷嘴，通过炮弹爆破，制造出旋风，发射攻击波，可击落飞机。第一台次声波发生器是由法国科学家加夫雷奥在 1972 年发明的，它产生的次声波可以损害 5000 米以外的人。

以色列使用声波武器

2004 年 6 月 10 日，部分加沙地带的犹太人定居者，以武力抗拒政府要求他们撤离的命令。为了能将他们驱使回国，又不会伤害他们，以色列安全部队使用了刚刚研发成功的声波武器，最终使所有不愿搬走的定居者乖乖地放弃了定居点，按照以色列政府的命令迁居到了新地点。

微波武器

微波武器就是采用强微波发生器和高增益定向天线发射出强大的、会聚的微波波束，对目标起杀伤破坏作用的武器。简单地说，就是利用微波束杀伤破坏目标的武器。它是定向能武器的一种。

微波武器是通过"热效应"的软杀伤来实现对目标杀伤的。

"热效应"是由强微波能量对人体的照射引起的。在强微波能量的作用下，人体细胞的分子以惊人的速度运动，彼此碰撞，产生热功能等生理效应。由于微波具有很强的穿透力，故不仅可使人体皮肤的表面被"加热"，而且也可使人体的深部组织被"加热"，加之深部组织散热困难，所以升热速度比表面更快，致使人还未感到皮肤疼痛，深部组织已受到损伤。

微波武器对现代武器系统的破坏是通过对武器系统的电子设备的破坏来实现的。一是强微波束可直接使工作于微波波段的雷达、通信、导航、侦察等电子设备因过载而失效或烧毁；二是微波束通过导体时，即产生感应电流，由于电磁场强度很大，导体特别是芯片上的微电路承受不了所产生的电流而被烧毁，从而使整个武器系统失效。实验表明，当微波能量超过 1000 瓦/平方厘米时，可在很短时间内加热破坏武器装备。

由于各种先进的传感器、计算机、武器的控制和制导装置在军事领域的广泛应用，使武器装备的战术技术性能成倍地提高。但是，这类电子设备相对地说又是比较脆弱的。它们一旦受到高能微波的作用，就会遭到不同程度的损坏。试验表明：一定能量密度的较弱微波，可使工作在相应频段的雷达和通信设备受到干扰，而无法进行正常工作。这种情况与电子干扰机对雷达和通信设备的干扰效果相似；某些微波能量辐照，可直接使通信、雷达、导航等系统的微波电子器件失效或烧毁；一定程度的强微波辐射形成的瞬变电磁场，可使各种金属目标表面产生感应电流和电荷，感应电流能通过各种入口（如天线、导线、电缆和密封差的部位），进入武器装备内部电路。当感应电流较小时，会使电路功能产生混乱，如出现误码、抹掉记忆信息等现象；当感应电流较大时，则会烧毁各类电子元器件，从而使武器装备完全丧失作战效能。由于强微波的这种效应类似于核爆炸时产生的强电磁脉冲对电子设备的影响，所以又称其为"非核电磁脉冲效应"；而一定的超强微波能量，则能在极短的照射时间内加热破坏目标。试验中，微波发射机产生的一定能量，可使 14 米远的钢棉燃烧，能点烧距离 76 米处的铝片和气体混合物，也能使 260 米处的闪光灯灯泡瞬间就被点燃。如果微波的能量再强一点，波束更窄一些，则有可能引爆远距离的弹药库或核武器。

可见，微波波束武器可攻击的目标非常之多，从太空中遨游的军事卫星到跨洲越洋的洲际弹道导弹；从巡航导弹、飞机到坦克、军舰；从雷达、计算机到通信器材和其他光电器件，只要处于强微波的覆盖区内，都将遭受毁灭性的"打击"。

机器人武器

　　机器人应用于军事虽然比较晚，但自从机器人在局部战场崭露头角以来，日益受到世界军事界的高度重视。作为一支"新的武器"，虽然其应用目前看来还不够宽广，但其巨大的军事潜力，超人的作战效能，预示着它们在未来的战争舞台上定是一支不可忽视的军事力量。

遥控飞行器

　　实际上，将机器人作为武器应用于战场是很久以前的事情了。无人军用运载器，作为机器人的一种，其发展最早可追溯到第一次世界大战。当时，小型飞行器捆绑上炸药冲向它们的目标，至于能否直接命中，部分地取决于发射操作人员的熟练程度，更多的还是靠运气。在估测了目标的距离并考虑到风力之后，地面操作员选准方向，让它按估测的时间起飞，就能恰好击中目标。在装配了控制方向和高度的陀螺仪和气压计以后，这种无人机的性能稍稍有所改善。这类系统很原始，实用中也很难奏效，因此很少使用。

　　第一次世界大战后期出现的无线电遥控飞行器，使无人系统的发展发生了一次飞跃，到 20 世纪 30 年代，不少富有的飞行爱好者已经能使无线电遥控的飞行器在世界上空穿行。首次的自动化飞行是 20 年代末在英国实现的，这一成功导致了二次大战期间德国 V－1 火箭的出现。到了 40 年代，无线电遥控飞行器已被用作空中靶机，小型遥控坦克也已用于引爆地雷。

　　越战期间，遥控飞行器应运而生。这类无人遥控飞行器除了能完成侦察与情报任务，还被用作电子袭扰诱饵，还能抛撒宣传品。60 年代到 70 年代初的太空计划包括发展使用无人航天飞机在月球、火星和金星上着陆的技术，以及进行环绕地球的探测性飞行，这对军用机器人计划产生了影响。由于有人轰炸机进入敌方领土纵深轰炸越来越危险，加之可编程技术已获得长足进展，军用无人运载器有了新发展。1982 年在黎巴嫩战场上的情形证明了有必要广泛使用军用无人运载器。以色列击毁叙利亚 79 架飞机和 19 个地对空导弹阵地，而自己仅损失 1 架飞机，这在很大程度上应归功于遥控飞行器。以色列人巧妙地利用遥控飞行器获得了叙利亚地空导弹的雷达特征情报及用叙利亚地空导弹的导雷达特征情报，并利

▲军事机器人

用这种信息干扰迷惑叙利亚操作手，随后以辐射源寻的弹摧毁了这些地空导弹阵地。

目前人类在大型计算机体系结构、人工智能、机器人以及传感器和观测研究领域所获得的成就，正在加速遥控飞行器的急速发展。

军用机器人

在 20 世纪 90 年代的波黑维和行动中，进驻波黑的美国部队配有"螺旋管全地形（所有地形都适用）机器人"。

这种机器人从外表看根本不像人类士兵，而像是用一个 A 型架连接起来两个旋转碎土器的螺旋型碎土装置。它是铝制的，约 2 英尺高，4 英尺长，30 英寸宽，重约 125 磅，它侧向移动的速度为 133 英尺/分钟，但前后移动的速度慢得多，约为 20 英尺/分钟。

"全地形机器人"在装上摄像机和相应的探测装置之后，可以行进在部队前面，探明敌军的隐蔽地点，发现、排除或引爆地雷。

这种机器人是旧金山地区著名的发明家比尔·瓦腾伯格发明的。它的作用是避免直接让军事侦察员侦察敌人的隐蔽地点，从而防止由此造成的人员伤亡。我们知道，侦察兵的危险系数高于任何其他军事行动人员，危险的侦察活动是伤亡的陷阱，机器人正是完成这一重要使命的最理想的替代者。

目前，军用机器人已经发展到了第三代。

第一代叫"示教再现机器人"，装有记忆存储器，由人将作业的各种操作要求示范给机器人，使它"记忆"操作的要领和程序，当它接到再现指令时，就会自动模仿所教的动作。

第二代机器人装有传感器和微型电脑的离散编程，能感知外界的信息，反应更加灵活，更能适应环境变化的需要，但是由于传感信息少而窄，不能满足多种军事需求。

第三代叫"智能机器人"，装有多种传感器，能识别环境，接受指令后能自主决定，作用灵活，所以又叫自主式机器人。它是第五代、第六代计算机的产物，已经具备人的大脑的部分功能，能控制、操作、运动、感觉和思维，可以完成自主决定的任务，无需任何给养，不知疲劳，不畏艰险。它的大脑是智能计算机，耳、眼、鼻等是灵敏度很高的传感器，手和脚是执行机构，心脏是"永不停止"的电源，血管是布满全身的电子线路。它通过感应装置触摸东西，通过电视摄像机、红外、紫外或者激光探测等装置观察周围环境，通过化学分析仪器嗅东西。如美国研制的"哨兵"机器人，其大脑系统是高性能微型电脑，由摄像机当眼睛，能听声响，会说 300 个单词，能测出烟、火以及其他异常物体的有关数据。

20 世纪 90 年代，美国军方发言人向全世界宣布：美军即将组建机器人军队。这位发言人说，由美国国家实验室指导开发研制的军用机器人，已交付试用。它是一位用钢铁和芯片武装起来的士兵，能够执行侦察巡逻任务，将来还会具有反坦克的技能。这位"钢铁战士"重约 345 千克，比一般人约重 5 倍，它配有高级摄影机和监视器，数不清的光电网络穿行其中，由电脑遥控，能在3200米以外接受指令，走起路来比人的速度还快，时速高达16千米/小时。发言人还宣布说，"机器人军队"将正式进入战场。这对于军界来说无疑是一条特大的爆炸性新闻，全世界都为之震惊。

因为有了战斗机器人，将来的战场上，身先士卒的不仅有血气方刚的自然人，而且还有由钢铁和芯片组成的"钢铁战士"。可是，从目前技术发展来看，距离"机器人军团"成军还遥不可及，仍有无数技术难题未能解决。

现在正在开发研究的除战斗机器人外，还有固定防御机器人、步兵先锋机器人、飞行助手机器人、重装哨兵机器人、榴炮机器人、海军战略家机器人、人工智能坦克机器人等等。

机器人深潜器

在美国加利福尼亚州纳斯岛上有一支机器人遥控舰船救援支队，这个支队曾在世界上许多海域出色地完成了海上搜寻、测位、救援及打捞任务，支队使用的深潜器绝大多数是系留式遥控机器人深潜器。

1986年1月28日，"挑战者"号航天飞机升空爆炸，为查明事故原因，研究人员必须把爆炸碎片拼接起来，遥控机器人深潜器负责寻找打捞"挑战者"号的部分碎片。它要在过去30年里从卡那维拉尔角发射火箭的无数碎片中找出"挑战者"的遗骨。有三个遥控机器人深潜器参加了打捞，它们依据声呐提供的线索发现了航天飞机的碎片，接着就开始了分拣工作，最终三个遥控机器人齐心协力地完成了任务。

▲ "挑战者"号航天飞机升空爆炸

系留式深潜器在机动性和航速上都受到限制，而且深潜器也无法远离母船。长期以来，人们一直试图发展无线遥控机器人深潜器。20世纪70年代初，位于罗得岛州新港的美国海军水下系统中心制造出一种B－1型机器人深潜器，这种深潜器的头部为锥形，身体是球形的，还有一个小尾翼，这样的形体很适于在海洋层流中活动。B－1型深潜器上安装了障碍规避声呐、一套水声反射研究仪、用环境对本体噪声及振动研究的侧视声呐和重新定位声波发射器。它的仪器能记录52条通道的操作数据和12条通道的热膜探测数据。在1985年9月的皇家海军装备展览会上，英国西康公司展示了他们设计的"西康"水下巡逻机器人，这个水下巡逻机器人长11米，重45吨，潜水深度超过6000米，航速12节，实施进攻时的设计航速为50节，靠闭式循环内燃机驱动。水下巡逻机器人通过数字水文数据库自主导航，它的地形模拟取景器与高安全定向回波器配合将测得的水深与数据库存储的资料进行比较之后确认航向，当它在地势比较平坦的海域航行时，惯性导航系统自动启动导航。"西康"水下巡逻机器人上装配的人工智能系统能保证它在海上自主巡逻两个月，它携带的战术武器包括自备鱼雷和固定战斗部，这种战斗部在自杀性攻击时同它体内剩余的燃料一同爆炸，它还能往敌舰船的螺旋桨上缠绕金属缆线，实施隐蔽性破坏。

"深海雄蜂"遥控机器人深潜器

"深海雄蜂"遥控机器人深潜器是美国海军大型遥控深潜器，"深海雄蜂"适用于抢险及深海打捞作业，最大潜水深度1828米，航速3节，安装有黑白及彩色摄像机各一台，一个可旋转360°的声呐搜索系统以及有七功能和四功能控制器的海底导航系统。"深海雄蜂"属美国海军海上系统司令部统管，该部门以最先进的机器人技术不断更新改进"深海雄蜂"，使"深海雄蜂"一直在遥控机器人深潜器技术上占据领先地位。

随着人工智能、机器人系统、水下通信及其他相关技术的进展，如今，遥控机器人深潜器已能完成搜索、回收、救险、布雷和排雷等多种军事任务，这个"机器人杀手"将会对未来海战产生极大的影响，也许那时机器人能指挥自己的舰队巡逻，或用新式武器实施进攻，一切皆有可能。

机器人太空平台

在作战中制胜的关键步骤是占领"高地"，从这种俯瞰的位置更容易监视敌人，也更容易打击敌人。在现代战争中，占据高地就意味着控制太空，因此，通信、导航、照相侦察、电子侦察、信号、侦察以及战略武器系统都在很大程度上取决于太空作战。在为未来的战争做准备中，各国都将发展极为有效的军用空间站和天基武器系统，而机器人技术正是产生这些非常完善的系统的要素之一。

人们在和平时期将不断向太空进军，然而，核抽运X射线激光器、电磁轨道炮和带电粒子束所构成的作战环境将极大地危害人类的生命。因射线、波束和粒子束释放而造成的泄漏，将对太空平台上的人员造成伤害，机器人太空平台是太空武器的唯一的选择。

无论是在陆地，还是在空间，机器人完成繁重而单调工作的能力会比人高十倍甚至百倍，原来由操作人员在大型线路控制板上进行的工作，现在由机器人在微集成电路片上就能完成。设在加利福尼亚州圣地亚哥的美国海军海洋系统中心进行了一项拟人系统的研制工作，这一系统将用于空间和其他危险场合。在该系统中操作员接收来自各种传感器的信息，犹如身临其境。这种遥控包括一个液压驱动的"头"，有三个摆动角度，装在同样具有三个摆动角度的"躯干"上。除此之外，还有两只类似于手臂的操作装置，有七个转动角度。由两部电视摄像机和两路听觉系统为操作员提供远距离视觉和听觉。操作员的动作控制遥控器的动作，操作员的头、身体和手臂的位置经电位计监视和记录后，将信号传给遥控器，再由遥控器相应地控制机器人的身体和机械手。

信息化武器

　　信息化武器平台可谓家族庞大，人丁兴旺。它们以信息技术为纽带，通过武器系统的有机融合，不再是一个个单元的简单集合，而是武器、火力、平台浑然一体。信息化武器近年来已成为许多国家竞相建设和发展的重点。

网络战武器

　　作为信息时代的一个代表，计算机网络正在以前所未有的速度向全球的各个角落辐射，其触角伸向了社会的各个领域，成为当今和未来信息社会的联结纽带。在军事领域，这种情况也得到了充分的体现，以计算机为核心的信息网络已经成为现代军队的神经中枢。一旦信息网络遭到攻击并被摧毁，整个军队的战斗力就会大幅度降低甚至完全丧失，国家安全将受到严重威胁，国家机器将陷入瘫痪状态。正是因为信息网络的这种重要性，决定了信息网络成为了信息战争的重点攻击对象。在这种情况下，一种利用计算机及网络技术进行的新的作战样式——计算机网络战正悄然走上战争舞台。

▲反映黑客的电影《黑客帝国》海报

　　如今，计算机病毒对信息系统的破坏作用，已引起各国军方的高度重视，发达国家正在大力发展信息战进攻与防御装备与手段，主要包括计算机病毒武器、高能电磁脉冲武器、纳米机器人、网络嗅探和信息攻击技术及信息战黑客组织等。研究的内容主要包括：病毒的运行机理和破坏机理；病毒渗入系统和网络的方法；无线电发送病毒的方法，等等。

　　为了成功地实施信息攻击，相关部门还在研究网络分析器、软件驱动嗅探器和硬件磁感应嗅探器等网络嗅探武器，以及信息篡改、窃取和欺骗等信息攻击技术。

　　在黑客组织方面，美国国防部已成立信息战"红色小组"，这些组织在和平时期的演习

"匿名者"黑客组织

　　"匿名者"黑客组织是世界最大的黑客组织，曾在2010年12月攻击威士网站、万事达网站和支付网站PayPal，以示对维基解密网站的支持。"匿名者"黑客组织有数百万成员，包括一些大公司和政府机构的高级计算机专家、记者和高级工程师，这些人分成数百人的小组，对各种事件作出反应。

中，扮作假想敌，攻击自己的信息系统，以发现系统的结构隐患和操作弱点并及时修正，同时也入侵别国的信息系统和网络，甚至破坏对方的系统。

另外，美国研究计划局还在研究用来破坏电子电路的微米/纳米机器人、能嗜食硅集成电路芯片的微生物以及计算机系统信息泄漏侦测技术等。

基因武器

基因武器也被称作遗传工程武器或 DNA 武器。它运用遗传工程技术，按人们的需要重组基因，在一些细菌病毒或微生物体中植入基因，可以用人工、飞机、导弹或火炮把其投入敌对国的主要河流、城市或交通要道，让病毒自然扩散繁殖，使人畜在短时间内患上一种无法治疗的疾病，从而丧失战斗力。由于这种武器不易发现且难以防治，一些科学家认为，它的现在破坏性远远超过核武器。

从战略上看，基因武器将使作战方式发生明显变化。使用者只需要在临战前将经过基因工程培养的病菌投入他国，或利用飞机、导弹等将带有致病基因的微生物投入他国交通要道或城市，让病毒自然扩散、繁殖，使敌方（包括人、畜）在短时间患一种无法治疗的疾病，从而丧失战斗能力。此外，基因武器可根据需要任意重组基因，可在一些生物中移入损伤人类智力的基因。当某一特定族群的人们沾染上这种带有损伤智力基因的病菌时，就会丧失正常智力。

从战术上看，基因武器不易被发现，将使对方防不胜防。因为经过改造的病毒和细菌基因，只有制造者才知道它的遗传"密码"，其他人很难破译和控制。同时，基因武器的杀伤作用过程是在秘密之中进行的，人们一般不能提前发现和采取有效的防护措施。一旦感受到伤害，为时已晚，在此之前早已遭到基因病毒的侵袭，很难治疗。此外，基因武器还有成本低、持续时间长、使用方法简单、施放手段多样、不破坏敌方基础设施和武器装备等特点，具有较强的心理威慑作用。

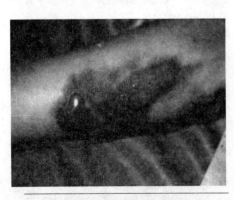

▲登革热病

目前，美国、俄罗斯和以色列都在进行基因武器的研究。美国已经研制出一些具有实战价值的基因武器。生物学家在普通酿酒菌中植入一种在非洲和中东引起可怕的登革热细菌的基因，从而使酿酒菌可以传播登革热病。另外，美国已完成了把具有抗四环素作用的大肠杆菌遗传基因与具有抗青霉素作用的金色葡萄球菌的基因拼接，再把拼接的分子引入大肠杆菌中，培养出具有抗上述两种杀菌素的新大肠杆菌。俄罗斯生物学家和遗传学家已利用遗传工程学方法，研究了一种属于炭疽变素的新型毒素，可以对任何抗生素产生抗药性，目前找不到任何解毒剂。以色列正在研制一种仅能杀伤阿拉伯人而对犹太人没有危害的基因武器。如今，基因武器以及由此可能引发的战争灾难正成为军事防御和军事医学研究的新课题。

幻觉武器

幻觉武器是运用全息投影技术从空间站向云端或战场上的特定空间投射有关影像、标语、口号的一种激光装置。从心理上骚扰、恫吓和瓦解敌军，使之恐惧厌战。据报道，美国在索马里就曾使用过这种幻觉武器进行了一次投影效应实验，把受难耶稣的巨幅头像投射到风沙迷漫的空中。

幻觉武器的作用主要有两个。

首先是战术欺骗，也就是通过投影模拟武器、部队和地形，使对方弄不清自己的兵力部署、武器装备等情况信息，攻击虚拟目标，消耗战斗资源，甚至陷入被动挨打的困境。

其次，幻觉武器还是一种心理战工具，它可以结合光学和声学武器，让对方的历史人物或传奇人物，包括拥有绝对威信的宗教先知和神灵，在战斗中"显灵"，向信徒下达缴械投降的命令，从而对敌军产生强烈的心理震慑，甚至达到不战而胜的效果。

早在20世纪90年代中期，美国就成功进行了类似武器的非同寻常的试验，在虚拟战场上借助最新激光技术、全息技术制造目标幻觉形象，包括飞机、坦克、舰艇、整支战斗部队等。也可制造各种有影响的人物形象，这种虚拟的"幻觉炸弹"在未来真实战场上能迷惑敌人，影响其思想意识，引发混乱。

20世纪末，俄罗斯情报部门掌握了美国研制幻觉武器的研制情报，同样开始在秘密实验室里研制能对人产生心理生理影响的系统及其对抗系统。据悉，俄罗斯正在研制能产生幻觉形象的特种仪器，这种仪器可以影响人的神志、知觉，迫使其混淆现实与虚幻，服从特种设备发出的指令。

非致命武器

非致命武器是指为达到使人员或装备失去功能而专门设计的武器系统。按作用对象，非致命武器可分为反装备和反人员两大类。目前，国外发展的用于反装备的非致命武器主要有超级润滑剂、材料脆化剂、超级腐蚀剂、超级粘胶以及动力系统熄火弹等。这种武器可以使敌人及其武器一动就倒、一开就滑、一拿就碎。

研制中的非致命武器包括超级腐蚀剂、超级粘胶、超级润滑剂、材料脆化剂、刺激剂、粘性泡沫和化学失能剂。

（1）超级腐蚀剂

超级腐蚀剂是一些对特定材料具有超强腐蚀作用的化学物质。比如，可以设计出让平日里刀枪不入的钢铁坦克变得刀枪可入的塑料坦克的腐蚀剂，那将在战场上有多可怕。

（2）超级粘胶

超级粘胶是一些具有超级强粘结性能的化学物质。科学家正在研究将它们用作破坏装备传感装置和使发动机熄火的武器，以及将它们与材料脆化剂、超级腐蚀剂等复配，以提高这些化学武器的作战效能。

（3）超级润滑剂

超级润滑剂是采用含油聚合物微球、聚合物微球、表面改性技术、无机润滑剂、非致命武器等作原料，复配而成的摩擦系数极小的化学物质。主要用于攻击机场跑道、航母甲板、铁轨、高速公路、桥梁等目标，可有效地阻止飞机起降和列车、军车前进。

（4）材料脆化剂

材料脆化剂是一些能引起金属结构材料、高分子材料、光学视窗材料等迅速解体的特殊化学物质。这类物质可对敌方装备的结构造成严重损伤并使其瘫痪。可以用来破坏敌方的飞机、坦克、车辆、舰艇及铁轨、桥梁等基础设施。

（5）刺激剂

刺激剂是以刺激眼、鼻、喉和皮肤为特征的一类非致命性的暂时失能性药剂。在野外刺激剂达到一定浓度，人员短时间暴露就会出现中毒症状，脱离接触后几分钟或几小时症状会自动消失，不需要特殊治疗，不留后遗症。若长时间大量吸入可造成肺部损伤，严重的可导致死亡。

（6）粘性泡沫

粘性泡沫属于一种化学试剂，喷射在人员身上立刻凝固，束缚人员的行动。美军在索马里行动中使用了一种"太妃糖枪"，可以将人员包裹起来并使其失去抵抗能力。它可以作为军警双用途武器使用。

（7）化学失能剂

化学失能剂分为精神失能剂、躯体失能剂，它能够造成人员的精神障碍、躯体功能失调，从而丧失作战能力。还可以让强效镇痛剂与皮肤助渗剂合用，合用后的药剂能迅速渗透皮肤，使人员中毒而失能。